油田压力容器安全操作技术

张聪敏 主编

石油工业出版社

内容提要

本书从油田压力容器特点及满足使用者需求出发,分别对压力容器安全技术及典型生产设备与安全操作要点进行阐述。本书吸收了国家现行规范及标准,理论联系实际,通俗易懂,有很强的针对性和实用性。

本书可作为油田压力容器操作工及管理人员安全技术培训教材。

图书在版编目(CIP)数据

油田压力容器安全操作技术/张聪敏主编.
北京:石油工业出版社,2006.7
ISBN 978-7-5021-5569-8

Ⅰ.油…
Ⅱ.张…
Ⅲ.石油开采-机械设备-压力容器-安全技术-技术培训-教材
Ⅳ.TE93

中国版本图书馆 CIP 数据核字(2006)第 063629 号

油田压力容器安全操作技术
张聪敏主编

出版发行:石油工业出版社
　　　　(北京安定门外安华里2区1号　100011)
　　网　　址:www.petropub.com
　　编辑部:(010) 64243803　图书营销中心:(010) 64523633
经　　销:全国新华书店
印　　刷:**北京中石油彩色印刷有限责任公司**

2006年7月第1版　2018年5月第3次印刷
787×1092毫米　开本:1/16　印张:19.75
字数:500千字

定价 80.00 元
(如出现印装质量问题,我社**图书营销中心**负责调换)
版权所有,翻印必究

《油田压力容器安全操作技术》
编委会

主　编： 张聪敏

副主编： 王长忠　何艺强　张文庆　孙满霞

编　委： 韩福堂　闫　军　王　兴　朱　海　丰学工
　　　　　夏文洪　马幼军　史永照　腾保义　刘亚平
　　　　　唐开东　刘前进　王福新　马玉泉　张云香
　　　　　李全祺　唐晓南　贝宗跃　张庆绥　徐彦华
　　　　　胡振涛　汪　晶　田　生　张洪斌　王宁辉
　　　　　张霁虹　苏继红　周艳华　刘长林

前 言

　　压力容器是"涉及生命安全、危险性较大"的特种设备，一旦发生事故将会造成人身伤亡及重大财产损失。油田压力容器因使用环境恶劣、介质腐蚀性强，更容易引发安全事故。为了保证压力容器安全运行，保护人民生命和财产的安全，促进国民经济的发展，根据国务院 2003 年 3 月 11 日以第 373 号国务院令发布的《特种设备安全监察条例》和国家质量监督检验检疫总局 2005 年 7 月 1 日发布的第 70 号令《特种设备作业人员监督管理办法》的有关要求，必须强化对压力容器的管理，压力容器操作人员必须经考核合格方可持证上岗操作。为此，我们组织编写了这本《油田压力容器安全操作技术》。

　　本书力求做到符合国家现行规范及标准，内容全面、适用，理论联系实际，通俗易懂。本书可作为油田压力容器操作人员安全技术培训教材，又可作为安全管理人员和专业技术人员学习及参考的资料。本书共分两篇，第一篇介绍了压力容器安全技术，是压力容器操作人员及管理人员必备知识；第二篇介绍了与油田压力容器相关的典型生产设备及安全操作要点，可供有关人员在工作中参考。

　　本书由华北石油管理局安全环保与技术监督处安全培训中心组织编写，锅炉压力容器安全监察科、锅炉压力容器检验所、华北油田分公司等有关人员参加了材料收集和编写工作。全书由高级工程师王长忠整理，华北石油管理局安全总监、高级工程师张聪敏主编定稿。由于作者水平有限，书中错误难免，恳请读者提出宝贵意见，以便作进一步修订。

编 者
2005 年 10 月

目 录

第一篇　压力容器安全技术

第一章　压力容器基本知识 …………………………………………………… (3)
　第一节　概述 ………………………………………………………………… (3)
　第二节　压力容器的工艺参数 ……………………………………………… (8)
　第三节　压力容器的分类 …………………………………………………… (10)
　第四节　压力容器常用钢材 ………………………………………………… (13)
　第五节　压力容器的应力及其对安全的影响 ……………………………… (19)

第二章　压力容器结构 …………………………………………………………… (21)
　第一节　压力容器的基本构成 ……………………………………………… (21)
　第二节　圆筒体结构 ………………………………………………………… (25)
　第三节　封头 ………………………………………………………………… (29)
　第四节　法兰连接结构 ……………………………………………………… (32)
　第五节　密封结构 …………………………………………………………… (36)
　第六节　支座 ………………………………………………………………… (40)
　第七节　快开门式压力容器 ………………………………………………… (44)

第三章　压力容器安全附件 …………………………………………………… (48)
　第一节　安全阀 ……………………………………………………………… (48)
　第二节　爆破片 ……………………………………………………………… (63)
　第三节　压力表 ……………………………………………………………… (68)
　第四节　液位计 ……………………………………………………………… (71)
　第五节　温度计 ……………………………………………………………… (76)
　第六节　常用阀门 …………………………………………………………… (80)

第四章　压力容器常用介质及其特性 ………………………………………… (87)
　第一节　工业毒物的分类及毒性 …………………………………………… (87)
　第二节　介质的燃烧特性和防火技术 ……………………………………… (97)
　第三节　压力容器中常用气体的分类及其特性 …………………………… (108)

第五章　压力容器安全操作及维护保养 ……………………………………… (116)
　第一节　压力容器运行中常见事故的原因及事故举例 …………………… (116)
　第二节　压力容器安全操作的一般要求 …………………………………… (116)

第六章　压力容器检验与修理 ………………………………………………… (124)
　第一节　在用压力容器的定期检验 ………………………………………… (124)
　第二节　在用压力容器的安装、修理及改造 ……………………………… (142)

第七章　压力容器的使用管理 ………………………………………………… (152)

第一节　压力容器安全监察……………………………………………（152）
  第二节　压力容器安全管理……………………………………………（154）
  第三节　压力容器的使用登记…………………………………………（160）
第八章　压力容器事故……………………………………………………（163）
  第一节　压力容器常见事故的原因及常见缺陷………………………（163）
  第二节　压力容器破坏…………………………………………………（165）
  第三节　压力容器事故危害……………………………………………（177）
  第四节　压力容器的爆炸能量…………………………………………（180）
  第五节　压力容器事故…………………………………………………（182）

第二篇　典型生产设备及安全操作要点

第九章　分离器……………………………………………………………（193）
  第一节　分离器的形式…………………………………………………（193）
  第二节　分离器的工作原理……………………………………………（194）
  第三节　生产分离器……………………………………………………（194）
  第四节　计量分离器……………………………………………………（198）
第十章　脱水器……………………………………………………………（204）
  第一节　原油脱水的工艺基础…………………………………………（204）
  第二节　原油脱水的主要设备…………………………………………（208）
  第三节　脱水器运行……………………………………………………（212）
第十一章　催化裂化安全技术……………………………………………（216）
  第一节　催化………………………………………………………………（216）
  第二节　裂化………………………………………………………………（218）
第十二章　气体充装………………………………………………………（221）
  第一节　气体基础知识…………………………………………………（221）
  第二节　气瓶………………………………………………………………（227）
  第三节　气体的充装……………………………………………………（231）
第十三章　换热器…………………………………………………………（247）
  第一节　管壳式换热器的结构型式……………………………………（247）
  第二节　换热器型号的表示方法及示例………………………………（250）
  第三节　管壳式换热器的主要组合部件………………………………（251）
  第四节　换热器的安装、试车、维护与管理…………………………（257）
第十四章　空气压缩机……………………………………………………（260）
  第一节　概述………………………………………………………………（260）
  第二节　活塞式压缩机…………………………………………………（263）
  第三节　空压机的使用管理……………………………………………（274）
第十五章　制冷……………………………………………………………（278）
  第一节　概述………………………………………………………………（278）
  第二节　安全装置………………………………………………………（278）
  第三节　安全操作………………………………………………………（281）

第四节　紧急救护…………………………………………………………（283）
　　第五节　制冷装置操作管理与维护检修……………………………………（284）
参考文献……………………………………………………………………………（305）

第一篇
压力容器安全技术

第一章 压力容器基本知识

固定式压力容器和移动式压力容器广泛应用于生产、生活领域,其介质多为易燃、易爆、有毒并具有腐蚀性。压力容器是涉及生命安全、危险性较大的特种设备,一旦发生事故,极易造成群死、群伤和重大经济损失。因此,《特种设备安全监察条例》(以下简称《条例》)和《压力容器安全技术监察规程》(以下简称《容规》)均明确规定:压力容器的使用单位应当严格执行《条例》和有关安全生产的法律、行政法规的规定,保证压力容器的安全使用;压力容器作业人员及其相关管理人员,应当按照《特种设备作业人员监督管理办法》有关规定,经省级或市级质量技术监督部门考核合格并取得《特种设备作业人员证》,方可从事相应的作业或者管理工作;要求压力容器的使用单位应当对特种设备作业人员进行特种设备安全教育和培训,保证特种设备作业人员具备必要的特种设备安全作业知识;作为压力容器操作人员,在作业中应当严格执行压力容器的操作规程和有关的安全规章制度,保证压力容器安全运行。为了帮助压力容器操作人员提高理论知识和实际操作水平,本章将较详细地介绍一些与压力容器有关的基本知识。

第一节 概 述

一、压力

物理学中把垂直作用在物体表面上的力叫做压力。

当人们在烂泥路上步行时,两脚常会陷得很深;如果在路面上铺一块木板,人从木板上走,两脚就不会下陷。由此可见,脚是否会陷入路面不仅与路面承受的压力大小有关,而且与受力的面积有关。我们把单位面积上承受的力叫做压强。若用 p 表示压强,F 表示压力,S 表示受力面积,则有:

$$p(压强) = F(压力)/S(受力面积) \tag{1-1}$$

力的单位用"牛顿(N)"表示;面积的单位用"米^2(m^2)"和"厘米^2(cm^2)"表示;压强的法定计量单位是"帕斯卡",简称"帕",用"Pa"表示。1 帕斯卡 = 1 牛顿/米^2,即 $1Pa = 1N/m^2$。"帕"与以往所用压强单位"公斤力/厘米^2(kgf/cm^2)"的换算关系为:

$$1kgf/cm^2 = 10000kgf/m^2 = 9.8 \times 10^4 Pa \tag{1-2}$$

从上述分析可知,压力与压强是两个概念不同的物理量。物理学中把垂直作用在物体表面上的力叫做压力,而把垂直作用于物体单位面积上的力称为压力强度,简称压强。

关于压力的概念,在物理学里和在工程上是不同的。工程上压力的概念实质上就是物理学中的压强,即工程上把垂直作用于物体单位面积上的力称为压力,是一种习惯性叫法。因此,在未加说明时,本书以后所说的压力实际上就是压强。

(一)大气压力

地球表面被一层很厚的大气包裹着。大气受地心的吸引产生重力,所以包围在地球外面的大气层对地球表面及其上的物体便产生了压力,即所谓"大气压力"。大气层越厚,产生的压力就越大；反之就越小。所以大气压力不是恒定不变的，高山上的大气压力就比海平面上的小。为了使计算有个统一基点，以往我们将海平面上的大气压力 1.033kgf/cm²（相当于 0.1MPa，MPa 读作兆帕，1 兆 = 1 百万）或 760mmHg 称为 1 个标准大气压，或一个物理大气压。

工程上为了计算方便，把 1kgf/cm²（0.098MPa）的压力称为 1 个工程大气压。它与标准大气压之间的换算关系为：

$$1\ 工程大气压 = 0.968\ 标准大气压 = 735.6\text{mmHg} \tag{1-3}$$

如果以水柱高度来计算压力时，其换算关系为：

$$1\text{kgf/m}^2\ (9.8\text{Pa}) = 1\text{mm 水柱} \tag{1-4}$$

$$1\text{kgf/cm}^2\ (0.098\text{MPa}) = 10000\text{mm 水柱} = 10\text{m 水柱}$$

（二）绝对压力、表压力与负压力

当容器内介质（液体或气体）的压力高于大气压时，介质处于正压状态；如容器内介质的压力低于大气压时，则介质处于负压状态。容器内介质的实际压力称为绝对压力，用符号"$p_{绝}$"来表示；用各种压力表测量容器介质的压力而得到的压力数值称为表压力，用"$p_{表}$"表示。

绝对压力、表压力及大气压力三者之间的关系为：

$$p_{绝} = p_{表} + p_{大气} \tag{1-5}$$

由式（1-5）可知，只有当表压力是负数时，绝对压力才有可能小于大气压力，从而出现负压力 $p_{负}$，即：

$$p_{负} = p_{大气} - p_{绝} \tag{1-6}$$

人们通常所说的容器压力或介质压力均指表压力。

二、压力容器

（一）压力容器的定义

《条例》把压力容器定义为盛装气体或者液体并且承载一定压力的密闭设备。其范围规定为：最高工作压力大于或者等于 0.1MPa（表压），且压力与容积的乘积大于或者等于 2.5MPa·L 的气体、液化气体的固定式容器和移动式容器，以及最高工作温度高于或者等于标准沸点的液体的固定式容器和移动式容器；盛装公称工作压力大于或者等于 0.2MPa（表压），且压力与容积的乘积大于或者等于 1.0MPa·L 的气体、液化气体和标准沸点等于或者低于 60℃液体的气瓶、氧舱等。

我国压力容器的安全监察工作开始于 20 世纪 50 年代，从 1955 年成立国家锅炉安全监察机构起，就将压力容器纳入安全监察范围。我国第一个压力容器安全监察规程于 1966 年颁布实施，经过多年的实践，已多次修订并逐步完善。目前固定式压力容器和移动式压力容器的参数界定与发达工业国家的规定基本一致。

气瓶是一种比较特殊的移动式压力容器，流动性大，广泛应用于生产和生活领域。气瓶不仅需要实施一般压力容器在设计、制造、使用、检验等环节的安全监察，还需对充装过程实施安全监察。充装过程这个环节，是事故多发环节，直接伤害人身。我国第一个气瓶安全监察规程于 1965 年公布，以后经过多次修订。目前，气瓶的参数界定为：盛装公称工作压力大于或等于 0.2MPa（表压），且压力与容积的乘积大于或等于 1.0MPa·L 的气体、液化气体和标准沸点等于或低于 60℃ 的液体。此规定与发达工业国家的规定基本一致。

氧舱是一种特殊的载人压力容器，主要是指承受内压或外压，以空气或氧气为主要加压介质，用于医疗、潜水和科学试验活动等载人的压力舱体。氧舱包括的主要设备种类有：潜水钟、再压舱、高压氧舱、医用氧舱和高海拔试验舱等。目前在工业高度发达的美国、日本、欧洲等国家和地区，对氧舱均按压力容器进行管理。《条例》也要求对氧舱按压力容器进行管理，由负责压力容器安全管理的部门或机构实施监督。

特种设备包括其附属的安全附件、安全保护装置和与安全保护装置相关的设施。

特种设备附属的安全附件、安全保护装置和与安全保护装置相关的设施与特种设备的安全性能密切相关，属于特种设备的范围，应当一同纳入具体特种设备的范围内。对于固定式和移动式压力容器、氧舱、气瓶的安全附件，在相关安全技术监察规程中都有明确规定。

（二）《容规》对压力容器监察范围的界定

《容规》适用于固定式和移动式高、中、低压压力容器。移动式压力容器除应按《容规》的要求外，还应符合相应移动式压力容器的有关安全技术监察规程的要求。

1999 年版《容规》根据压力容器的承受压力、结构及介质特性对安全性的影响程度，规定其管辖范围为同时具备下列 3 个条件的压力容器：

(1) 最高工作压力（p_w）大于或等于 0.1MPa（不含液体静压力）；

(2) 内直径（非圆形截面指其最大尺寸）大于或等于 0.15m，且容积（V）大于或等于 0.025m³；

(3) 盛装介质为气体、液化气体或最高工作温度高于或等于标准沸点的液体。

（三）压力容器范围的划定

《容规》规定具体管理范围，除压力容器本体外还应包括：

(1) 压力容器与外部管道或装置焊接连接的第一道环向焊缝的焊接坡口、螺纹连接的第一个螺纹接头、法兰连接的第一个法兰密封面、专用连接件或管件连接的第一个密封面；

(2) 压力容器开孔部分的承压盖及其紧固件；

(3) 非受压元件与压力容器本体连接的焊接接头；

(4) 上述压力容器所用的安全阀、爆破片装置、紧急切断装置、安全联锁装置、压力表、液面计、测温仪表等安全附件。

三、压力容器的压力来源

压力容器的压力来源主要有以下 4 种。

（一）由各种类型的气体压缩机和机泵产生的压力

当压力容器的压力产生于压力容器外时，其压力源一般是由气体压缩机、机泵所产生。压力容器中工作介质压力取决于压缩机各压缩段出（入）口和泵出口的压力（对于有自喷能力油井的油气分离器来说，其工作介质压力则是来自地层的压力），例如储存容器、缓冲罐、压缩机段间分离容器、油田用的各类油、气、水分离容器等。

（二）由蒸汽锅炉、废热锅炉产生的压力

工作介质为蒸汽的压力容器，如汽包、蒸汽加热器、换热容器等，其压力来源于蒸汽锅炉。这些容器的压力取决于锅炉的蒸汽压力和经减压后不同压力等级的蒸汽压力。

（三）液化气体的压力

压力工作介质为液化气体的压力容器，如液化气体储罐、液化气钢瓶等，其内部的压力取决于储存温度下液化气体的饱和蒸汽压。各种不同类型的液化气体在不同的温度下,其饱和蒸汽压不同。

(四) 化学反应所产生的压力

多数反应容器中,两种或两种以上的单体化学物质在一定的温度和压力条件下进行化学反应,生成聚合物或另一种单体化合物(这类反应一般在反应器和聚合釜中进行)。由于反应体积和温度的变化,反应器内的压力会增加。另外,这些盛装高分子聚合物的容器,聚合物本来为固态或液态,如在容器内受热解聚,变成了单分子的气体,也会因为体积膨胀而在容器内产生气体压力。例如聚甲醛(固体)的比容约为 0.7L/kg,当它解聚变为甲醛气体时,其比容为 746L/kg,体积增大上千倍,在容器内会产生很高的压力。有的反应器发生聚合反应时,会放出大量反应热,如果控制一旦失灵,温度和压力会骤然剧烈升高。为保证这类容器的安全,应装设爆破帽和爆破膜。

四、压力容器界限确定的原则

《条例》把锅炉、压力容器、压力管道、电梯、起重机械、客运索道、大型游乐设施、厂内机动车辆列为特种设备,由国家质量监督检验检疫总局负责监督管理。

特种设备种类范围的确定主要考虑以下原则。

(一) 设备的危险性原则

列入范围的特种设备都是潜在危险性较大,一旦发生事故,容易造成群死群伤、重大经济损失和较大社会影响的设备。对于发生事故只造成个体伤害,不影响公共安全的,按照设定的压力、容积、功率、速度等参数,将其排除在外,如常压锅炉和容器、家庭自用电梯等。

(二) 工作的连续性原则

根据我国特种设备安全监察的历史和现状,现列入范围内的特种设备都是原劳动部、原国家质量技术监督局已经颁布有关规定且目前国家质检总局正在实施安全监察的特种设备。对从未实施过安全监察的,如高空擦窗机等暂未列入特种设备范围内,待论证充分后再予以确定。

(三) 与国际接轨的原则

列入范围内的特种设备均为当今世界多数工业发达国家通过颁布专项法律、授权专门机构实施国家强制性专项安全监察、监督的设备。同时,在我国加入世界贸易组织后,及时制定并发布国家特种设备安全监察目录也符合 WTO/TBT 规则。

(四) 社会共识原则

在制定特种设备范围的过程中,多次征求了国务院有关部门、地方有关部门和有关专家、学者的意见,广泛听取了特种设备生产部门和使用部门的意见,进行了反复的调研和论证。现列入范围的均已形成共识,普遍被认为是需要由国家实施强制性安全监察的特种设备。

(1) 划分压力容器的界限应考虑的因素,主要是指潜在危险性是否较大,一旦发生事故,是否容易造成群死群伤、重大经济损失和较大社会影响,也就是指事故发生的可能性与事故危害性的大小这两个方面。《条例》对压力容器的界限范围做了统一的规定,一般说来,压力容器发生爆炸事故时,其危害性大小与工作介质的状态、工作压力及容器的容积等因素有关。

工作介质是液体的压力容器,由于液体的压缩性极小,因此在容器爆破时,其膨胀功即所释放的能量很小,危害性也小;而工作介质是气体的压力容器,因气体具有很大的压缩性,容器爆破时膨胀功即瞬时所释放的能量很大,危害性也就大。例如一个容积为 $10m^3$、工作压力为 11 个绝对大气压的容器,如果盛装空气,容器爆破时所释放的能量约为 $13.3 \times 10^6 J$;如果盛装的是水,则容器爆破时所释放的能量仅为 $21.6 \times 10^2 J$,约为前者的 1/6200 倍。由此可见,工作介质为液体时,即使容器爆破,其危害性也是比较小的,所以一般都不把这类工作介质为液体的压力容器列入特种设备的压力容器范围内。值得注意的是,这里所说的液体,是指常温下的液体,不包括最高工作温度高于其标准沸点(即标准大气压下的沸点)液体的液化气体。因为这些介质虽然在容器中由于压力较高而绝大部分呈液态(实际上是气、液并存的饱和状态),但当容器爆破时,容器内压力下降,这些饱和液体会立即气化,体积急剧膨胀,所释放出来的能量也很大。所以从工作介质的状态来划分压力容器的界限范围时,还应包括介质为气体、水蒸气、工作温度高于或等于其标准沸点的饱和液体和液化气体的容器。

(2) 划分压力容器的界限,除了考虑工作介质的状态以外,还应考虑压力容器的工作压力和容积这两个因素。一般说来,工作压力越高,容积越大,容器储存的能量就越大,爆破时释放出来的能量也越大,所以事故的危害性也就大。但工作压力和容积的划分不像工作介质那样有一个比较明确的界限,都是人为地规定一个比较合适的下限值,如工作压力的下限值规定为 1 个大气压 (0.098MPa,表压)。至于压力容器的容积应如何规定才合适却很难说,所以有些国家不是单独规定容积的下限值,而是以容器的工作压力和容积的乘积达到某一规定数值作为下限条件,如规定容器的工作压力与容积的乘积等于 19.6MPa·L 作为划分的下限值。《容规》则规定同时具备下列条件的容器作为特种设备来管理:

① 最高工作压力(p_w)大于或等于 0.1MPa(不含液体静压力);
② 内直径大于或等于 0.15m,且容积(V)大于或等于 $0.025m^3$;
③ 盛装介质为气体、液化气体或最高工作温度高于或等于标准沸点的液体。

五、压力容器在工业生产中的应用

压力容器在各个工业领域中应用广泛,如化学、炼油、制药、炸药、油脂、化肥、食品、皮革、水泥、冶金、涂料、合成树脂、合成橡胶、塑料、合成纤维、造纸、深海探测器、潜水仓、火力发电站、航空、深冷、运输储罐、原子能发电等工业领域。就当前来说,压力容器在工业生产中的应用以石油化学工业应用的最为普遍,约占压力容器总数的 50% 左右。

石油化工是一个多品种、多行业的部门,与人民生活、工业、农业及国防密切相关,在国民经济中占有极重要的地位。在石油化工工业中,压力容器可以作为一种简单的盛装容器,用以储存有压力的气体、蒸汽或液化气体,如液氨储罐、氢气与氮气储罐等。这类容器内部一般没有其他的工艺装置,可以单独构成一台设备,或者作为其他装置的一个独立部件。压力容器也可以作为其他石油化工设备的外壳,为各种化工单元操作(如化学反应、传质、传热、分离、蒸馏等)提供必要的压力空间,并将该空间与外界大气隔离。此时压力容器不能作为一台设备独立存在,其内部必须装入某些工艺装置(俗称内件)才能构成一台完整的设备,如氨合塔、尿素合成塔、废热锅炉、二氧化碳吸收塔、氨分离器等。

压力容器除了用于工业生产外,还用于基本建设、医疗卫生、地质勘探、文教体育等国民经济各部门。

第二节　压力容器的工艺参数

压力容器的工艺参数是由生产的工艺要求确定的，是进行压力容器设计和安全操作的主要依据。压力容器的主要工艺参数包括压力、温度和工作介质。

一、工作介质

压力容器的工作介质及工艺过程是压力容器操作的一个重要工艺参数。只有当压力容器的工作介质及其工艺过程确定之后，才能根据介质特性及其工艺过程的物理或化学反应特性确定压力容器的最高工作压力、温度等技术参数；进而根据介质的易燃、易爆、有毒程度确定对压力容器安全性能的要求；只有根据工作介质及其反应后的产物对金属材料的腐蚀性能才能确定压力容器的材料及腐蚀裕量；压力容器内介质的过量充装或投料不当，都将引起压力容器爆炸事故的产生。因此，压力容器操作人员应了解生产工艺过程中各种介质的物理性能和化学性质，了解它们之间可能引起的物理、化学反应，以便在发生意外时，做到准确判断、处理准确及时。有关压力容器工作介质的相关内容，将在第四章中作详细介绍。

二、压力

压力主要指容器内工作介质及其工艺过程对压力容器的器壁所产生的压力，即压力容器工作时所承受的主要载荷。压力容器运行时的压力是用压力表来测量的，表上所显示的压力值为表压力。在各种压力容器的规范中，经常出现工作压力、最高工作压力和设计压力等概念，现将其定义分述如下。

（一）工作压力

工作压力也称操作压力，是指容器顶部在正常工艺操作时的压力（即不包括液体静压力）。

（二）最高工作压力

最高工作压力是指容器顶部在工艺操作过程中可能产生的最大表压力（即不包括液体静压力）。压力容器的最高工作压力不得高于容器的设计压力；装有安全泄放装置的压力容器，最高工作压力不得高于安全阀的开启压力或爆破片的爆破压力。压力超过此值时，容器上的安全装置就要动作。

（三）设计压力

设计压力是指在相应设计温度下用以确定容器壁厚及其元件尺寸的压力。一般取设计压力等于或略高于最高工作压力。由于考虑问题的角度不一样，不同规范对设计压力的选取原则可能会略有差异。

《容规》规定，压力容器的设计压力不得低于容器的最高工作压力，装有安全泄放装置的压力容器，其设计压力不得低于安全阀的开启压力或爆破片的爆破压力。

容器的设计压力依据容器可能达到的最高工作温度下的最高工作压力而定。容器最高工作压力的确定与工作介质有关，《容规》对盛装液化气体固定式压力容器的设计压力作出以下规定：

（1）盛装临界温度大于或等于50℃的液化气体的固定式压力容器，如有可靠的保冷措施，其设计压力应为所盛装气体可能达到的最高工作温度下的饱和蒸汽压力；如无保冷措施，其设计压力为50℃时的饱和蒸汽压力。

（2）盛装临界温度低于50℃的液化气体的容器，如有可靠的保冷措施并能确保低温储存的,其设计压力不得低于试验实测的最高温度下的饱和蒸汽压力;没有试验实测数据或没有保冷措施的容器,其设计压力为设计规定的最大充装量、温度为50℃时的气体压力。

(3) 固定式液化石油气储罐的设计压力应按温度不低于50℃时混合液化石油气组分的实际饱和蒸汽压来确定;无实际组分数据或不作组分分析时,对设计压力有以下规定:

① 无保冷设施时,设计压力小于或等于异丁烷50℃饱和蒸汽压力时,设计压力应等于50℃异丁烷的饱和蒸汽压力;有可靠保冷设施的,设计压力为可能达到的最高工作温度下的异丁烷的饱和蒸汽压力。

② 无保冷设施时,设计压力大于异丁烷50℃饱和蒸汽压,或者小于或等于丙烷50℃饱和蒸汽压力时,设计压力应等于50℃丙烷的饱和蒸汽压力;有可靠保冷设施的,设计压力为可能达到的最高工作温度下丙烷的饱和蒸汽压力。

③ 无保冷设施且大于丙烷50℃饱和蒸汽压力时,设计压力应等于50℃丙烯的饱和蒸汽压力;有可靠保冷设施的,设计压力为可能达到的最高工作温度下丙烯的饱和蒸汽压力。

对于50℃饱和蒸汽压力大于1.62MPa的移动式压力容器的设计压力规定为2.16MPa。

GB 150—1998《钢制压力容器》规定容器的设计压力不低于(最高)工作压力。针对不同的情况,GB 150—1998对确定设计压力规定如下:

(1) 当容器上装有安全阀时,容器的设计压力等于或稍大于安全阀开启压力;装有爆破片时,容器的设计压力不小于爆破片设计压力加上所选用爆破片制造范围的上限。

(2) 对于盛装液化气体的容器,在规定的充装系数范围内,设计压力应根据工作条件下可能达到的最高金属温度确定。

(3) 确定外压容器的设计压力时,应考虑在工作正常情况下可能出现的最大内外压力差。

(4) 确定真空容器的壳体厚度时,设计压力按承受外压考虑。当装有安全控制装置(如真空泄放阀)时,设计压力取1.25倍最大内外压力差或0.1MPa这两者中的低值;当无安全控制装置时,取0.1MPa。

(5) 对于由两室或两个以上压力室组成的容器,如夹套容器,确定设计压力时,应考虑各室之间的最大压力差。

三、温度

(一) 介质温度

介质温度是指容器内工作介质的温度,可以用测温仪表测得。

(二) 设计温度

压力容器的设计温度不同于其内部介质可能达到的温度。设计温度是指容器在正常工作情况下,设定的元件的金属温度(沿元件金属截面的温度平均值)。设计温度与设计压力一起作为设计载荷条件。GB 150—1998对设计温度的规定如下:

(1) 设计温度不得低于元件金属在工作状态时可能达到的最高温度。对于0℃以下的金属温度,设计温度不得高于元件金属可能达到的最低温度。

(2) 由于环境温度的影响,壳体的金属温度低于或等于-20℃时,设计温度低于或等于-20℃的钢制压力容器应按GB 150—1998附录C"低温压力容器"设计。

(3) 容器各部分在工作状态下的金属温度不同时,可分别设定每部分的设计温度。

(4) 元件的金属温度可用传热计算求得,或在已使用的同类容器上测定,也可以按内部介质温度确定。

应当注意的是，对有不同工况的容器，无论设计压力、设计温度都应按最苛刻的工况设计，并在图样或相应技术文件中注明各工况的压力和温度。

四、压力容器的设计计算

容器的承压方式不同，壳体厚度的计算方法也不同，本书仅介绍工程中常用的内压圆筒的设计计算方法。

（1）内压圆筒的计算。

① 设计温度下圆筒的计算厚度按公式（1-7）计算：

$$\delta = \frac{pD_i}{2[\sigma]^t \Phi - p_c} + C \qquad (1-7)$$

② 设计温度下标准椭圆形封头的计算按公式（1-8）计算：

$$\delta = \frac{pD_i}{2[\sigma]^t \Phi - 0.5p_c} + C \qquad (1-8)$$

式中　δ——圆筒计算厚度，mm；
　　　p_c——计算压力，MPa；
　　　D_i——圆筒内直径，mm；
　　　$[\sigma]^t$——设计温度下材料的许用应力，MPa，按《容规》和GB 150—1998选取；
　　　Φ——焊缝接头系数，按《容规》和GB 150—1998选取；
　　　C——厚度附加量，mm，$C = C_1 + C_2$；
　　　C_1——钢材厚度负偏差，一般为0.25mm；
　　　C_2——腐蚀裕量，mm。应根据容器的腐蚀、机械磨损的情况及设计使用寿命确定。

（2）有关厚度的几个概念。

① 计算厚度：为按式（1-7）计算得到的厚度；
② 设计厚度：为计算厚度与腐蚀裕量之和；
③ 名义厚度：为设计厚度加上钢板负偏差后向上圆整至钢板标准规格的厚度；
④ 有效厚度：为名义厚度减去钢板负偏差和腐蚀裕量后的厚度。

第三节　压力容器的分类

压力容器的分类方法很多，《条例》附则中关于压力容器的定义，实际上也是对压力容器的一种权威的分类方法，它把压力容器分为固定式容器、移动式容器、气瓶和氧舱4类。《容规》从安全技术管理和监督、检查角度将压力容器分为一、二、三类。

其他常见的压力容器分类方法有按设计压力、容器在生产工艺过程中的作用原理、设计温度、壳体承压方式、安装型式以及容器的结构型式等多种。无论如何分类，最终都是为了管理使用的方便。《容规》为有利于安全技术管理和便于监督、检查，将压力容器进行综合分类。本节主要介绍与《容规》综合分类有关的几种分类方法。

一、按设计压力分类

《容规》附录一按压力容器设计压力（p）将容器分为低压、中压、高压、超高压四个等级。具体划分如下：

(1) 低压（代号 L）：$0.1\text{MPa} \leqslant p < 1.6\text{MPa}$；
(2) 中压（代号 M）：$1.6\text{MPa} \leqslant p < 10\text{MPa}$；
(3) 高压（代号 H）：$10\text{MPa} \leqslant p < 100\text{MPa}$；
(4) 超高压（代号 U）：$p \geqslant 100\text{MPa}$。

二、按设计温度分类

由于材料的选用和设计温度有关，并要根据所选用材料在设计温度下的机械性能来确定材料的设计许用应力，因此《容规》把容器按设计温度分为低温容器、常温容器和高温容器。其温度界限划分如下：

(1) 低温容器：$t \leqslant -20℃$；
(2) 常温容器：$-20℃ < t < 450℃$；
(3) 高温容器：$t \geqslant 450℃$。

按设计温度（t）的高低对压力容器进行分类，主要是考虑以下因素：

① 铁素体钢制压力容器在低温下工作时可能会发生低应力脆性破坏，为杜绝低应力脆性破坏的发生，必须提高钢材和焊接材料在低温静载的条件下阻止裂纹发生和扩展的能力。根据我国现有材料的低温性能和容器制造水平，《容规》和 GB 150—1998 均以 -20℃作为低温容器和常温容器的分界温度。

② 处于高温状态的钢材在某一应力的长期作用下，即使这一应力远低于钢材在该温度下的屈服点，也可能会产生被称为蠕变的永久变形，最终导致蠕变失效。对于高温容器和常温容器的温度分界，一般说来和所选用钢材可能产生蠕变变形的温度范围有关，《容规》和 GB 150—1998 将这一温度分界定为 450℃。

三、按压力容器在生产工艺过程中的作用原理分类

《容规》附录一按压力容器在生产工艺过程中的作用原理将容器分为反应压力容器、换热压力容器、分离压力容器、储存压力容器。具体划分如下：

(1) 反应压力容器（代号 R）：主要是用于完成介质的物理、化学反应的压力容器。如反应器、反应釜、分解锅、硫化罐、分解塔、聚合釜、高压釜、超高压釜、合成塔、变换炉、蒸煮锅、蒸球、蒸压釜、煤气发生炉等。

(2) 换热压力容器（代号 E）：主要是用于完成介质的热量交换的容器。如管壳式余热锅炉、热交换器、冷却器、冷凝器、蒸发器、加热器、消毒锅、染色器、烘缸、蒸炒锅、预热锅、溶剂预热器、蒸锅、蒸脱机、电热蒸汽发生器、煤气发生水夹套等。

(3) 分离压力容器（代号 S）：主要是用于完成介质的流体压力平衡缓冲和气体净化分离的压力容器。如分离器、过滤器、集油器、缓冲器、洗涤器、吸收塔、铜洗塔、干燥塔、汽提塔、分汽缸、除氧器等。

(4) 储存压力容器（代号 C，其中球罐代号 B）：主要是用于储存、盛装气体、液体、液化气体等介质的压力容器。如各种形式的储罐。

在一种压力容器中，如同时具有两个以上的工艺作用原理时，应按工艺过程中的主要作用来划分品种。

四、按壳体承压方式分类

按壳体承压方式不同，压力容器可分为内压（壳体内部承受介质压力）容器和外压（壳体外部承受介质压力）容器两大类。

这两类容器是截然不同的，其差别首先反映在设计原理上，内压容器的壁厚是根据强度级别确定的,而外压容器的设计则主要考虑稳定性问题。其次,这两类容器的差别还反映在安全性上,外压容器一般较内压容器安全,因此本书将着重介绍内压容器。

五、按材料分类

根据制造容器所用材料的不同,压力容器可分为钢制容器、铸铁容器、有色金属容器和非金属容器。

钢材由于具有较高的强度、足够的塑性和韧性、良好的工艺性能以及低廉的价格等特点,在压力容器制造中得到了最广泛的应用。

铸铁容器主要应用于造纸行业,例如烘缸等。

有色金属容器多用于有特殊耐腐蚀要求的场合,如海水淡化装置中多采用钛材制造的压力容器。

非金属容器数量很少,只有在某些特殊场合才能见到,如核电装置一回路的安全壳往往是预应力钢筋混凝土制造的超大型压力容器。

六、其他分类方法

(1) 按容器的壁厚有薄壁容器(壁厚不大于容器内径的 1/10)和厚壁容器之分。

(2) 按壳体的几何形状有球形容器、圆筒形容器、圆锥形容器之分。

(3) 按制造方法有焊接容器、锻造容器、铆接容器、铸造容器及各式组合制造容器之分。

(4) 按容器的安放形式则有立式容器、卧式容器等之分。

七、从安全技术管理和监督检查角度《容规》对压力容器的分类

为有利于安全技术管理和监督检查,根据容器的压力高低、容积的大小、介质的危害程度以及在生产过程中的重要作用,《容规》将其适用范围的压力容器划分为 3 类。

(一) 下列情况之一的为第三类压力容器

(1) 高压容器;

(2) 中压容器(仅限毒性程度为极度和高度危害介质);

(3) 中压储存容器(仅限易燃或毒性程度为中度危害介质,且 pV 乘积大于或等于 0.2MPa·m³);

(4) 中压反应容器(仅限易燃或毒性程度为中度危害介质,且 pV 乘积大于或等于 0.5MPa·m³);

(5) 低压容器(仅限易燃或毒性程度为高度危害介质,且 pV 乘积大于或等于 0.2MPa·m³);

(6) 高压、中压管壳式余热锅炉;

(7) 中压搪玻璃容器;

(8) 使用强度级别较高(指相应标准中抗拉强度规定值下限大于或等于 540MPa)的材料制造的压力容器;

(9) 移动式压力容器,包括铁路罐车(介质为液化气体、低温液体)、罐式汽车(液化气体运输(半挂)车、低温液体运输(半挂)车、永久气体运输(半挂)车)和罐式集装箱(介质为液化气体、低温液体)等;

(10) 球形储罐(容积大于 50m³);

(11) 低温液体储存容器(容积大于 5m³)。

（二）下列情况之一的为第二类压力容器
（1）中压容器；
（2）低压容器（仅限毒性程度为极度和高度危害介质）；
（3）低压反应容器和低压储存容器（仅限易燃介质或毒性程度为中度危害介质）；
（4）低压管壳式余热锅炉；
（5）低压搪玻璃容器。
（三）低压容器为第一类压力容器
本条第1款、第2款规定的除外。
现将上述分类中所提及的废热锅炉、剧毒介质、有毒介质和易燃介质等名词解释如下：
（1）废热锅炉：一种利用化学反应热、烟气余热等废热来生产蒸汽的设备。按照热源不同而将其分成管壳式和烟道式两类，前者主要是利用化学反应热，后者则利用烟气余热。上述分类中的废热锅炉为管壳式，而烟道式的则参照《蒸汽锅炉安全技术监察规程》的规定进行管理。
（2）剧毒介质：是指进入人体量小于50g即导致肌体严重损伤或产生致死作用的介质，如氟、氢氟酸、氢氰酸、光气、氟化氢、碳铣氟等。
（3）有毒介质：是指进入人体量大于或等于50g即导致人体正常功能损伤的介质，如二氧化硫、氨、一氧化碳、氯乙烯、甲醇、氧化乙烯、硫化乙烯、二硫化碳、乙炔、硫化氢等。
（4）易燃介质：是指与空气混合的爆炸下限小于10%，或爆炸上限与下限之差值大于20%的气体，如一甲胺、乙烷、乙烯、氯甲烷、环氧乙烷、环丙烷、氢、丁烷、三甲胺、丁二烯、丁烯、丙烷、丙烯、甲烷等。

第四节 压力容器常用钢材

制造压力容器的材料种类较多，有碳钢、铸铁、有色金属及非金属材料等。钢材（碳钢）由于具有较高的强度、足够的塑性和韧性、良好的工艺性能以及低廉的价格等特点，在压力容器制造中得到了最广泛的应用。本节就钢材的选用作以介绍。

压力容器是在承压状态下工作的，有些同时还要承受高温或腐蚀介质的作用，因此工作条件较差，易产生变形、腐蚀和疲劳等损坏。此外，在制造压力容器时，为了获得所需的几何形状，钢材还需弯卷、冲压、焊接等冷热成形加工，将产生加工残余应力及缺陷。由于这些原因，压力容器要比其他一般的机械设备容易损坏。为了保证压力容器安全运行，正确选用钢材是一个重要的因素。

一、对选用钢材的要求

用来制造压力容器的钢材应能适应容器的操作条件（如温度、压力、介质特性等），并有利于容器的加工制造和质量保证。具体选用钢材时，重点应考虑钢材的机械性能、工艺性能和耐腐蚀性。

（一）机械性能
用于压力容器的钢材主要强调其强度、塑性、韧性3个性能指标。
（1）强度。物体的原子间存在着的相互作用力称为内力，这是物体所固有的。当对物体施加外力时，在物体内部将引起附加的内力，这一附加内力会随着外力的加大而相应地增加。我们把物体单位面积上所承受的附加内力称为应力。对于某一种材料来说,所能承受的应力有一定的限度,超过了这个限度,物体就会破坏,这一限度就称为强度。在此,我们也可以将物体的强度简单说成能承受外力和内力作用而不破坏的能力。

对于压力容器用钢材的强度,以常温及工作温度下的抗拉强度(σ_b)和屈服极限(σ_s)表示其短时强度性能,而以蠕变极限和持久强度来表示其长时高温强度性能。当压力容器在室温和低于50℃下工作时,钢材的短时强度以室温下的抗拉强度和屈服极限来控制;当压力容器的工作温度超过50℃时,则钢材的短时强度以设计温度下的抗拉强度和屈服极限来控制;当压力容器的工作温度(或设计温度)超过某一界限(如碳钢及16Mn钢约为400℃),在高温下长期工作时,必须考核钢材的高温持久强度和蠕变极限。

上述强度参数都是通过试验得出的,其涵义分别解释如下:

① 抗拉强度定义为:钢材试样在拉伸试验中,拉断前所能承受的最大应力。

② 屈服极限(又称屈服强度)定义为:试样在拉伸过程中,拉力不增加(甚至有所下降),还继续显著变形时的最小应力(有些钢材在拉伸试验时,无明显临界屈服点,则规定其发生0.2%残余伸长的应力为"条件屈服极限",以"$\sigma_{0.2}$"表示)。

③ 蠕变极限。首先应知道何谓蠕变:常温条件下金属受外力作用时,如应力小于屈服极限,仅会发生弹性变形(外力消除能恢复原状的变形);如应力达到屈服极限时,除发生弹性变形外,金属还会产生一定的塑性变形(外力消除不能恢复原状的变形),这些变形值只要受力不变就一直保持下去,不随时间而改变。但在高温条件下则不然,金属材料即使受到小于屈服极限的应力,也会随着时间的增长而缓慢地产生塑性变形,且时间愈长,累积的塑性变形量愈大,这种现象就称为"蠕变"。而蠕变极限是指在一定温度和恒定拉力负荷下,试样在规定的时间间隔内的蠕变变形量或蠕变速度不超过某规定值时的最大应力。例如,在GB 150—1998中采用的"σ_n^t",是指在温度为t℃条件下,经过10万小时后总变形量为1%的蠕变极限。

④ 持久强度。对于压力容器来讲,失效的形式主要是破坏而不是变形,所以要有一个能更好地反映高温元件失效特点的强度指标——持久强度:试样在给定温度下,经过规定时间发生断裂的应力。在GB 150—1998中用"σ_D^t"表示,即温度为t℃下,经过10万小时而断裂的应力。

(2) 塑性。是指金属材料发生塑性变形的性能。压力容器在制造过程中要经弯卷、冲压等成形加工,要求用于制造压力容器的钢材具有较好的塑性,以防止压力容器在使用过程中因意外超载而导致破坏,也便于加工。这是因为塑性好的钢材在破坏以前一般都会产生较明显的塑性变形,不但易于发现,且可松弛局部超应力而避免断裂。塑性指标包括伸长率(δ——试样拉断后的总伸长与原长比值的百分数)和断面收缩率(ψ——试样拉断后,断口面积缩减值与原截面积比值的百分数),可由拉伸试验获得,即:

$$\delta = \frac{L_1 - L_0}{L_0} \times 100\% \quad (1-9)$$

$$\psi = \frac{F_1 - F_0}{F_0} \times 100\% \quad (1-10)$$

式中 L_1——试样拉断后的长度,mm;

L_0——试样原始长度,mm;

F_1——试样拉断后断口处的截面积，mm²；

F_0——试样初始截面积，mm²。

$δ$ 和 $ψ$ 的值愈大，则钢材的塑性愈好。

(3) 韧性。为了防止或减少压力容器发生脆性破坏（在较低的应力状态下发生无显著塑性变形的破坏），要求压力容器用钢材在使用温度下有较好的韧性（$α_k$：一定尺寸和形状的试样在规定类型的试验机上受冲击负荷折断时，试样槽口处单位面积上所消耗的冲击功），表征材料抵抗冲击功的性能（用有缺口的冲击试样作冲击试验测得）。

$$α_k = A_K/F \tag{1-11}$$

式中　A_K——冲击试验机的摆锤冲断试样时所做的功，J；

F——试样槽口处的初始截面积，cm²。

一种新的表征材料韧性的参数 K_{IC}（平面应变断裂韧性）表征材料抵抗脆性断裂的能力，是根据断裂力学提出的一个性能指标，目前应用较少。

（二）工艺性能

压力容器大多数是用钢板滚卷或冲压后焊接制成的，所以要求压力容器用钢要具有良好的工艺性能，即具有冷塑性变形能力和可焊性。前者可以通过控制塑性指标得到保证；而可焊性是取决于钢材的含碳量（对碳钢）或碳当量（对合金钢）。可焊性是指钢材在规定的焊接工艺条件下，能否得到质量优良的焊接接头的性质，在焊接中或焊接后易发生裂纹的钢材可焊性差。为了保证焊接质量，压力容器用钢需选用不发生裂纹、可焊性好的钢材。《容规》规定用于焊接结构压力容器主要受压元件的碳钢和低合金钢，其含碳量不应大于 0.25％；在特殊条件下，如选用含碳量超过 0.25％的钢材，应限定碳当量不大于 0.45％。对合金钢，特别是高强度合金钢，由于加入了较多的合金元素，其可焊性与含碳量和合金元素的含量有关，目前常用碳当量 C_{cq}（将钢中的碳含量与合金元素含量折算成相当的碳含量的总和）作为合金钢可焊性的评价指标。在计算方法上，国际上多采用日本焊接学会提出的计算公式和英国焊接标准中所采用的公式。

日本：
$$C_{cq} = C + \frac{Si}{24} + \frac{Mn}{6} + \frac{Ni}{40} + \frac{Cr}{5} + \frac{Mo}{4} + \frac{V}{14} \tag{1-12}$$

英国：
$$C_{cq} = C + \frac{Mn}{5} + \frac{Cr + Mo + V}{15} \tag{1-13}$$

一般认为，碳当量不超过 0.45％的合金钢具有良好的可焊性。

（三）耐腐蚀性

耐腐蚀性是指材料在使用条件下抵抗工作介质腐蚀的能力。压力容器在使用过程中接触腐蚀性介质时会受到腐蚀，其用钢要求具有良好的耐蚀性。金属的耐蚀性（一般腐蚀或称连续腐蚀）通常按腐蚀速率（mm/a）评定。有关各种腐蚀性介质对常用材料的腐蚀速率可查阅防腐手册。

为了保证压力容器安全运行，《容规》和 GB 150—1998 对压力容器金属材料的选用作了明确的规定，在选用时应严格遵照执行。

二、钢材分类及压力容器常用钢材

（一）钢材分类

钢材可按其化学性质、品质、冶炼方法、组织和用途及专业进行分类。常用的分类方法如下。

钢材分类
- 按冶炼方法
  - 按炉别
    - 平炉钢
    - 转炉钢
    - 电炉钢
      - 氧气转炉钢
      - 空气转炉钢
  - 按脱氧程度、浇注
    - 沸腾钢
    - 镇静钢
    - 半镇静钢
- 按化学方法
  - 碳素钢
    - 工业纯铁（碳含量≤0.04%）
    - 低碳钢（碳含量≤0.25%）
    - 中碳钢（碳含量＞0.25%～0.60%）
    - 高碳钢（碳含量＞0.60%）
  - 合金钢
    - 低合金钢（合金元素总含量≤5%）
    - 中合金钢（合金元素总含量在5%～10%之间）
    - 高合金钢（合金元素总含量在＞10%）
- 按品质
  - 普通钢（P≤0.045%，S≤0.055%或P、S均≤0.05%）
    如：甲类、乙类、特类钢
  - 优质钢（P、S≤0.04%）如：20号钢
  - 高级优质钢（P≤0.035%，S≤0.03%）后带"A"
- 按用途和组织
  - 低碳钢、低合金高强度钢
    - 铁素体——珠光体型钢
    - 低碳贝氏体钢
    - 马氏体型调质高强度钢
  - 耐热钢
    - 低合金珠光体型钢
    - 高铬马氏体型钢
    - 奥氏体型钢
  - 低温钢
    - 铁素体型钢
    - 低碳马氏体型钢
    - 奥氏体型钢
  - 不锈钢
    - 铁素体型钢
    - 奥氏体型钢
    - 奥氏体铁素体型钢（双钼钢）
    - 马氏体型钢
- 按专业
  - 船舶用钢
  - 锅炉用钢
  - 焊瓶用钢
  - 压力容器用钢
  - 桥梁用钢

（二）我国钢号表示方法

我国钢号表示方法是采用国际化学符号和汉语拼音字母并用的原则，即钢号中的化学元素采用国际化学符号或汉字表示。产品名称、用途、冶炼和浇注方法以汉语拼音的缩写字母

表示。详见表1-1、表1-2。

表1-1 钢铁牌号表示

元素名称	铬	镍	硅	锰	铝	磷	硫	钨	钼	钒
国际化学符号	Cr	Ni	Si	Mn	Al	P	S	W	Mo	V
元素名称	钛	铜	铁	硼	钴	铌	氮	钙	碳	稀土
国际化学符号	Ti	Cu	Fe	B	Co	Nb	N	Ca	C	Xt

表1-2 钢铁牌号中表示用途、冶炼和浇注方法的代号

名 称	牌号表示	名 称	牌号表示
平炉	P	高级优质钢	A*
酸性侧吹转炉	S	甲类钢	A
碱性侧吹转炉	J	乙类钢	B
顶吹转炉	D	特类钢	C
氧气顶吹转炉	Y	锅炉钢	g
沸腾钢	F	压力容器用钢	R
半镇静钢	B	低温容器用钢	DR
镇静钢	Z	多层容器用钢	RG
特殊镇静钢	TZ	焊瓶用钢	HP

（三）压力容器常用钢材

压力容器的使用条件（设计温度、设计压力、介质特性和操作条件）差别很大，制造压力容器所用的钢类也很多，即有碳素钢、低合金高强度钢和低温钢，也有中温抗氢钢、不锈钢和耐热钢；此外还有复合钢材。压力容器受压元件所使用的钢材品种有钢板、锻钢、棒钢和铸钢等。《容规》和 GB 150—1998 对压力容器用钢的选用（钢号及相应的钢材标准）、钢材的使用范围、许用应力及对钢材的附加技术要求等作出了规定。本节仅就压力容器常用的碳素钢、普通低合金钢等作以介绍。

1. 碳素钢

含碳量小于 2.06% 的铁碳合金为碳钢，具有适当的强度和塑性，工艺性能良好，价格低廉，因而被广泛用来制造一般的中、低压容器。常用的碳钢有 Q235、20R、20HP、15MnHP 等，常用代用材料有 10、15、20 等优质结构用钢，A、B 类船体用钢，20g 锅炉用钢等。

（1）Q235 系列钢板：《容规》及 GB 150—1998 对此类钢材都规定了限制使用的条件。《容规》第 11 条规定，碳素钢沸腾钢板和 Q235A 钢板不得用于制造直接受火焰加热的压力容器。GB 150—1998 对各类 Q235 系列钢板也作了限制性规定。现介绍如下：

① Q235 - A·F 钢板使用范围为：设计压力 $p \leqslant 0.6$ MPa；钢板使用温度为 0~250℃；用于壳体时，钢板厚度不大于 12mm；不得用于易燃介质以及毒性程度为中度、高度或极度危害介质的压力容器。

② Q235 - A 钢板使用范围为：设计压力 $p \leqslant 1.0$ MPa；钢板使用温度为 0~350℃；用于壳体时，钢板厚度不大于 16mm；不得用于液化石油气以及毒性程度为高度或极度危害介

质的压力容器。

③ Q235-B钢板使用范围为：设计压力 $p \leqslant 1.6$MPa；钢板使用温度为0～350℃；用于壳体时，钢板厚度不大于20mm；不得用于毒性程度为高度或极度危害介质的压力容器。

④ Q235-C钢板使用范围为：设计压力 $p \leqslant 2.5$MPa；钢板使用温度为0～400℃；用于壳体时，钢板厚度不大于30mm。

从上述规定可以看出，Q235系列的这4种钢板的屈服点都为235MPa（薄板）。由于其杂质含量不同、冶金质量的差异，使得其设计压力、设计温度范围及所使用介质的毒性程度也都受到不同的限制。

(2) 20号钢系列钢板：包括20R容器钢板和20HP焊接气瓶用钢板。

20R容器钢板是列入GB 6654—1996《压力容器用钢板》标准中惟一的碳素钢容器用钢板，其冶炼和检验严于一般碳素结构钢，钢中S、P含量较低，分别控制在不大于0.030%和0.035%。20R容器钢板的16mm厚度钢板其 σ_b 为400～520MPa, $\sigma_s \geqslant 245$MPa, $\delta \geqslant 25\%$，同时焊接性能良好；强度偏低，一般用于制造中、低压的中小型压力容器。

GB 150—1998对20R钢板的使用规定如下：

① 使用温度范围大于-20～450℃；

② 用于壳体厚度大于30mm的钢板，以及用于其他受压元件（法兰、管板、平盖等）的厚度大于50mm的钢板，应在正火状态下使用；

③ 用于壳体厚度大于30mm的钢板，应逐张进行超声波探伤检查；

④ 用于多层包扎容器的内筒钢板，应逐张进行力学性能试验和超声波探伤检查；

⑤ 用于壳体厚度大于25mm且使用温度低于0℃的钢板以及壳体厚度大于12mm且使用温度低于-10℃的钢板都应进行低温冲击试验。

(3) 材料代用：压力容器在制造过程中钢材的代用是经常遇到的，材料的代用手续按照《容规》的规定办理。碳素钢材料代用的一般原则是：以优代劣、以厚代薄。我国常用碳素钢代用钢号如下：

① Q215-A·F可代用Q235-A·F钢板，许用应力按GB 150—1998的有关规定；

② Q215-A可代用Q235-A钢板，许用应力按GB 150—1998的有关规定；

③ Q215-B可代用Q235-B钢板，许用应力按GB 150—1998的有关规定；

④ 10钢板可代用Q235-B钢板，许用应力按GB 150—1998的有关规定；

⑤ 15、20钢板可代用Q235-B钢板；

⑥ A级船用钢板可代用Q235-A钢板；

⑦ B级船用钢板可代用Q235-C钢板，必须进行冲击试验，否则只能代用Q235-A钢板；

⑧ 20g钢板可代用Q235-C钢板。

2. 普通低合金钢

普通碳钢添加少量合金元素即成，其机械性能和工艺性能都较好。制造压力容器常用的普通低合金钢是16MnR（16MnR比Q235钢多含约1%的Mn，但强度却高得多）。用这种钢板制造的容器比用一般碳钢（Q235）可减轻质量约30%～40%，使用温度为-20～475℃。列入GB 6654—1996《压力容器用钢板》标准的低合金钢还有15MnVR、18MnMoNbR、13MnNiMoNbR等，还有未列入标准的07MnCrMoVR钢板。这些合金钢常用于制造常温中低、压容器。

3. 特殊条件下使用的容器用钢

（1）低温（温度＜－20℃）容器用钢要求在最低使用温度下仍具有较好的韧性，以防止容器在运行中产生脆性破裂。列入 GB 3531—1996《低温压力容器用低合金钢钢板》主要有 16MnDR、15MnNiDR、09Mn2VDR、09MnNiDR。一般低温容器常用锰钢及锰钒钢制造，如 16MnDR、09Mn2VDR 等，其下限使用温度分别为－40℃和－70℃。16MnR 钢板用于低温时，需要做低温冲击试验。如能保证钢板在－40℃下的冲击值 $\alpha_k \geq 34.3 \text{J/cm}^2$，则可用到－40℃以上，此时可写成 16MnDR。深冷容器常采用高合金钢制造，如 0Cr18Ni9、0Cr18Ni9Ti，其使用温度下限为－196℃。

（2）高温容器用钢、碳钢 20R、20g 等都可以用到 475℃，而其他普通碳钢一般只能用到 400℃。使用温度在 400～500℃范围内的容器，一般可选用锰钒钢、锰钼钒钢等低合金钢，如 15MnVR、14MnMoVg 等；使用温度为 500～600℃时，可选用铬钼低合金钢，如 15CrMo、12Cr2Mo1 等；使用温度为 600～700℃时，则可选用镍铬高合金钢，如 0Cr18Ni9、0Cr18Ni9Ti 等。

（3）抗氢腐蚀用钢。根据国内外的使用经验，工作压力为 30MPa、介质含氢的压力容器，可以根据不同的使用温度选用下列一些钢材：低于 200℃时可用优质碳钢，如 10 号钢；低于 350℃时可用铬钼低合金钢，如 15CrMo、30CrMo；低于 450℃时可用铬钼合金钢，如 Cr6Mo；在更高温度下使用时可选用含钒量为 0.5% 的铬钼合金钢。

压力容器常用的钢种很多，上面所列举的钢种仅是其中用得最多的一部分。

压力容器的制造除有钢制压力容器外，还有铸铁容器、有色金属容器和非金属容器。在此不一一介绍。

第五节　压力容器的应力及其对安全的影响

压力容器在运行过程中，可能承受着各种形式的载荷，其中比较常见的是压力载荷、重力载荷、温度载荷、风载荷和地震载荷等。这些载荷都会使容器器壁产生整体的或局部的变形，并相应地产生各种应力。

一、各种载荷所产生的应力

（一）由压力而产生的应力

压力是压力容器最主要的载荷，受内压的容器，由于壳体在压力作用下要向外扩张，所以在器壁上总是要产生拉伸应力，这一应力又称为薄膜应力。由压力而产生的应力则是确定容器壁厚的主要因素，对大多数容器来说往往是惟一的因素。

（二）由重力而产生的应力

压力容器本体就具有一定的重力，此外，容器内的工作介质、工艺装置附件以及容器外的其他附加装置，如保温装置、扶梯、平台等也有较大的重力，所有这些重力作用在器壁上也会使器壁产生应力。如卧式容器常用的是鞍式支座，壳体横卧在两个支座上，由于重力的作用而产生弯曲应力。

（三）由温度而引起的应力

压力容器在使用过程中，由于温度变化也会引起应力。热胀冷缩是物体的固有特性，如果物体的温度发生了变化，而它又受到相邻部分或其他物体的牵制约束而不能自如地热胀冷缩，则此物体内部就会产生应力，这种应力称为温度应力。例如，厚壁容器壁内外两面温度不一样，存在着温差，如果内壁温度高于外壁，则内壁要膨胀就会受到外壁的约束而不能自由膨胀，这样就产生了温度应力（也可称为温差应力）；又如，具有衬里或由复合钢板制成的容器，由于材料的热膨胀系数不同也会产生温度应力。

（四）风载荷产生的应力

安装在室外的塔器，大多数是支承式的，在风力作用下，塔体就会随风向发生弯曲变形，使迎风面产生拉伸应力，而背风面则产生压缩应力。

除上述载荷引起的应力外，还有地震、在容器侧旁或顶部装置的重力较大的附属装置等均会使容器壁产生相应的应力。

二、应力对容器安全的影响

不同的载荷使容器壁产生的应力，或者由同一种载荷在容器各部位引起不同类型的应力，对于容器安全的影响是不一样的。

有些应力分布在容器壁的整个截面上，它使容器发生整体变形，且随着应力增大容器变形加剧。当这些应力达到材料的屈服极限时，容器壁即产生显著的塑性变形；若应力继续增大，容器则因过度的塑性变形而最终破裂。由容器内的压力而产生的薄膜应力就是这样一种应力。因其能直接导致容器的破坏，所以薄膜是影响容器安全的最危险的一种应力。

有些应力只产生在容器的局部区域内，也能引起容器变形。当应力值增大到材料的屈服极限时，局部地方还可能产生塑性变形，但由于相邻区域应力较低，材料处于弹性变形，使这局部地方的塑性变形受到制约而不能继续发展，应力将重新分布。一般温度应力和总体结构不连续处的弯曲应力就是这样一种应力。在这种应力作用下，容器的加载与卸载循环次数不需太多，就会导致容器破坏，因此这种应力对容器的安全也构成重要影响。

有些由应力集中而产生的局部应力，只局限在一个很小的区域内，因为这种应力衰减得快，在其周围附近会很快消失，因受到相邻区域的制约，基本上不会使容器产生任何重要变形。如容器壁上的小孔或缺口附近的应力集中就是这样一种应力。这种类型的应力虽不会直接导致容器破坏，但可使韧性较差的材料发生脆性破坏，也会使容器发生疲劳破坏，所以这种类型的应力对容器安全也有一定影响。

从上面分析可知，不同应力对压力容器安全的影响虽然不同，但都可能导致容器破坏。为了防止在使用过程中压力容器早期失效或发生破裂而导致严重的破坏事故，对容器在各种载荷下可能产生的各类型的应力都必须加以控制而把它限制在允许范围内。要做到这一点，除设计人员精心设计外，操作人员认真操作，保持工况稳定，不超温、不超压也是十分重要的。

第二章 压力容器结构

第一节 压力容器的基本构成

压力容器的结构形式是多种多样的,它是根据容器的作用、工艺要求、加工设备和制造方法等因素确定的。图2-1、图2-2所示分别是常见的圆筒形容器和球形容器。

从图2-1、图2-2可知,容器的结构是由承受压力的壳体、连接件、密封元件和支座等主要部件组成。此外,作为一种生产工艺设备,有些压力容器,如用于化学反应、传热、分离等工艺过程的压力容器,其壳体内部还装有工艺所要求的内件。对此,本书不作专门介绍,而只介绍压力容器的其他部件。

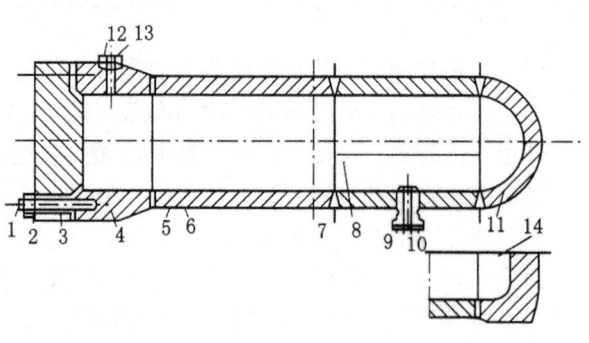

图2-1 圆筒形容器
1—主螺栓;2—主螺母;3—端盖;4—筒体端部;5—内筒;
6—层板层;7—南温带;8—南极板;9—拉杆;10—接管;
11—球形封头;12—管道螺栓;13—管道螺母;14—平封头

一、壳体

壳体是压力容器最主要的组成部分,是储存物料或完成化学反应所需要的压力空间。其形状有圆筒形、球形、锥形和组合形等数种,但最常用的是圆筒形和球形两种。

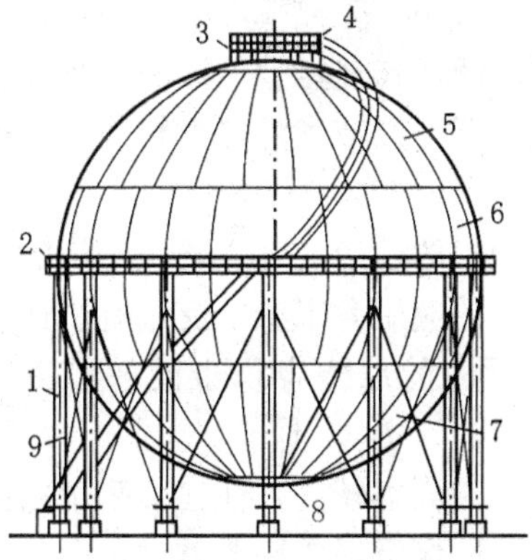

图2-2 球形容器
1—支柱;2—中部平台;3—顶部操作平台;4—北极板;5—北温带;6—赤道带;7—南温带;8—南极板;9—拉杆

（一）圆筒形壳体

其形状特点是轴对称,圆筒体是一个平滑的曲面,应力分布比较均匀,承载能力较高,且易于制造,便于内件的设置和装拆,因而获得广泛的应用。圆筒形壳体由一个圆柱形的筒体和两端的封头或端盖组成。

(1) 筒体。筒体直径较小时（一般小于500mm）,可用无缝钢管制作;直径较大时,可用钢板在卷板机上先卷成圆筒,然后焊接而成。随着容器直径的增大,钢板需要拼接,因而筒体的纵焊缝条数增多。当壳体较长时,因受钢板尺寸的限制,需将两个或两个以上的筒体（此时每个筒体称为筒节）组焊成所需长度的筒体。为便于成批生产,筒体直径的大小已标准化,可按表2-1、表2-2中所示的公称直径选用（带括号的尺寸应尽量不采用）。对焊接筒体,表中公称直径（D_g）是指它的内径;而用无缝钢管制作的筒体,表中公称直径则是指它的外径。

圆柱形筒体按其结构又可分为整体式和组合式两大类,其结构特点和应用范围见本章第二节。

表 2-1　筒体的公称直径　　　　　　　　　　　　　　　　　　　　　　　　　　mm

300	(350)	400	(450)	500	(550)	600	(650)	700	800
900	1000	(1100)	1200	(1300)	1400	(1500)	1600	(1700)	1800
(1900)	2000	(2100)	2200	(2300)	2400	2600	2800	3000	3200
3400	3600	3800	4000						

表 2-2　用无缝钢管作筒体的公称直径　　　　　　　　　　　　　　　　　mm

筒体公称直径	150	200	250	300	350	400
所用无缝钢管的公称直径	159	219	273	325	377	426

（2）封头与端盖。凡与筒体焊接连接而不可拆的，称为封头（图 2-1 中的 11、14）；与筒体以法兰等连接而可拆的则称为端盖（图 2-1 中的 3）。根据几何形状不同，封头可分为半球形、椭圆形、碟形、有折边锥形、无折边锥形和平板形封头（亦称平盖）等数种。对于组装后不再需要开启的容器，如无内件或虽有内件而不需要更换、检修的容器，封头和筒体采用焊接连接形式，能有效地保证密封，且节省钢材和减少制造加工量。对需要开启的容器，封头（端盖）和筒体的连接应采用可拆式的，此时在封头和筒体之间必须装置密封件。

各类封头的特点和应用范围详见本章第三节。

（二）球形壳体

容器壳体呈球形，又称球罐。其形状特点是中心对称，具有以下优点：

（1）受力均匀：一是各处的应力均等，二是径向应力与环向应力相等，在直径相同的条件下，其球壳的应力只有圆柱壳的二分之一。在相同的壁厚条件下，球形壳体的承载能力最高，即在同样的内压下，球形壳体所需要的壁厚最薄，仅为同直径、同材料圆筒形壳体壁厚的 1/2（不计腐蚀裕度）；

（2）表面积最小：在相同容积条件下，球形壳体的表面积最小。壳壁薄和表面积小，制造时可以节省钢材，如制造容积相同的容器，球形的要比圆筒形的节省约 30%～40% 的钢材。此外，表面积小，对于用作需要与周围环境隔热的容器，还可以节省隔热材料或减少热的传导。

所以，从受力状态和节约用材来说，球形是压力容器最理想的外形。随着国民经济的发展和压力容器制造技术的不断提高，球形容器在石油化工企业的应用愈来愈广泛，有制造容积愈来愈大的趋势：国外已经有十万立方米的球罐出现，国内的球罐容积也已超过万立方米。

但是，球形壳体也存在某些不足：一是制造比较困难，工时成本较高，往往要采用冷压或热压成形法。对于小型球形壳体，可先冲压成两个半球，然后再组焊成一个整球，由于半球的冲压深度深，钢材变形量大，不仅需要大型的冲压设备，而且容易产生冲压裂纹和过大的局部壳壁减薄；对于大型球形壳体，往往需要先压制成若干个球瓣，然后再将众多的球瓣组对焊成一个整球，球瓣的成形和组焊都是比较困难的，容易发生过大的角变形和焊接残余应力，有的还会产生焊接裂纹；对于超大型的球形壳体，由于运输等原因，要先在制造厂压好球瓣，然后运到使用现场组装，由于施工条件差，质量更不易保证。二是球形壳体用于反应、传质或传热容器时，既不便于在内部安装工艺内件，也不便于内部相互作用的介质的流动。由于球形壳体存在上述不足，所以其使用受到一定的限制，一般只用于中、低压的储装容器，如液化石油气储罐、液氨储罐等。此外，有些用蒸汽直接加热的容器，为了减少热损失，有时也采用球形壳体，如造纸工艺中用于蒸煮纸浆的"蒸球"等。

其他形状的壳体，如锥形壳体，因为用得较少，故不作介绍。

二、连接件

压力容器中的反应、换热、分离等容器，由于生产工艺和安装检修的需要，封头和筒体需采用可拆连接结构时就要使用连接件。此外，容器的接管与外部管道连接也需要连接件。所以，连接件是容器及管道中起连接作用的部件，一般均采用法兰螺栓连接结构，如图2-1中的1、4、9。

法兰通过螺栓起连接作用，并通过拧紧螺栓使垫片压紧而保证密封。用于管道连接和密封的法兰叫管法兰；用于容器端盖和筒体连接后密封的法兰叫容器法兰。在高压容器中，用于端盖与筒体连接，并和筒体焊在一起的容器法兰又称为筒体端部。容器法兰按其结构分为整体式、活套式和任意式3种，其结构特点和应用范围，见本章第四节。

三、密封元件

密封元件是可拆连接结构的容器中起密封作用的元件。它放在两个法兰或封头与筒体端部的接触面之间，借助于螺栓等连接件的压紧力而起密封作用。根据所用材料不同，密封元件分为非金属密封元件（如石棉橡胶板、橡胶O形环、塑料垫、尼龙垫等）、金属密封元件（如紫铜垫、不锈钢垫、铝垫等）和组合式密封元件（如铁皮包石棉垫、钢丝缠绕石棉垫等）。按截面形状的不同又可分为平垫片、三角形与八角形垫片、透镜式垫片等。

不同的密封元件和不同的连接件相配合，就构成了不同的密封结构。用于压力容器的密封结构主要有平垫密封、双锥密封、伍德密封、卡扎里密封、楔形环密封、C形环密封、O形环密封、B形环密封等，是压力容器的一个相当重要的组成部分。其完善与否不但影响到整个容器的结构、重量和制造成本，而且关系到容器投产后能否正常运行。各种密封结构的密封机理、应用场合详见本章第五节。

四、接管、开孔及其补强结构

（一）接管

接管是压力容器与介质输送管道或仪表、安全附件管道等进行连接的附件，常用的接管有3种型式，即螺纹短管、法兰短管与平法兰，如图2-3所示。

螺纹短管式接管是一段带有内螺纹或外螺纹的短管。短管插入并焊接在容器的器壁上，如图2-3（a）所示。短管螺纹用来与外部管件连接。这种型式的接管一般用于连接直径较小的管道，如接装测量仪表等。

法兰短管式接管一端焊有管法兰，一端插入并焊接在容器的器壁上，如图2-3（b）所示。法兰用以与外部管件连接。这种型式的接管在容器外面的一段短管要求有一定的长度，以便短管法兰与外部管件连接时能够顺利地穿进螺栓和上

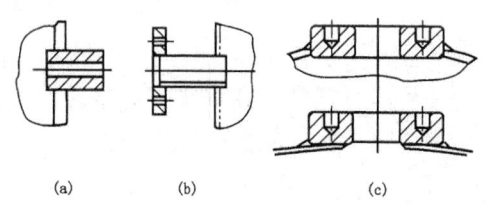

图2-3 接管形式示意
(a) 螺纹短管式接管；(b) 法兰短管式接管；
(c) 平法兰式接管

紧螺帽，这段短管的长度一般不小于100mm。当容器外面有保温层时，或接管靠近容器本体法兰安装时，短管的长度要求更长一些。法兰短管式多用于直径稍大的接管。

平法兰式接管是法兰短管式接管除掉了短管的一种特殊型式。它实际上就是直接焊在容

器开孔上的一个管法兰。不过它的螺孔与一般管法兰的孔不同，是一种带有内螺纹的不穿透孔。这种接管与容器的连接有贴合式和插入式两种型式，如图2-3（c）所示。贴合式接管有一面加工成圆柱状（或球状），使其与容器的外壁贴合，并焊接在容器开孔的外壁上，因而容器的孔可以开得小一些，但圆柱形的法兰面加工比较困难。插入式法兰接管两面都是平面，它插入到容器壁内表面并进行两面焊接。插入式接管加工比较简单，但不适宜用于容器内装有大直径部件（如塔板）的容器上。平法兰式接管的优点是：它既可以作接口管与外部管件连接，又可以作补强圈，对器壁的开孔起补强作用，容器开孔不需另外再补强；该种接管的缺点是装在法兰螺孔内的螺栓容易被碰撞而折断，而且一旦折断后要取出来则相当困难。

（二）开孔

为了便于检查、清理容器的内部、装卸、修理工艺内件及满足工艺的需要，一般压力容器都开设有手孔和人孔。手孔的大小要使人的手能自由通过，并考虑手上还可以握有装拆工具和供安装的零件。一般手孔的直径不小于150mm。对于内径大于或等于1000mm的容器，如不能利用其他可拆装置进行内部检验和清洗时，应开设人孔，人孔的大小应能使人能够钻入。手孔和人孔的尺寸应符合有关标准的规定。手孔和人孔有圆形和椭圆形两种。椭圆孔的优点是容器壁上的开孔面积可以小一些，而且其短径可以放在容器的轴向上，这就减小了开孔对容器强度的削弱；对于立式圆筒形容器来讲，椭圆形人孔也适宜于人的进出。

手孔和人孔的封闭形式有内闭式和外闭式两种。内闭式的手孔或人孔，孔盖放在孔壁里面，用两个螺栓（手孔则为一个螺栓）把紧压在孔外放置并支承在孔边的横杆上（又称压马），如图2-4所示。这种型式多采用椭圆孔和带有沟槽的孔盖，因为这样便于放置垫片和安装孔盖。内闭式人孔盖板的安装虽较困难，但密封性能较好，容器内介质的压力可以帮助压紧孔盖，有自紧密封的效用。特别是它可以防止因垫片等的失效而导致容器内介质的大量喷出，因而适用于工作介质为高温或有毒气体的容器。

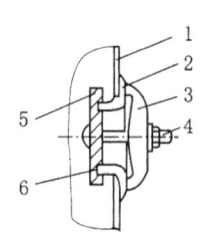

图2-4 内闭式人孔
1—器壁；2—人孔圈；
3—压马；4—螺栓；
5—人孔盖；6—垫片

外闭式手孔或人孔的结构一般就是一个带法兰的短管和一个平板型盖或稍压弯的不折边的球形盖，用螺栓或双夹螺栓紧固，盖上还焊有手柄。开启次数较多的人孔常采用铰接的回转盖，如图2-5所示。这种装置使用带有铰链的螺栓和带有缺口螺孔的法兰，孔盖用销钉与短管铰接，拧松螺母翻转螺栓后即可把整个孔盖绕销钉翻转，装卸都较为方便，更适宜于装在高处的人孔结构。

（三）开孔补强结构

容器的筒体或封头开孔后，不但减小了容器壁的受力面积，而且还因为开孔造成结构不连续而引起应力集中，使开孔边缘处的应力大大增加，孔边的最大应力要比器壁上的平均应力大几倍，对容器的安全运行极为不利。为了补偿开孔处的薄弱部位，就需进行补强措施，开孔补强方法有整体补强和局部补强两种。整体补强采用增加容器整体壁厚的方式来提高承载能力，这显然不合理。局部补强则采用在孔边增加补强

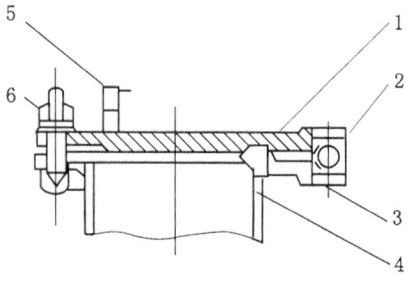

图2-5 带回转盖的外闭式人孔
1—盖；2—铰接结构；3—法兰；4—短管；
5—手柄；6—螺栓

结构来提高承载能力。容器上的开孔补强一般均用局部补强法，其原理是等面积补强，即使补强结构在有效补强范围内（其计算请参看有关资料）所增加的截面积大于开孔所减少的截面积。局部补强常用的结构有补强圈、厚壁短管和整体锻造补强等数种。

（1）补强圈补强结构，如图2-6所示，是在开孔的边缘焊一个加强圈，其材料与容器材料相同，厚度一般也与容器的壁厚相同，其外径约为孔径的2倍。加强圈一般贴合在容器外壁上，与壳体及接管焊接在一起，圈上开一带螺纹的小孔，备作补强圈周围焊缝的气密性试验之用。

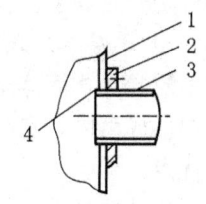

图2-6　补强圈补强结构
1—容器壁；2—补强圈；
3—短管；4—小孔

（2）厚壁短管补强结构，如图2-7所示，是把与开孔连接的接管的一段管壁加厚，使这段接管除了承受管内压力所需的厚度外，还有很大一部分剩余厚度用来加强孔边。厚壁短管插入孔内，并高出容器壁的内表面，与容器壁内外表面焊接。厚壁短管的壁厚一般等于或稍大于器壁的厚度，插入长度约为壁厚的3～5倍。这种补强结构补强效果较好，因为用以补强的金属都集中在孔边的局部应力最大的区域内，而且制造容易，用料也较省，因而被广泛采用。特别是一些对应力集中比较敏感的低合金高强度钢制造的容器，开孔补强更适宜用厚壁短管补强结构。但这种补强方式只适宜于开孔尺寸较小的容器。

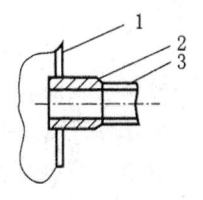

图2-7　厚壁短管补强结构
1—容器壁；2—厚壁短管；
3—连接管

（3）整体锻造补强结构，如图2-8所示。近年来在球形容器制造中采用的结构（图2-8（a））是先把开孔与部分球壳锻造成一个整体，再车制成形后与壳体进行焊接。这种补强结构合理，使焊缝避开了孔边应力集中的地方，因而受力情况较好。但制造困难，成本较高，多用于高压或某些重要的容器上。

上述3种补强结构均用于需开孔补强的容器，但容器上有些开孔是不需要补强的，这是因为容器在设计时存在某些加强因素，如考虑钢板规格、焊缝系数而使容器壁厚加厚；考虑接管的金属在一定范围内也

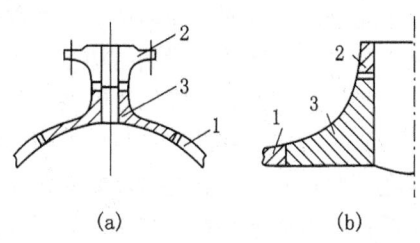

图2-8　整体锻造补强结构
1—壳体；2—法兰或接管；3—补强元件

有加强作用等。所以当开孔较小、削弱程度不大、孔边应力集中程度在允许范围以内时，开孔处可以不另行补强。具体规定参见GB 150—1998。

五、支座

支座对压力容器起支承和固定作用（图2-2中的1）。用于圆筒形容器的支座随圆筒形容器安装位置不同，有立式容器支座和卧式容器支座两类。此外，还有用于球形容器的支座。各种支座的结构形式和应用范围将在本章第六节介绍。

第二节　圆筒体结构

一、整体式筒体

整体式筒体结构有单层卷焊、整体锻造、锻焊、铸—锻—焊以及电渣重熔等5种结构形

式，分别介绍如下。

（一）单层卷焊式筒体

单层卷焊式筒体是用卷板机将钢板卷成圆筒，然后焊上纵焊缝制成筒节，再将若干个筒节组焊形成筒体，它与封头或端盖组装成容器。这是应用最广泛的一种容器结构，具有如下一些优点：

（1）结构成熟，使用经验丰富，理论较完善；
（2）制造工艺成熟，工艺流程较简单，材料利用率高；
（3）便于利用调质（淬火加回火）处理等热处理方法，改善和提高材料的性能；
（4）开孔、接管及内件的装设容易处理；
（5）零件少，生产及管理均方便；
（6）使用温度无限制，可作为热容器及低温容器。

但是，单层卷焊式筒体也存在某些缺陷，一是其壁厚往往受到钢材轧制和卷制能力的限制，我国目前单层卷焊筒体的最大壁厚一般小于或等于120mm；二是规格相同的压力容器产品，单层卷焊筒体所用钢板厚度最大，厚钢板各向性能差异大，且综合性能也不如薄板和中厚板，因此产生脆性破坏的危险性增大；三是在壁厚方向上应力分布不均匀，材料利用不够合理。随着冶金和压力容器制造技术的改进，单层卷焊结构的上述不足将逐步得到克服。

（二）整体锻造式筒体

整体锻造式筒体是最早采用且沿用至今的一种压力容器筒体结构形式：在钢坯上采用钻孔或热冲孔方法先开一个孔，加热后在孔中穿一心轴，然后在压机上进行锻压成形，最后再经过切削加工制成；筒体的顶、底部可和筒体一起锻出，也可分别锻出后用螺纹连接在筒体上，是没有焊缝的全锻制结构。如容器较长，也可将筒体分几节锻出，中间用法兰连接。

整体锻造式筒体常用于超高压等场合，它具有质量好、使用温度无限制的优点。因制造时去除了钢锭心部的比较疏松的组织，剩余部分经锻压加工后组织密实，故质量可靠。但也存在一些缺点，如制造时需要有锻压、切削加工和起重设备等一整套大型设备；材料利用率较低；在结构上存在着与单层卷焊筒体相同的缺点。因此，这种筒体结构一般只用于内径为300～500mm 的小型容器上。

（三）锻焊式筒体

锻焊式筒体是在整体锻造式筒体的基础上，随着焊接技术的进步而发展起来的；是由若干个锻制的筒节和端部法兰组焊而成，所以只有环焊缝而没有纵焊缝。与整体锻造式相比，无需大型锻造设备，故容器规格可以增大，保持了整体锻造式筒体材质密实、质量好、使用温度没有限制等主要优点。因而常用于直径较大的化工高压容器，且在核容器上也获得了广泛的应用。

（四）铸—锻—焊式筒体

铸—锻—焊式筒体是随着铸造、锻造技术的提高和焊接工艺的发展而出现的一种新型的筒体。制造时，根据容器的尺寸，在特制的钢模中直接浇铸成一个空心八角形铸锭，钢模中心设有一活动式激冷柱塞，在钢水凝固过程中，可以更换柱塞以控制激冷速度，使晶粒细化。浇铸后切除冒口及两端，超热在压机上锻造成筒节，经机加工和热处理后组焊成容器。这种制造工艺可大大降低金属消耗量，但制造工序较复杂。

（五）电渣重熔式筒体（或称电渣焊成形筒体）

电渣重溶式筒体是近年来发展起来的一种制造过程高度机械化、自动化的筒体结构形式。制造时,将一个很短的圆筒(称为母筒)夹在特制机床的卡盘上,利用电渣焊在母筒上,连续不断地堆焊直至所需长度。熔化的金属形成一圈圈的螺圈条,经过冷却凝固而成为一体,其内外表面同时进行切削加工,以获得所要求的尺寸和光洁度。这种筒体的制造无需大型工艺装备,工时少,造价低,器壁内各部分的材质比较均匀,无夹渣与分层等缺陷。是一种很有前途的制造高压容器的工艺。

二、组合式筒体

组合式筒体结构又可分为多层板式结构和绕制式结构两大类。

(一) 多层板式筒体结构

多层板式筒体结构包括多层包扎、多层热套、多层绕板、螺旋包扎等数种。这种筒体由数层或数十层紧密贴合的薄金属板构成,具有以下一些优点:一是可以通过制造工艺过程在层板间产生预应力,使壳壁上的应力沿壁厚分布比较均匀,壳体材料可以得到较充分的利用,所以壁厚可以稍薄;二是当容器的介质具有腐蚀性时,可以采用耐腐蚀的合金钢作内筒,而用碳钢或其他强度较高的低合金钢作层板,能充分发挥不同材料的长处,节省贵重金属;三是当壳壁材料中存在有裂纹等严重缺陷时,缺陷一般不易扩展到其他各层;四是由于使用的是薄板,具有较好的抗裂性能,所以脆性破坏的可能性较小;五是在制造上不需要大型锻压设备。这种筒体的缺点是:多层板厚壁筒体与锻制的端部法兰或封头的连接焊缝,常因两连接件的热传导情况差别较大而产生焊接缺陷,有时还会因此而发生脆断。由于多层板筒体在结构上和制造上都具有较多的优点,所以近年来制造的高压容器,特别是大型高压容器多采用这种结构,而且制造方法也在不断发展。现分述如下:

(1) 多层包扎式是美国斯密思(A. O. Smith)公司于1931年首创的一种筒体结构型式,现已为许多国家所采用,是一种目前使用最广泛、制造和使用经验最为成熟的组合式筒体结构。其制造工艺是:先用15~25mm厚的钢板卷焊成内筒,然后再将6~12mm厚的层板压卷成两块半圆形或三块瓦片形,用钢丝绳或其他装置扎紧并点焊固定在内筒上;焊好纵缝并把其外表面修磨光滑,依此继续直至达到设计厚度为止。层板间的纵焊缝要相互错开一定角度,使其分布在筒节圆周的不同方位上。此外筒节上开有一个穿透各层层板(不包括内筒)的小孔(称为信号孔、泄漏孔),用以及时发现内筒破裂泄漏,防止缺陷扩大。筒体的端部法兰过去多用锻制,近年来也开始采用多层包扎焊接结构。和其他结构型式相比,多层包扎式筒体生产周期长、制造中手工操作量大。但这些不足会随着技术的进步而不断得到改善。

(2) 多层热套式筒体最早用于制造超高压反应容器和炮筒上。它是由几个用中等厚度(一般为20~50mm)的钢板卷焊成的圆筒体套装而成,每个外层筒的内径均略小于套入的内层筒的外径;将外层筒加热膨胀后把内层筒套入,这样将各层筒依次套入,直至达到设计厚度为止。再将若干个筒节和端部法兰(端部法兰也可采用多层热套结构)组焊成筒体。早期制作这种筒体在设计中均应考虑套合预应力因素,以确保层间的计算过盈量(筒外径大于外筒内径的数量),这就需要对每一层套合面进行精密加工,增加了加工上的困难。近年来工艺改进后对过盈量的控制要求较宽,套合面只需进行粗加工或只喷砂(或喷丸)处理而不经机加工,大大简化了加工工艺。筒体组焊成后进行退火热处理,以消除套合应力和焊接残余应力。多层热套式筒体兼有整体式和组合筒体两者的优点,材料利用率较高,制造方便,无需其他专门工艺装备,发展应用较快。当然,多层热套式筒体也有弱点,因其层数较少,使用的是中厚板,所以在防脆断能力上要差于多层包扎式。

(3) 多层绕板式筒体是在多层包扎式筒体的基础上发展而来的。它由内筒、绕板层、楔

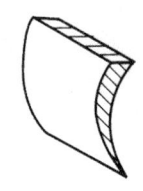

图 2-9 楔性板形状图

形板和外筒 4 部分组成。内筒一般用 10～40mm 厚的钢板卷焊而成；绕板层则是用厚 3～5mm 的成卷钢板构成，首先将成卷钢板的端部搭焊在内筒上，然后用专用的绕板机床将绕板连续地缠绕在内筒上，直至达到所需厚度为止。起保护作用的外筒厚度一般为 10～12mm，是两块半圆形壳体，用机械方法紧包在绕板层外面，然后纵向焊接。由于绕板层是螺旋状的，因此在绕板层与内、外筒之间均出现了一个底边高等于绕板厚度的三角形空隙区，为此在绕板层的始端与末端都得事先焊上一段较长的楔形板以填补空隙，如图 2-9 所示。所以筒体只有内外筒有纵焊缝，绕板层基本上没有纵焊缝，省却需逐层修磨纵焊缝的工作，其材料利用率和生产自动化程度均高于多层包扎式结构。但受限于卷板宽度，筒节不能做得很长（目前最长的为 2.2m），且长筒体的环焊缝较多。我国于 1966 年就研制成多层绕板式容器，但由于受绕板机床能力和卷板宽度的制约，目前只能绕制外径为 400～1000mm 的筒节，且最大长度仅为 1600mm。

（4）螺旋包扎筒体是多层包扎式结构的改进型。多层包扎式筒体的层板层为同心圆，随着半径的增加，每层层板的展开长度不同，因此要求准确下料以保证装配焊接间隙，这不仅费时间，而且费料。螺旋包扎式结构则有所改进，它采用楔形板和填补板作为包扎的第一层，如图 2-10 所示。楔形板一端厚度为层板厚度的两倍，然后逐渐减薄至层板厚度，这样第一层就形成一个与层板厚度相等的台阶，使以后各层呈螺旋形逐层包扎。包扎至最后一层，可用与第一层楔形板方向相反的楔形板收尾，使整个筒节仍呈圆形。这种结构比多层包扎式下料工作量要少，并且材料利用率也有所提高。

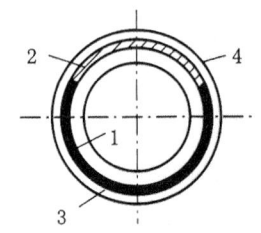

图 2-10 螺旋包扎结构示意图
1—内筒；2—楔形板；3—填补板；4—层板

（二）绕制式筒体结构

这种结构型式包括型槽绕带式和扁平钢带式两种。这种筒体是由一个用钢板卷焊而成的内筒和在其外面缠绕的多层钢带构成。它是具有多层板筒体的一些优点，而且可以直接缠绕成所需长度的筒体，因而可以避免多层板筒体那样深而窄的环焊缝。

图 2-11 型槽钢带截面形状

（1）型槽绕带式筒体制造时先用 18～50mm 厚的钢板卷焊一个内筒，并将内筒的外表面加工成可以与型槽钢带相互啮合的沟槽，然后缠绕上数层型槽钢带至所需厚度。钢带的始端和末端用焊接固定。由于型槽钢带的两面都带有凸凹槽，如图 2-11 所示，缠绕时钢带层之间及其和内筒之间均能互相啮合，使筒体能承受一定的轴向力。此外，在缠绕时一面用电加热钢带，一面拉紧钢带，并用辊子压紧和定向，缠绕后用空气和水冷却，使钢带收缩而对内层产生预应力。筒体的端部法兰也可以用同样方法绕成，并将外表面加工成圆柱形，然后在其外面热套上法兰箍。

型槽绕带容器适用于大型高压容器，此种结构一般用于直径 600mm 以上、温度 350℃ 以下、压力 19.6MPa 以上的工况。

这类产品制造时，机械化程度、生产效率和材料利用率均较高，经长期使用证明，质量良好，安全可靠。但由于钢带形状复杂，尺寸公差要求很严，从而给轧钢厂的轧辊制造带来很大困难；若变换钢带材料就必须要重新设计、制造轧辊。况且钢带之间的啮合需要几个面同时贴紧，难以保证，带层之间总有局部啮合不良现象。筒壁开孔和搬运都比较困难，要小心避免外层钢带损坏。

(2) 扁平钢带式筒体属我国首创，其全称应为扁平钢带倾角错绕式筒体，由内筒、绕带层和筒体端部3部分组成。内筒为单层卷焊，其厚度一般为筒体总厚度的20%~25%；筒体端部一般为锻件，其上有30°锥面以便与钢带的始末端相焊。扁平钢带以倾角（钢带缠绕方向与筒体横断面之间的夹角，一般为26°~31°）错绕的方式缠绕于内筒上，如图2-12所示。这样带层不仅加强了筒体的周向强度，同时也加强了轴向强度，克服了型槽绕带式筒体轴向强度不足的弱点。相邻层钢带交替采用左、右旋螺纹方向缠绕，使筒体中产生附加扭矩的问题得以消除，改善了受力状态。

这种筒体避免了深度焊缝，并且具有先漏后破、破坏时无碎片、事故危害性较小等优点。加之材料来源广泛（一般为80mm×4mm断面的扁平钢带）、制造设备和制造工艺简易，生产周期短等特点，因而已在小型化肥厂中广为应用。

扁平钢带式筒体也存在某些不足之处，如钢带之间的间隙在绕制过程中很难均匀；每条钢带距缠绕终端300mm轴向长度，由于结构的原因无法旋加预应力而只能浮贴于内筒或里层带钢带上。经多次爆破试验证实，这种结构的爆破压力低于其他型式的容器。故目前扁平钢带式容器用于直径小于1000mm、压力小于31.36MPa、温度小于200℃的工况条件。

压力容器的筒体结构还有套箍式、绕丝式等型式，在此不一一介绍了。

第三节 封 头

封头为压力容器的主要受压元件，种类较多，包括平盖、椭圆形封头、碟形封头、无折边球面封头、带法兰凸形封头、半球形封头，以及锥形封头和平板拉撑结构，等等。这些封头由于与圆筒体的连接处有较为复杂的边界条件，故有不同性质的应力存在。

本节重点介绍油田常见的几种凸形封头和锥形封头。

一、凸形封头

凸形封头包括椭圆形封头、碟形封头、球冠形封头和半球形封头。

（一）半球形封头

半球形封头如图2-12所示，实际上就是一个半球体。球形具有各向受力均匀、应力比同直径其他形状封头要小，且表面积也最小等特点。直径较小的球形封头可整体压制成形，而直径较大的则由于其深度太大，整体压制困难，故采用数块大小相同的梯形球面板和顶部中心的一块圆形球面板（球冠）组焊而成。球冠的作用是把梯形球面板之间的焊缝间隔开，以保持一定的距离，避免应力集中。根据强度计算，球形封头的壁厚都小于筒体壁厚，为了减少其连接处由于几何形状不连续而产生的局部应力，球形封头与筒体的连接采用了如图2-13（a）所示球形封头的上部为等厚球缺（不足半个球体，整体或由多块球面板组焊而成）、下部为一个锻制的且厚度逐渐减薄的窄球带这样的连接形式。图2-13（b）所示连接形式为：封头作成一个等厚球缺，而将筒体与封头连接的端部加工成一圈窄球带，与封头构成半球形。图2-13（c）

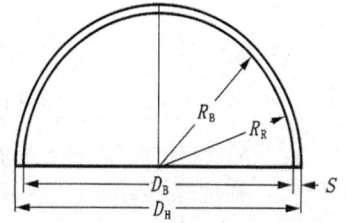

图2-12 半球形封头

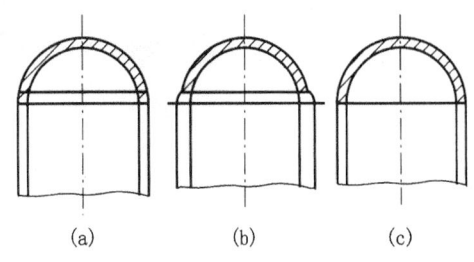

图 2-13 半球形封头与筒体连接示意

所示连接形式为：球形封头内径与筒体内径相同，在焊完封头与筒体的环缝后，再在封头外壁堆焊金属，使连接处平滑过渡。在实际使用中，常取球形封头的厚度与圆筒体相同。从节省材料和受力状态上看，在直径和承受压力相同的条件下，半球形封头所需的厚度最小；封头容积相同时表面积最小，受力也最均匀，故半球形封头是最好的一种封头形式。但是由于其深度太大，加工制造困难，除用于压力较高、直径较大的储罐、液化气钢瓶或其他特殊需要者外，一般较少采用。但被广泛应用于液化石油气钢瓶制造中。

（二）椭圆形封头

椭圆形封头如图 2-14 所示。椭圆的曲线是逐点改变的，受力状态比碟形封头好，但不如半球形封头，因此椭圆形封头具有较好的力学性能，是目前国内外压力容器制造中采用最多的封头形式。椭圆形封头的深度 h_i 取决于椭圆形的长短轴之比，即封头的内直径与封头两倍深度之比（$D_i/2h_i$）；其比值越小，封头深度就越大，受力较好，需要的壁厚也小，但加工制造困难；比值越大，虽易于加工制造，但封头深度越小，受力状态变坏，需要的壁厚增大。一般 $D_i/2h_i$ 之值以不大于 2.6 为宜。$D_i/2h_i = 2$ 的椭圆形封头称为标准椭圆形封头，是压力容器中常用的一种封头；否则为非标准椭圆形封头。GB 150—1998 推荐采用长短轴比值为 2 的标准椭圆形封头。

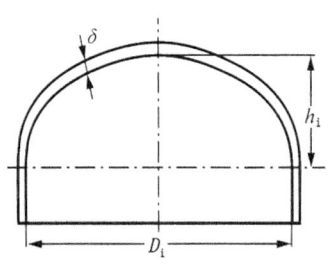

图 2-14 椭圆形封头

（三）碟形封头

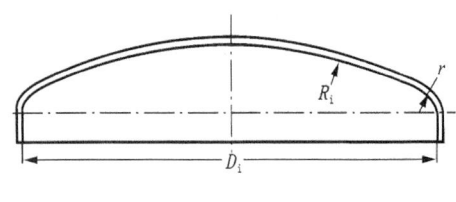

图 2-15 碟形封头

碟形封头如图 2-15 所示。碟形封头与椭圆形封头不同，由球面体和过渡区两个曲率步伐组成。从几何形状看，为一不连续曲面，在曲率半径不同的两个曲面连接处，由于曲率的较大变化而存在着较大弯曲应力。此弯曲应力和薄膜应力叠加的结果，使该部位的应力远远高于其他部分。为此碟形封头不像椭圆形封头那样，应力分布比较均匀、缓和，因而在工程中使用并不理想。当椭圆形封头加工困难时，也可使用碟形封头。故 GB 150—1998 对碟形封头的使用，作了如下规定性限制：

（1）碟形封头球面部分的内半径应不大于封头的内直径，通常取 0.9 倍的封头内直径；

（2）碟形封头转角内半径应不小于封头内直径的 10%，且不得小于 3 倍的名义厚度；

（3）对于 $R_i = 0.9D_i$、$r = 0.17D_i$ 的碟形封头，其有效厚度应不小于封头内直径的 0.15%，其他碟形封头的有效厚度应不小于 0.30%。

（四）球冠形封头

球冠形封头如图 2-16 所示。球冠形封头是一块深度很小的球面体（球冠），实际上就是为了减小深度而将半球形封头或碟形封头的大部分除掉，只取其上的球面体而成。它结构

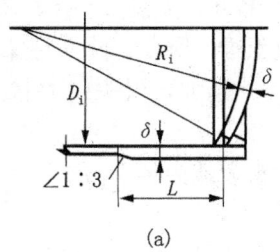 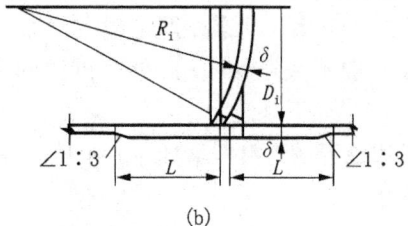

(a)　　　　　　　　　(b)

图 2-16　球冠形封头

简单，深度浅，容易制造，成本也较低。但是它与筒体的连接处存在明显的形状突变，导致很高的局部应力，这一应力往往是封头和筒体正常部位应力的好几倍，故受力状况不良。因此这种封头一般只用在直径较小、压力较低的容器上。球冠形封头可用作端封头，也可用作容器中两独立受压室的中间封头。为了保证封头和筒体连接处不至遭到破坏，要求封头与筒体连接的 T 形接头必须采用全焊透结构。

二、锥形封头（锥壳）

图 2-17、图 2-18、图 2-19 所示为无折边锥形封头和折边锥壳。

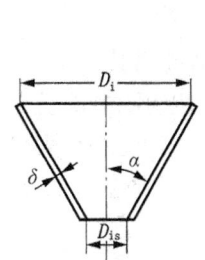 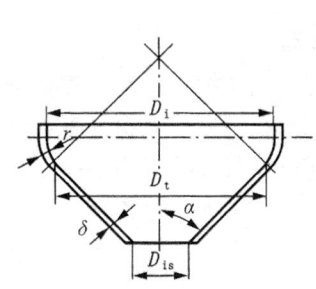 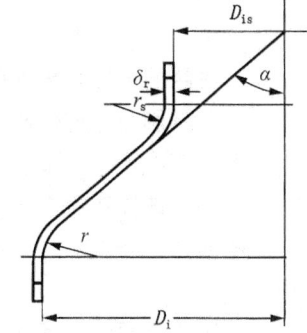

图 2-17　无折边锥壳　　　图 2-18　大端折边锥壳　　　图 2-19　折边锥壳

（一）无折边锥壳

无折边锥壳就是一段圆锥体，如图 2-17 所示。由于锥体与筒体直接连接，连接处壳体形状突变而不连续，产生较大的局部应力。这一应力的大小取决于锥体半顶角 α 的大小，α 角越小应力越大；反之则应力越小。GB 150—1998 对无折边锥壳作了如下 3 点限制：

(1) 当锥壳半顶角 $\alpha \leqslant 30°$ 时，锥壳大端可以采用无折边结构；当 $\alpha > 30°$ 时，应采用带过渡段的折边结构，否则应按应力分析方法进行设计。

(2) 锥壳应按整体结构考虑，当需要补强时，必须采用整体补强的办法；连接处附近的规定长度范围内均应增加厚度。

(3) 无折边锥壳与筒体的连接应采用全焊透结构。

压力容器上采用无折边锥形封头时，多采用局部加强结构。加强结构的型式较多，既可以在锥形封头与筒体连接处附近焊加强圈，也可在封头与筒体连接处局部加大壁厚。

（二）折边锥壳

锥体半顶角 $\alpha > 30°$ 的场合，GB 150—1998 规定锥壳与圆筒的连接以采用有过渡区的折边锥壳为宜。折边锥壳包括圆锥体、折边和圆筒体3个部分，如图2-18、图2-19所示。因α越大，锥体应力越大，所需壁厚也越大，加工就越困难。所以，除非特殊需要，带折边锥壳的半顶角α一般不大于45°。此外，折边的内半径r越大，封头受力状态越好，因此GB 150—1998作出了如下规定：

（1）大端折边锥壳的过渡段转角半径r应不小于封头大端内径D_i的10%，且不小于该过渡段厚度的3倍。

（2）当锥壳半顶角α≤45°时，锥壳小端可以采用无折边结构；α＞45°时，应采用带过渡段的折边结构。

（3）小端折边锥壳的过渡段转角半径r_s应不小于封头小端内径D_{is}的5%，且不小于该过渡段厚度的3倍。

（4）锥壳与筒体的连接应采用全焊透结构。

就受力状态而言，锥壳较半球形、碟形、椭圆形封头都差，但是锥形封头由于其形状有利于流体流速的改变和均匀分布，有利于物料的排出，所以在压力容器上仍得到应用，一般用于直径较小、压力较低的容器上。石油化工生产中的塔底再沸器的容器与换热器的过渡区常应用不同轴心的锥壳结构。

第四节　法兰连接结构

一、法兰的连接与密封作用原理

法兰在容器与管道中起连接与密封作用，下面以螺栓连接的法兰为例说明其结构特点。法兰实际上就是连在管道和容器端部的圆环，上面开有若干螺栓孔，一对相组配的法兰之间装有垫片，用螺栓连接在一起，通过拧紧螺栓来连接一对法兰，并压紧垫片，使垫片表面产生塑性变形，从而阻塞了容器内介质向外流的通道，起到密封作用。这就是法兰的密封原理。

二、法兰与筒体的连接形式

在第一章曾提及，根据法兰与筒体的连接形式不同，容器法兰分为整体法兰、活套法兰和任意式法兰3种，下面具体介绍其连接形式。

（一）整体法兰

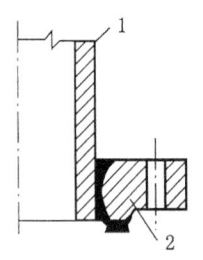
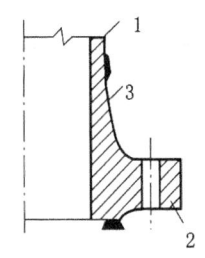

图2-20　平焊法兰　　　图2-21　对焊法兰
1—筒体；2—法兰环　　1—接管；2—法兰环；3—锥径

法兰与法兰颈部为一整体或法兰与容器的连接可视为相当于整体结构的法兰，称为整体法兰。根据它与筒体的连接形式又可分为平焊法兰和对焊法兰（或称长颈法兰）两类，分别如图2-20、图2-21所示。平焊法兰是将法兰环套在筒体外面，用填角焊与筒体连接的法兰。这种法兰因其结构简单，制造容易而使用广泛。但是刚性差，受力后容易产生变形和泄漏，有时还导致筒体弯曲，所以一般只用于直径较小、压力、温度较低的低压容器上。对焊法兰是通过锥颈与筒体对焊连接的法兰。这种法兰因根部带有较厚的锥颈圈，不仅刚性较好，不易变形，而且法兰环通过锥颈与筒体对接，局部应力较平焊法兰大大降低，而强度增加。但这种法兰制造比较困难，所以仅在中压容器上采用。

（二）活套法兰

法兰环套在筒体外面但不与筒壁固定成整体的法兰，称为活套法兰，图2-22给出这种法兰的4种常见型式。图2-22（a）是套在翻边筒体上的活套法兰，多用于压力很低的有色金属制造的容器；图2-22（b）是套在筒体焊接环上的活套法兰，常用于钢制搪瓷容器；图2-22（c）是套在一个由两个半圈组成的套环上的活套法兰，装卸法兰较方便；图2-22（d）是用螺纹与筒体连接的活套法兰，因加工螺纹比较麻烦，所以只用于管式容器上。

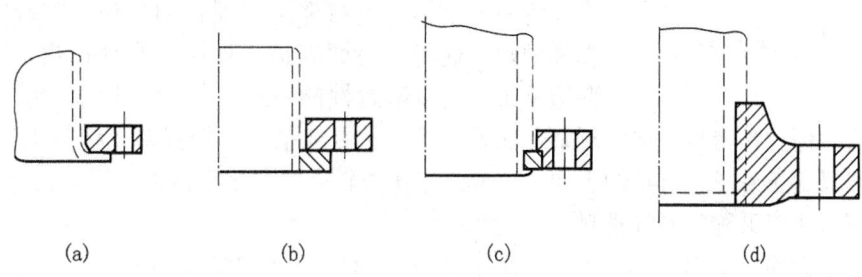

图2-22 活套法兰

这类法兰因与筒体没有刚性的联系，故拆卸、维修或更换均较方便，不会使筒壁产生附加应力，可用与筒体不同的材料制造。但其强度较低，对直径与压力相同的容器，活套法兰所需的厚度要比整体法兰大得多，所以这类法兰一般只用于搪瓷或有色金属制造的低压容器上。

（三）任意式法兰

若将法兰环开好坡口并先镶在筒体上，然后再焊在一起的法兰称为任意式法兰。其结构类似整体法兰中的平焊法兰，但与筒体连接处未采用全焊透结构，故强度比平焊法兰差，常见的结构形式如图2-23所示，只用于直径较小的低压容器上。

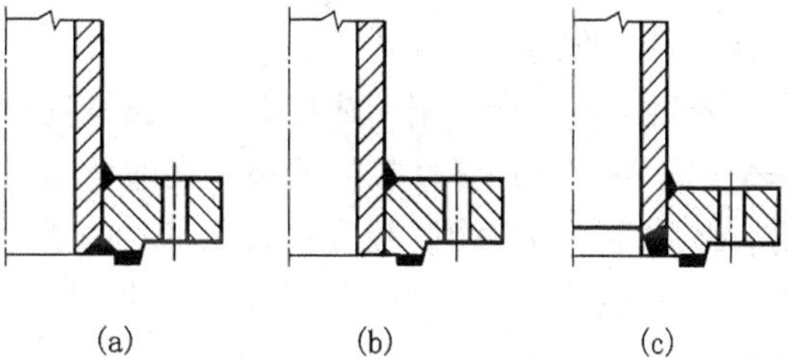

三、法兰密封面及垫片

法兰连接很少是因强度不足而遭破坏的，但常由于密封不好而导致泄漏。因此，

图2-23 任意式法兰

密封问题已成为法兰连接中的主要问题，而法兰密封面与垫片又直接影响到法兰的密封，有必要专门加以介绍。

（一）法兰密封面

即法兰接触面，简称法兰面。一般均需经过比较精密的加工，以保证足够的精度和光洁度，才能达到预期的密封效果。常用的法兰密封面有平面型、凹凸型、榫槽型、自紧型等数种。

平面型密封面只有一个光滑的平面，如图2-24（a）所示。为改善密封性能，常在密封面上车制出几道宽约1mm、深约0.5mm的同心圆沟槽，如同锯齿。这种密封面结构简单，容易加工，但安装时垫片不易装正，紧螺栓时也易挤出，一般用于低压、无毒介质的容器上。

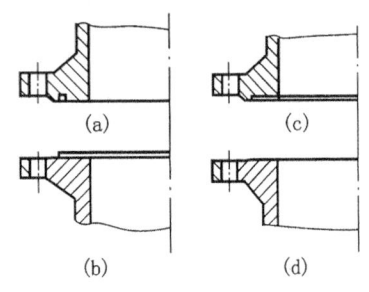

图 2-24 法兰密封面示意

凹凸型密封面,如图 2-24(b)所示,其特点是:一对法兰的密封面分别为凹面和凸面,且凸面高度略大于凹面深度。安装时把垫片放在凹面上,因此容易装正,且紧螺栓时也不会挤出。其密封性能优于平面型,但加工较困难,一般用于中压容器上。

榫槽型密封面,如图 2-24(c)所示,其特点是:在一对法兰的密封面上,其中一个加工出一圈宽度较小的榫头,将另一个加工出与榫头相配合的榫槽,安装时垫片放在榫槽内。这种密封面因垫片被固定在榫槽内,不可能向两边挤出,所以密封性能更好,且垫片较窄,减轻了压紧螺栓的负荷。但这种密封面结构复杂,加工困难,且更换垫片比较费事,榫头也容易损坏。所以,一般只用于易燃、有毒的工作介质或工作压力较高的中压容器上。因其在氨生产设备上用得较多,所以又称为氨气密封。

自紧式密封面,如图 2-25 所示,其特点是:将密封面和垫片加工成特殊形状,承受内压后,垫片会自动紧压在密封面上确保密封效果,故称为自紧式密封面。这种密封面的接触面积小,垫片在内压作用下有自紧能力,密封性能好,减少了螺栓的紧力,也就减小了螺栓和法兰的尺寸。这种密封面结构适用于高压及压力、温度经常波动的容器上。

(二)垫片

法兰密封面即使经过精密的加工,法兰面之间也会存在微小的间隙,而成为介质泄漏的通道。垫片的作用就是在螺栓的栓紧力作用下产生塑性变形,以填充法兰密封面之间存在的微小间隙,堵塞介质泄漏通道,从而达到密封的目的。

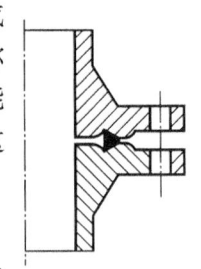

图 2-25 自紧式密封面示意

容器法兰连接所用的垫片有非金属软垫片、缠绕垫片、金属包垫片和金属垫片等数种。非金属软垫片是用弹性较好的板材按法兰密封面的直径及宽度剪成的一个圆环。所用材料主要有橡胶板、石棉橡胶板和石棉板等,根据容器的工作压力、温度以及介质的腐蚀性来选用。一般低压、常温(≤100℃)和无腐蚀性的介质的容器多用橡胶板(经强硫化处理的硬橡胶工作温度可达 200℃);介质温度较高(对水蒸气<450℃,对油类<350℃)的中、低压容器通常用石棉橡胶板或耐油石棉橡胶板;一般的腐蚀性介质的低压容器常采用耐酸石棉板;压力较高时则用聚乙烯板或聚四氟乙烯板。

缠绕垫片是用石棉带与薄金属带(低碳钢带或合金钢带)相间缠绕制成。因为薄金属带有一定的弹性,而且是多道密封,所以密封性能较好,用于压力或温度波动较大,特别是直径较大的低压容器上最为适宜,因为这种垫片直径再大也可以没有接口。

金属包垫片又称包合式垫片,是用薄金属板(一般是用白铁皮,介质有腐蚀性的用薄不锈钢板或铝板)内包石棉材料等卷制而成的圈环。这种垫片耐高温,弹性好,防腐能力强,有较好的密封性能。但制造较为复杂,一般只用于直径较大、压力较高的低压容器或中压容器上。

四、法兰连接的紧固型式

法兰连接的紧固型式有螺栓紧固(图 2-26)、带铰链的螺栓紧固(图 2-27)和"快开式"法兰紧固(图 2-28)等数种。

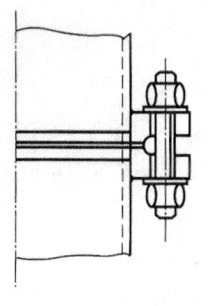 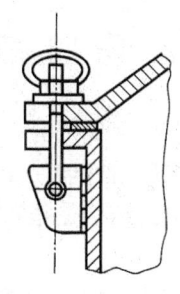 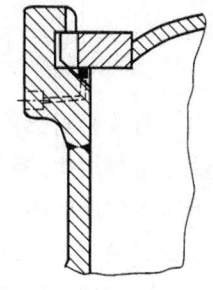

图2-26　螺栓紧固示意　　　图2-27　带铰链的螺栓紧固示意　　　图2-28　"快开式"法兰紧固示意

螺栓紧固结构简单、安全可靠，法兰通常都广泛采用这种紧固型式。但也存在拆装费时的缺点。所以，这种紧固形式只用于一些不经常拆卸的法兰连接。若容器端盖常需开启，则用带铰链的螺栓紧固。因螺栓带有铰链，法兰上螺孔开有缺口，用这种紧固型式拆卸时不用从螺栓上卸下螺母，只要拧松后螺栓就可绕铰链轴从法兰边翻转下来。为了便于拆卸，螺母制成特殊的带有蝶形或环状的肩部。这种法兰紧固型式虽装卸方便省时，但法兰较厚时，若螺栓安放稍有不正，在容器运行时可能发生螺栓滑脱、飞出的意外事故。常只用于压力较低、直径较小的容器法兰连接，多见于染料、制药等化工容器。"快开式"的法兰紧固是一种不用螺栓紧固的法兰连接结构。用于端盖需要频繁开闭的压力容器，这种紧固型式具有一对形状比较特殊的法兰，与容器筒体连接的法兰较厚，中间有一条环形槽。槽外端部圈环内侧开有若干个齿形缺口；焊在端盖上的法兰较薄，其厚度略小于筒体法兰上环形槽的宽度，其外径略小于环形槽的内径。法兰外侧开有齿形缺口，节距与筒形法兰上齿形缺口节距相同。装配时把端盖法兰的缺口对齐筒体法兰上的齿，并放入环形槽内，然后转动端盖约一个槽齿的距离，使两者的齿相对齐，两个法兰即连接完毕。它的密封装置一般是在筒体法兰的密封面上加工出一条环形密封槽，装入整体式垫片，在密封槽的底部通入蒸汽或压缩空气，垫片即被压紧在端盖法兰的密封面上，达到密封的目的。直径较大的端盖，装配时要用机械传动减速装置来转动。这种法兰紧固型式可以减轻劳动强度，节省装卸时间，密封性能也较好。但使用时要注意安全，开盖前必须将容器内的压力泄尽，最好能装设联锁装置来保证开盖前容器内泄失压力。

为了避免快开门式压力容器事故的发生，《容规》第49条要求，快开门式压力容器的快开门（盖）应设计安全联锁装置，并应具有以下功能：

（1）当快开门达到预定关闭部位方能升压运行的联锁控制功能。

（2）当压力容器的内部压力完全释放，安全联锁装置脱开后，方能打开快开门的联锁联动功能。

（3）具有与上述动作同步的报警功能。

广西容县石寨乡平梨沙砖厂蒸压釜爆炸特大事故后，国家质检总局国质检锅函【2002】44号《快开门式压力容器专项整治要求》重申了《容规》快开门达到预定关闭位置方能升压运行和压力容器内部压力完全释放后方能打开快开门的两项基本要求。

容器法兰及管法兰、螺栓及垫片等连接件的规格均已标准化，国家及有关部门均制定了有关标准，选用时可以查阅。

第五节 密封结构

压力容器的密封部件是压力容器的重要组成部分,压力容器的连续正常操作,在很大程度上取决于密封结构的完善程度。因此在压力容器使用中正确地掌握密封结构的基本原理和了解影响密封性能的因素、合理地选取密封结构是很重要的。

一、密封原理及结构分类

使介质密封而不发生泄漏的基本原理是增加介质通过密封面时的阻力。当介质通过密封面的压力降大于密封面两侧的压力差时,介质就被密封住了。

按照密封的原理,密封结构可以分为两大类,即强制密封和自紧密封。

(1) 强制密封分为平垫密封、卡扎里密封;

(2) 自紧密封分为径向自紧密封(双锥密封、八角垫和椭圆垫密封)、轴向自紧密封(伍德密封)。

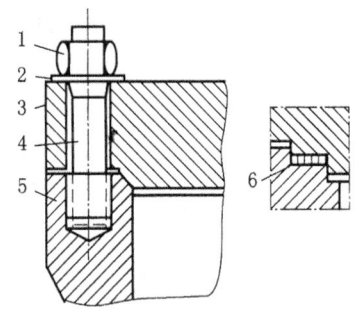

图 2-29 平垫密封结构
1—主螺母;2—垫圈;3—端盖;4—主螺栓;5—筒体端部;6—平垫

强制密封是通过紧固端盖与筒体端部的螺栓等连接件强制将密封面压紧来达到密封的目的(主要有平垫密封、卡扎里密封、八角垫密封等);自紧密封是利用容器内介质的压力使密封面产生压紧力来达到密封目的(主要有 O 形环密封、双锥面密封、伍德密封、C 形环密封、B 形环密封、平垫自紧密封等数种)。

二、几种常用的密封结构

(一) 平垫密封

平垫密封分强制式和自紧式两种,强制式平垫密封(下称平垫密封)的结构与一般法兰连接密封相同。由于工作压力较高,密封面一般都采用凹凸形或榫槽型,也有在密封面上加工几道同心圆密封沟槽,如图 2-29 所示。

平垫密封结构简单,使用时间较长,经验比较成熟,垫片及密封面加工容易,多用于温度不高、直径较小、压力较低的容器上。当压力容器的压力升高,直径变大时,端盖和筒体法兰均需相应的增厚加大,而变得笨重,连接螺栓的规格也需加大,数量增多,造成加工和装配都不方便。所以,在大直径的高压容器上不宜采用平垫密封。此外,在温度较高(200℃以上)和压力、温度波动较大的工况条件下,平垫密封也不可靠。其推荐使用范围可查阅 GB 150—1998 附录 G。平垫密封所使用的垫片可选用退火铝、退火紫铜和 10 号钢制作。

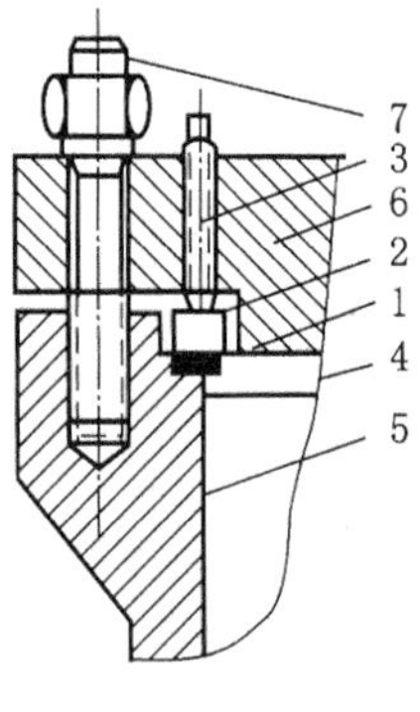

平垫密封虽然结构简单,但需要有较大的紧固力,所以端盖和连接螺栓的尺寸都较大。为了减轻端盖与筒体端部连接螺栓的载荷,有些高压容器采用了带压紧环的平垫密封结构,如图 2-30 所示。这种密封是在平垫圈的上面装有一个压紧环和若干个压紧螺栓,垫圈下面装有托板。容器的密封是通过拧紧压紧螺栓加力于压紧环而压紧平垫片来实现的,从而具有端盖与筒体端部的连接螺栓可不承受垫圈的压紧力及垫圈易于预紧等优点。

图 2-30 带压紧环的平垫密封结构
1—平垫;2—压紧环;3—压紧螺栓;4—托板;5—筒体端部;6—端盖;7—连接螺栓

自紧式平垫密封是依靠容器介质的压力作用在顶盖上压紧平垫片来实现的，其结构如图2-31所示。它减少了笨重而复杂的法兰螺栓连接结构，顶盖与筒体端部以螺纹连接，密封可靠。由于自紧式平垫密封顶盖可以在一定范围内移动，所以在温度、压力波动时仍能保持良好的密封性能。这种结构的缺点是拆卸可能困难，对大直径容器拧紧其螺纹套筒也有困难，所以不宜用于大直径的高压容器。

（二）卡扎里密封

卡扎里密封的基本原理是：预紧作用通过预紧螺栓来实现，而内压产生的较大轴向力是依靠锯齿螺纹去承受。由于快速装拆的要求，它不使用主螺栓，而用间断螺纹结构。这是一种强制式密封，有外螺纹卡扎里密封、内螺纹卡扎里密封和改良卡扎里密封3种形式。其中外螺纹卡扎里密封用得最多，如图2-32所示。它的垫片是一个横断面呈三角形的软金属垫，由铜或铝制成。容器的筒体法兰与端盖用螺纹套筒连接，通过拧紧压紧螺栓加力于压紧环而压紧垫片来实现密封。这种结构的优点是省去了筒体端部与端盖的连接螺栓，拆卸方便，属于快拆结构；垫片的面积也可较小，因而所需压紧力及压紧螺栓的直径也较小；密封可靠，适宜用于温度波动较大的容器。但结构复杂，密封零件多，且精度要求高，加工困难。这种密封结构常用于大直径、高压、需经常装拆和要求快开的压力容器上。

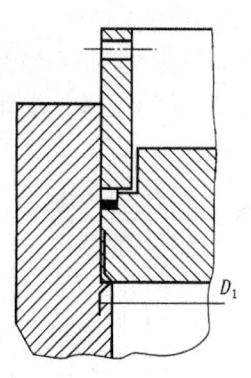

图2-31 自紧式平垫密封

内螺纹卡扎里密封，如图2-33所示。其作用原理与外螺纹卡扎里密封的基本相同，只是将带螺纹的端盖直接旋入带有内螺纹的筒体端部内。密封垫片置于端盖与筒体端部连接交界处，其上有压紧环，通过压紧螺栓使密封垫片的内侧面和底面分别与端盖侧面和筒体端部面紧密贴合实现密封。它比外螺纹卡扎里密封省略一个较难加工的螺纹套筒，结构简单了一些；但它的端盖需加厚，占据了较多的压力空间；螺纹易受介质腐蚀，装卸也不方便，工作条件差。一般内螺纹卡扎里密封只用于小直径的高压容器上。

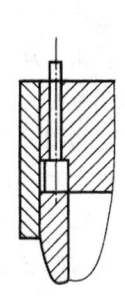
图2-32 外螺纹卡扎里密封

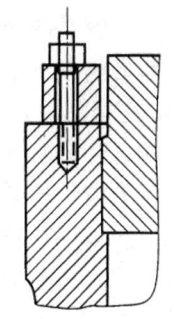
图2-33 内螺纹卡扎里密封

改良卡扎里密封结构，如图2-34所示，不用螺纹套筒连接端盖与筒体，而改用螺栓连接，其他均与外螺纹卡扎里密封相同。无显著的优点，所以很少被采用。

（三）双锥密封

双锥密封如图2-35所示，双锥环套在端盖的突台上，在双锥面和端盖、筒体端部的密封面之间放置有软金属垫。为了改善密封性能，在双锥面上还加工了二、三道半圆形沟槽。此外，端盖突台的侧面（即与双锥环的套合面）铣有几条较宽的轴向槽，以便容器内介质的压力通过这些槽作用于双锥环的内侧表面。其密封的实现一是通过拧紧主螺栓产生的压紧力，压紧双锥面与筒体法兰和端盖的密封面；二是容器内介质的压力（自紧力）通过端盖突台侧面的轴向槽作用于双锥环的内侧，也使双锥面与筒体法兰和端盖的密封面压紧。所以也有人将这种密封形式称为半自紧式密封。由于其结构简单、加工容易、密封性能良好及拆装较方便，在我国高压容器上获得了广泛的采用，是国内最为成熟的高压密封结构。该密封的缺点是端盖和连接螺栓尺寸较大。

（四）伍德密封

伍德密封是一种属于自紧式密封的组合式密封，如图 2-36。其结构是由浮动端盖、四合环、压垫和筒体端部 4 大部分组成。密封时首先拧紧牵制螺栓，靠牵制环的支承使浮动端

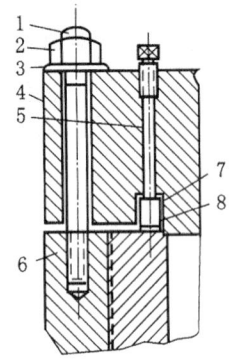

图 2-34 改良卡扎里密封
1—主螺纹；2—主螺母；3—垫圈；4—端盖；5—预紧螺栓；6—筒体法兰；7—压紧环；8—密封垫片

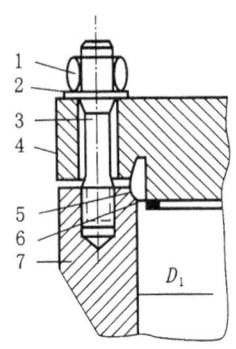

图 2-35 双锥密封
1—主螺母；2—垫圈；3—主螺栓；4—端盖；5—双锥环；6—软金属垫；7—筒体端部

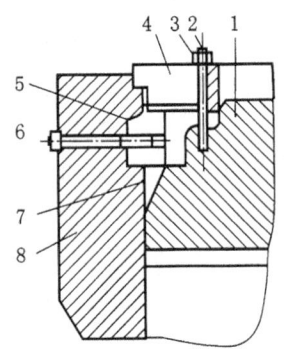

图 2-36 伍德密封结构示意图
1—浮动端盖；2—牵制螺栓；3—螺母；4—牵制环；5—四合环；6—拉紧螺栓；7—压垫；8—筒体端部

盖上移，同时调整拉紧螺栓将压垫预紧而形成预密封；随着容器内介质压力的上升，浮动端盖逐渐向上移动，端盖与压垫之间，以及压垫与筒体端部之间的压紧力也逐渐增加，从而达到密封目的。压垫的外侧开有 1~2 道环形沟槽，使压垫具有弹性，能随着浮动端盖的上下移动而伸缩，使密封更加可靠。为便于从筒体内取出，四合环是由 4 块元件组成的圆环，又称压紧环。这种密封结构的密封性能良好，不受温度与压力波动的影响，且装卸方便，适用于要求快开的压力容器；端盖与筒体端部不用螺栓连接，所以用料较少，重量较轻。但结构复杂，零件多而加工精度及组装要求均很高，浮动端盖占据高压空间太多，以往多用于氮肥工业。因为存在上述不足，该密封现已逐渐被其他密封所取代，但在一些直径不大、对密封有特殊要求（如压力、温度波动大）且要求快开的高压容器上仍有被采用。

（五）O 形环密封

O 形环密封因密封垫圈的横断面呈"O"形而得名，O 形环有金属 O 形环和橡胶 O 形环两大类，用得多的是金属 O 形环密封。橡胶 O 形环因材料性能的限制，目前只用于常温或温度不高的场合。其结构如图 2-37 所示，总计有非自紧式 O 形环、充气 O 形环、双道金属 O 形环 3 种。非自紧式 O 形环就是一个横断面为 O 形的金属环形管，属于强制式密封，适用于压力较低的容器，可以密封真空及盛有腐蚀性液体或气体介质的容器。充气 O 形环是在环内充有压力为 3.92~4.9MPa 的惰性气体，以防止 O 形环在高温下失去金属弹性；高温下环内的惰性气体压力会随着温度的上升而增加 O 形环的回弹能力。此结构属于强制式密封，宜用于高温、高压场合。自紧式 O 形环的内侧钻有若干个小孔，由于环内具有与容器内介质相同的压力，因而会向外扩大形成轴向自紧力。故属于自紧式密封结构，适用于高压、超高压的压力容器。双道金属 O 形环则主要用于密封性能要求较高的场合，漏过第一道

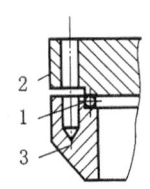

图 2-37 O 形环密封结构
1—O 型环；2—端盖；3—筒体端部

O形环的介质会被第二道O形环挡住,并可由两道O形环之间的通道导出,如图2-38所示,可以防止有害介质漏入大气,核容器多采用这种密封结构。

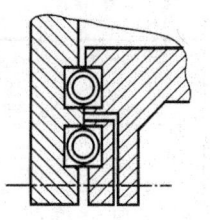

图2-38 双道金属O形环密封结构

三、中低压常用密封面型式、垫片类型及选用

（一）常用密封面型式

在中低压化工设备与油田设备及管道中,常用的密封面型式有以下3种：

(1) 平面型密封面,如图2-39（a）、(b)所示。

这种密封面结构简单、制造方便,但垫片易向两边挤出,密封性能较差,只适用于压力不高、介质无毒、非易燃、易爆场合。

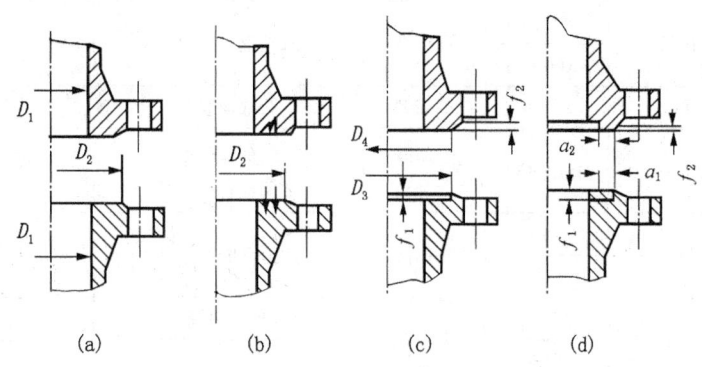

图2-39 法兰压紧面型式

(2) 凹凸型密封面,如图2-39（c）所示。

垫片对中较好,不易外挤,可用于稍高压力场合。

(3) 榫槽型密封面,如图2-39（d）所示。

垫片较窄,所需螺栓力相应较小,但结构复杂,更换垫片较难,适用于易燃、易爆、有毒介质及压力较高场合。

（二）垫片类型及选用

垫片材料的选择应根据工作系统的温度、压力、介质的腐蚀性和密封面的形状来考虑。一般要求制作垫片的材料具有不污染工作介质、耐腐蚀、具有良好的变形性能和回弹能力及在工作温度下不宜变质硬化或软化等特性。

垫片按材质可分为非金属和金属热两大类,具体选用可参见表2-3。垫片的断面形状如图2-40所示。具体选用垫片时,应结合实际使用经验和有关安全法规,参考有关标准选用。

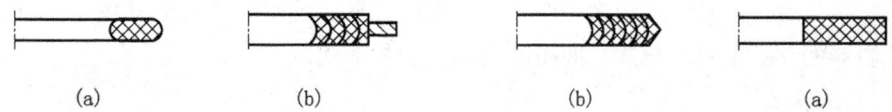

图2-40 常用垫片断面形状

(a) 非金属软垫片；(b) 带定位圈的缠绕垫片；(c) 不带定位圈的缠绕垫片；(d) 金属包垫片

表 2-3 垫片选用表

介 质	法兰公称压力 MPa	介质温度 ℃	配用压紧面型式	选用垫片 名 称	选用垫片 材 料
油品、油气，溶剂（丙烷、丙酮、苯酚、糠醛、异丙醇），氢气，硫化、催化剂，≤25%尿素等	≤1.0	≤200	平面型	耐油橡胶石棉垫	耐油橡胶石棉板
		210～300		缠绕式垫圈	08（15）钢带-石棉带
	2.5	≤200	平面型	耐油橡胶石棉垫	耐油橡胶石棉板
	4.0	≤200		缠绕式垫圈	08（15）钢带-石棉带
	2.5～4.0	201～450	平面型（凹凸）	金属包石棉垫圈	马口铁-石棉带
	2.5～4.0	451～600		缠绕式合金垫圈	0Cr13（1Cr13、2Cr13）钢带-石棉带
	10～16	≤450	梯形槽	八角形断面垫圈	08（10）
		451～600			1Cr18Ni9（Ti）
蒸汽	1.0，1.6	≤250	平面型	石棉橡胶垫	中压石棉橡胶板
	2.5，4.0	251～450	平面型（凹凸）	缠绕式垫圈 金属包石棉垫圈	08（15）钢带-石棉带 马口铁-石棉板
	10	450	梯形槽	八角形断面垫圈	08（15）
	10～16	≤100			
水、盐水	≤1.6	≤60	平面型	橡胶垫圈	橡胶板
		≤150			
氨气、液氨	2.5	≤150	凹凸（榫槽）	石棉橡胶垫圈	中压石棉橡胶板
空气、惰性气	≤1.6	≤200	平面型		
≤98%硫酸 ≤35%盐酸 45%硝酸	≤1.6	≤90	平面型		
	0.25，0.6	≤45	平面型	软塑料垫圈	软聚氯乙烯、聚氯烯、聚四氟乙烯
液碱	≤1.6	≤60	平面型	石棉橡胶垫圈、橡胶垫圈	中压石棉板、橡胶板

第六节 支　　座

一、卧式容器支座

在水平状态下工作的容器为卧式容器。常见的卧式圆筒形容器，如换热器、分离缓冲罐、储罐等，大多采用鞍式支座。对于某些薄壁容器或真空操作的容器，可以采用圈座，它不仅具有加强作用，而且当支承多于两个时，圈座比鞍式支座受力情况要好。

卧式容器的支座主要有鞍式、圈座及支承式3种形式。

（一）鞍式支座

该支座是卧式容器使用最多的一种支座形式，如图2-41（a）所示，一般由腹板、底板、垫板和加强筋组成。有的支座没有垫板，腹板则直接与容器壁连接。若带垫板则作为加强板使用，一是加大支座反力分布在壳体上的面积，对于大型薄壁卧式容器可以避免因局部应力过大而使壳壁凹陷；二是可以避免因支座与壳体材料差别大时进行异钢种焊接；三是对于壳体材料需进行焊后热处理的容器，可先将加强垫板焊在壳体上，在制造厂同时进行热处理，而在施工现场再将支座焊在加强垫板上，从而解决支座与壳体在使用现场焊接后难于进行热处理的矛盾。故加强垫板的材料应与容器壳体的材料相同。

受鞍式支座支承的卧式容器，与受均布载荷的外伸梁相似，多采用多支座。虽能减小容器壳壁应力，在长期操作后，支座基础沉陷不均匀，影响支座反力的均匀分布，反而会造成局部应力过高。所以仅当容器长度过长时，易采用三鞍座支承外，一般都采用双鞍座。

为防止热膨胀对卧式容器造成附加应力，在设计时只允许采用一个固定支座，其余的采用活动支座。即将地脚螺栓孔开成长圆形，如图2－41（a）D向视图所示，螺母拧紧后倒退一圈，然后用第二个螺母锁紧，以便支座能在基础面上滑动。

（二）圈座

圈座的结构比较简单，如图2－41（b）所示。对于大直径薄壁容器、真空下

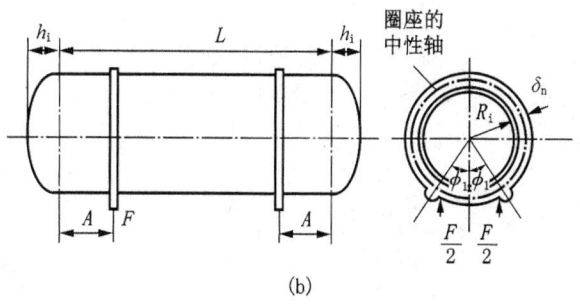

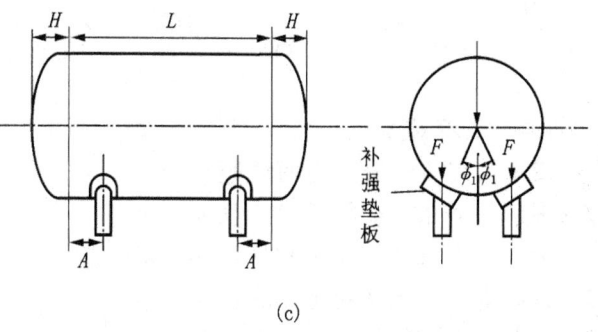

图2－41 卧式容器常用支座
(a) 鞍式支座；(b) 圈座；(c) 支承式支座

操作的容器和需要两个以上支承的容器，一般均采用圈座支撑。压力容器采用圈座做支座时，除常温常压下操作的容器外，亦应考虑容器的膨胀问题。

（三）支承式支座

其结构也较简单，如图2－41（c）所示。因支承式支座在与容器壳体连接处会造成严重的局部应力，所以只适用于小型卧式容器。

二、直立容器支座

在直立状态下工作的容器称为直立容器，直立容器是通过支座固定在基础上的。支座的作用是支承容器的重量，承受风载荷、地震载荷、偏心载荷、操作时的振动等外力，并使容器固定在一定的位置上。直立容器支座的型式有悬挂式、支承式及裙式3种，如图2－42所示。支座型式应根据容器的重量、结构、承受的载荷及操作、维护、检修的要求来选定。中小型直立容器多采用悬挂式、支承式支座，高大的直立容器则采用裙式支座。

（一）悬挂式支座

俗称耳架，适用于中小型容器，在直立容器中应用广泛。其结构如图2－43所示，它是

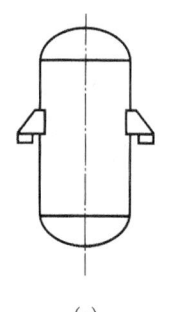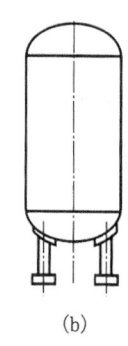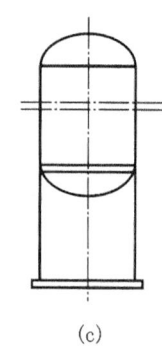

由底板、筋板、垫板组成。底板上有螺栓孔，用地脚螺栓将其固定在基础上。筋板的作用是增加支座的刚性，使作用在容器上的外力通过底板传递到支承梁上，筋板数目是根据作用于支座上的重力大小决定的。为了加大支座反力分布在壳体上的面积，以避免因局部应力过大使壳壁凹陷，必要时应在筋板和壳体之间放置加强垫板，如图 2-44。悬挂式支座的型式、结构、尺寸、材料及安装要求详见 JB 1165—81《悬挂式支座》标准。

图 2-42 直立容器支座
(a) 悬挂式；(b) 支承式；(c) 裙式

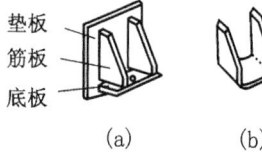

图 2-43 悬挂式支座结构

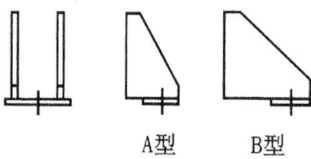

图 2-44 悬挂式支座的型式

（二）支承式支座

支承式支座一般是由两块竖板及一块底板焊接而成，如图 2-45 所示。竖板的上部加工成和被支承物外形相同的弧度，并焊于被支承物上。底板搁在基础上，并用地脚螺栓固定。当载荷大于 4t 时，还要在两块竖板的端部加一块倾斜支承板。支承式支座的型式、结构、尺寸、材料及安装要求详见 JB 1166—81《支承式支座》标准。

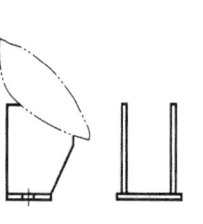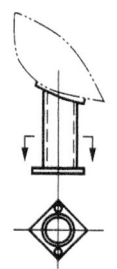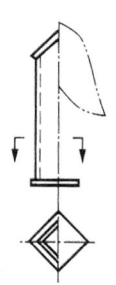

图 2-45 支承式支座

（三）裙式支座

裙式支座由裙座、基础环、盖板和加强筋组成，有圆筒形（图 2-46）和圆锥形两种形式，常用于高大的直立容器。裙座上端与容器壁焊接，下端与搁在基础上的基础环焊接，用地脚螺栓加以固定。为便于装拆，基础环上装设地脚螺栓处开成缺口，而不用圆形孔，盖板在容器装好后焊上，加强筋焊在盖板与基础环之间。为避免应力集中，裙座上端一般应焊在容器封头的直边部分，而不应焊在封头转折处，因此裙座内径应和容器外径相同。其设计计算请查阅 GB 150—1998。

三、球形容器支座

一般球形容器都设置在室外，会受到各种自然环境（如风载荷、地震载荷及环境温度变化）的影响，且重量较大（如容积为 8250m³ 的球形液氨储罐，基本体重 463t，最大操作重量为 4753t，水压试验时的重量为 8713t），外形又呈圆球状，因而支座的结构设计和强度计算比较复杂。为了满足不同的使用要求,应有多种球形容器支座结构与之适应,但总括起来可分为柱式支承和裙式支承两大类。其中柱式支承又可分为赤道正切柱式支承、V型柱式支承和三柱会一型柱式支承等3种主要类型。裙式支座则包括圆筒形裙式支座锥形支承、钢筋混凝土连续基础支承、半埋式支承、锥底支承等多种。在上述各种支座中,以赤道正切柱式支承使用最为普遍,因此下面重点介绍赤道正切柱式支承,而其他型式的支座只作简略介绍。

(一)赤道正切柱式支承

这种支承的结构特点是由多根圆柱状的支柱,在球壳的赤道带部位等距离分布,支柱的上端加工成与球壳相切或近似的形状并与球壳焊在一起,如图2-47所示。为了保证球壳的稳定性,必要时在支柱之间加设松紧可调的连接拉杆,如图2-48所示。支柱与球壳的连接结构如图2-47(b)所示。支柱上端的盖板有半球式和平板式两种,目前大多采用半球式盖板。支柱和球壳的连接又可分为有加强垫板和无加强垫板两种结构。加强垫板虽可增加球壳连接处的刚性,但由于加强垫板和球壳之间采用搭接焊,不仅增加了探伤的困难,而且当球壳采用低合金高强度钢时,在加强垫板与球壳焊接过程中易产生裂纹。因此 GB 12337—1998《钢制球形储罐》规定采用无垫板结构。支柱与球壳连接的下部结构可分为直接连接和托板连接两种,《钢制球形储罐》中规定采用托板连接结构(图2-47(b)),它有利于改善支承和焊接条件。

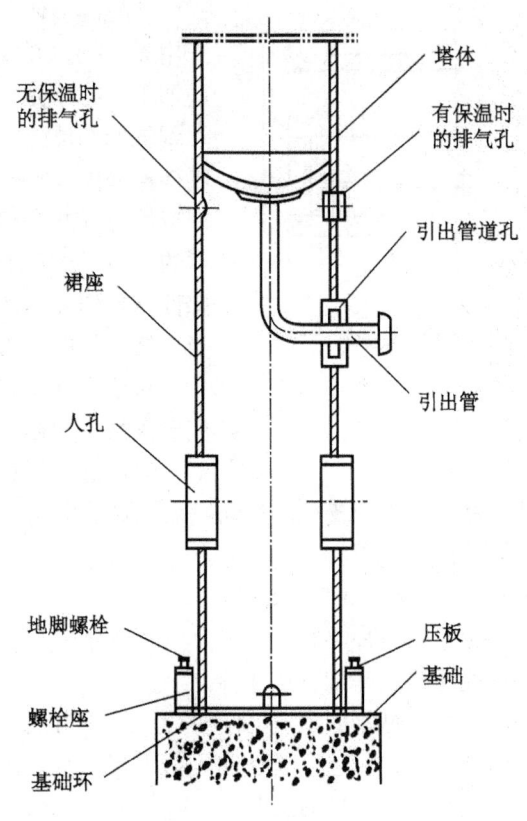

图2-46 圆筒形裙座

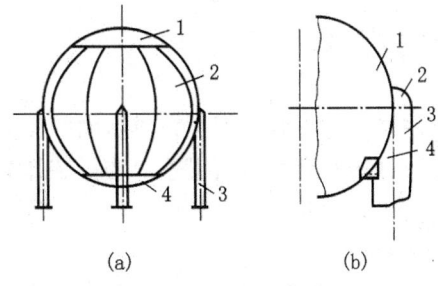

图2-47 球形容器支座
(a)赤道正切柱式支座;(b)支柱与球壳连接结构
1—顶极板;2—球圈;3—支座;4—底极板

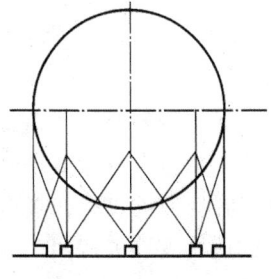

图2-48 拉杆结构示意

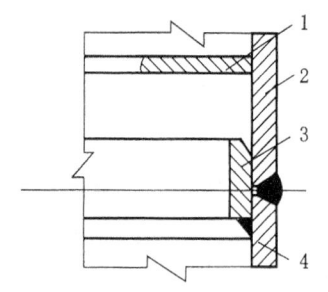

图 2-49 分段式支柱结构
1—加强环；2—上段支柱；
3—导环；4—下段支柱

支柱有整体和分段之别。整体支柱主要用于常温球罐以及采用无焊接、裂纹敏感性材料作壳体的球罐。支柱上端在制造厂加工成与球壳外形相吻合的圆弧状，下端与底板焊好，然后运到现场和球壳焊接在一起。分段支柱由上、下两段支柱组成，其结构如图 2-49 所示，其上段与球壳赤道板的连接焊缝应在制造厂焊好并进行焊后热处理，上段支柱长度一般为支柱总长度的 1/2。分段支柱适用于低温球罐以及采用具有焊接、裂纹敏感性材料作壳体的球罐。在常温球罐中，当希望改善支柱与球壳连接部位的应力状态时，也可采用分段支柱。

对于储存易燃、易爆及液化石油气物料的球罐，每个支柱应设置易熔塞排气口及防火隔热层，如图 2-50 所示。

对需进行现场整体热处理的球形容器，因热处理时球壳受热膨胀，将引起支柱的移动，因此要求支柱与基础之间应有相应的移动措施。支柱可采用无缝钢管或卷制焊接钢管制造。

(二) 其他类型的支座

由于支座种类繁多，在此只简略介绍 V 型柱式、圆筒型裙式及钢筋混凝土连续基础支承 3 种。

(1) V 型柱式支座的结构特点是每两根支柱呈 V 字形设置，且等距离与赤道带相连，故柱间无需设置拉杆。这种支座比较稳定，适用于承受热膨胀变形的工况。

(2) 圆筒型裙式支座是用钢板卷焊成的圆筒形裙架，通过圆环形垫板固定在基础上，一般适用于小型球形容器。其特点是支座低而省料，稳定性较好。但低支座造成容器底部配管困难，工艺操作、施工与检修也不方便。

(3) 钢筋混凝土连续基础支承是将支座与基础设计成一个整体，即用钢筋混凝土制成圆筒形的连续基础，该基础的直径一般近似地等于球壳的半径。这种支座的特点是球壳重心低，支承稳定；支座与球壳接触面积大，载荷较大。但制造时对形状公差的要求较严。

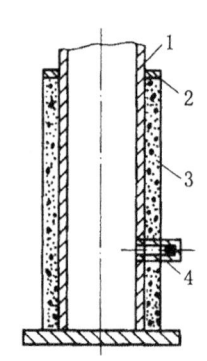

图 2-50 支柱排气及防火结构
1—支柱；2—隔热层挡板；3—防火隔热层；4—易熔塞排气口

第七节 快开门式压力容器

快开门式压力容器是指将盖旋转某一角度或将锁紧件移一定距离，就可完成启闭的压力容器。由于不需要逐个拧紧或松开紧固螺栓，快开式压力容器的启闭时间很短，物料装卸相当方便，因而在频繁间歇操作场合获得了广泛应用。

一、开式压力容器的应用

快开式压力容器广泛地应用在化工、建材、食品、纺织、航天、医疗、造纸等工业领域。例如，医院和实验室的消毒锅、高压氧舱；建材工业中硅酸盐制品的蒸压釜；化学工业橡胶制品的硫化罐；食品工业中罐头制品的灭菌罐、食品高压杀菌釜；建材工业中的木材溜罐、枕木防腐罐；纺织工业中的染色机、蒸煮罐等。

目前大多数快开式压力容器属于中、低压容器，工作压力一般在 0.8~6.4MPa 之间，工作温度在 200℃ 左右。随着科学技术的发展,对高压甚至超高压快开式压力容器也提出了新的要求。例如,食品、香料、中草药中有效成分提取用的超临界二氧化碳萃取釜;金属、瓷烧结用的等静压装置;食品超高压杀菌装置;深海探测锤试验和校正用的高压釜等,这些容器都要求在很短的时间内实现开启和关闭。例如一台操作压力为 100MPa、操作温度为 5～35℃、容积为 75L 的高压釜,要求开内径为 310mm 的大孔,盖子应能由一个人在 10min 内开启和关闭且不需要修补密封面。

对快开式压力容器的总体要求:

(1) 采用快速开关盖装置。操作过程中加压时间较短,有的只有十几分钟,容器的启闭时间直接影响到生产效率,有时甚至是生产效率的决定性因素。常见的带紧固螺栓密封结构,如平垫密封、双锥密封等,由于螺栓装拆困难,劳动强度大,装拆时间长,难以满足快开的要求。因此,必须采用快速开关盖装置。

(2) 抗疲劳性能好。随着操作过程中升温升压、降温降压的周期性循环,快开式压力容器承受着交变载荷的作用,有可能在局部结构不连续处产生疲劳裂纹,甚至造成疲劳破坏。如果容器材料有微裂纹、气孔、夹渣,在交变载荷作用下,很可能产生低应力脆断。容器中的介质如果是能引起容器壳壁材料应力腐蚀的介质,又很容易造成应力腐蚀断裂。为防止产生疲劳破坏、低应力脆断和应力腐蚀断裂,制造快开式压力容器受压部件的材料必须有较高的抗疲劳韧性和较高的断裂韧性。对单层筒体要实施先漏后爆设计,或选用无深厚焊缝的筒体结构型式,如绕带式、扁平钢带式、螺旋绕板式筒体和焊接接头错开式多层包扎筒体;同时应尽量减少局部结构不连续,采用全熔透的焊接接头,并使局部结构不连续处圆滑过渡。

(3) 物料装卸方便。每次操作后,需将物料从快开式压力容器中取出或装入,物料装卸速度对生产效率也有很大的影响。

(4) 设置安全联锁装置。频繁开关是快开式压力容器的使用特点。容器卸压未尽前就打开盖或带压情况下进入人、端盖未完全闭合就升压是快开式压力容器爆炸的主要原因之一。因此,快开式压力容器应设置能控制端盖开闭动作的安全联锁装置,使之在端盖未完全闭合之前,容器不能增压;在容器压力未完全泄放时,锁紧装置不能松开。这样容器本身就具备防止误操作造成事故的能力。

二、快速开关盖装置的结构

(一) 卡箍连接结构

卡箍连接结构的特点是:卡箍内面有两个锥面分别与顶盖和筒体端部法兰的锥面相接触,承担由顶盖传递过来的轴向力。通过逐个拧紧和松开连接螺栓实现容器的开关。容器启闭时间仍较长,难以达到快开的要求。图 2-51 为手摇卡箍式快速开关盖装置。

(二) 齿啮式快开装置

齿啮式快速开关盖装置在大型蒸压釜中广泛应用。顶盖法兰和端部法兰在圆周方向加工出均布的齿,通过将顶盖法兰旋转某一角度,可实现顶盖法

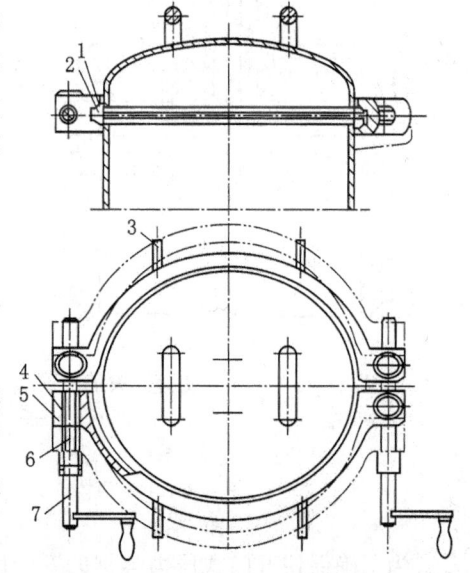

图 2-51 手摇卡箍式快速开关盖装置
1—法兰;2—下法兰;3—托板;4—螺母;
5—卡环;6—丝杆;7—手柄

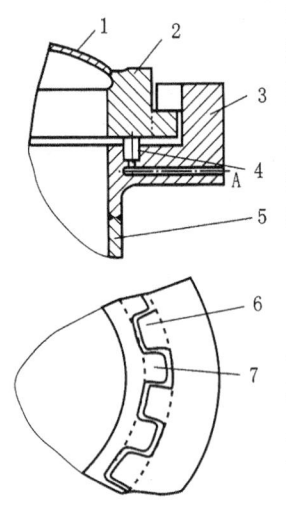

兰齿和端部法兰齿之间的啮合和错开,从而达到快速开关盖的目的。顶盖关闭并锁紧后,在 A 口通入一定压力的水(或其他介质),就可实现密封。当压力很高时,一般不再采用顶盖和顶盖法兰对接焊结构,而直接用平盖代替。在有的场合,也可在整体或二瓣组合卡箍上加工出均布的齿,由卡箍来承担介质作用在顶盖上的轴向力。图 2-52 为中、低压齿啮式快开装置。

(三)压紧式快开装置

压紧式结构主要是利用活节螺栓、旋柄、手轮、凸轮等快速拧紧或松开门盖来达到快开的目的。一般采用强制式密封结构,即通过活节螺栓、旋柄的拧紧或凸轮的压紧来达到预紧密封,因此其承压能力不高,一般只适用于常压、低压或真空容器。消毒锅上用得较多的压紧式快速开关盖装置如图 2-53 所示。

(四)剖分式快开装置

剖分式快开结构的特点是:由剖分环承受内压产生的轴向力,采用全自紧式密封结构,如图 2-54 所示,通过张开和收拢剖分环实现快开。该结构可用于压力很高的场合。

图 2-52 中、低压齿啮式
快开装置
1—顶盖;2—顶盖法兰;
3—端部法兰;4—密封圈;
5—筒体;6—端部法兰齿;
7—顶盖法兰齿

三、快开门式压力容器安全管理规定

目前我国尚无快开门式压力容器的设计规范标准。随着快开门式压力容器使用数量的不断增加,由于设计、选材、制造、使用安全等方面的原因所造成的事故不断发生。

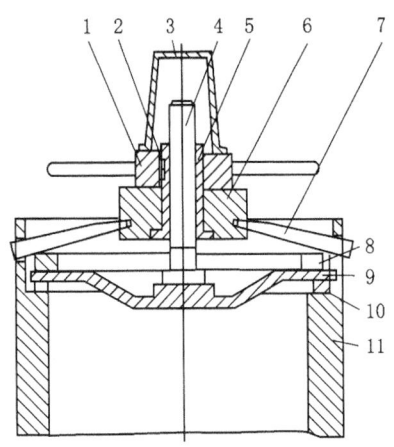

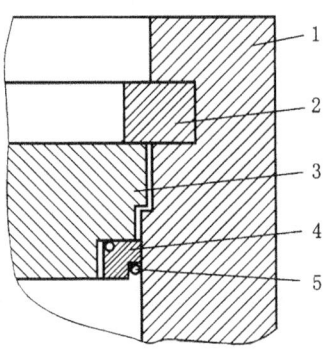

图 2-53 压紧式快速开关盖装置
1—手轮;2—键;3—罩;4—丝杆;5—螺母;6—撑挡盘;7—撑挡;8—压块;9—门盖;10—密封圈;11—筒体

图 2-54 部分式快开装置
1—筒体端部;2—剖分环;3—平盖;4—衬环;5—O 形圈

为了确保快开门式压力容器的安全运行,劳动部颁布了《快开端盖式压力容器安全管理规定》,对快开端盖提出了基本要求。

(一)端盖和锁紧件

端盖和锁紧件应满足以下要求:

(1) 锁紧件（含定位指示针）的布置,应做到用目测能够判断锁紧件是否完好处于闭合位置;

　　(2) 有多个锁紧件的端盖,应设计加工成能使各个锁紧件受力均匀,且单个锁紧件损坏不会导致其他锁紧件的开启或损坏;

　　(3) 对于锁紧件多于3个的端盖,在设计锁紧件载荷时,要考虑到因结构刚性、加工、组装精度等原因导致锁紧件所受力的不均匀性,应按实际情况将理论推导得出的载荷再增加20%以上;

　　(4) 锁紧件的结构及分布应保证在接触面强度足够的前提下,综合考虑加工工艺等因素,尽量避免局部应力集中的存在,减少结构所致的应力集中;

　　(5) 齿啮式端盖法兰与啮合齿不得使用焊接结构;

　　(6) 快开端盖未全部打开前,应使得容器内的残余压力能使端盖微微提起或拔出,在端盖与密封垫间有足够间隙来泄放残余压力;

　　(7) 应充分考虑磨损或腐蚀引起的厚度减薄量。

　　(二) 其他部件的基本要求

　　(1) 以手动以外方法开闭端盖的快开式压力容器,必须设置安全联锁装置,并达到:锁紧件未完全达到预定工作部位以前,容器不能升压;容器内部压力完全释放之前,锁紧件不能松开,从而避免在容器卸压未尽前或带压下打开端盖,以及在端盖未完全闭合前升压;

　　(2) 对于手动启闭端盖的快开式压力容器,应设置报警装置。当锁紧件未完全闭合前加压,或容器内部尚有残余压力即松开锁紧件时,能够产生明显的报警信号;

　　(3) 排放管应与大气相通,且不得有妨碍介质流动的弯曲或断面收缩,并能防止堵塞。排放口应在操作人员的视线以内;

　　(4) 传感器及显示元件必须有足够的精度和重复使用的稳定性;

　　(5) 快开式压力容器应配备排水、疏水、排污装置,并应装有在操作区能见到的压力指示表;

　　(6) 快开式压力容器端盖与法兰、筒体与端部法兰的对接焊接接头,应做100%射线透视探伤、20%的表面无损检测。若为角焊焊接接头,则应做100%的表面无损检测。

第三章 压力容器安全附件

特种设备的附属安全附件、安全保护装置以及和安全保护装置相关的设施与特种设备的安全性能密切相关，属于特种设备的范围，是特种设备不可分割的一部分。《条例》第八十八条明确规定：特种设备包括其附属的安全附件、安全保护装置和与安全保护装置相关的设施。《容规》第二条第三款规定，压力容器的安全附件包括：安全阀、爆破片装置、紧急切断装置、安全联锁装置、压力表、液面计、测温仪表、快开门式压力容器的安全联锁装置等安全附件。

安全附件的灵敏可靠是压力容器安全工作的重要保证。压力容器操作人员应通过对这些附件和仪表的监视和操作来实现和控制压力容器的运行；压力容器操作人员要学会正确操作和监视这些装置，了解它们的结构、工作原理及其使用、管理等方面的知识。

第一节 安 全 阀

安全阀是压力容器上最常用的安全泄压、超压防护装置，是压力容器上应用最为普遍的重要安全附件之一。

一、安全阀的功能

安全阀的功能表现为通过阀的自动开启并排出介质来降低容器内的过高压力。当容器内的压力超过某一规定值时，安全阀就自动开启并迅速排放容器内部的过压气体，并发出声响，警告操作人员采取降压措施；当压力回复到允许值后，安全阀又自动关闭，使容器内压力始终低于允许范围的上限，不致因超压而酿成爆炸事故。

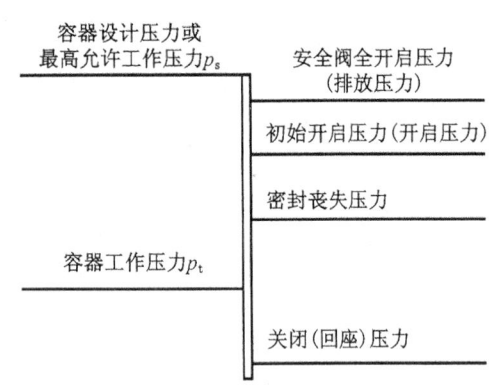

图 3-1 容器、安全阀间的压力关系

安全阀的动作过程是：容器在正常运行时，安全阀处于关闭状态；当压力超过正常工作压力时，关闭件密封面上的密封压紧力比压力随之减小。由于密封面不可能绝对平整光滑，因而当比压力减小到某一数值时，介质将开始通过密封面间的微小空隙产生少量泄漏，即所谓前泄，或称早期泄漏。随着容器压力继续升高，阀瓣开始升起，当升起至一定高度时，安全阀的关闭件完全打开，开始大量排气泄压，当内压降到容器工作压力以下某一数值时，阀瓣下的介质作用力无法与加载机构施加的力平衡，安全阀关闭，亦称回座。在安全阀动作过程的各个阶段，几个压力数值和容器正常工作压力间的相互关系如图 3-1 所示。

其优点是：只排出压力容器内高于规定值的部分压力，当容器内的压力降到正常压力值时则自动关闭，使压力容器和安全阀重新工作，从而不会使压力容器一旦超压就得把全部介质排出而造成浪费和生产中断；安全阀的结构特点使其安装和调整比较容易。

安全阀的缺点是密封性较差，即使是比较好的安全阀其在正常的工作压力作用下也难免会轻微地泄漏；由于弹簧等惯性作用，阀门的开启有滞后现象，因而泄压反应较慢；当介质不洁净时，阀芯和阀座会粘连，使安全阀达到开启压力而打不开或使安全阀不严密，没达到开启压力就已泄漏。同时，安全阀对压力容器的介质有选择性，它适用于比较洁净的如空气、水蒸气、水等介质，不宜用于有毒性的介质，更不适用于有可能发生剧烈化学反应而使容器压力急剧升高的介质。

二、安全阀的基本性能要求

基本性能要求：安全阀是用来防止受压设备中压力超过允许值的安全装置。这种功能是通过下列动作过程来实现的。当达到最高允许压力时，安全阀能可靠地开启到全开启高度，并排放规定数量的工作介质；在开启状态下，安全阀应稳定而无振荡地排放；安全阀应在压力降至一定值时有效的关闭，并在关闭状态下，保证和恢复必需的密封性。

（一）可靠的密封性能

当锅炉压力容器处于正常运行压力时，关闭状态的安全阀应具有良好、可靠的密封性能。因为安全阀产生泄漏，损耗了工作介质（有时是很贵重或很危险的介质），增加了能量消耗，并使周围环境和大气受到工作介质的污染。过大的泄漏甚至会影响到设备或系统的正常工作，乃至迫使装置停止运行。持续的泄漏还会使安全阀密封面遭受侵蚀，从而导致安全阀完全失效。

对安全阀密封性的要求依其使用场合不同而有所区别，而使用场合的不同也决定着安全阀密封结构的不同。一般来说，对于密封面为金属—非金属的安全阀，其泄漏应为零值；对于密封面为金属—金属的安全阀（高温压力容器等一般需此型式阀门），要达到无泄漏是很难实现的，但是，国家法规及标准中对此泄漏率的规定是相当严格的。

（二）开启迅速、灵敏的动作性能

当锅炉压力容器内压力达到最高允许压力，即安全阀进口压力达到预先设定的压力值时，阀门应迅速、及时地开启。同时，遵循预定的压力达到或大于规定的开启高度。安全阀对压力升高的反应不灵敏将会导致开启的滞后，这对于压力容器内为液压介质或液压系统来说，是特别危险的。对于不可压缩的液体，压力升高可能大大超过压力容器系统的强度值，从而导致容器及管道破裂、损坏及其他危险情况。

安全阀开启压力值因锅炉压力容器使用场合的不同而有所区别。例如，移动式压力容器用安全阀的开启压力为罐体设计压力的 $1.05 \sim 1.10$ 倍；固定式压容器上只装一个安全阀时，安全阀的开启压力不应大于压力容器的设计压力。

（三）及时、稳定地排放性能

安全阀迅速开启并达到规定的开启高度（全开启）时，安全阀应稳定地保持在排放状态，并能够排放出额定的排量。安全阀稳定的排放应有合理结构形式及良好的机械特性，没有频跳、振颤、卡阻等现象。安全阀的通道几何尺寸及其结构应符合计算得到的参数。如果通道截面积过小，安全阀开启后，来不及将超压部分的介质排掉，压力容器压力继续上升，那是十分危险的；相反，通道截面积过分大于计算值，安全阀开启后，压力将急剧下降到工作压力以下，阀门将随着阀瓣对阀座的剧烈撞击而关闭。由于压力升高的根源并未消除，阀瓣再次开启，形成频跳，结果会造成阀座与阀瓣密封面的损坏。当用于不可压缩的液体时，还会引起系统中的水锤现象。

（四）良好的回座性能

当安全阀排放一定时间后，介质压力下降至一定值，阀瓣下落与阀座密封面接触，重新达到密封状态。安全阀能及时有效地回座关闭，是其性能良好的一个标志。安全阀发生动作，也不一定要求设备或系统停止运转和进行维修。因为有时安全阀发生动作是由于系统中的误操作等偶然因素所引起的。在这种情况下，不希望安全阀回座压力降低到低于工作压力太多。

安全阀出现关闭不严的情况，是由于在密封面之间流过的介质薄层不能被截断，也就没有可能在设备的工作压力下恢复密封性。回座压力过低意味着能量和介质的过多损失，并给设备与系统恢复正常运行带来困难；相反，回座压力也不宜过高。当回座压力高到接近开启压力时，容易导致阀门重新开启，造成阀门频跳，不利于关闭后重新建立密封。

安全阀动作以后重新建立密封，比维持原有密封状态更加困难。因为安全阀在关闭过程中工作介质压力作用在阀瓣的较大面积上，而在开启以前，只作用在受密封圈限制的较小面积上。所以，安全阀容易在动作之后降低以致失去密封性。直接作用式安全阀的回座密封问题是较难解决的问题之一。在带有辅助操纵机构的安全阀中，这个问题是采用强制密封的结构来解决的。安全阀的结构应当能保证其快速有效地关闭。迅速有力的回座比逐渐、缓慢的回座更有利于密封的建立。

安全阀的回座性能是以开启压力值来相对衡量的，一般以启闭压差来确定。用于不同介质的安全阀，其启闭压差值是有所区别的。

三、安全阀的结构分类与用途

安全阀结构形式繁多，基本结构的分类通常按以下几方面。

（一）按作用原理分类

1. 直接作用式安全阀

直接作用式安全阀是在工作介质的直接作用下开启的，即依靠工作介质压力产生的作用力克服弹簧或重锤等加于阀瓣的机械载荷，使阀门开启。它具有结构简单、动作迅速、可靠性好等优点。但因为依靠机构加载，其载荷大小受到限制，不能用于高压、大口径的场合。同时，当被保护系统正常运行时，这类安全阀关闭件密封面的比压力决定于阀门开启压力同系统正常运行压力之差，是一个不大的值。

2. 非直接作用式安全阀

非直接作用式安全阀不是或不完全是在工作介质的直接作用下开启的。它们又分为下列两种主要形式：

（1）先导式安全阀。

这种安全阀的主阀是依靠从导阀排出的介质来驱动或控制的，而导阀本身是一个直接作用式安全阀。有时也采用其他形式的阀门，例如电磁泄放阀来作用导阀，或者把它同直接作用式导阀并用，即对同一主阀设置多重导阀控制管路，以提高先导式安全阀的可靠性。

先导式安全阀特别适用于高压、大口径的场合。先导式安全阀的主阀还可以设计成依靠工作介质来密封的形式，或者可以对阀瓣施加比直接作用式安全阀大得多的机械载荷，因而具有良好的密封性能。同时，它的动作很少受背压变化的影响。基于上述原因，先导式安全阀同直接作用式安全阀一样得到了广泛的应用。这种安全阀的缺点在于它的可靠性同主阀和导阀两者有关，动作也不如直接作用式安全阀那样直接和敏捷，而且结构较复杂。为了提高其可靠性，国家法规规定对这类安全阀要采用多重控制管路，这就更增加了其结构的复杂性。目前，国内已有安全阀厂家开发出双作用的先导式安全阀，图3-2是一种先导式安全阀。

(2) 带动力辅助装置的安全阀。

这种安全阀借助于一个动力辅助装置（如空气或蒸汽压力、电磁力等作用），可以在低于正常开启压力的情况下强制安全阀开启。但必须注意的是，如果辅助装置失灵，安全阀仍必须能如直接作用式安全阀一样动作。

这种安全阀适用于开启压力很接近于工作压力的场合，或需定期开启安全阀以进行检查或吹除粘着、冻结的介质的场合。同时，也为运行人员提供了一种在紧急情况下强制开启安全阀的手段。

（二）按开启高度分类

由于安全阀用于不同的介质，结构不同，其开启高度也各不相同，如用于液体介质的安全阀的开启高度就比较小。根据开启高度的不同可以把安全阀分为以下几种类型。

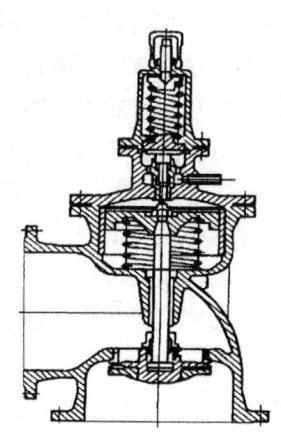

图3-2 先导式安全阀

1. 微启式安全阀

微启式安全阀主要有开启高度大于或等于1/40流道直径（d_0）和大于或等于1/20流道直径（d_0）两种。微启式安全阀其动作过程若是比例作用式的，则主要用于液体场合，有时也用于需要排放量很小的气体场合。

2. 全启式安全阀

开启高度大于或等于1/4流道直径（d_0）的安全阀称为全启式安全阀。全启式安全阀的排放面积是阀座喉部最小截面积。这种安全阀的动作过程是属于两段作用式，必须借助于一个升力机构才能达到全开启。全启式安全阀主要是用于气体介质的场合。

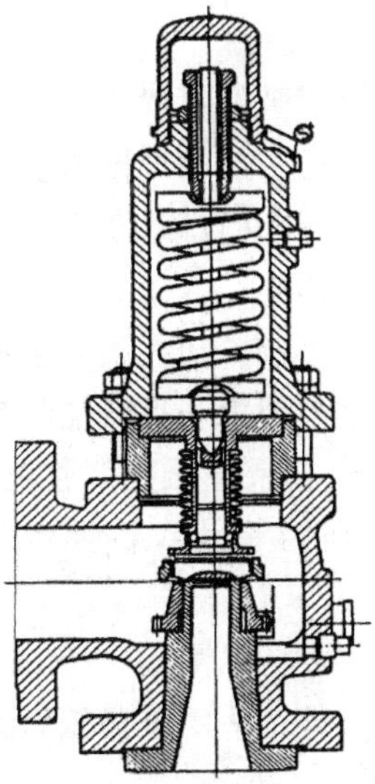

3. 中启式安全阀

开启高度介于微启式与全启式之间的安全阀，称为中启式安全阀。既可以做成两段作用式，也可以做成比例作用式。这种形式的安全阀在我国应用得比较少。

（三）按有无机构分类

按有无机构分类有以下两种。

1. 背压平衡式安全阀

当安全阀用于系统有背压的情况时，安全阀的开启压力就会产生变化，而当这个背压值是个变量时，安全阀就无法正常地工作。为此，就设计出了各种能用于背压工况的背压平衡式安全阀。

背压平衡式安全阀能把背压对安全阀的动作特性（开启压力、关闭压力、开启高度、排量）影响降低到最小的限度。这类安全阀主要有两种型式：活塞式和波纹管式。

在安全阀中设置了诸如波纹管、活塞或者膜片等平衡背压作用的元件，图3-3是一种带波纹管的背压式安全阀。这些元件的有效直径等于安全阀关闭件密封面平均直径。在开启之前背压对阀瓣上下两侧的作用力互相平衡，故附加背压的变化不会影响到开启压

图3-3 带波纹管的背压平衡式安全阀

力的大小。当附加背压不是固定值,且其变化较大时,应采用背压平衡式安全阀。一般资料推荐,采用背压平衡式安全阀的压力界限是附加背压的变化量超过开启压力的1%以上。

(1) 活塞式安全阀。

活塞式安全阀也有多种型式,图3-4(a)是一种基本的结构图。它是在导向套的侧面开了一个通气孔,使得活塞内的压力和排放侧的压力相同,从而使得作用在阀瓣上、下两面的背压力相互抵消。由于阀盖通大气,所以该活塞顶面承受的压力就是大气压。

(2) 波纹管平衡式安全阀。

在波纹管平衡式安全阀中,阀瓣上设置一个波纹管,波纹管上端与阀体连接在一起,下端与阀瓣相连,波纹管罩住了阀瓣的导向部分及阀瓣的顶部。一个作用是把介质与阀盖隔离起来,另外一个作用就是保证阀瓣上、下面的受背压面积相等,即波纹管的有效面积 AB 与安全阀阀瓣(阀座)密封面的面积相等。图3-4(b)给出了波纹管平衡式安全阀的结构示意。

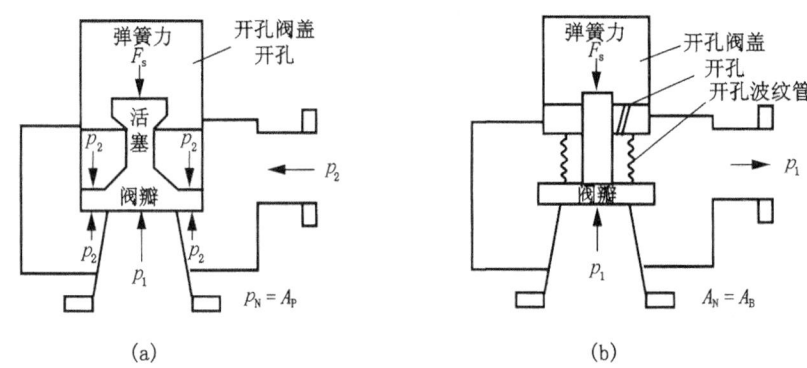

图 3-4 背压平衡式安全阀示意
(a) 平衡活塞式;(b) 平衡波纹管式

这两种平衡式安全阀的排放管中都有着较高的压力。为了防止波纹管破裂或泄漏,在其阀盖上都开设了一个足够大的排气孔,以保证在设计流量工况下不会产生明显的反压力。如果直接排向大气有一定的危险性,则应当用管子将阀盖开孔接引到一个与阀门排放系统无关的安全场所。一旦波纹管或活塞泄漏,这种安全阀将起不到平衡背压的作用。

背压平衡式安全阀虽然能够克服开启之前背压的变化对开启压力的影响,却无法完全消除背压变化对开启后动作性能(如排放压力、回座压力等)的影响。这是因为一旦安全阀打开以后,背压的分布情况就改变了,背压作用于阀瓣的合力不再为零。如果背压是变化的,它对阀瓣的合力也是变化的,这就不可避免地会对排放压力、回座压力等动作特性带来影响。

2. 非平衡式安全阀

非平衡式安全阀,也称常规式安全阀。它不带有平衡背压作用的元件,适用于背压为大气压、背压为固定值或变化量不大的场合,静力背压不超过10%。

(四) 按加于阀瓣的载荷型式分类

1. 静重式安全阀

静重式安全阀又分为重锤式安全阀及杠杆重锤式安全阀两种,如图3-5所示。

(1) 重锤式安全阀是用重锤直接加载于阀瓣上的安全阀。最早的安全阀是这种形式。由于重锤加载的数值很有限,目前,该种安全阀在工业中已几乎不再被采用。

(2) 在杠杆重锤式安全阀中,重锤通过杠杆加载于阀瓣上。这种安全阀曾广泛应用于发电厂和石油化学工业中。其特点是载荷不随阀瓣升高而变化,并可以十分精确地加载。但其加载方式决定了其载荷不可能很大(一般小于7500N),而且不适合于移动和振动的场合。随着弹簧式安全阀的发展和日益完善,杠杆重锤式安全阀有被完全取代之势。

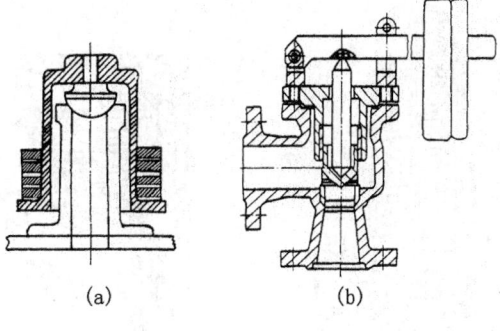

图3-5 静重式安全阀
(a) 重锤式;(b) 杠杆式

2. 弹簧式安全阀

它利用弹簧来加载于阀瓣,如图3-6所示。弹簧式安全阀具有结构简单、体积小、载荷范围大、对振动不敏感等优点。但其载荷随阀瓣的开启而增加,所以,早期的弹簧安全阀达不到较大的开启高度,以致限制了它的广泛应用。为了克服上述弱点,人们从两个方面来改进安全阀结构,增大介质对阀瓣的作用力:一是增大受介质静压力和冲击作用的阀瓣有效面积;二是通过反冲机构来改变喷出介质的流向,利用介质动量的变化来获得巨大的阀瓣升力。现代全启式安全阀正是综合利用了上述两种原理,从而达到了很高的开启高度和很大的排放能力。这样就使得弹簧式安全阀的应用越来越广泛,几乎在所有领域中逐步取代了杠杆重锤式安全阀。

3. 气室式安全阀

这种安全阀的载荷是由密闭在气室中的压缩空气并通过膜片和阀杆施加于阀瓣的。由于环境温度的变化会引起气室压力的变化,从而改变作用于阀瓣的载荷值,所以,这种安全阀对于环境温度的变化很敏感。

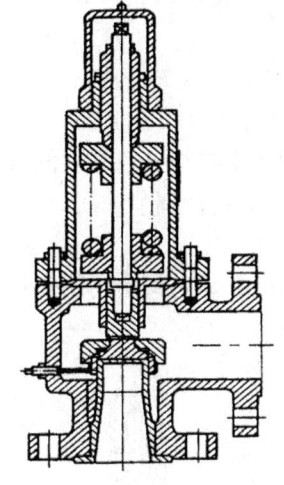

图3-6 弹簧式安全阀

4. 永磁体式安全阀

这种安全阀的载荷是通过设置在阀体内的磁力机构施加到阀瓣上的。由于磁性材料提供的载荷比较稳定,不受温度和介质的影响,而且利用一个特殊机构能在开始的瞬间达到全开启。该种安全阀的缺点是在高温下磁力会减弱,不能用于温度比较高的场合。

(五) 按介质作用于阀瓣的方位分类

按介质作用于阀瓣的方位分类有两种:介质作用在阀瓣下方的安全阀、介质作用在阀瓣周围的安全阀。

这种安全阀受压元件可以是活塞、波纹管或膜片。阀座也可以安置在受介质压力作用的活动件上,图3-7是一种介质作用在阀瓣周围的安全阀。

(六) 按气体排放方式分类

1. 全封闭式安全阀

安全阀排气侧要求密封严密,排放的气体全部通过封闭系统,介质不能向外泄漏。主要用于介质为有毒、易燃气体的容器。

2. 半全封闭式安全阀

安全阀排气侧不要求密封严密，排放的气体大部分通过排气管排出，一部分从阀道与阀杆之间的间隙中漏出。适用于介质为不会污染环境的气体容器。

3. 开放式安全阀

安全阀阀盖敞开，弹簧内腔室与大气相同，有利于降低弹簧的温度。主要用于介质为空气或对大气不造成污染的高温气体容器。

四、弹簧式安全阀的结构形式和工作原理

（一）弹簧直接载荷式安全阀

1. 弹簧直接载荷微启式安全阀

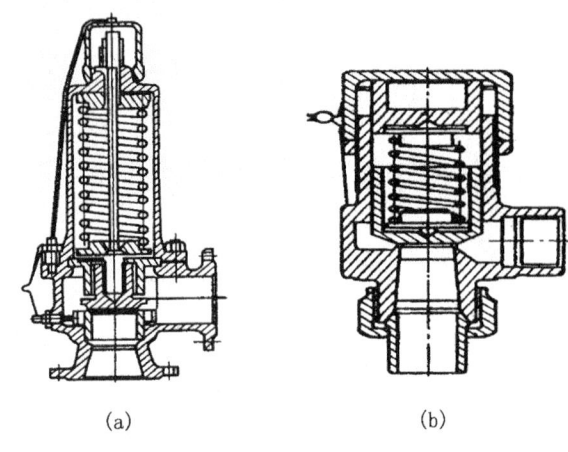

图 3-7 微启安全阀
(a) 带下调节圈；(b) 不带调节圈

微启式安全阀是随着系统内的压力升高而逐渐开启的，没有辅助阀瓣增加开启高度的专门机构，如图3-7所示。通过调节圈可对安全阀的排放压力、回座压力进行调节。

2. 弹簧直接载荷全启式安全阀

全启式安全阀具有辅助增加阀瓣开启高度的专门机构。在图3-8中安全阀是利用作用在反冲盘式阀瓣扩大了的面积上的静压力以及流束的反作用力的原理。

图3-8（a）是带双调节圈的弹簧直接载荷全启式安全阀，下调节圈主要用于调节排放压力，上调节圈主要用于调节启闭压差。图3-8（b）是带下调节圈和反冲盘的弹簧直接载荷全启式安全阀，调节圈可对排放压力、回座压力进行调节。

（二）先导式安全阀

双作用先导式安全阀如图3-9所示，这种结构的先导式安全阀可分为先导内置、先导外置两种。图3-9（a）为先导阀外置，是指先导阀设置在主阀的外部，通过管线与主阀的活塞腔及系统连通。这种结构通常用于开敞式安全阀，结构相对来说简单一些，调试比较方便。由于结构不紧凑，连接点过多，无法用于易燃、易爆、有毒气体的场合。

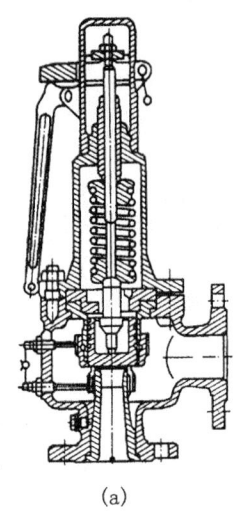 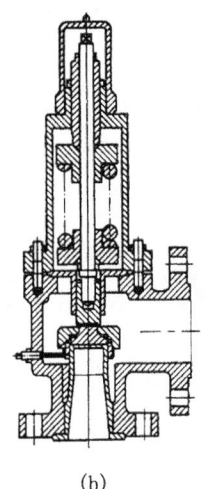

(a) (b)

图 3-8 全启式安全阀
(a) 带双调节圈；(b) 带下调节圈

图3-9（b）是先导阀内置，先导阀设置在主阀腔内。为封闭式结构，可用于易燃、易爆、有毒气体的场合。由于先导阀设置在主阀腔内，调试比较困难一些。

（三）内装式安全阀

图3-10是一种内装式安全阀，通过法兰直接与被保护装置相连。内装式安全阀为减少在被保护装置外侧的伸出高度，将阀瓣和阀座等零部件都设置在安装法兰的下部，介质排放出口直接向上。

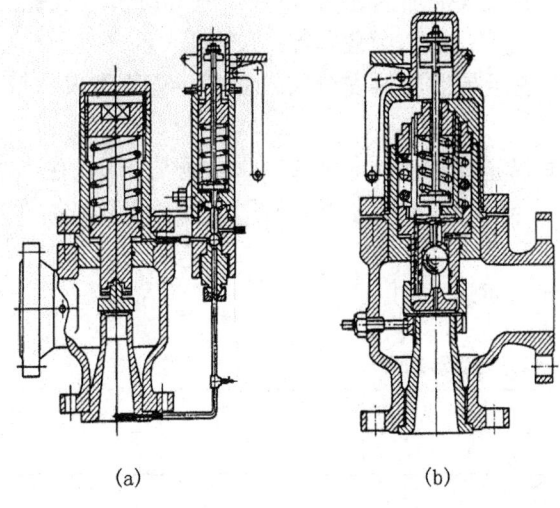

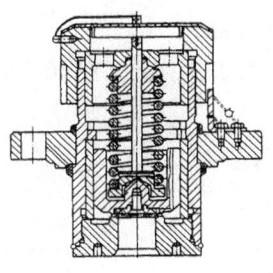

图 3-9　SXA49 型双作用先导式安全阀
(a) 先导阀外置；(b) 先导阀内置

图 3-10　内装式安全阀

这种安全阀主要是用于液化石油气等介质罐车上。

（四）带冷却机构的安全阀

这种结构的安全阀主要是用于高温、高压的场合。冷却机构的设置是为了不把系统内的高温传递到安全阀的弹簧上，以免弹簧在高温下松弛，导致安全阀不能保证密封或提前起跳。目前，用于电厂的高压锅炉、石油化工厂的裂解炉上的安全阀，大部分是这种结构的。图 3-11 所示的安全阀不仅带冷却机构，还带有一个减小安全阀回座冲击的阻尼装置，能有效地保护阀座密封面。

五、安全阀的型号规格及主要性能参数

（一）安全阀的型号编制办法

安全阀的型号按照标准 JB/T 308—2004《阀门型号编制方法》统一的阀门型号编排顺序组成：

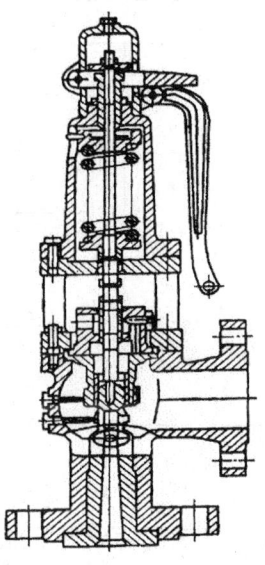

图 3-11　带冷却、阻尼机构的安全阀

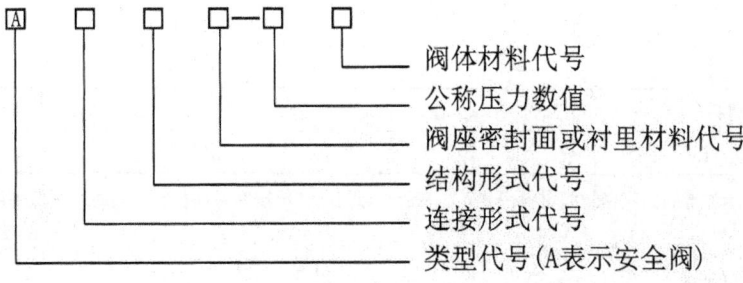

(1) 对于低温（温度小于-40℃）、保温（带加热套）、带波纹管和抗硫（抗硫化氢腐蚀）安全阀，分别在类型代号"A"前加"D"、"B"、"W"和"K"来表示。

在结构形式代号右下角加一小"S"表示带散热器安全阀，如 SA48SY 型表示带扳手、带散热器全启式安全阀、法兰连接。

对于这些例外情况，以及对于按用户特定要求设计、制造的非标准安全阀，在类型代号"A"前加"S"或其他代号加以区别。先导式安全阀型号有的厂家在"A"前加"X"或"SX"表示。

(2) 连接形式代号用阿拉伯数字表示，见表 3-1。

表 3-1 连接形式代号

连接形式	内螺纹	外螺纹	法兰	焊接
代号	1	2	4	6

(3) 结构形式代号用阿拉伯数字表示，见表 3-2。

表 3-2 结构形式代号

安全阀结构形式				代号
弹簧式	封闭	带散热片	全启式	0
		微启式		1
		全启式		2
	不封闭	带扳手	全启式	4
			双弹簧微启式	3
			微启式	7
			全启式	8
			微启式	5
		带控制机构	全启式	6
脉冲式				9

(4) 阀座密封面或衬里材料代号用汉语拼音字母表示，见表 3-3。

表 3-3 阀座密封面或衬里材料代号

阀座密封面或衬里材料	代号	阀座密封面或衬里材料	代号
铜合金	T	合金钢	H
橡胶	X	渗氮钢	D
尼龙塑料	N	硬质合金	Y
氟塑料	F	衬胶	J
锡基轴承合金（巴氏合金）	B	搪瓷	C

注：由阀体直接加工的阀座密封面材料用"W"表示；当阀座和阀瓣密封面材料不同时，用低硬度材料代号表示。

(5) 阀体材料代号用汉语拼音字母表示，见表 3-4。

表 3-4 阀体材料代号

阀体材料	代号	阀体材料	代号
HT200（HT25-47）	Z	1Cr18Ni9Ti	P
WCB（ZG25）Ⅱ	C	0Cr18Ni12Mo2Ti	R
Cr5Mo	I	12Cr1MoV	V

注：① 公称压力 $pN \leqslant 1.6$ MPa 的灰铸铁阀体和 $PN \geqslant 2.5$ MPa 的碳素钢阀体，省略本代号；

② 对于 CF3、CF3M、CF8、CF8M 等新材料通常是参考相应的新材料代号用"P"或"R"来表示；一些常用于高温的铬钼合金钢 WC6、WC9 等，也建议用"I"来表示。

（二）安全阀的主要性能参数

（1）公称压力。安全阀与容器的工作压力应相匹配。因为弹簧的刚度不同并且要使安全阀规范化、系列化，安全阀分为几种工作压力级别。例如低压用安全阀常按压力范围分为 5 级。公称压力用"pN"表示，例如 $pN4$、$pN6$、$pN10$、$pN13$、$pN16$。向制造厂订货时，除了应注明产品型号、适用介质、工作温度外，还应注明工作压力级别。

（2）开启高度。开启高度是指安全阀开启时，阀芯离开阀座的最大高度。根据阀芯提升高度的不同，可将安全阀分为微启式和全启式两种：微启式安全阀的开启高度为阀座喉径的 $1/20 \sim 1/40$；全启式安全阀的开启高度为阀座喉径的 $1/4$ 以上。

（3）安全阀的排放量。安全阀的排放量一般都标记在它的铭牌上，要求排放量不小于容器的安全泄放量。该数据由阀门制造单位通过设计计算与实际测试确定。

六、安全阀的选用与安装

（一）安全阀的选用应符合的原则

（1）选用有制造资格的生产单位生产的安全阀：安全阀的制造单位应经省级以上（含省级）安全监察机构批准。安全阀出厂必须随带产品质量证明书，并在产品上装设牢固的金属铭牌。无证生产、无出厂文件、无产品铭牌的安全附件不得安装使用。

安全阀的质量证明书应包括下列内容：

① 铭牌上的内容；② 制造依据的标准；③ 检验报告；④ 其他的特殊要求。

安全阀上应有标牌，安全阀的金属铭牌上应标明下列内容：

① 制造单位名称、制造批准书编号；② 型号、型式、规格；③ 产品编号；④ 公称压力，MPa；⑤ 阀门流道直径（阀座喉径），mm；⑥ 排放量系数；⑦ 适用介质、温度；⑧ 检验合格标志、监检标志；⑨ 出厂年、月。

（2）安全阀的选用应根据容器的工艺条件和工作介质的特性，从容器的安全泄放量、介质的物理、化学性质以及工作压力范围等方面考虑。

① 安全阀不能可靠工作时，应装设爆破片装置，或采用爆破片装置与安全阀装置组合的结构。采用组合结构时，应符合 GB 150—1998 附录 B 的有关规定。凡串联在组合结构中的爆破片在动作时不允许产生碎片。

② 固定式压力容器上只安装一个安全阀时，安全阀的开启压力 p_z 不应大于压力容器的设计压力 p，且安全阀的密封试验压力 p_t 应大于压力容器的最高工作压力 p_w，即：

$$p_z \leqslant p \\ p_t > p_w \tag{3-1}$$

固定式压力容器上安装多个安全阀时，其中一个安全阀的开启压力不应大于压力容器的设计压力,其余安全阀的开启压力可适当提高,但不得超过设计压力的 1.05 倍。

③ 移动式压力容器安全阀的开启压力应为罐体设计压力的 1.05~1.10 倍,安全阀的额定排放压力不得高于罐体设计压力的 1.2 倍,回座压力不应低于开启压力的 0.8 倍。

④ 固定式压力容器上装有爆破片装置时,爆破片的设计爆破压力 p_B 不得大于压力容器的设计压力,且爆破片的最小设计爆破压力不应小于压力容器最高工作压力 p_w 的 1.05 倍,即:

$$p_B \leqslant p$$
$$p_{Bmin} \geqslant 1.05 p_w \tag{3-2}$$

⑤ 设计压力容器时,如采用最大允许工作压力作为选用安全阀、爆破片的依据,应在设计图样上和压力容器铭牌上注明。

⑥ 对易燃介质或毒性程度为极度、高度或中度危害介质的压力容器,应在安全阀或爆破片的排出口装设导管,将排放介质引至安全地点,并进行妥善处理,不得直接排入大气。

⑦ 杠杆式安全阀应有防止重锤自由移动的装置和限制杠杆越出的导架;弹簧式安全阀应有防止随便拧动调整螺钉的铅封装置;静重式安全阀应有防止重片飞脱的装置。

(3) 安全阀的排放量是选用安全阀的最关键因素。安全阀、爆破片的排放能力必须大于或等于压力容器的安全泄放量。因为只有这样,才能保证容器在超压时,安全阀能及时开启,把介质排出,避免容器内压力继续升高。

排放能力和安全泄放量的计算,应符合《容规》附件五《安全阀和爆破片的设计计算》。对于充装处于饱和状态或过热状态的气液混合介质的压力容器,设计爆破片装置应计算泄放口径,确保不产生空间爆炸。

(4) 对于工作压力低、工作温度较高而又无振动的容器可选用杠杆式安全阀,当然也可以用弹簧式安全阀。对于一般中高压容器宜选用弹簧式安全阀。

(5) 从封闭机构来看,对高压容器、大型容器以及安全泄放量较大的中、低压容器最好选用全启式安全阀。对于操作压力要求绝对平稳的容器,应选用微启式安全阀。

(6) 对盛装有毒、易燃或污染环境的介质的容器应选用封闭式安全阀。

(7) 选用安全阀时,还要注意它的工作压力范围,不要把公称压力很低的安全阀用在压力很高的容器上,也不要把公称压力很高的安全阀用在压力很低的容器上。

(二) 安全阀的安装

安全阀必须垂(铅)直安装在容器本体上。液化石油气储罐上的安全阀必须装设在它的气相部位。若安全阀确实不便装在容器本体上而需用短管与容器连接时,则接管的直径必须大于安全阀的进口直径,接管上一般应禁止装设阀门或其他引出管。对于易燃、易爆、有毒或粘性介质的容器,为便于安全阀更换、清洗,可装一只截止阀,但截止阀的流通面积不得小于安全阀的最小流通面积,并且要有可靠的措施和严格的制度,以保证在运行中截止阀全开。

安全阀安装的要求如下:

(1) 安全阀应垂(铅)直安装,并应装设在压力容器液面以上气相空间部分,或装设在与压力容器气相空间相连的管道上。

(2) 压力容器与安全阀之间的连接管和管件的通孔其截面积不得小于安全阀的进口截面积,其接管应尽量短而直。

(3) 压力容器一个连接口上装设两个或两个以上的安全阀时,则该连接口入口的截面积应至少等于这些安全阀的进口截面积总和。

（4）安全阀与压力容器之间一般不宜装设截止阀门。为实现安全阀的在线校验，可在安全阀与压力容器之间装设爆破片装置。对于盛装毒性程度为极度、高度、中度危害介质、易燃介质、腐蚀、粘性介质或贵重介质的压力容器，为便于安全阀的清洗与更换，经使用单位主管压力容器安全的技术负责人批准，并制定可靠的防范措施，方可在安全阀（爆破片装置）与压力容器之间装设截止阀门。压力容器正常运行期间截止阀必须保证全开（加铅封或锁定），截止阀的结构和通径应不妨碍安全阀的安全泄放。

（5）安全阀装设位置，应便于检查和维修。

选择安全阀安装位置时，应考虑到安全阀的日常检查、维护和检修的方便。安装在室外露天的安全阀，要有防止冬季阀内水分冻结的可靠措施。装有排气管的安全阀，排气管的最小截面积应大于安全阀的出口截面积，排气管应尽可能短而直，并且不得装阀。有毒介质的排放应导入封闭系统。易燃、易爆介质的排放最好引入火炬，如排入大气则必须引至远离明火和易燃物且通风良好处。排放管应可靠接地，以导除静电。安装杠杆式安全阀时，必须使其阀杆保持铅垂位置。所有进气管、排气管连接法兰的螺栓必须均匀上紧，以免阀体产生附加应力，破坏阀体的同心度，影响安全阀的正常动作。

七、安全阀的调整、维护和检验

（一）安全阀的校验、调整

1. 对校验机构和校验人员的要求

（1）从事安全阀校验工作的单位可以是有条件和能力的使用单位，也可以是专门从事安全阀校验的单位。校验机构应该建立有效的质量管理体系以保证安全阀校验工作质量，具有与校验工作相适应的校验技术人员、校验装置、仪器和场地。

（2）校验人员必须经相关知识和校验技能培训，掌握安全阀的基本知识，熟悉安全阀校验方面的有关规程和标准。

（3）校验人员能熟练地使用校验装置、仪器、工具，能独立完成安全阀的实际校验操作。

（4）校验时必须有详细记录，校验合格后，应该进行铅封并且出具校验报告。

（5）校验机构的安全阀校验工作，应该接受质量技术监督部门的监督、检查。

2. 校验周期和校验项目

（1）安全阀的校验周期按《压力容器定期检验规则》第十七条执行。

（2）新出厂的安全阀，必要时在使用前进行性能校验。

（3）安全阀的校验项目一般为外观检查、解体检查和性能校验。

（4）安全阀的性能校验项目，一般应该进行压力整定和密封性能试验，有条件的单位也可增加其他性能试验。

（5）安全阀的整定压力和密封性能试验压力，应该考虑到背压的影响和校验时的介质、温度与设备运行的差异，并且予以必要的修正。

（6）新安全阀和检修后的安全阀，应该按其产品合格证、铭牌、标准和使用条件，进行最大和最小开启压力的试验，整定压力应当在其试验范围内。

（7）弹簧直接载荷式安全阀的定期校验原则上应该在校验室进行，进行拆卸校验有困难时，可在每两个校验周期内进行一次校验室校验和一次在线校验。但安装在介质为有毒、有害、易燃、易爆的压力容器上的安全阀，不允许进行在线校验。在线校验必须在保证人员和生产安全的前提下进行。

杠杆式安全阀和静重式安全阀一般不宜在校验室校验。

3. 校验和修理

1）安全阀的校验

（1）应该先对安全阀进行清洗并且进行外观检查，然后对安全阀进行解体，检查各零部件。发现阀体、弹簧、阀杆、密封面有损伤、裂纹、腐蚀、变形等缺陷的安全阀应该进行修理、调整、更换。对于阀体有裂纹、阀芯与阀座粘死、弹簧严重变形、部件破损严重并且无法维修的安全阀应该予以报废。

安全阀在线校验时，先将阀体适当清洗、除锈，用肉眼检查安全阀阀体受压部分有无锈蚀和裂纹，如果有裂纹该阀应该立即更换。

无制造许可证的制造厂生产的安全阀或无铭牌或无校验记录的安全阀应该予以判废。

（2）整定压力校验。

缓慢升高安全阀的进口压力，当达到整定压力的 90% 时，升压速度应当不高于 0.01MPa/s。当测到阀瓣有开启或见到、听到试验介质的连续排出时，则安全阀的进口压力被视为此安全阀的整定压力。当整定压力小于 0.5MPa 时，实际整定值与要求整定值的允许误差为 ±0.14MPa；当整定压力大于或等于 0.5MPa 时，实际整定值与要求整定值的允许误差为 ±3% 整定压力。

（3）密封性能试验。

整定压力调整合格后，应该降低并且调整安全阀进口压力进行密封性能试验。当整定压力小于 0.3MPa 时，密封性能试验压力应当比整定压力低 0.03MPa；当整定压力大于或等于 0.3MPa 时，密封性能试验压力为 90% 整定压力。

当密封性能试验以气体为试验介质时，对于封闭式安全阀，可用泄漏气泡数表示泄漏率。其试验装置和试验方法可按 GB/T 12242—2005《安全阀性能试验方法》的要求，合格标准见 GB/T 12243—2005《弹簧直接载荷式安全阀》或其他有关规程、标准的规定。对于非封闭式安全阀，可根据封闭式安全阀泄漏气泡和压力表压力下降值的关系，以相对应的压力下降值来判断。

不能利用气泡和压力下降值进行判断时，可用视、听进行判断。在一定时间内未听到气体泄漏声，或阀瓣与阀座密封面未见液珠，即可认为密封试验合格。

（4）安全阀的校验应该连续进行整定压力校验和密封性能试验，一般不少于 2 次。对于盛装易燃、易爆或毒性程度为中度以上的介质等不允许有微量泄漏的设备，其安全阀密封性能试验不可少于 3 次，并且每次都应当符合要求。

2）安全阀的修理

（1）杠杆式安全阀应该有防止拧动调整螺钉的铅封装置；静重式安全阀应当有防止重片飞脱的装置。

（2）阀瓣与阀座间密封面泄漏，应当对其密封面进行研磨处理。如果密封面损坏严重，经反复研磨仍无法达到密封要求，应该予以判废。

（3）弹簧式安全阀在公称压力范围内，若调整的开启压力范围不符合整定压力要求，或调整后弹簧的压缩量过大，难以保证阀瓣的开启高度时，应该更换相应工作压力级别的弹簧。

（4）经修理或更换部件的安全阀，必须重新进行校验。

新安全阀在安装之前,应根据使用情况进行调试后,才准安装使用。安全阀在安装前应进行水压试验和气密性试验,合格后才能进行调整校正。校正、调整分两步进行,一是在气体试验台上,通过调节施加在阀瓣上的载荷来初步确定安全阀的开启压力。杠杆式安全阀调节重锤位置,弹簧式安全阀调节弹簧压缩量。安全阀的开启压力一般应为容器最高工作压力的 1.05～1.10 倍。对压力较低的低压容器,可调节到比工作压力高一个大气压,但不得超过容器的设计压力。二是在容器上,通过调整安全阀调节圈与阀瓣的间隙,来精确地确定排放压力和回座压力。如在开启压力下仅有泄漏声而不起跳,或虽起跳但压力下降后有剧烈振动和"蜂鸣"声,则是间隙偏大;如果是回座压力过低,则是间隙过小。校正调整后的安全阀应进行铅封。

(二)安全阀的定期检验

《容规》规定,压力容器安全附件实行定期检验制度。安全附件的定期检验按照《压力容器定期检验规则》的规定进行。《压力容器定期检验规程》未作规定的,由检验单位提出检验方案,报省级安全监察机构批准。

安全阀一般每年至少应校验一次,拆卸进行校验有困难时应采用现场校验(在线校验)。

定期检验工作包括清洗、研磨、试验、校正和铅封。新安全阀在安装之前,应根据使用情况进行调试后,才准安装使用。

(三)安全阀的维护

欲使安全阀动作灵敏、可靠和密封性能良好,必须加强日常维护、检查。

安全阀应经常保持清洁,防止阀体弹簧等被油垢、脏物所粘满或被锈蚀;还应经常检查安全阀的铅封是否完好,温度过低时有无冻结的可能性,检查安全阀是否有泄漏;对杠杆式安全阀,要检查其重锤是否松动或被移动等。如发现缺陷,要及时校正或更换。

安全阀有下列情况之一时,应停止使用并更换:

(1)安全阀的阀芯和阀座密封不严且无法修复。

(2)安全阀的阀芯与阀座粘死或弹簧严重腐蚀、生锈。

(3)安全阀选型错误。

(四)安全阀的年度检查

1. 安全阀的年度检查内容

(1)安全阀的选型是否正确。

(2)校验有效期是否过期。

(3)对杠杆式安全阀,检查防止重锤自由移动和杠杆越出的装置是否完好;对弹簧式安全阀,检查调整螺钉的铅封装置是否完好;对静重式安全阀,检查防止重片飞脱的装置是否完好。

(4)如果安全阀和排放口之间装设了截止阀,检查截止阀是否处于全开位置及铅封是否完好。

(5)安全阀是否泄漏。

2. 处理方法

年度检查时,凡发现以下情况之一的,要求使用单位限期改正,并且采取有效措施确保改正期间的安全;如果逾期仍未改正,则该压力容器暂停使用:

(1)选型错误;

(2)超过校验有效期;

(3) 铅封损坏；

(4) 安全阀泄漏。

（五）安全阀常见故障及排除方法

安全阀安装后，由于使用不当，往往会造成许多故障。这些故障如果得不到及时排除，就会影响安全阀的作用和使用寿命。安全阀出现故障时应及时排除，以确保其灵敏可靠。

安全阀常见的故障有以下几种。

1. 阀门泄漏

阀门泄漏是指设备在正常工作压力下，阀瓣与阀座密封面间发生超过允许程度的渗漏。其原因和排除方法为：

（1）有机械杂质夹在密封面上。排除的方法：在容器有压力的情况下，使用安全阀的提升扳手开启数次，将机械杂质冲刷掉，安全阀又重新恢复了密封。另外，在搬运过程中，安全阀应密封包装，避免造成杂物进入密封面上，并应避免提拉安全阀的提升扳手。

（2）密封面损伤。安全阀密封面的表面粗糙度要求很高，稍有划痕或压痕，就会影响安全阀的密封。应根据损伤程度，采用研磨或车削后研磨的方法加以修复。

（3）由于装配不当或排汽管道载荷等原因使零件的同心度遭到破坏。应重新装配或排除排汽管道附加的载荷。另外，安全阀零件的加工精度、弹簧的垂直度也将影响同轴度，新购进的安全阀在校验时应加强检查。

（4）安全阀的整定压力与设备正常工作压力太接近，以致密封面比压力过低。当安全阀受振动或介质压力波动时更容易发生泄漏，安全阀定压偏低。在满足强度的条件下，应适当提高安全阀的整定压力。

（5）弹簧松弛，从而使整定压力降低，引起阀门泄漏。如果是由于高温、腐蚀等原因所造成的，应根据原因采取更换弹簧、甚至调换阀门等措施。如果由于校验安全阀完毕后，安全阀的调整螺杆未锁紧，在设备运行中松动，弹簧松弛，预紧力下降，造成安全阀提前开启，应重新校验安全阀。

2. 安全阀频跳或颤振

安全阀在使用过程中出现频跳或颤振。其可能原因及排除方法为：

（1）安全阀排放量过大。选用安全阀的额定排放量应当满足设备的安全排放量和合适的阀瓣开启高度。

（2）进口管道太小或阻力太大，致使安全阀进汽量不足，从而引起振荡，应使进口管内径不小于阀门进口通径，或减少进口管道阻力。

（3）排放管道阻力过大，造成排放时过大的背压。应降低排放管道阻力。

（4）弹簧刚度过大。应改用刚度较小的弹簧。

（5）调节圈调节不当，使回座压力过高。应重新调整调节圈位置。

（6）安全阀型式选择不当。应更换安全阀。

3. 安全阀启闭不灵活

（1）调节圈调整不当，致使安全阀开启过程拖长或回座迟缓。应重新加以调整。

（2）安全阀内部运动零件卡阻现象，可能是由于装配不当、加工精度不够、阀体内进入杂质或零件腐蚀等原因造成。应查明原因予以清除。

（3）安全阀排放管道阻力过大产生较大的背压，使安全阀开启高度不足，应减少排放管道的阻力。

4. 安全阀的开启压力值发生变化

安全阀调整好以后，其实际开启压力相对于整定值有一定的偏差。压力容器和压力管道用安全阀的整定压力偏差为：当整定压力小于 0.5MPa 时为 ±0.014；当整定压力大于或等于 0.5MPa 时为 ±3％整定压力。超出这个范围为不正常。造成开启压力值变化的原因有：

（1）由于工作温度变化引起的，例如安全阀在常温下调整而用于高温时，开启压力常常有所降低，可以通过适当旋紧螺杆来调节。如果是属于选型不当致使弹簧腔室温度过高时，则应调换适当型号（例如带散热器）的安全阀。

（2）由于弹簧腐蚀所引起的，应调换弹簧。在介质具有强腐蚀性的场合，应当选用表面包覆氟塑料的弹簧或选用带波纹管隔离机构的安全阀。

（3）由于背压变动而引起的，当背压变化较大时，应选用背压平衡式波纹管安全阀。

（4）由于内部活动零件卡阻而引起的，应检查并予以消除。

5. 安全阀不能保证完全开启

（1）弹簧刚度太大。应装设刚度较小的弹簧。

（2）阀座和阀瓣上协助阀瓣开启的机构设置不当，或者调节圈调整得不正确。应重新调整，或者必要时更换其他结构型式的安全阀。

（3）阀瓣在导向套中的摩擦增加。检查同轴度与间隙。

6. 排放管道振动

排放管道振动，应减少管道弯头或紧固管道。

第二节　爆　破　片

爆破片又称防爆膜、防爆片，是一种断裂型的泄压装置，它利用膜片的断裂来泄压。当容器内的压力超过正常工作压力并达到设计压力时即自行爆破，使容器内的气体经爆破片断裂后形成的流出口向外排出，避免容器本体发生爆炸。泄压后断裂的爆破片不能继续使用，容器也被迫停止运行。

爆破片是爆破片装置中的压力敏感元件，在规定爆破压力和规定爆破温度下能够迅速破裂或脱落。

爆破片组件是由压力敏感元件、背压托架、加强环、保护膜等两种或两种以上零件组合成的爆破片。

夹持器具有给定的泄放口径，用以固定爆破片位置，是保证爆破片准确动作的配合件。用螺栓紧固的夹持器分座圈与压圈相互配合起夹紧作用；要求夹持器的泄放口径与爆破片一致，泄放口径边缘精确加工成规定的圆角，避免爆破片被锐角边缘切断。密封表面应光滑，配合正确。

一、爆破片装置的特点

爆破片装置虽然是一种爆破后不重新闭合的泄放装置，但由于可以做到完全密封，并且泄压时，惯性小，反应迅速。因此，在安全阀不能起到有效保护作用时，必须使用爆破片装置。

与安全阀相比，爆破片有以下特点：

（1）适用于浆状、有粘性、腐蚀性的工艺介质。当操作条件会导致介质沉淀或粘结，易堵塞安全阀通道，或使安全阀开启失灵时，应使用爆破片装置。

(2) 惯性小,可对急剧升高的压力迅速作出反应。

(3) 在发生火灾或其他意外时,在主泄压装置打开后,可用爆破片作为附加泄压装置。

(4) 严密无泄漏。适用于盛装毒性程度为极度危害、高度危害的气体介质或盛装贵重介质的压力容器,以及由于其他原因不允许存在微量泄漏的容器。

(5) 规格型号多,可用各种材料制造,适应性强。爆破片的爆破压力可达100～500MPa,特重爆破片的泄放口径可达1100mm,制造成本低。因此适应范围比安全阀广。

(6) 便于维护、更换。

但爆破片作为泄压装置也有其局限性,主要表现在:

(1) 当爆破片爆破时,工艺介质损失较大,所以常与安全阀串联使用以减少工艺介质的损失。

(2) 不宜用于经常超压的场合。

(3) 爆破特性受温度及腐蚀介质的影响。

(4) 一般拉伸型爆破片的工作压力不宜接近其规定的爆破压力,当承受的压力为循环压力时更是如此。

二、爆破片的结构型式

爆破片主要由一副夹盘和一块很薄的膜片组成。夹盘用埋头螺钉将膜片夹紧,然后装在容器的接口法兰上。通常所说的爆破片已经包括了夹盘等部件,所以也称为爆破片组合件。

爆破片组合件常见的有以下3种:

(1) 膜片预拱成形,并预先装在夹盘上的拉伸型爆破片,如图3-12(a)所示。这种爆破片特点是:爆破压力较稳定,并且可以在很大的压力范围内使用。

(2) 利用透镜垫和锥形夹盘型的爆破片,如图3-12(b)所示。可适用于高压场合。

(3) 螺纹接头夹盘型的爆破片,如图3-12(c)所示。该爆破片是通过螺纹套管和垫圈将膜片压紧,但膜片容易偏置,因而使用可靠性差。

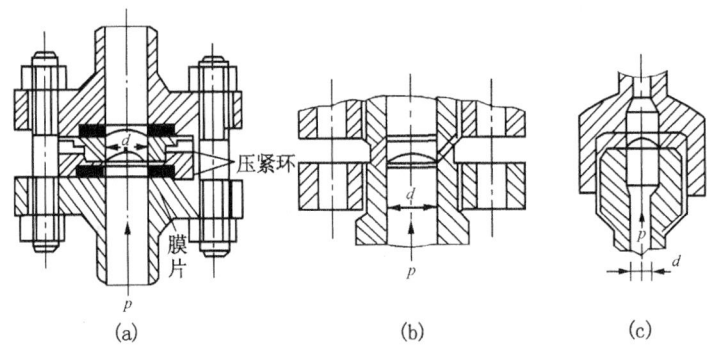

图3-12 爆破片组合型式

爆破片常见的型式如图3-13所示。

三、爆破片的适用场所

由于爆破片的自身特点,在一些情况下应优先选用爆破片作为泄压装置。

(一) 工作介质为不洁净气体的压力容器

在石油化工生产过程中,有些气体往往混杂有粘性(如煤焦油)或粉状的物质,或者容

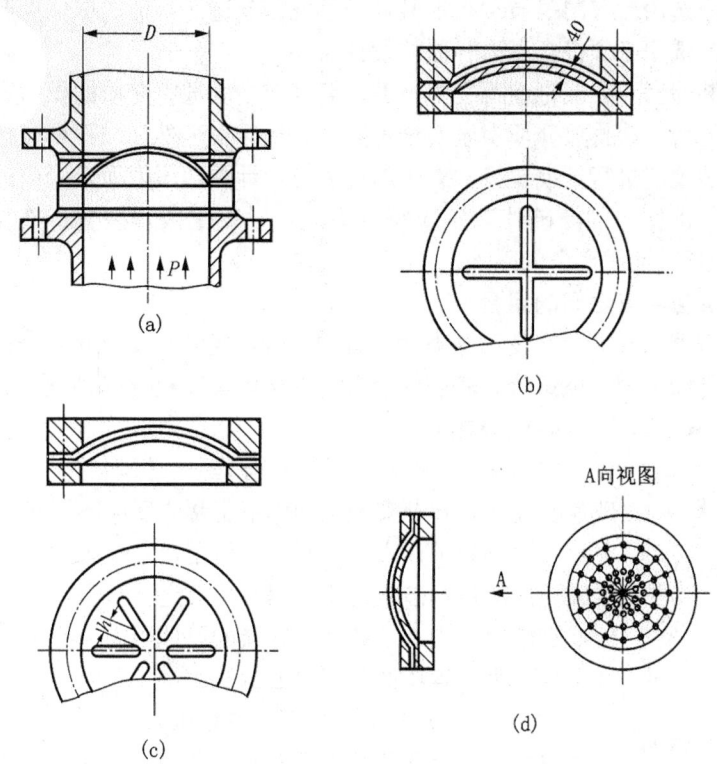

图 3-13 爆破片形式
(a) 拱形爆破片；(b) 带槽爆破片；(c) 带切口爆破片；(d) 带负压支架的爆破片

易产生结晶体。对于这样的一些气体，如果采用安全阀作为安全泄压装置，则这些杂质或结晶体就会在长期的运行过程中积聚在阀瓣上，使阀座产生较大的粘结力，或者堵塞阀的通道，减少气体对阀瓣的作用面积，使安全阀不能按规定的压力开启，失去安全阀泄压装置应有的作用。在这种情况下，安全泄压装置应采用爆破片。

（二）由于物料的化学反应可能使压力迅速上升的压力容器

有些反应容器由于容器内的物料发生化学反应，产生大量气体，使容器内的压力升高。这样的压力容器常常由于操作不当，例如投料的数量有误、原料不纯、反应速度控制不当等，因而发生压力骤增。这种情况下，如果采用安全阀作为安全泄压装置，一般是难以及时泄放压力的，容器内的压力将急剧增加。这种容器的安全泄压装置就必须采用爆破片。

（三）工作介质为剧毒气体的压力容器

盛装剧毒气体的压力容器，其安全泄压装置也应该采用爆破片，而不宜用安全阀，以免污染环境。

（四）介质为强腐蚀介质的压力容器

盛装强腐蚀介质的压力容器的安全泄漏装置也应选用爆破片。若选用安全阀，由于介质的腐蚀作用，使阀瓣与阀座关闭不严，产生泄漏，或使阀瓣与阀座粘结，不能及时打开，使容器爆破。

四、对爆破片的要求

对爆破片有以下的要求：

(1) 爆破片应选用持有国家质量技术监督局颁发的制造许可证的单位生产的合格产品。

(2) 爆破片的选用必须符合压力容器的设计需要。

(3) 对于盛装易燃介质或毒性程度为极度、高度或中度危害介质的压力容器,应在爆破片的排出口装设导管,将排放介质引至安全地点,并进行安全处理,不得直接排入大气。

(4) 爆破片装置应进行定期更换。对于超过最大设计爆破压力而未爆破的爆破片应立即更换;在苛刻条件下使用的爆破片装置应每年更换,一般爆破片装置应在2~3年内更换(制造单位明确可延长使用寿命的除外)。

五、爆破片装置与安全阀的组合

为保证压力容器的安全,在使用爆破片装置的场合,经常与安全阀组合使用。常见的组合有爆破片装置与安全阀并联组合、爆破片装置与安全阀串联组合两种型式。

(一) 爆破片装置与安全阀并联组合

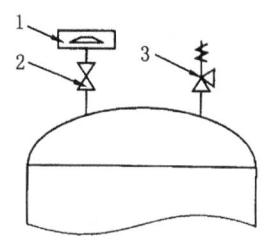

图3-14 爆破片装置与安全阀并联组合
1—爆破片;2—截止阀;3—安全阀

如图3-14所示,并联组合是一个保险的安全设施,可利用爆破片的优点,弥补安全阀动作不正常或反应不灵敏等不足。在不严重超压时,为了让安全阀起保护作用,安全阀的开启压力应略低于爆破片的标定爆破压力,而爆破片标定爆破压力(含最高、最低标定爆破压力)应小于或等于容器的设计压力,且两者单独工作的泄放量均应大于容器的安全泄放量。

(二) 爆破片装置与安全阀串联组合

(1) 爆破片装置装在安全阀进口侧,如图3-15所示。这种串联配置可使工艺介质与安全阀隔开,以免安全阀直接受腐蚀;正常工作时由爆破片保证密封;超压时,爆破片爆破后,通过安全阀泄压后复位,可减少工艺介质流失。这种配置兼有两者的优点,收到安全、经济的效果。

爆破片破裂后的泄放面积应大于或等于安全阀的进口面积,并保证爆破片碎片不影响安全阀正常动作。爆破片与安全阀之间应装压力表和截止阀,以便检查、判断爆破片是否破裂或渗漏。

(2) 爆破片装置装在安全阀出口侧,如图3-16所示。这种配置可以防止安全阀因泄漏而造成环境污染;爆破片不与介质接触,可以延长爆破片寿命,更换爆破片也方便。对于有公共排放管的使用场合,安全阀与排放侧介质隔开,可使安全阀动作不受外部介质的影响。

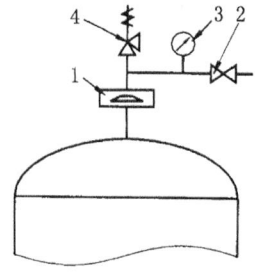

图3-15 爆破片装置与安全阀串联组合
(爆破片装在安全阀进口侧)
1—爆破片;2—截止阀;3—压力表;4—安全阀

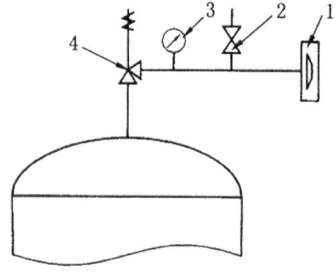

图3-16 爆破片装置与安全阀串联组合
(爆破片装在安全阀出口侧)
1—爆破片;2—截止阀;3—压力表;4—安全阀

这种配置适用于容器内的介质是清洁的流体，无粘滞或阻塞物质。因此，在安全阀和爆破片两者之间的空间，介质的累积不会堵塞出口。在安全阀与爆破片之间安装压力表和截止阀，防止由于阀门的少量泄漏而使压力积累，并能放空或排污。爆破片在相应爆破温度下标定爆破压力，与出口管内压力之和绝不可超过安全阀的整定压力。爆破片的泄放面积应大于或等于安全阀出口面积，保证流量与安全阀额定泄放量相等，使容器不超过允许的压力增值。另外，爆破片以外的任何管线不可被爆破片的碎片所堵塞。

六、爆破片的维护和年度检查

（一）爆破片的维护

爆破片在使用期间不需要特殊维护，但需要定期检查爆破片、夹持器及泄放管道。

（1）对爆破片，主要检查表面有无伤痕腐蚀、变形，有无异物附在其上，必要时可用溶剂和水进行清洗。如果发现有腐蚀，应及时更换。

（2）对夹持器、真空托架，要检查腐蚀情况、接触表面有无损伤、异物。

（3）对泄放管道的检查包括：是否通畅，有无腐蚀，固定处是否牢固。还要检查拦截爆破片碎片装置的情况。

（4）所有爆破片都有一定的工作期限（寿命）。许多因素都会影响爆破片的寿命，如容器工作压力与爆破压力之比、工作温度、压力的波动情况、爆破片的材料、工艺介质的腐蚀性、大气温度等。目前，爆破片的使用寿命还不能用公式计算，只有根据各自的使用条件来决定。在设备运转一定时间后，取出爆破片，重新作爆破试验，这样积累相当数据后，根据情况决定其使用期限。

（5）由于物理、化学因素的作用，爆破片的爆破压力会逐渐降低，因此在正常使用条件下，即使不破裂，也应定期（一般是一年一次）予以更换。对于超压未爆的爆破片应立即更换。

（6）工厂应储存一定数量的备件，以便在定期检查时能及时更换。备件在库房中保管时，要注意防腐蚀、防变形，避免高温、低温、高湿的影响。

（二）爆破片装置的年度检查

爆破片装置的年度检查至少包括以下内容：

（1）检查爆破片是否超过产品说明书规定的使用期限。

（2）检查爆破片的安装方向是否正确，核实铭牌上的爆破压力和温度是否符合运行要求。

（3）爆破片单独作泄压装置的，检查爆破片和容器间的截止阀是否处于全开状态，铅封是否完好。

（4）爆破片和安全阀串联使用时，如果爆破片装在安全阀的进口侧，应当检查爆破片和安全阀之间装设的压力表有无压力显示；打开截止阀，检查有无气体排出。

（5）爆破片和安全阀串联使用时，如果爆破片装在安全阀的出口侧，应当检查爆破片和安全阀之间装设的压力表有无压力显示；如果有压力显示，应当打开截止阀，检查能否顺利疏水、排气。

（6）爆破片和安全阀并联使用时，检查爆破片与容器间装设的截止阀是否处于全开状态，铅封是否完好。

年度检查时，凡发现以下情况之一的，使用单位应限期更换爆破片装置，并且采取有效措施以确保更换期的安全；如果逾期仍未更换，则该压力容器暂停使用：

(1) 爆破片超过规定使用期限的；
(2) 爆破片安装方向错误的；
(3) 爆破片装置标定的爆破压力、温度和运行要求不符的；
(4) 使用中超过标定爆破压力而未爆破的；
(5) 爆破片装在安全阀进口侧与安全阀串联使用时，爆破片和安全阀之间的压力表有压力显示，或者截止阀打开后有气体漏出的；
(6) 爆破片装置泄漏的。

爆破片单独作泄压装置，或者爆破片与安全阀并联使用的压力容器进行年度检查时，如果发现爆破片和容器间的截止阀未处于全开状态或者铅封损坏时，使用单位应限期改正，并且采取有效措施以确保改正期间的安全。如果逾期仍未改正，则该压力容器暂停使用。

七、爆破帽

爆破帽也是一种断裂破坏型的可一次使用的安全泄压装置。爆破帽为端部封闭，短管上有一处薄弱断面，爆破帽结构剖面如图 3-17 所示。当容器内部压力达到爆破帽断裂的压力时，爆破帽就在此薄弱断面处破坏。其功用与爆破片类似，主要用在高压、超高压容器上。

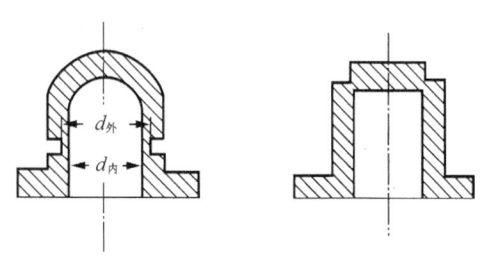

图 3-17 断裂破坏型爆破帽

第三节 压 力 表

压力表是压力容器上用以测量介质压力的仪表。压力容器以及需要控制压力的设备都必须装压力表。操作人员应根据压力表所指示的压力进行操作，将压力控制在压力容器允许范围内。如果压力表不准或失灵，安全阀也同时失灵的话，则压力容器将发生事故。因此，压力表准确与否直接关系到容器的安全，未装置压力表或压力表损坏的压力容器是不准运行的。

压力表有液柱式、弹性元件式、活塞式和电量式 4 大类。目前，单弹簧管式压力表广泛用于压力容器中。这种压力表具有结构坚固、不易泄漏、准确度较高、安装使用方便、测量范围较宽、价格低廉的优点。

一、压力表的结构和工作原理

（一）单弹簧管式压力表

这种压力表是利用弹簧弯管在内压力作用下变形的原理制成的，根据其变形量的传递机构可分为扇形齿轮式和杠杆式两种。图 3-18 给出了带有扇形齿轮转动机构的单弹簧管压力表的结构。弹簧管（又叫波登管）是一根横断面呈椭圆形或扁平形的中空弯管（一般用无缝黄铜管制成，只有用于压力为 15~20MPa 的压力表才用不锈钢、铬钒钢等无缝钢管来制造）。压力表主要靠弯管的作用来表示压力的大小，它的一端牢固地焊在支座上，另一端为自由端，当容器内有压力的气流进入弹簧弯管内时，由于内压的作用，椭圆形截面的弯管就有膨胀成圆形的趋势，从而使弯管向外伸展，发生角位移变形，弯管内的压力越高，变形也越大。弹簧管的自由端通过拉杆与扇形齿轮相连，扇形齿又与小齿轮相啮合，在小齿轮的轴上装有指针和油丝。油丝是为了消除扇形齿轮与小齿轮之间的间隙而装设的。这样当弹簧管向外伸展时,通过拉杆带动扇形齿轮,因为扇形齿轮的支点比较靠近拉杆这一端,所以只要弹簧弯管带着拉杆稍微移动,扇形齿轮就要作较大的摆动。又因为中心轴上小齿轮齿数较少,而扇形齿轮相当于一个齿数很多的大齿轮,所以当扇形齿轮作小量摆动时,小齿轮就作了较大的转动,从而使中心轴和指针也就跟着转动。由指针转动后的位置,在刻度盘上就可以直接读出所测的压力值。

带有杠杆传动机构的单弹簧管压力表的结构如图3-19所示。它的工作原理是：弹簧管的自由端通过拉杆带动弯曲杠杆,从而转动指针。这种弹簧管压力表可得到更高的准确度,而且耐震,但指针只能在90°的范围内转动。

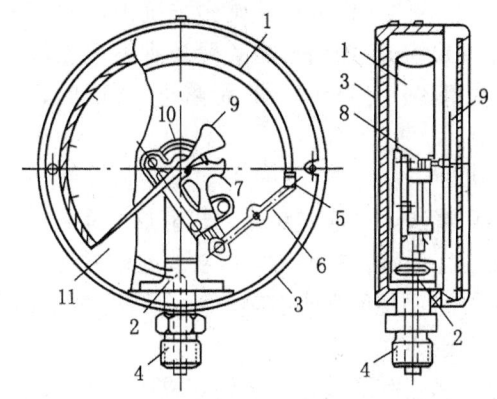 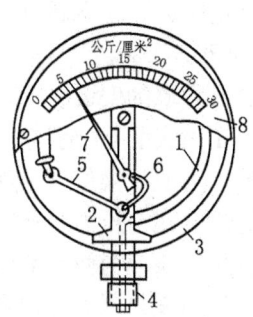

图3-18 带扇形齿轮的单弹簧管压力表
1—弹簧弯管；2—支座；3—表壳；4—接头；5—带铰轴的塞子；6—拉杆；7—扇形齿轮；8—小齿轮；9—指针；10—油丝；11—刻度盘

图3-19 带杠杆的单弹簧管压力表
1—弹簧弯管；2—支座；3—表壳；4—接头；5—拉杆；6—弯曲杠杆；7—指针；8—刻度盘

(二) 波纹平膜式压力表

波纹平膜式压力表常用于工作介质具有腐蚀性的容器中,其结构如图3-20所示。它的弹性元件是波纹形的平面薄膜,而薄膜紧夹在上法兰与下法兰之间,两个法兰分别与接头及表壳相连。当薄膜下面通入压力时,薄膜受压向上凸起,并通过销柱、拉杆、齿轮转动机构来带动指针,从而直接在刻度盘上显示出被测的压力值。这种压力表薄膜中心的最大挠度不能超过1.5～2mm,所以要用较高的传动比。其灵敏度和准确度都比较低,也不能用于较高的压力,一般应小于3MPa；它对振动和冲击不太敏感。更主要是它可以在薄膜底面用抗腐蚀金属制成保护膜,所以能用来测定具有腐蚀性介质的容器的压力,因此在许多化工容器中还经常采用。

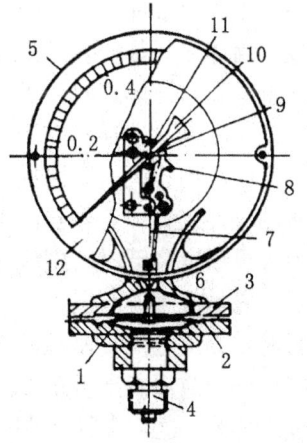

图3-20 波纹平膜式压力表
1—平面薄膜；2—下法兰；3—上法兰；4—接头；5—表壳；6—销柱；7—拉杆；8—扇形齿轮；9—小齿轮；10—指针；11—油丝；12—刻度盘

二、压力表的选用

(1) 选用的压力表,必须与压力容器内的介质相适应。

(2) 压力表的量程。装在压力容器上的压力表,其量程应与容器的工作压力相适应。压力表盘刻度极限值应为最高工作压力的1.5～3.0倍,最好选用此值为容器工作压力的2倍。压力表的准确性除了压力表本身的精度外，还与压力表量程范围有关。一般的规律是从零刻度到 1/3 刻度范围内和满量程处倒转 1/3 刻度范围内误差较大，在 1/2 刻度处左右较准确。所以压力表的极限刻度值与工作压力之比为 2 最佳。

（3）压力表的精度。精确度是以压力表的允许误差占表盘刻度极限值的百分数来表示的，精度分 1.0、1.5、2.5 3 个级别。例如精确度为 1.5 级的压力表，其允许误差为表盘刻度极限值的 1.5%，精确度级别一般都标在表盘上。所以选用压力表应根据容器的压力等级和实际工作需要确定精确度（低压容器一般不应低于 2.5 级；中压容器不应低于 1.5 级；高压容器应为 1 级）。

（4）压力表的表盘直径不应小于 100mm。为了使操作人员能清楚准确地看出压力指示值，压力表表盘直径不能太小，一般不应小于 100mm。如果压力表距离观察地点较远，表盘直径还应增大，距离超过 2m 时，表盘直径最好不小于 150mm；距离超过 5m 时，表盘直径不要小于 250mm。

三、压力表的安装

（1）压力表装设位置应便于操作人员观察和清洗，且应避免受到辐射热、冻结或振动的不利影响。为便于操作人员观察，压力表应安装在最醒目的地方，并要有足够的照明。压力表的接管应直接与压力容器本体相连接，同时要注意避免受辐射热、低温及振动的影响。装在高处的压力表应稍微向前倾斜（但倾斜角不大于 30°）。

（2）压力表与压力容器之间，应装设三通旋塞或针形阀；三通旋塞或针形阀上应有开启标记和锁紧装置。压力表与压力容器之间不得连接其他用途的任何配件或接管。为便于装卸和校验压力表，压力表与容器之间应装设三通旋塞，旋塞应装在垂直的管段上，并要有开启标志，以便校对与更换。

（3）用于水蒸气介质的压力表，在压力表与压力容器之间应装有存水弯管。存水弯管相当于一个水封管，其作用是防止因高温水直接冲刷压力表的弹簧管而造成压力表不准。要求在压力表与缓冲弯管之间装三通旋塞，以便吹洗管路、卸换压力表。有的在存水弯管与压力表、筒体之间都安装了三通旋塞，实际上存水弯管与筒体间装三通旋塞没有必要。有的仅在存水弯管与筒体之间装了三通旋塞，此种安装是错误的，仅能卸换压力表，不能吹洗管路，特别是不能吹洗存水弯管管路，不符合规定。

（4）用于具有腐蚀性或高粘度介质的压力表，在压力表与压力容器之间应装设能隔离介质的缓冲装置。若容器内工作介质对压力表零件材料具有腐蚀作用或因高粘度介质影响使压力表灵敏度降低时，则应在弹簧管式压力表与容器的连接管路上装置充填有液体的隔离装置，充填液不应与工作介质起化学反应或生成物理混合物。因限于操作条件不能采取这种装置时，则应选用抗腐蚀的压力表，如波纹平膜式压力表等。

（5）应注意高温介质的影响。工作介质为高温蒸汽的压力容器，例如锅炉房内的分汽缸、热水器等，这类容器上的压力表的接管上要装有一段弯管，使蒸汽在这一段弯管内冷凝，以避免高温蒸汽直接进入压力表内的弹簧管中，使表内元件过热变形而影响压力表的精确度。

（6）压力表表盘上应有警戒红线。每一个压力表最好固定用于相同压力的容器上，这样可以根据容器的最高许用压力在压力表的刻度盘上划出警戒红线。不应把表示容器最高许用压力的警戒红线涂画在压力表的玻璃上，以免玻璃转动使操作人员产生错觉，造成事故。

四、压力表的校验、维护

在压力容器运行中，应加强对压力表的校验、维护。

(1) 使用单位应建立完善的压力表维修、保养、检验、管理制度。

(2) 压力表必须定期校验。每年至少经计量部门校验一次。校验完毕应认真填写校验记录和校验合格证并加以铅封。如果容器在正常运行中发现压力表指示不正常或有其他可疑迹象时，应立即对其进行检验、校正。

(3) 使用单位应加强压力表的年度检查，压力表的年度检查至少包括以下内容：

① 压力表的选型；

② 压力表的定期检修、维护制度，检定有效期及其封印；

③ 压力表外观、精度等级、量程、表盘直径；

④ 在压力表和压力容器之间装设三通旋塞或者针形阀的位置、开启标记及锁紧装置；

⑤ 同一系统上各压力表的读数是否一致。

年度检查时，凡发现以下情况之一的，要求使用单位限期改正并且采取有效措施以确保改正期间的安全；如果逾期仍未改正的，应当暂停该压力容器使用：

① 选型错误；

② 表盘封面玻璃破裂或者表盘刻度模糊不清；

③ 封印损坏或者超过检定有效期限；

④ 表内弹簧管泄漏或者压力表指针松动；

⑤ 指针扭曲断裂或者外壳腐蚀严重；

⑥ 三通旋塞或者针形阀开启标记不清或者锁紧装置损坏；

⑦ 有限止钉的压力表，在无压力时，指针不能回至限止钉处；无限止钉的压力表，在无压力时，指针距零位的数值超过压力表的允许误差；

⑧ 其他影响压力表准确指示的缺陷。

(4) 压力容器操作人员对压力表的日常维护应做好以下工作：

① 压力表应保持洁净，表盘上的玻璃要明亮清晰，使表盘内指针指示的压力值能清楚易见。表盘玻璃破碎或表盘刻度模糊不清的压力表应停止使用。

② 压力表的连接管要定期吹洗，以免堵塞，特别是对用于含较多的油垢或其他粘性物质的气体的压力表连接管。要经常检查压力表指针的转动与波动是否正常，检查连接管上的旋塞是否处于全开状态。

第四节　液　位　计

液位计是用来测量液化气体或物料的液位、流量、装量、投料量等的一种计量仪表。例如计量罐、中间罐、储罐、球罐、液化气体汽车槽车、铁路槽车等都需装设液位计。压力容器操作人员根据其指示的液位高低来调节或控制充装量，从而保证容器内介质的液位始终在正常范围内，不发生因超装过量而导致的事故或由于投料过量而造成物料反应不平衡的现象。历年来，由于液位计失灵或未按规定安装液位计，或操作人员不认真操作，导致压力容器充装或投料过量的事故是很多的。所以每个压力容器操作人员及容器管理人员均须重视这个问题，严格监视液位或投料量；同时，必须按规定安装液位计，并保证其准确、灵敏、可靠。

一、液位计的形式及结构

（一）玻璃管式液位计

玻璃管式液位计的结构简单，由上阀体、下阀体、玻璃管和放水阀等构件组成，如图

3-21、图 3-22 所示。安装维修方便,通常用在工作压力为 0.6MPa 和介质为非易燃、易爆或无毒的容器中。

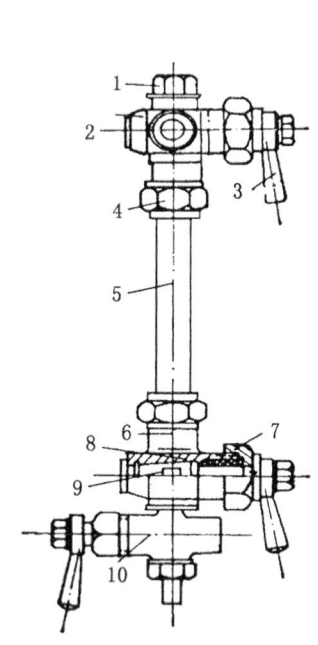

图 3-21 旋塞玻璃管液位计
1—玻璃管盖;2—上阀体;3—手柄;4—玻璃管螺母;5—玻璃管;6—下阀体;7—封口;8—填料;9—塞子;10—放水阀

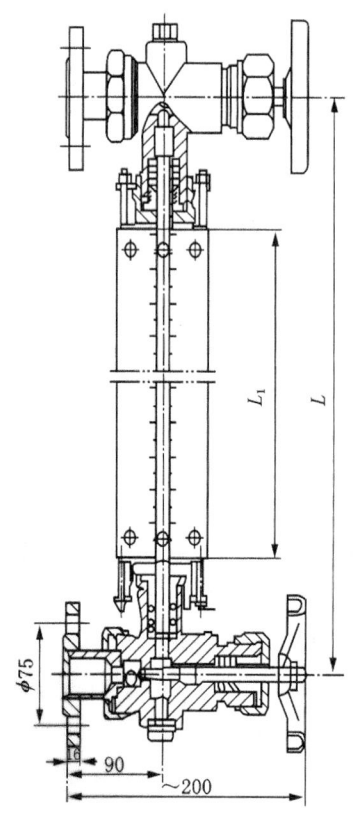

图 3-22 带安全保护的玻璃管液位计

用于容器上的玻璃管式液位计有定型产品,玻璃管的公称直径为 15mm 和 25mm 两种,其尺寸见表 3-5。玻璃管直径过小易产生毛细管现象,液位显示会与实际液位稍有偏差。液位计玻璃管的中心线与上、下阀体的垂直中心线应互相重合,否则在安装和使用中玻璃管容易损坏。

表 3-5 旋塞玻璃管液位计尺寸 mm

连接螺纹	D_g	L	L_1	L_2	A	B	C	S	h_1	h_2	H	d	质量,kg
G1/2″	15	184	152	133	61	26	22	30	43	45	75	φ14	约 3.4
G3/4″	25	190	162	143	70	30	26	38	52	55	82	φ19	约 3.6

注:① G1/2″壳体材料有铸铜及可锻铸铁镀锌两种,G3/4″为铸铜;
② 公称压力为 0.6MPa,用于水暖、锅炉及化工设备上。

对玻璃管液位计的安全技术要求:
为防止液位计损坏时发生泄漏事故和伤人,玻璃管式液位计应有保护装置(防护罩、快关阀、自动闭锁珠等）。

(1) 应有防护罩，防止玻璃管损坏时介质喷溅、外溢造成事故。防护罩最好用较厚的耐温钢化玻璃板制成，将玻璃管罩住，但不应影响观察液位。防护罩也有用铁皮制作的，为了便于观察液位，在防护罩的前面应开有宽度大于 12mm、长度与玻璃管可见长度相等的缝隙，并在防护罩后面留有较宽的缝隙，以便光线射入，使压力容器操作人员清晰地看到液位。

(2) 应有快关阀门和自动闭锁珠。液位计一旦破裂，快关阀门和自动闭锁珠可迅速关闭或自动关闭液位计的气、液连管，防止介质喷溅、外溢。自动闭锁珠实际上是带有钢珠的旋塞，当玻璃管破裂时，借助介质向外的冲力，自动关闭旋塞。

（二）玻璃板式液位计

如图 3-23 所示。这种液位计主要由上阀体、下阀体、框盒、平板玻璃等构件组成。该液位计具有读数直观、结构简单、价格便宜的优点。由于要求其耐压，故不能做得太长。大型储罐安装液位计时，就需要把几段玻璃板连接起来使用，安装检修不太方便。但由于板式液位计比管式液位计耐压高，安全可靠性好，所以凡介质是易燃、剧毒、有毒、压力和温度较高的容器，采用板式液面计比较安全。目前国产 UB 型玻璃板液位计型号性能见表 3-6。

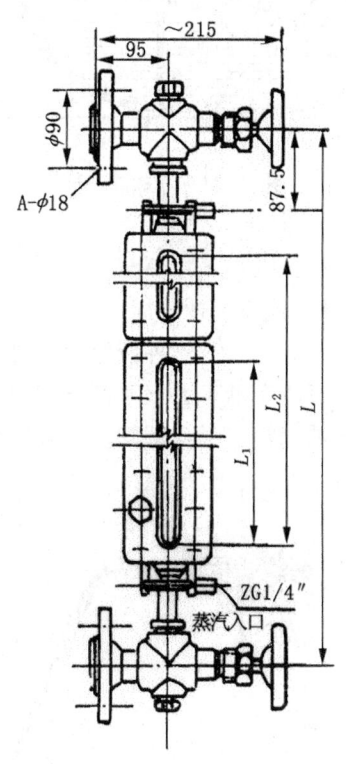

图 3-23 双面玻璃板液位计

表 3-6 双面玻璃板液位计尺寸　　　　　　　　　　mm

液位计节数	公称长度 L		透光尺寸 $L_1 \times B$		透光总长度 L_2		液位计总重,kg	
	pN, MPa							
	1.6	4.0	1.6	4.0	1.6	4.0	1.6	4.0
1	530	500	304×18	264×18	304	264	25.5	30.8
2	890	830	304×18	264×18	672	602	44.0	54.7
3	1260	1170	304×18	264×18	1040	940	32.9	79.0
4	1630	1510	304×18	264×18	1408	1278	81.9	103

（三）浮球液位计

如图 3-24 所示。

又称浮球磁力式液位计，其工作原理是当容器内液位升降时，以浮球为感受元件，带动连杆结构通过一对齿轮使互为隔绝的一组门形磁钢转动，并带动指针，使得刻度盘上指示出容器内的充装量。该液位计多安装在各类液化气体汽车槽车和油品汽车槽车上，它具有以下优点：

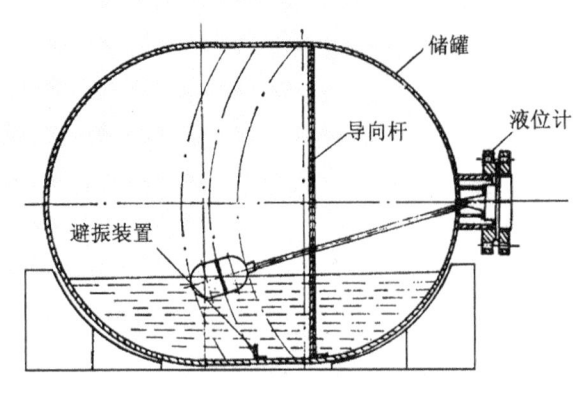

(1) 结构简单，动作可靠，精度较高，安装维护方便，具有耐振动、耐磨损、耐压、耐高温和耐腐蚀。

(2) 表盘指示直观，读数清晰、准确可靠。

(3) 由于内部传动机构与表盘及指针互为隔绝，因而这种液位计的密封性能极好。

（四）旋转管式液位计

如图 3-25 所示。这种液位计主要由旋转管、刻度盘、指针、阀芯等构件组成，一般用于液化石油气汽车槽车和活动罐上。

图 3-24 浮球液位计

（五）滑管式液位计

如图 3-26 所示。这种液位计主要由套管、带刻度的滑管、阀门和护罩等组成，一般用于液化石油气汽车槽车、火车槽车和地下储罐。测量液位时，将带有刻度的滑管拔出，当有液态液化石油气流出时，即知液位高度。

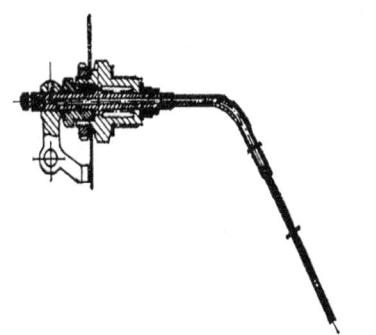

图 3-25 旋转管式液位计

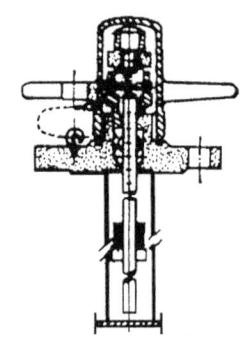

图 3-26 滑管式液位计

二、液位计的选用应符合的规定

压力容器用液位计应符合有关标准的规定，并应符合下列要求：

(1) 应根据压力容器的介质、最高工作压力和温度正确选用。

(2) 在安装使用液位计前，低、中压容器用液位计应进行 1.5 倍液位计公称压力的液压试验；高压容器用液位计应进行 1.25 倍液位计公称压力的液压试验。

(3) 盛装 0℃ 以下介质的压力容器，应选用防霜液位计。

(4) 寒冷地区室外使用的液位计，应选用夹套型或保温型结构的液位计。

(5) 液位计用于易燃、毒性程度为极度、高度危害介质的液化气体压力容器上，应有防止泄漏的保护装置。

(6) 要求液面指示平稳的，不应采用浮子（标）式液位计。

(7) 移动式压力容器不得使用玻璃板式液位计。

三、对液位计的安全技术要求

(1) 液位计要求结构简单、安全可靠,测量数据准确,精度要高,液位指示明显醒目,操作维修方便。

(2) 对于大型容器或储存危害程度较大的介质的容器,应有集中控制的设施和警报装置。液位计上最高和最低安全液位应作出明显的标志。液位计除采用直读式外,还应装设能够进行数字传递的远程控制、遥控、遥测及自动化液位测定装置,例如采用带有导线束或钢带的浮子式液位计,测量液位精确;采用超声波液位计时,操作简单,测量速度快,精度高,误差不大于±5mm。此外,还有的容器增加了液位报警器,当液位达到或超过警告线时,能做到自动报警,使操作人员迅速采取措施,预防了事故的发生。

(3) 液位计安装完毕并经调校后,应在刻度表盘上用红色油漆画出最高、最低液位的警告红线。同时操作人员要经常巡回检查,保持液位计的清洁,谨防泄漏。特别在冬季,要防止液位计冻堵和产生假液位。玻璃板或玻璃管内要定期擦洗或冲洗。排放液位计内的有毒、剧毒、易燃、易爆介质时,要采用引出管将介质排放至安全地带并妥善处理。

(4) 液位计应安装在便于观察的位置,如液位计的安装位置不便于观察,则应增加其他辅助设施,例如有防爆、照明装置。通常情况下,当液位计的液位距离操作地面高于2m或大型容器采用多段连接的板式液位计时,为了便于观察与操作,应按规定位置安装操作平台或工作梯。当发现液位计泄漏时,一定要先将液位计的两端阀门关闭,并将管内或板内剩余介质排尽后,才能进行检修。

(5) 对于盛装易燃、易爆或剧毒、有毒介质的液化气体的容器,应采用玻璃板式液位计或自动液位指示器;对于盛装其他介质的大型容器,还应装设安全、可靠的液位指示器。液位计或液位指示器上应有防止液位计泄漏的装置和保护罩。液化石油气液位计使用的电器部分应符合安全规定,必须达到防爆、隔爆要求,并且安全、可靠。

(6) 液化气体槽车上使用的液位计,为了防止碰撞、减少外露尺寸和确保安全、可靠,液位计应置于槽车罐体内部,例如槽车上经常采用磁力式液位计、拉杆式液位计、浮球式液位计等。槽车上不得采用玻璃管式或玻璃板式液位计。

(7) 压力容器运行操作人员应加强对液位计的维护管理,保持其完好和清晰。使用单位应对液位计实行定期检修制度,可根据运行实际情况,规定检修周期,但不应超过压力容器内外部检验周期。

四、液位计的检查与维修

(一) 液位计的使用单位应制定定期检修、维护制度

有关部门虽然尚未明确提出液位计的强制定期检验,但液位计的使用单位应制定定期检修、维护制度。定期检修、维护制度应包括液位计的日常维护和年度检查。

(二) 液位计的年度检查

液位计的年度检查至少包括以下内容:

(1) 液位计的定期检修、维护制度;

(2) 液位计外观及附件;

(3) 寒冷地区室外使用或者盛装0℃以下介质的液位计选型;

(4) 用于易燃、毒性程度为极度、高度危害介质的液化气体压力容器时,液位计应具有防止泄漏的保护措施。

检查时,凡发现以下情况之一的,要求使用单位限期改正并且采取有效措施以确保改正

期间的安全；如果逾期仍未改正的，应当暂停该压力容器的使用：
　　（1）超过规定的检修期限；
　　（2）玻璃板（管）有裂纹、破碎；
　　（3）阀件固死；
　　（4）出现假液位；
　　（5）液位计指示模糊不清；
　　（6）选型错误；
　　（7）防止泄漏的保护装置损坏。

第五节　温　度　计

　　压力容器在操作运行中，对温度的控制一般都比压力控制更严格，因为温度对工业生产中的大部分反应物料或储运介质的压力升降具有决定性作用，特别是容器内的物料或反应物会由于温度的变化而发生质量上的变化时。如果超过了工艺所规定的温度，容器内的压力会因温度的变化而剧烈升高，引发压力容器爆炸事故；还会生产出不合格的产品而造成经济损失。所以压力容器操作人员应根据测温仪表所反映的数据来对容器工况进行调整。

一、常用温度计形式及工作原理

　　压力容器中需要测量的温度范围相当广，从摄氏零下一百多度至零上近千度，故备有多种类型测温仪表，见表3-7，以满足不同范围的测温要求。

表3-7　各类测温仪表及测温范围

类　　别	作用原理	测温范围,℃
膨胀式温度计	物体受热后的热膨胀	-80～700
压力计式温度计	液体、气体或蒸汽在密闭系统中受热产生压力或体积变化	-60～550
热电偶温度计	利用物体的热电性能	-50～1600
热电阻温度计	利用导体或半导体受热后电阻的变化	-50～650

　　（一）膨胀式温度计

　　该温度计是根据水银、酒精、甲苯等感温液体具有热胀冷缩的物理特性制成的。感温包中储有感温液体，当感温包插入被测介质中受其温度的作用，感温液体便膨胀或收缩而沿着毛细管上升或下降，在刻度标尺上直接显示温度的变化值。压力容器中常用的是玻璃水银温度计和电接点水银温度计。

　　（1）玻璃水银温度计由感温包、膨胀细管和标尺等部分组成。常见的有如图3-27的两种形式。它测量准确，结构简单，使用维护方便，角度值α常有180°、135°、90°等数种，以便观察。当测量温度值的上限达350℃以上时，应该用石英管取代水银温度计的玻璃管，同时在石英管内的水银面上方充入高压惰性气体（氮气等）。当温度值下降低于-30℃时，通常用有机液体（如酒精、戊烷等）代替水银。

　　（2）电接点水银温度计是在玻璃水银温度计内插入两根导线组成，当温度达到规定值时，水银即接通电路，带动控制系统动作，对温度进行调节或使信号装置发生声光警报。

（二）压力式温度计

压力式温度计的结构如图 3-28 所示，由温包、毛细管、游丝、小齿轮、扇形齿轮、连杆、弹簧管、指针等零件组成。这种温度计分为指示式与记录式两种，前者可直接从表盘上读出当时的温度数值，后者有自动记录装置，可记录出不同时间的温度数值。这种温度计的温包内装有易挥发的碳氢化合物液体，测量温度时，温包内的液体受热蒸发，产生压力，温度越高，压力也越高，并沿着金属软管内的毛细管传到弹簧管。弹簧管的构造和工作原理与弹簧式压力表相同，指针发生偏转的角度大小与被测介质的温度高低成正比，即指针在刻度盘上可直接指示出被测介质的温度值。

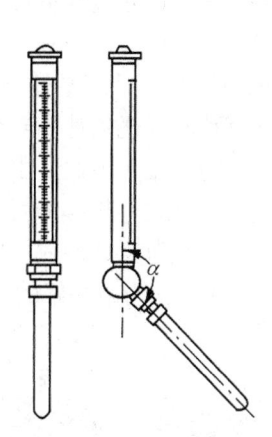

图 3-27 工业用玻璃水银温度计

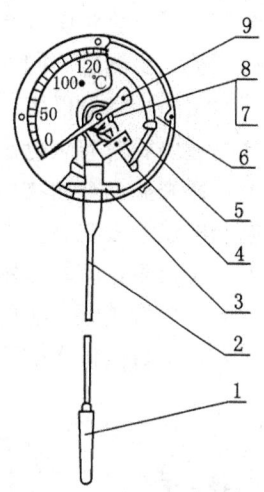

图 3-28 压力式温度计

1—温包；2—毛细管；3—支承座；4—扇形齿轮；5—连杆；6—弹簧管；7—小齿轮；8—游丝；9—指针

压力式温度计适用于对非腐蚀性气体、液体或蒸汽的温度进行远距离的测量；也适用于被测介质压力不超过 6MPa、温度不超过 400℃ 的情况。压力式温度计常用于液化气体槽车及球罐上。它的优点是：使用方便，能将多处测温点集中指示，价格便宜。其缺点是：精度低，金属软管易损坏，且不易修复。

（三）热电偶温度计

利用两种不同金属导体的接点受热产生热电势的原理，制成由热电偶、补偿导线、冷端补偿器（或恒温器）、导线切换开关和电气测量仪表组成的温度计为热电偶温度计，其连接方式如图 3-29 所示。

（1）热电偶由两种不同金属的一端焊接在一起构成。测量温度时，焊接端放在测温处（俗称工作端或热端），没有焊在一起的另一端（为某个恒定或环境温度，俗称冷端），则通过补偿导线、冷端补偿器（或恒温器）、切换开关、导线接至电气测量仪表。

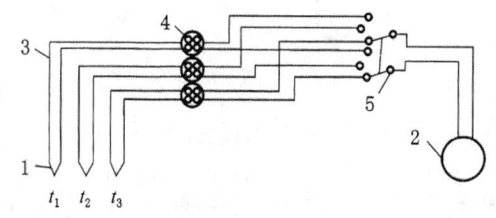

图 3-29 热电偶温度计连接示意

1—热电偶；2—测量仪表；3—补偿导线；4—冷端补偿器；5—切换开关

（2）补偿导线。试验证明，当热电偶的冷端温度保持不变时，热电偶产生的热电势大小只与热端的温度有关。为了将热电偶的冷端引到冷端补偿器或恒温器,以保持冷端温度不变,就需要导线。如果用与热电偶相同的材料作导线,对价廉金属热电偶(如镍铬—考铜)来说是可行的,但对贵重金属热电偶(如铂铑—铂)则不可取。这就需要选择一些容易获得的金属来作导线。但要求这些金属在 0～100℃(此为冷端所处的环境温度)范围内的热电性质与热电偶本体金属相同。用这些金属做成的导线称为补偿导线。

(3)冷端补偿器。热电偶冷端温度变动时能使热电偶产生的热电势发生变化,冷端补偿器的作用就是产生一个直流电压来抵消这种变化,以保证热电偶产生的热电势只与热端的温度有关。对温度测量精确度要求不高的,温度计的冷端补偿器或恒温器常省去不用。如果不使用冷端补偿器,可将热电偶冷端接到一个恒温器中,也可获得同样的效果。

(4)切换开关。将测量不同部位温度的热电偶接在切换开关上,通过开关切换可以使几个热电偶共同使用一个测量仪表。

(5)电气测量仪表。与热电偶匹配的电气测量仪表是灵敏度很高的测量微电势的仪表,装在操作盘上,用来显示被测物体的温度。常用的测量仪表有动圈式毫伏计和电子电位差计等。当把热电偶的热端放在高温介质中时,冷热端就处于不同的温度,因而产生热电势,将此热电势输入测量仪表,就能显示出被测介质的温度。两端温差越大,热电势就越大,电气测量仪表指示的读数就越大。热电势与温度的对应关系已通过试验获得并制成了图表,所以可以从测量仪表盘上直接读出被测介质的温度。图 3-30、图 3-31 为组装好的热电偶。

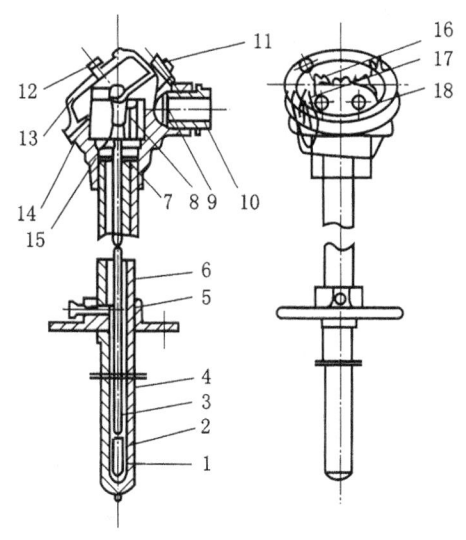

图 3-30 普通金属热电偶

1—测温端;2—瓷帽;3—瓷珠;4—保护管;5—法兰;6—保护管上端;7—头部外壳;8—瓷座;9—石棉填料;10—填料函;11—螺丝;12—链环;13—盖子;14—垫圈;15—接线柱;16—瓷座固定螺丝;17—导线固定螺丝;18—热电偶固定螺丝

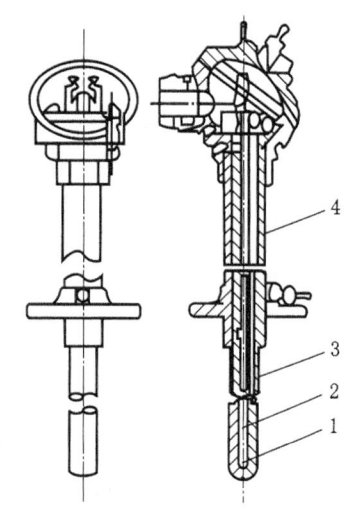

图 3-31 贵重金属热电偶

1—工作端;2—瓷管;3—瓷保护管;4—钢保护套

热电偶温度计的优点是:灵敏度高,测量范围大,便于远距离测量和自动记录等。缺点是需要补偿导线,安装费用较高。

(四)热电阻温度计

利用金属、半导体的电阻随温度变化的特性,可制成热电阻温度计:通过测量其电阻值,即可得到被测温度的数值。它由测量元件热电阻和电气测量仪表组成。

(1) 热电阻有两类,一是用金属丝绕成的电阻(称测温电阻),如铂电阻,如图 3-32 所示,以及铜电阻,如图 3-33 所示,等等;二是由半导体制成的电阻,称半导体热敏电阻,如图 3-34 所示。

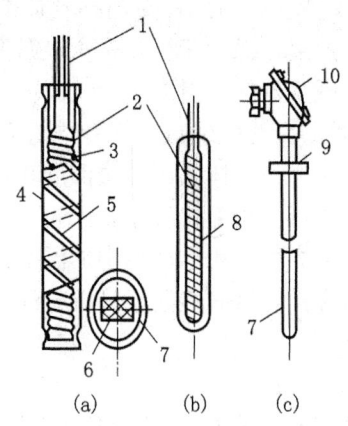

图 3-32 铂电阻构造示意
(a)用云母片作骨架;(b)用石英玻璃圆柱作骨架;(c)外形图
1—银引出线;2—铂丝;3—锯齿形云母骨架;4—保护用云母片;5—银绑带;6—铂电阻横断面;7—保护套管;8—石英骨架;9—连接法兰;10—接线盒

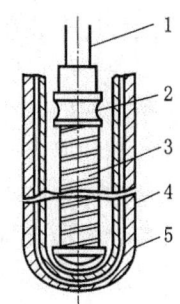

图 3-33 铜电阻构造示意
1—引线;2—塑料骨架;3—铜线;4—内保护套管;5—外保护套管

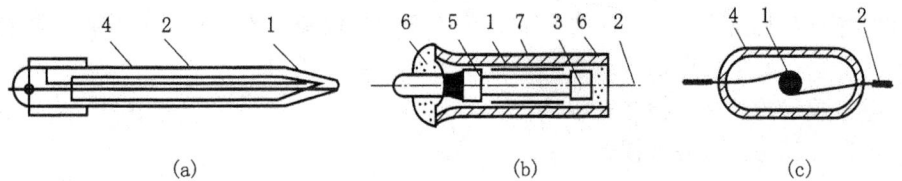

图 3-34 半导体电阻构造示意图
(a)带玻璃保护管的半导体电阻;(b)柱形半导体电阻;(c)带密封管的球形半导体电阻
1—电阻体;2—引出线;3—导体;4—玻璃管;5—保护管;6—密封填料;7—锡箔

(2) 电气测量仪表。与热电阻匹配的电气测量仪表,用于测量热电阻的电阻值。电阻值随温度而变化,将此值作为信号输入测量仪表进行测量,即可获得被测物的温度值。不同热电阻的电阻值与温度的对应关系已通过试验获得,因此在测量仪表上可以直接显示出被测介质的温度值。工业上常用的测量仪表有比率计和自动平衡电桥等。其优点是:精度较高,便于远距离测量和自动记录,既能测高温又能测低温,其测温范围通常为 -200~650℃。缺点是维护工作量较热电偶温度计大,振动场合易损坏。

二、温度计的安全使用要点

(1) 应选择合适的测温点,使测温点的情况具有代表性,并尽可能减少外界因素(如辐射散热等)的影响。其安装位置要便于操作人员观察,并配备防爆、照明。

(2) 温度计的温包应尽量伸入压力容器或紧贴于容器器壁上,同时露出容器的部分应尽可能短些，确保能测准容器内介质的温度。同于测量蒸汽和物料为液体的温度时，温包的插入深度不应小于150mm；用于测量空气或液化气体的温度时，温包的插入深度不应小于250mm。

(3) 对于压力容器内介质的温度变化剧烈的工况，进行温度测量时应考虑到滞后效应，即温度计的读数来不及反映容器内温度变化的真实情况。为此，除选择合适的温度计形式外，还应注意安装的要求。如用导热性强的材料作温度计保护套管，在水银温度计套管中注油，在电阻式温度计保护套管中充填金属屑等，以减少传热的阻力。

(4) 温度计应安装在便于工作、不受碰撞、减少振动的地点。安装内标式玻璃温度计时，应有金属保护套，保护套的连接要求端正。对于充注液体的压力式温度计，安装时其温包与指示部位应在同一水平面上，以减少由于液体静压力引起的误差。

(5) 新安装的温度计应经国家计量部门鉴定合格方能使用。使用中的温度计应定期进行校验，误差应在允许的范围内。在测量温度时不宜突然将其直接置于高温介质中。

三、温度计的检查与维修

(一) 温度计的使用单位应制定定期检修、维护制度

温度计属于国家强制检验的仪表，使用单位应实行定期检验，并进行定期检修、维护。定期检修、维护制度应包括温度计的日常维护和年度检查。

(二) 测温仪表的年度检查

测温仪表的年度检查至少包括以下内容：
(1) 测温仪表的定期检定和检修制度；
(2) 测温仪表的量程与其检测的温度范围的匹配情况；
(3) 测温仪表及其二次仪表的外观。

年度检查时，凡发现以下情况之一的，要求使用单位限期改正并且采取有效措施以确保改正期间的安全；如果逾期仍未改正，则该压力容器暂停使用：
(1) 超过规定的检定、检修期限；
(2) 仪表及其防护装置破损；
(3) 仪表量程选择错误。

第六节 常用阀门

阀门是压力容器及其设备中不可缺少的配套件。压力容器运行中，操作人员通过操作各种阀门，实现对生产工艺系统的控制和调节。压力容器及其管道上常用的阀门除已作介绍的安全阀外，还有截止阀、闸阀、止回阀、减压阀和紧急切断阀等。

一、截止阀

截止阀由阀芯、阀座、阀体、阀杆、填料、填料盖、手轮等构件组成，如图3-35所示。

截止阀按介质流动方向的不同可分为直通式、直流式和角式3种，如图3-36所示。若按阀杆螺纹的位置则截止阀可分为明杆及暗杆两种。小直径的截止阀一般为暗螺纹杆式；直径较大、工作温度较高及用于腐蚀介质的截止阀一般为明螺纹杆式。按密封面形式截止阀可分为平行密封面和锥形密封面两种。平行密封面启闭时擦伤少，容易研磨，但启闭力大，多用于大口径阀门；锥形密封面结构紧凑，启闭力小，但启闭时容易擦伤，研磨需专用工具，

多用于小口径阀门。安装截止阀时，需使介质由下向上流过阀芯与阀座之间的间隙，如图中箭头所示。

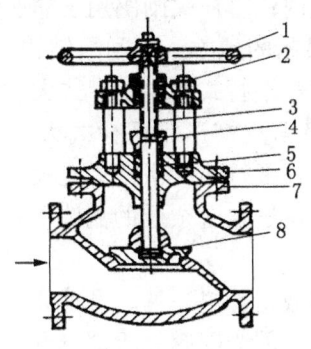
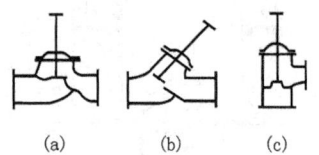

图3-35 截止阀
1—手轮；2—阀杆螺母；3—阀杆；4—填料压盖；5—填料；6—阀盖；7—阀芯；8—阀座

图3-36 截止阀通道形式
(a) 直通式；(b) 直流式；(c) 角式

截止阀的优点是结构简单，密封性能好，制造和维护方便。其缺点是流体阻力大，阀体较长，占地较大。截止阀广泛用来截断流体和调节流量，如液化石油气储配站的液相和气相管线上的阀门均采用截止阀等。

二、节流阀

节流阀属于截止阀中的一种。由于阀芯形状为针形，且直径较小，故又名针形阀。开启时通过阀芯与阀座间隙的微量变化，能准确地调节流量和压力。节流阀主要由手轮、阀杆、阀体、阀芯和阀座等构件组成，如图3-37所示。

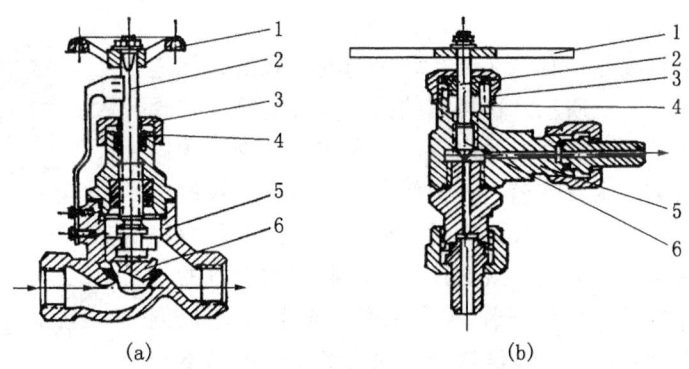

图3-37 节流阀
(a) 直通式；(b) 角式
1—手轮；2—阀杆；3—填料盖；4—填料；5—阀体；6—阀芯

节流阀的特点是外形尺寸小，重量轻，制造精度高，密封好，能较准确地调节流量或压力，但加工困难。该阀常用于压缩气体的节流、液化气体的装卸和液化石油气钢瓶的角阀等。

三、闸阀

又称闸门阀，阀体内装置一块与介质流动方向垂直的闸板，闸板升起时，闸阀开启，下降时则闸阀关闭。闸阀由手轮、阀杆螺母、压盖、阀杆、阀体、闸板、密封面等构件组成，如图 3-38 所示。

阀杆有明杆和暗杆之分。明杆式闸阀一般用于腐蚀性介质及室内；暗杆式闸阀用于非腐蚀性介质和操作位置受限制的地方。按闸板结构型式不同，闸阀可分为楔式和平行式两类。楔式大多制成单闸板，两侧的密封面成楔形。平行式大多制成双闸板，两侧密封面是平行的。平行式比楔式易于制造和修理，但不宜输送含有杂质的流体，只能输送洁净流体。

闸阀常用作截断物料、油、气等介质，不适宜作调节流量之用。因为闸阀处于部分开启时，易使闸板未提起部分受到介质的磨损，日久会使接触面不严密而泄漏，故闸阀宜全闭或全开。闸阀的优点是：密封性好，全启时介质流动阻力小，阀体较短；缺点是：结构较复杂，密封面易磨损，检修较困难。

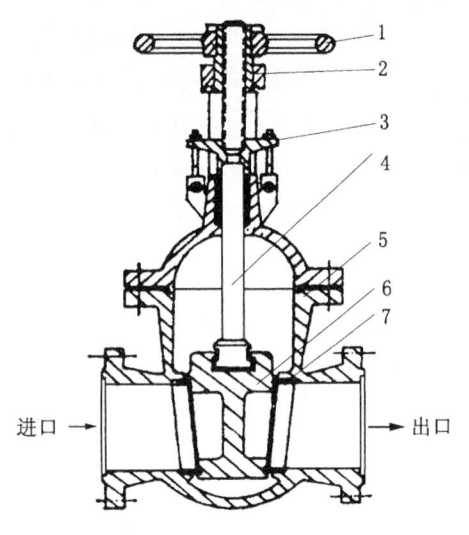

图 3-38 楔式闸阀
1—手轮；2—阀杆螺母；3—压盖；4—阀杆；
5—阀体；6—闸板；7—密封面

闸阀常用于容器的放料阀、离心泵进口阀，以及介质双向流动的管道、要求介质输送阻力小的管道、阀体安装长度受限制的地方等。

四、止回阀

止回阀又称逆止阀或单向阀，它依靠阀芯前、后流体的压力差来自动启闭，以防介质倒流。当流体顺流时，阀芯即升起或掀起；当流体倒流时，阀芯即自动关闭，故流体只能单向流动。常用的止回阀有升降式和摆动式两大类。

（一）升降式止回阀

升降式止回阀主要由阀体、（带有导向槽的）阀盖、阀座等构件组成，如图 3-39 所示。这种阀的阀芯连接阀杆，在阀盖上有一个可使阀杆上下滑动的导向槽，使阀芯能垂直于阀体作升降运动，多安装在水平管道上。例如安装在液态烃泵的出口管线上的止回阀，当液态烃泵启动时，液态烃流体的压力将阀芯顶开，使液态烃进入灌瓶间或储罐；当灌瓶间或储罐的压力高于液态烃流体的压力时，阀芯自行关闭，阻止液态烃倒流。还有一种升降式止回阀，其结构与上面讲的这一种基本相同，但在阀杆上有一弹簧，可使阀芯和阀座结合得更加严密，

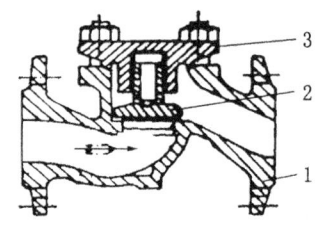

图 3-39 升降式止回阀
1—阀体；2—阀芯；3—阀盖

如图 3-40 所示。其结构简单，密封性较好，安装维修方便。缺点是阀芯容易被卡住。

（二）摆动式止回阀

这种阀主要由阀体、阀盖、阀芯、阀座等构件组成，如图 3-41 所示。具有结构简单、流动阻力小的优点。其阀芯上端与阀体用插销连接，通过阀芯的自由摆动来实现开启或关闭。这种阀多用在垂直或较大直径的管道上。缺点是噪音大，密封性差。

止回阀除上述两大类外，还有一种是截止阀与止回阀合为一体的混合阀，如图 3-42 所示。这种阀在同一阀体内装有两个阀芯：一个是同阀杆连接的球形阀芯，起截止阀的作用；另一个是阀芯同短阀杆相连，可以在其两侧介质压力差的作用下自由开启和关闭，起到了止

回阀的作用。由于一个阀门可以起截止和止回的双重作用,这样就减少了连接管路,使阻力减少,还节省了材料。

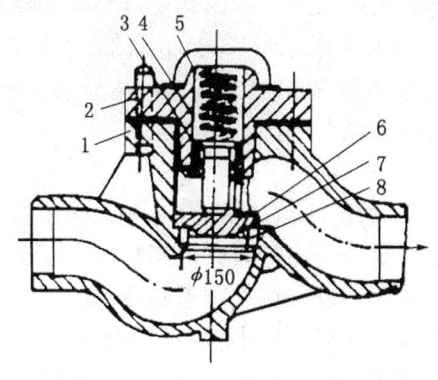

图 3-40 弹簧式止回阀
1—阀体;2—阀盖;3—速动活塞;4—导向衬套;5—弹簧;6—阀芯;7—密封面;8—阀座

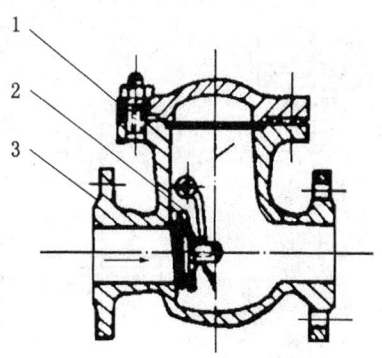

图 3-41 摆动式止回阀
1—阀盖;2—阀芯;3—阀体

五、减压阀

此阀是通过节流而使流体压力下降的一种减压装置。例如储存高压气体的容器压力较高,而用气部分需要较低压力,就可以采用减压阀自动将压力降低,民用液化石油气灶具就是采用这种制式付诸使用的。常用的减压阀有弹簧式、薄膜式、活塞式和波纹管式等类型。

（一）弹簧式减压阀

如图 3-43 所示。此阀主要由阀芯、阀杆、薄膜、弹簧、手轮及阀体等构件组成,在阀杆的顶端和弹簧间装有一种薄膜,当薄膜上侧的气压大于弹簧作用在薄膜上的压力时,弹簧被压缩而使薄膜往下移动,带动阀杆、阀芯下移,使阀门开度减小,由高压端通过阀门的气

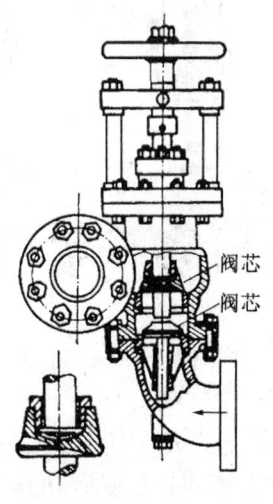

图 3-42 混合阀

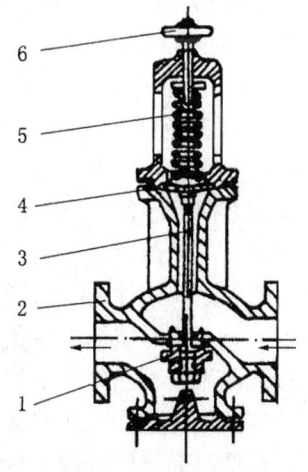

图 3-43 弹簧式减压阀
1—阀芯;2—阀体;3—阀杆;4—薄膜;5—弹簧;6—手轮

体流量随之减少，压力也随之降低；当作用在薄膜上侧的气体压力小于弹簧的作用力时，弹簧伸长而顶着薄膜向上移动，阀杆、阀芯上移，阀门开度增大，由高压端通过阀门的气体流量随之增大，压力也随之升高。因此，可旋转手轮来调节弹簧的松紧度，来实现调节压力的目的。不难理解，这种减压阀是通过节流来实现减压的，其灵敏度不高，所能调整的压力范围也有限。

（二）杠杆式减压阀

如图3-44所示。此阀主要由阀体、双阀芯、阀杆、薄膜、杠杆、重锤等构件组成，其减压原理与弹簧式减压阀基本相同，通过调整重锤来实现减压。其薄膜上方设置一个小室，并有一根小管与低压部分连通，故薄膜上部承受的是低压端的压力。但由于薄膜面积很大，所以薄膜上部所受的总压力能将薄膜上所受到的力平衡一大部分，从而使阀芯保持一定的开启度。如果高压部分压力增加时，低压部分也相应的增加了压力，使薄膜上部总压力也随之增加，因而阀芯被压下，阀门开度减小，阻力增加，使流过的气体压力降低，从而实现了调整、控制压力的目的。反之，若低压部分的压力低于控制的数值时，则动作完全相反，阀芯上移，阀门开度增大，阻力减小，使低压部分的压力恢复到需控制的数值。

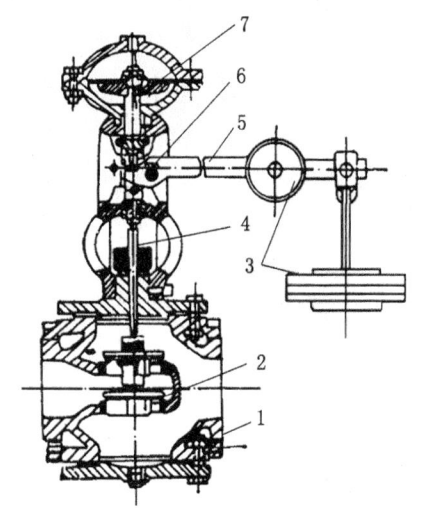

图3-44 杠杆式减压阀
1—阀体；2—双阀芯；3—重锤；4—阀杆；
5—杠杆；6—杠杆支点；7—薄膜

（三）气动薄膜压力调节阀

如图3-45所示。此阀是由气动薄膜执行机构及调节阀两部分组成。其动作原理是将调节器传来的压力信号输入气动薄膜的气室中，从而产生推力，通过连接杆推动阀芯产生位移（行程）。阀芯位置的变化使阀芯与阀座间流通截面积也随之改变，从而达到调节气体压力的目的。这种减压阀有双阀芯和单阀芯两种：双阀芯的有两个阀座，具有流通能力大、不平衡力小、作用稳定、更换方便等优点，因此应用广泛；单阀芯的只有一个阀座，具有泄漏量小的优点，但不平衡力较大，尤其当通径增大时，不平衡力也随之增大。由于气动薄膜执行机构出力的限制，该种阀门的工作压差不宜过高，故调节范围不广，选用时应加以注意。

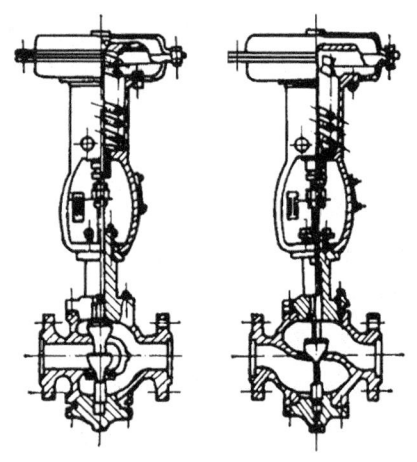

图3-45 气动薄膜压力调节阀

减压阀常常用于石油化工中的液化气体或蒸汽管路上，为调整方便，在减压阀前后必须装设压力表；为防止减压阀失灵引起低压端管道或容器超压爆炸，在低压部分应装设安全阀；同时，在选用减压阀时，应注意所需的压力降不得超过减压阀允许的减压范围。

六、紧急切断阀

这是一种通常装设在液化石油气储缸或液化气体汽车槽车、火车槽车的气、液相出口管道上的安全装置。当管道及其附件破裂、误操作或容器附近发生火灾事故时，为了防止事故蔓延和扩大，需立即紧急关闭阀门，以迅速切断气源，杜绝事故的继续发生，此时紧急切断阀应立即投入。

紧急切断阀按其切断方式分为油压式、气压式、电动式和手动式4种类型。油压式紧急切断阀是利用油泵将油压送到紧急切断阀的上部油缸中，把油缸中的活塞压下，通过活塞杆带动阀芯下降而开启阀门，液化石油气通过紧急切断阀流出。当发生事故需要紧急切断时，即把油缸中的油放出，活塞在弹簧作用下向上移动，从而带动阀芯向上关闭阀门，达到紧急切断的目的。同时，紧急切断阀的上部还装有易熔合金塞，发生火灾时由于温度急剧升高，易熔合金塞迅速熔化，使油缸中的油漏出而关闭阀门；气压式紧急切断阀则是利用压缩空气压入阀内，使阀开启，事故发生时放掉压缩空气，使阀门自行关闭；电动式紧急切断阀的作用机制是：通电时，由于电磁阀吸引使阀门开启，断电时，阀门即自行关闭。所有紧急切断阀的切断物料的时间，应在10s内完成。

紧急切断阀按安装方法可分为内装式和外装式两种。内装式紧急切断阀主要由阀盖、油缸、O型密封圈、弹簧和阀座等部分组成，如图3-46所示，通常安装在储罐（凸缘）上。外装式紧急切断阀由阀座、阀瓣、弹簧、油缸、活塞、外壳等部件组成，如图3-47所示，安装于接管上。液化气体槽车上专用的紧急切断阀由阀体、凸轮、油缸、弹簧等部件组成，如图3-48所示。安装时应根据槽车的特点，做成135°角接式。

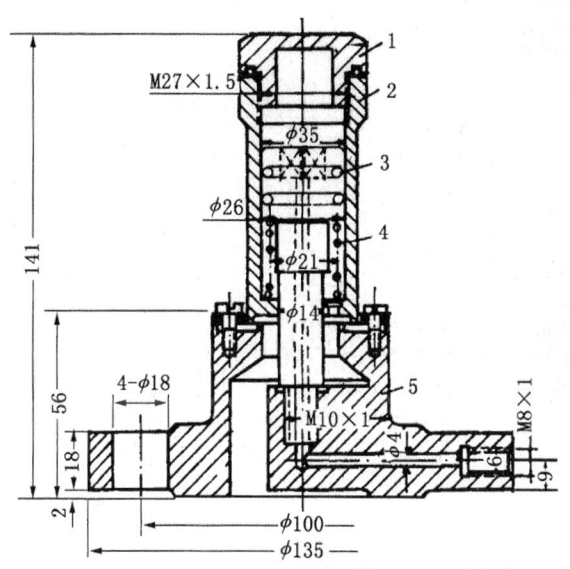

图3-46 内装式紧急切断阀
1—盖；2—油缸；3—O形密封圈；4—弹簧；5—阀座

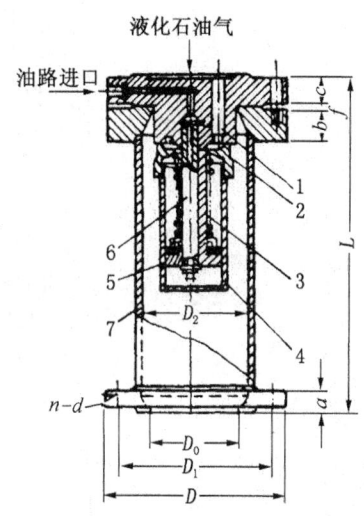

图3-47 外装式紧急切断阀
1—阀座；2—阀瓣；3—弹簧；4—油缸；
5—活塞；6—导油管；7—外壳

七、过流阀

这也是一种安全装置，由阀体、阀瓣、阀杆、弹簧、小孔等部件组成，如图3-49所示。该阀常安装在储存易燃、易爆介质储缸的液相出口管处。当管道正常工作时，通过规定的流量，过流阀打开；当管道或附件破裂或其他原因造成介质在管内流速急增时，阀门自行关闭，以防止管内介质大量流出，从而避免因介质与管壁剧烈摩擦而产生的静电火花导致事故的发生。图3-50为带有过流关闭装置的紧急切断阀。

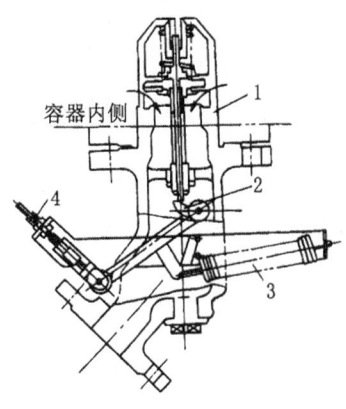

图 3-48 机械式紧急切断阀构造
1—阀体；2—凸轮；3—拉紧弹簧；4—操作手柄

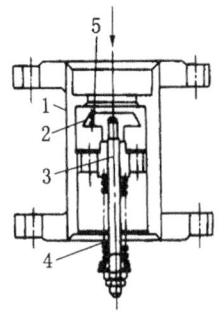

图 3-49 过流阀的构造
1—阀体；2—阀瓣；3—阀杆；4—弹簧；5—小孔

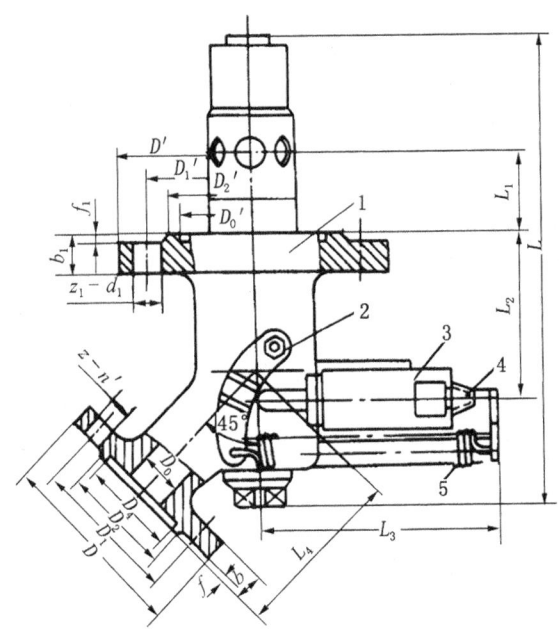

图 3-50 有过流装置的紧急切断阀
1—阀体；2—凸轮；3—油缸；4—油路接管口；5—拉紧弹簧

第四章 压力容器常用介质及其特性

第一节 工业毒物的分类及毒性

压力容器使用中,常常接触到许多有毒物质。这些毒物的种类繁多,来源广泛,如原料、辅助材料、成品、半成品、副产品、废气、废水、废渣等。在生产过程中,当毒物达到一定浓度时,便危害人体健康。因此,在工业生产中预防中毒是极为重要的。

一、工业毒物的分类

(一)工业毒物的概念

当某物质进入机体后,累积到一定量,就会与体液和组织发生生物化学作用或生物物理学变化,扰乱或破坏机体的正常生理功能,进而引起暂时性或持久性的病理状态,甚至危及生命,我们称该物质为毒物。由毒物侵入人体而导致的病理状态称为中毒。

关于毒物的概念是有条件的,它涉及物质的作用条件和数量。例如,氯化钠日常作为食用,但溅到鼻粘膜上就能引起溃疡,甚至使鼻中隔穿孔,而一次服用200~250g氯化钠就会致死;氮在90个大气压下有显著的麻醉作用,等等。这就是说,一切物质在一定条件下均可成为毒物。

工业生产中的毒物主要指化学性物质,通常称为工业毒物,或称为生产性毒物。

在化工生产中所使用的原材料、生产过程中所生成的产品、中间产品、副产品以及含于其中的杂质和生产中的"三废"排放物等均属于工业毒物。例如,制造六氯环己烷(六六六)所用的原料苯和氯;由苯生产二硝基苯时的副产物硝基苯;化肥厂的产品氨、农药厂的产品有机磷;生产胶鞋所使用的溶剂汽油;生产氯乙烯的催化剂氯化汞;以及含于乙炔中的杂质砷化氢、磷化氢和化工生产中所排出的含有各种有害物质的废气、废水、废渣,等等。

(二)工业毒物的分类

1. 工业毒物的主要存在状态

工业毒物在一般条件下,常以一定的物理形态(固体、液体或气体)存在。但在生产环境中,随着反应或加工过程的不同,则以下列5种状态造成环境污染。

1)粉尘

粉尘为飘浮于空气中的固体微粒,直径大于$0.1\mu m$者大都在固体物质机械粉碎、研磨时形成。如制造铅丹颜料的铅尘、制造氰氨化钙的电石粉尘等。

根据粉尘的性质可分为:

(1)无机性粉尘。又可分为下列3种:①矿物性粉尘,如石英、石棉等粉尘;②金属性粉尘,如铅、铜、铁、锰等金属粉尘;③人工无机性粉尘,如金刚砂、水泥、炭黑、石墨等。

(2)有机性粉尘。又可分为3种:①植物性粉尘,如棉花、亚麻、烟草、茶叶和谷物等;②动物性粉尘,如毛发、骨质等;③人工有机性粉尘,如炸药、有机染料等。

(3)混合性粉尘。即上述各种粉尘的混合物。

根据粉尘颗粒又可分为：(1) 粒尘，粒子直径在 $10\mu m$ 以上，该种粒子能以加速度在空气中沉降。(2) 云尘，粒子直径在 $10\sim0.1\mu m$。这种粒子能在静止的空气中徐徐下沉。(3) 烟尘，粒子直径为 $0.1\sim0.001\mu m$。这种粒子能够悬浮于静止的空气中不下沉。

2) 烟尘

又称烟雾或烟气，为悬浮在空气中的烟状固体微粒；直径小于 $0.1\mu m$，多为某些金属熔化时产生的蒸气在空中氧化凝聚而成。如熔铜时放出的锌蒸气所产生的氧化锌烟尘、熔铬时产生的氧化铬烟尘等。

3) 雾

雾为混悬于空气中的液体微粒。多是蒸汽冷凝或液体喷散所形成。如铬电镀时的铅酸雾、喷漆中的含苯漆雾等。烟尘和雾统称为气溶胶。

4) 蒸气

蒸气为液体蒸发或固体物料升华而形成。前者如苯蒸气，后者如熔磷时的磷蒸气等。

5) 气体

该气体是指生产场所温度、气压条件下散发于空气中的气态物质。如常温、常压下的氯、一氧化碳、二氧化硫，等等。

掌握工业毒物在生产环境中的存在形态，具有重要的卫生学意义。掌握它的规律，不仅有助于了解其进入人体的途径、发病原因，且更便于采取有效的防护措施来控制其危害。

2. 工业毒物的分类

工业毒物可按各种方法进行分类：

(1) 按化学结构分类；(2) 按用途分类；(3) 按进入途径分类；(4) 按生物作用分类。

按毒物的生物作用分类，又可视其作用的性质和损害的器官或系统加以区分。

按作用的性质可分为：①刺激性；②腐蚀性；③窒息性；④麻醉性；⑤溶血性；⑥致敏性；⑦致癌性；⑧致突变性；⑨致畸胎性，等等。

按损害的器官或系统分为：①神经毒性；②血液毒性；③肝脏毒性；④肾脏毒性；⑤全身毒性等毒物。有的毒物主要具有一种作用，有的具有多种或全身性的作用。

从预防生产中毒角度出发，按其性质和作用来区分毒物较为适宜。一般分为：

(1) 刺激性毒物。酸的蒸气、氯、氨、二氧化硫等均属此类毒物。所有刺激性气体和蒸汽尽管在物理、化学性质上有所不同，但它们直接作用到组织上时都能引起组织发炎。

(2) 窒息性毒物。窒息性毒物可分为窒息及化学窒息性毒物两种。前者如氮、氢、氦等，后者如一氧化碳、氰化氢等。

(3) 麻醉性毒物。芳香族化合物、醇类、脂肪族硫化物、苯胺、硝基苯及其他化合物均属此类毒物。该类毒物主要对神经系统有麻醉作用。

(4) 无机化合物及金属有机化合物。凡对人体有毒性作用而不能归于上述3类的气体和挥发性毒物均属于此类。如金属蒸气、砷与锑的有机化合物等。

二、工业毒物的毒性

(一) 毒性及其评价指标

毒物的剂量与反应之间的关系，用"毒性"一词来表示。毒性计算所用的单位一般以化学物质引起实验动物某种毒性反应所需的剂量表示；如为吸入中毒，则用空气中该物质的浓度表示。所需剂量（浓度）愈小，表示毒性愈大。最通用的毒性反应是实验动物的死亡数。常用的评价指标有以下几种。

1. 绝对致死剂量或浓度（LD_{100} 或 LC_{100}）

该量是指全组染毒动物全部死亡的最小剂量或浓度。

2. 半数致死剂量或浓度（LD_{50} 或 LC_{50}）

该量是指染毒动物半数死亡的剂量或浓度。这是将动物实验所得数据经统计处理而得的。

3. 最小致死剂量或浓度（MLD 或 MLC）

该量是指全组染毒动物中有个别动物死亡的剂量或浓度。

4. 最大耐受剂量或浓度（LD_0 或 LC_0）

该量是指全组染毒动物全部存活的最大剂量或浓度。

除用实验动物死亡表示毒性外，还可用机体的其他反应来表示。如引起某种病理变化、上呼吸道刺激、出现麻醉和某些体液的生物化学变化等。

引起机体发生某种有害作用的最小剂量（浓度）称为阈剂量（阈浓度），不同的反应指标有不同的阈剂量（阈浓度），如麻醉阈剂量（浓度）、上呼吸道刺激阈浓度、嗅觉阈浓度等。最小致死剂量（浓度）也是阈剂量（浓度）的一种。

一次染毒所得的阈剂量（浓度）称为急性阈剂量（浓度）；长期多次染毒所得的阈剂量称为慢性阈剂量（浓度）。

致死浓度与急性阈浓度，以及急性阈浓度与慢性阈浓度之间的浓度差距，分别对了解发生急性与慢性中毒的危险性有很大意义。前者的差距愈大，其急性中毒的危险性愈小；后者的差距愈大，则慢性中毒的危险性愈大。而根据嗅觉阈或刺激阈，可估计工人能否及时发现生产环境中毒物的存在。

上述各种剂量通常用毒物的 mg 数与动物的每 kg 体重之比，即用 mg/kg 来表示。

浓度的表示方法，常用 $1m^3$（或 1L）空气中含毒物的 mg 或 g 数（mg/m^3、g/m^3、mg/L）表示。

对气态毒物，除用 mg/m^3 表示外，还常用 mL/m^3 表示。

两种单位可通过下列公式进行换算：

$$1mL/m^3 = 1mg/m^3 \times \frac{24.45}{该毒物摩尔质量}$$

$$1mg/m^3 = 1mL/m^3 \times \frac{该毒物的摩尔质量}{24.45}$$

(4-1)

式中 24.45 是指在 25℃、760mmHg 柱下 1mol 理想气体的体积。如果两种单位均指标准状况，则该值应为 22.4。

溶液的浓度，一般用每 L 中的 mg 数（mg/L）来表示。

固体物质的浓度用每 kg 物质中的 mg 数（mg/kg）来表示。

（二）毒物的急性毒性分级

毒物的急性毒性分级，可根据动物染毒试验资料 LD_{50}（LC_{50}）进行分级。据此将毒物分为剧毒、高毒、中等毒、低毒、微毒 5 级，见表 4-1。根据毒物造成的危害程度，可将毒物分为极度危害、高度危害、中度危害和轻度危害 4 级，见表 4-2。

表 4-1 化学物质急性毒性分级

毒性分级	大鼠一次经口 LD_{50}，mg/kg	6只大鼠吸入 4h死亡 2~4只的浓度，ppm	对人可能致死量 g/kg	对人可能致死量 总量，g（60kg体重）
剧毒	1或<1	<10	<0.05	0.1
高毒	1~50	10~100	0.05~0.5	3
中等毒	50~500	100~1000	0.5~5	30
低毒	500~5000	1000~10000	5~15	250
微毒	5000~15000	10000~100000	>15	>1000
基本无毒	15000以上	>100000	—	—

表 4-2 职业性接触毒物危害程度分级

指标		Ⅰ（极度危害）	Ⅱ（高度危害）	Ⅲ（中度危害）	Ⅳ（轻度危害）
急性中毒	吸入 LC_{50}，mg/m³	<200	200~	2000~	>20000
	经皮 LD_{50}，mg/kg	<100	100~	500~	>2500
	经口 LD_{50}，mg/kg	<25	25~	500~	>5000
急性中毒发病状况		生产中易发生中毒，后果严重	生产中可能发生中毒，愈后良好	偶可发生	未见记性中毒，但有记性影响
慢性中毒发病状况		患病率高（≥5%）	患病率较高（<5%）或症状发生率高（≥20%）	偶有中毒病例发生或症状发生率较高（≥10%）	无慢性中毒而有慢性影响
慢性中毒后果		脱离接触，继续进展或不能治愈	脱离接触后，可基本治愈	脱离接触后，可恢复，不致严重后果	脱离接触后，自行恢复，无不良后果
致癌性		人体致癌物	可疑人体致癌物	实验动物致癌物	无致癌性
最高容许浓度，mg/m³		<0.1	0.1~	1.0	>10

三、工业毒物侵入人体的途径及危害

（一）工业毒物侵入人体的途径

毒物侵入人体的途径有 3 种，即呼吸道、皮肤和消化道。生产条件下的化学物质，主要是通过呼吸道和皮肤侵入人体；而生活性中毒则只以消化道进入为主；职业中毒时经消化道进入则是次要的，它往往是通过用被毒物污染过的手取食或吸烟，或粘附于咽部的毒物，经消化道进入胃肠道的。生产中发生意外事故，毒物有可能直接冲入口腔。

1. 经呼吸道侵入

人体肺泡共有表面积约 90~160m²，每天吸入空气 12000 多升，大约重 15kg。空气在肺泡内流速慢（接触时间长）、血流丰富而肺泡壁薄，这些都有利于吸收，所以呼吸道是生产性毒物进入人体的最重要途径。在生产环境中，即使空气中有害物质含量较低，每天也将有一定量的毒物通过呼吸道侵入人体。

由于从鼻腔至肺泡整个呼吸道各部分结构的不同，对毒物的吸收也不同；愈入深部，表面积愈大，停留时间愈长，吸收量愈大。此外，吸收量的大小，固体有毒物质与其颗粒、溶解度大小有关；气态有毒物质与肺泡组织壁两侧分压大小，以及呼吸深度、速度、循环速度等有关，而这些因素又与劳动强度有关。环境温度、气湿、接触毒物的条件（如同时有溶剂存在），也都能影响吸收量。肺泡内的二氧化碳，可能对增加某些物质的溶解度有影响，从而促进毒物的吸收。

2. 经皮肤侵入

有些毒物可透过无损皮肤和经毛囊的皮脂腺被吸收。经表皮进入体内的毒物需经 3 种屏障：第一是皮肤的角质层，一般分子量大于 300 的物质不易透过无损皮肤。第二是位于表皮角质层下面的连接角质层，其表皮细胞富有固醇磷脂，它能阻碍水溶性物质的通过，而不能阻碍脂溶性物质透过。毒物通过该屏障后即扩散，经乳头毛细血管进入血液。第三是表皮与真皮连接处的基膜。脂溶性毒物经表皮吸收后，还需有水溶性，才能进一步扩散和吸收。所以水、脂都溶的物质（如苯胺）易为皮肤吸收；只脂溶而水溶极微的苯，经皮肤吸收量较少。与脂溶性物质共同存在的溶剂，对毒物的吸收影响不大。

毒物经皮肤进入毛囊后，可绕过表皮的屏障直接透过皮脂腺细胞和毛囊壁而进入真皮，再从下面向表皮扩散，但这个途径不如经表皮吸收重要。电解质和某些重金属，特别是汞，在紧密接触后可经此途径被吸收。操作中如被溶剂沾染皮肤，可促使毒物贴附于表皮和经毛囊被吸收。

某些气态毒物如浓度较高，即使在室温条件下，也可同时通过以上两种途径被吸收。

毒物通过汗腺吸收并不重要。手掌和足蹠的表皮虽有很多汗腺，但没有毛囊，毒物只能通过表皮屏障而被吸收。由于这些部分表皮的角质层较厚，故不易被吸收。

如果表皮屏障的完整性被破坏，如外伤、灼伤等，可促进毒物的吸收。潮湿也可促进经皮肤对毒物吸收，特别是对于气态物质。有机溶剂经常沾染皮肤，使皮肤表面的类脂质溶解，在一定程度上也可促进毒物的吸收。

粘膜吸收毒物的能力远较皮肤强。部分粉尘也可以通过粘膜吸收。

3. 经消化道侵入

许多毒物可通过口腔进入消化道而被吸收。

胃肠道的酸碱度是影响毒物吸收的重要因素。胃内容物能促进或阻止毒物通过胃壁的吸收。胃液是酸性，对弱碱性物质可增加其电离，从而减少其吸收；而对弱酸性物质，则具有阻止电离的作用，因而增加其吸收。脂溶性和非电离的物质能渗透过胃的上皮细胞。胃内的食物，如蛋白质和粘液蛋白类等则可减少毒物的吸收。

小肠吸收毒物同样受到上述条件的影响。最重要的因素是肠内碱性环境和较大的吸收面积。弱碱性物质在胃内不易被吸收，待到达小肠后，即转化为非电离物质，可被吸收。

小肠内分布不少酶系统，可以使已与毒物结合的蛋白质或脂肪分解，从而释放出游离的毒物而促进其吸收。在小肠内，物质可经细胞壁直接透入细胞，此种吸收方式对毒物的吸收起重要作用，特别是对大分子的吸收是这样。在化学结构上与天然物质相似的毒物可以通过主动的渗透而被吸收。

制约结肠中吸收的条件和小肠相同，但因结肠面积小，所以说其吸收较为次要。

通过以上分析，可见在生产过程中，毒物最主要的是经呼吸道进入，其次是皮肤，而经消化道进入的较少。

（二）工业毒物对人体的危害

1. 工业毒物对全身的危害

毒物吸收后，通过血液循环分布到全身各组织或器官。由于毒物本身的理化特性及各组织的生化、生理特点，进而破坏人的正常生理机能，导致中毒性危害。中毒可分为急性中毒、亚急性中毒、慢性中毒3种情况。

1）急性中毒对人体的危害

急性中毒是指短时间内大量毒物迅速作用于人体后所发生的病变，由于毒物不同，造成人体各系统不同的危害。

（1）对呼吸系统的危害。刺激性气体、有害蒸气和粉尘对呼吸系统的损害有窒息、呼吸道炎症、肺气肿等。

（2）对神经系统的危害。引起中毒性脑病的工业毒物，所谓"亲神经性毒物"对神经系统的危害有：急性中毒性脑病、神经衰弱症候群等。

（3）对血液系统的危害。急性职业中毒可导致白细胞增加或减少、高铁血红蛋白的形成及溶血等。主要表现为：白细胞数变化、血红蛋白变性、溶血性贫血等。

（4）对泌尿系统的危害。在急性中毒时，有许多毒物可引起肾脏损害，尤其以升汞和四氯化碳等引起的急性肾小管坏死性肾病最为严重。砷化氢急性中毒引起的严重溶血，由于组织严重缺氧和血红蛋白结晶阻塞肾小管，也可引起类似的坏死性肾病。

（5）对循环系统的危害。主要表现为：心肌损害、心律失常、急性肺原性心脏病等。

（6）对消化系统的危害。主要表现为：急性肠胃炎、中毒性肝炎等。急性中毒性肝炎有两种，一种是以全身或其他系统症状为主，肝脏损坏较轻或不明显，多为轻型无黄胆型。患者肝脏可有轻度肿大、有或无肝区痛、肝功能异常或伴有恶心、食欲减退等。另一种是以肝脏损害为主，肝脏肿大、肝区痛，黄胆发展迅速，为重型、急性或亚急性肝坏死型。

2）慢性中毒对人体的危害

（1）对神经系统的危害。

① 中毒性脑、脊髓损害。可致精神障碍、智力迟钝、癫痫样发作及帕金森氏综合症等。

② 中毒性周围神经炎。常见为四肢远端的痛、触觉减退，指、趾麻木、疼痛，痛觉过敏或蚁走感等感觉异常。严重者下运动神经元瘫痪和营养障碍等，以致发生肌肉萎缩。

③ 神经衰弱症候群。早期症状如头痛、头昏、倦怠、失眠、心悸，有时可以发生性欲减退等。

（2）精神障碍。轻者可造成类似神经官能症，重者可发展成中毒性精神病。

（3）对血液系统的危害。苯、放射性物质等可抑制血细胞核酸的合成，从而影响细胞有机分裂，使血细胞再生出现障碍。

（4）对消化系统的危害。一般重金属或一些有机溶剂中毒可影响食欲。出现内有异味、上腹部不适、腹胀、腹泻等轻重不等的消化道症状。有的可以产生慢性中毒性肝炎，易疲劳、食欲不振、恶心或腹胀等，且常伴有肝区疼痛。

（5）对呼吸系统的危害。长期接触氯、氮氧化物等刺激性气体，对上呼吸道、支气管及肺泡的刺激可引起粘膜和间质的慢性炎症。相应的症状有流涕、嗅觉减退、咳嗽、胸闷、气促等，有的可发生支气管哮喘。铬酸雾可引起鼻中隔穿孔。

(6) 对泌尿系统的危害。慢性中毒引起肾脏损害与急性中毒相同。肾脏受损害，尿中可出现蛋白质、红细胞、白细胞和管型。镉中毒可有特殊的蛋白尿。

(7) 锑、砷、磷等中毒可引起心肌和血管病变。慢性锰中毒可引起肾上腺皮质功能减退。氟、镉、磷可造成骨骼病变。氯乙烯聚合釜清洗工人可发生肢端溶骨症、肝血管肉瘤等症状。长期接触性激素，可引起异性化改变。

2. 工业粉尘对人体的危害

工业粉尘对人体危害最大的是直径为 $0.5\sim5\mu m$ 的粒子，低于此值者虽能侵入肺中，但可能有部分随同空气一起被呼出；高于此值者，在空气中很快沉降，即使部分侵入肺部，也会大部分被截留在上呼吸道，而在打喷嚏、咳嗽时随同痰液排出。在工业中，大部分粉尘颗粒直径在 $0.5\sim5\mu m$ 之间，对人体危害最大。

长期吸入一定量粉尘，就会引起各种尘肺（矽肺、矽酸盐肺、煤尘肺、金属趁着症、混合性矽肺、植物性矽肺等），游离二氧化硅、硅酸盐等粉尘可引起肺脏弥漫性、纤维性病变的产生。

3. 工业毒物对皮肤的危害

皮肤是机体抵御外界刺激的第一道防线，在从事化工生产中，皮肤接触外在刺激物的机会最多，在许多毒物的刺激下会造成皮肤的危害。例如，皮炎和湿疹、痤疮和毛囊炎、溃疡、脓疱疹、皮肤干燥皲裂、疣状赘生物、色素变化、药物性皮炎、皮肤瘙痒、皮肤附属器官及口腔粘膜的病变等。

4. 工业毒物对眼睛的危害

化学物质对眼睛的危害，可表现为某种化学物质与组织直接接触造成的伤害；也可发生于化学物质进入体内，引起视觉病变或其他眼部病变。例如，接触性眼部损伤（色素沉着、过敏反应、刺激炎症或腐蚀灼伤）、中毒所致眼部损伤（黑矇、视野缩小、中心暗点、幻视、复视、瞳孔缩小、眼睑病变、眼球震颤、白内障、视网膜及脉络膜病变、视神经病变）等。

5. 工业毒物与致癌

人们在长期从事化工生产中，由于某些化学物质的致癌作用，可使人体产生肿瘤。这种对机体能诱发癌变的物质被称为致癌原。

现在已经发现的工业致癌物质较多，结构各异。根据对人体的致癌性质的不同可分为确认致癌原、疑似致癌原和潜在致癌原。

职业性肿瘤多见于皮肤、呼吸道及膀胱，少量见于肝、血液系统。

四、有毒物质的最高容许浓度 MAC

我国制定两个关于空气中有毒物质的最高容许浓度的标准，即《工业企业设计卫生标准》（TJ 36—97）。预防职业中毒主要参照国家卫生标准中"车间空气中有害物质的最高容许浓度"，代号为 MAC。最高容许浓度是指操作人员的工作地点的空气中有害物质的上限允许值。工作地点是指操作人员为观察和管理生产过程而经常或定时停留的地点。如果生产操作在车间内许多不同地点进行，则整个车间均算为工作地点。

有毒物质浓度的表示方法有质量浓度和体积分数两种：质量浓度的计量单位为毫克/升（mg/L）或毫克/米³（mg/m³）；体积分数的单位可用 mL/m³（10^{-6}）或%。二者的相互换算关系如下（设 M 为有毒气体摩尔质量）：

$$1\mathrm{mL/m^3} = 1\mathrm{mg/m^3} \times \frac{22.4}{M}$$

$$1\mathrm{mg/m^3} = 1\mathrm{mL/m^3} \times \frac{M}{22.4}$$
(4-2)

表4-3列出了国家卫生部、国家建委、计委、经委和国家劳动总局于1997年9月联合颁发的《工业企业设计卫生标准》所规定的车间空气中有害物质的最高容许浓度。

表4-3 车间空气中有害物质的最高容许浓度（按卫生部批准的现行《车间空气监测检验方法》执行）

编号	物质名称	最高容许浓度, mg/m³	编号	物质名称	最高容许浓度, mg/m³
	一、有毒物质		27	丙烯腈（皮）	2
1	一氧化碳①	30	28	丙烯醛	0.3
2	一甲胺	5	29	丙烯醇（皮）	2
3	乙醚	500	30	甲苯	100
4	乙腈	3	31	甲醛	3
5	二甲胺	10	32	光气	0.5
6	二甲苯	100		有机磷化合物	
7	二甲基甲酰胺（皮）	10	33	内吸磷（E059）（皮）	0.02
8	二甲基二氯硅烷	2	34	对流磷（E305）（皮）	0.05
9	二氧化硫	15	35	甲拌磷（3911）（皮）	0.01
10	二氧化硒	0.1	36	马拉硫磷（1049）（皮）	2
11	二氧丙醇（皮）	5	37	甲基内吸磷（甲基E059）（皮）	0.2
12	二硫化碳（皮）	10	38	甲基对流磷（甲基E605）（皮）	0.1
13	二异氰酸甲苯酯	0.2	39	乐戈（乐果）（皮）	1
14	丁烯	100	40	敌百虫（皮）	1
15	丁二烯	100	41	敌敌畏	0.3
16	丁醛	10	42	吡啶	4
17	三乙基氯化锡（皮）	0.01		汞及其化合物	
18	三氧化二砷及五氧化二砷	0.3	43	金属汞	0.01
19	二氧化铬、铬酸盐、重铬酸盐（换算成CrO₃）	0.05	44	生汞	0.1
			45	有机汞化合物（皮）	0.005
20	三氯氢硅	3	46	松节油	300
21	己内酰胺	10	47	环氧氯丙烷（皮）	1
22	五氧化二磷	1	48	环氧乙烷	5
23	五氯酸及其钠盐	0.3	49	环乙醇	50
24	六六六	0.1	50	环乙烷	100
25	丙体六六六	0.05	51	苯（皮）	40
26	丙酮	100			

续表

编号	物质名称	最高容许浓度, mg/m³	编号	物质名称	最高容许浓度, mg/m³
52	苯及其同系物的硝基化合物（硝基苯及硝基甲苯等）（皮）	5	82	锆及其化合物	5
			83	锰及其化合物（换算成 MnO₂）	0.2
53	苯及其同系物的二及三硝基化合物（二硝基苯及三硝基苯等）（皮）	1	84	氯	1
			85	氯化氢及盐酸	15
54	苯的硝基及二苯基氯化物（一硝基氯苯及二硝基氯苯等）（皮）	1	86	氯苯	50
			87	氯苯及氯联苯（皮）	1
55	苯胺、甲苯胺、二甲苯胺（皮）	5	88	氯化苦	1
56	苯乙烯	40	氯代烃		
钒及其化合物			89	二氯乙烷	25
57	五氧化二钒烟	0.1	90	三氯乙烯	30
58	五氧化二钒粉尘	0.5	91	四氯化碳（皮）	25
59	钒铁合金	1	92	氯乙烯	30
60	苛性碱（换算成 NaOH）	0.5	93	氯丁二烯（皮）	2
61	氟化氢及氟化物（换算成 F）	1	94	溴甲烷（皮）	1
62	氨	30	95	碘甲烷（皮）	1
63	臭氧	0.3	96	溶剂汽油	250
64	氧化氮（换算成 NO₂）	5	97	滴滴涕	0.3
65	氧化锌	5	98	羰基镍	0.001
66	氧化镉	0.1	99	钨及碳化钨	6
67	砷化氢	0.3	醋酸酯		
铅及其化合物			100	醋酸甲酯	100
68	铅烟	0.03	101	醋酸乙酯	300
69	铅尘	0.05	102	醋酸丙酯	300
70	四乙基铅（皮）	0.005	103	醋酸丁酯	300
71	硫化铅	0.5	104	醋酸戊酯	100
72	铍及其化合物	0.001	醇		
73	钼（可溶性化合物）	4	105	甲醇	50
74	钼（不可溶性化合物）	6	106	丙醇	200
75	黄磷	0.03	107	丁醇	200
76	酚（皮）	5	108	戊醇	100
77	萘烷、四氯化萘	100	109	糠醛	10
78	氰化氢及氰氢酸盐（换算成 HCN）（皮）	0.3	110	磷化氢	0.3
			二、生产性粉尘		
79	联苯—联苯醚	7	1	含有 10% 以上游离二氧化硅的粉尘（石英、石英岩等）；80% 以上不宜超过 1mg/m³	
80	硫化氢	10			
81	硫酸及三氧化硫	2			

续表

编号	物质名称	最高容许浓度,mg/m³	编号	物质名称	最高容许浓度,mg/m³
2	石棉粉尘及含有10%以上石棉粉尘	2	7	玻璃棉和矿渣棉粉尘	5
3	含有10%以上游离二氧化硅的滑石粉尘	4	8	烟草及茶叶粉尘	3
4	含有10%以上游离二氧化硅的水泥粉尘	6	9	不含有害物质的矿物性和动植物粉尘(SiO_2 含量<10%)	10
5	含有10%以上游离二氧化硅的煤尘	10			
6	铝、氧化铝、铝合金粉尘	4			

① 在作业时间短暂时,一氧化碳的最高容许浓度可予放宽:作业一小时以内容许达到 $50mg/m^3$;半小时以内为 $100mg/m^3$;15~20min 为 $200mg/m^3$。在上述条件下反复作业时,两次作业时间需间隔两小时以上。
② 表中最高容许浓度在工人为观察和管理生产过程而经常或定时停留的地点的空气中有害物质所不应超过的数值。
③ 有(皮)标记者为除经呼吸道吸收外,尚易经皮肤吸收的有毒物质。
④ 工人在车间内停留的时间短暂,经采取措施仍不能达到上表规定的浓度时,可与省、市、自治区卫生主管部门协商解决。
⑤ 本表摘自《工业企业设计卫生标准》TJ 36—97。

五、预防尘、毒危害的技术措施

不论有毒物质以何种状态存在,若逸散到空气中(或与人体直接接触)并超过国家容许浓度,就会对人体产生危害作用。所以预防尘、毒危害的出发点是减少有毒物质来源,降低有毒物质在空气中的含量,以及减少毒物与人体的接触机会。

一切预防尘、毒危害的技术措施的基本原则是:(1)减少有毒、含毒物料的使用数量;(2)减少尘、毒散发面积;(3)减少尘、毒物质的扩散动力;(4)通风、除尘、空气净化以减少空气中有害物质含量;(5)减少操作人员在尘、毒环境中的暴露次数和暴露时间;(6)加强个体保护(加强操作者呼吸器官、眼、口和皮肤的保护)。

具体措施分述如下。

(一)防毒的技术措施

1. 用无毒或低毒物质代替有毒或高毒物质

在化工生产中,使用无毒物质代替有毒物质,以低毒物质代替高毒或剧毒物质,是从根本上消除有毒物质危害的有效措施。

2. 采用安全的工艺路线

采用安全的危害性小的工艺路线以代替危害性较大的工艺路线,也是防止毒物危害的根本性的措施。这种工艺路线的改变,包括原料路线的改变和工艺方法的改变,借以消除有毒原料和有毒副产物所带来的危害。

3. 采用较安全的工艺条件

在从事有毒物质的生产过程中,采用较安全的工艺条件(温度、压力)对于预防有毒物质的危害具有十分重要的意义。降低生产系统或操作环境的温度会降低有毒物质的蒸发量;若降低系统压力或形成负压,则会降低有毒物质的扩散、逸出能力,进而减少物质的散发量。在生产中,有毒物料的储存、运输、包装以及有毒气体的发生装置,均可采用这类措施。

4. 以机械化、自动化代替手工操作

以机械化、自动化代替笨重的手工操作，不仅减少工人的劳动强度，而且减少了工人与有毒物质的接触，减少了毒物对人体的危害。

5. 以密闭、隔离操作代替敞开式操作

在化工生产中，敞开式加料、搅拌、反应、测温、取样、出料以及有害物质敞露存放等过程中，均会造成大量有毒物质散发、外逸，毒化操作环境、危害人体。对于能散发出来大量有害物质的操作过程，采用密闭的方法减少有害物质的扩散是十分有效的。

6. 以连续化代替间歇式操作

生产过程的连续化不但可以提高劳动生产率，同时也简化了操作程序；为反应物料的密闭创造了条件。这对防止有害物质泄漏、减少厂房空气中有害物质的含量具有十分重要的意义。

7. 采用新的生产技术

在生产过程中不断研究、采用新技术，以消除尘、毒物质对人体的危害。电子计算机的应用，能使生产在连续化、自动化的基础上实现全过程的程序控制，减少毒物对人体的危害。

（二）防尘的技术措施

防止工业毒物危害的技术措施，有许多适用于防止粉尘的危害。防止粉尘危害的技术措施主要有以下几个方面。

1. 在设计上要求合理布局

将有粉碎、筛分等环节的产尘车间同无尘车间隔开一定距离，以防止粉尘扩散的危害。同时，在产尘车间的墙壁上应涂刷油漆；为便于冲洗，可用瓷砖铺地；室内空气最好使之潮湿。

2. 革新工艺设备、改革工艺流程

缩短工艺流程，减少含尘物料的输送距离；密闭尘源、改变粉尘状态等。

第二节　介质的燃烧特性和防火技术

压力容器中的工作介质（原料、成品或半成品）不少具有易燃、易爆的特性，且多以气体和液体状态存在，故极易泄漏和挥发。尤其在生产过程中，工艺操作条件苛刻，有高温、深冷、高压、真空等多种状况，许多加热使温度都达到和超过了物质的自燃点，一旦操作失误或因设备失修，便极易发生火灾与爆炸事故。因此，一方面应防止介质在容器内发生剧热的化学反应，另一方面则应防止介质外漏，以避免在更大的空间范围内发生燃烧与爆炸。

一、燃烧、燃烧过程与自燃

（一）燃烧及燃烧条件

1. 燃烧

燃烧是一种同时伴有发光、发热的激烈的化学反应，是化学能转变成热能的过程。在日常生活、生产中所见的燃烧现象，大都是可燃物质与空气（氧）或其他氧化剂进行剧烈化合而发生的。实质上，燃烧不仅是化合反应，有的是分解反应。

简单可燃物质的燃烧只是元素与氧的化合。例如：

$$C + O_2 = CO_2 \uparrow$$
$$S + O_2 = SO_2 \uparrow \qquad (4-3)$$

某些复杂物质的燃烧则是先受热分解，然后才是化合反应。例如：
$$CH_4 + 2O_2 = CO_2 \uparrow + 2H_2O \qquad (4-4)$$

2. 燃烧条件

燃烧的发生必须同时具备3个条件：

(1) 可燃物。凡是能与空气中的氧或其他氧化剂起燃烧反应的物质，均称为可燃物。如汽油、液化石油气、木材等。

(2) 助燃物。凡是能帮助和支持燃烧的物质，均称为助燃物。如空气中的氧、氯、高锰酸钾等。

(3) 着火源。凡是能引起可燃物质发生燃烧的热能源，均称为着火源。如明火、摩擦、撞击、高温表面、自然发热、化学能、电火花、聚集的日光和射线等。

在某种情况下，还要求可燃物与助燃物达到适当的比例，着火源必须具有一定的能量，否则，即使同时具备了上述3个条件，燃烧也不能发生。如房间内有木制桌、椅、门等可燃物，有空气（即助燃物），有炉火、电灯等着火源，但并没有发生燃烧现象，这是因为燃烧的3个条件未相互作用之故。物质燃烧要求可燃物与氧气要有一定的比例，如果空气中的可燃物数量不多，燃烧就不一定会发生。如在室温（20℃）的相同条件下，用火柴去点汽油和柴油时，汽油会立刻燃烧，柴油则不燃。这是因为柴油蒸气数量不多，还没有达到燃烧的浓度，即使有空气和着火源的接触，也不会发生燃烧。

要使可燃物质燃烧，必须供给足够的助燃物，否则燃烧就会逐渐减弱直至熄灭。如点燃的蜡烛用玻璃罩罩起来，由于隔绝空气，短时间内蜡烛就会熄灭。通过对玻璃罩内气体的分析，发现还含有14%的氧气。试验证明，一般可燃物在空气中的氧含量低于14%时就不能燃烧。

要发生燃烧，着火源必须有一定的温度和足够的能量，否则，燃烧就不能发生。例如，从烟囱冒出来的碳火星，温度约达600℃，已超过一般可燃物的燃点，如果这些火星落在易燃的柴草或木刨花上，就能引起燃烧。这说明火星所具有的温度和能量能引起这些物质燃烧。如果火星落在大块木料上，就会很快熄灭，不能引起燃烧，这说明火星虽有相当高的温度，但缺乏足够的热量，因此不能引起大块木材的燃烧。

总之，要使可燃物质燃烧，不仅要具备燃烧的3个条件，而且每一个条件都要有一定的量，并且彼此相互作用，否则就不会发生燃烧。对于正在进行着的燃烧，若消除其中任何一个条件，燃烧便会终止，这就是灭火的基本原理。

(二) 燃烧过程

大多数可燃物质的燃烧是在蒸气或气体状态下进行的。由于可燃物的状态不同，其燃烧的特点也不同。

气体最容易燃烧，只要达到其本身氧化分解所需的热量便能迅速燃烧，在极短的时间内全部烧光。

液体在火源作用下，首先使其蒸发，然后蒸气氧化分解进行燃烧。

固体燃烧，如果是简单物质，如硫、磷等，受热时首先熔化，然后蒸发、燃烧，没有分解过程。如果是复杂物质，在受热时，首先分解生成气态和液态产物，然后气态产物和液态产物的蒸气着火燃烧。如木材在火源作用下，温度小于110℃时只放出水分，130℃开始分解,到 150℃ 变色,在 150～200℃ 时其分解产物主要是水和二氧化碳,但不能燃烧。在 200℃ 以上分解出一氧化碳、氢和碳氢化合物,故木材的燃烧实际上是从此时开始的。到 300℃ 时析出的气体产物最多,因此燃烧也最激烈。

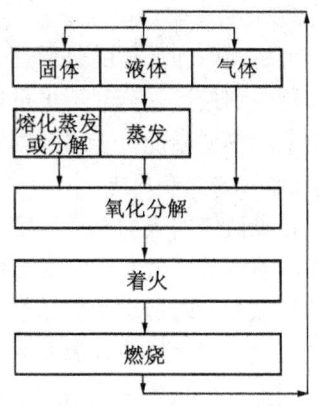

图 4-1 物质燃烧过程

各种物质的燃烧过程如图 4-1 所示。从中可知,任何可燃物的燃烧必须经过氧化、分解和燃烧等阶段。

物质在燃烧时,其温度变化也是很复杂的,如图 4-2 所示,$T_{初}$ 为可燃物开始加热的温度。最初一段时间,加热的大部分热量用于熔化或分解,故可燃物温度上升较缓慢。之后到 $T_{氧}$(氧化开始温度)时,可燃物开始氧化。由于温度尚低,故氧化速度不快,氧化所产生的热量尚不足以克服系统向外界放热。若此时停止加热,仍不能引起燃烧。如继续加热,则温度上升很快,到 $T_{自}$ 氧化产生的热量和系统向外界散失的热量相等。若温度再稍升高,超过这种平衡状态,即使停止加热,温度亦能自行升高,到 $T'_{自}$ 就出现火焰并燃烧起来。因此,$T_{自}$ 为理论上的自燃点,$T'_{自}$ 为开始出现火焰的温度,即通常测得的自燃点,$T_{燃}$ 为物质的燃烧温度。$T_{自}$ 到 $T'_{自}$ 这一段延滞时间称为诱导期,诱导期在安全上有实际意义。

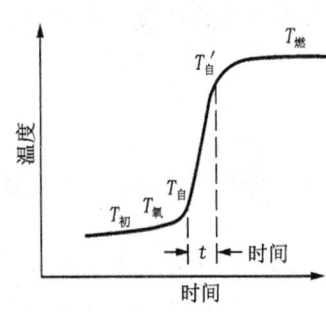

图 4-2 物质燃烧时温度变化

(三) 燃烧形式

由于可燃物质存在的状态不同,所以它们的燃烧形式是多种多样的。

1. 均一系燃烧和非均一系燃烧

按产生燃烧反应相的不同,可分为均一系燃烧和非均一系燃烧。均一系燃烧是指燃烧反应在同一相中进行,如氢气在氧气中燃烧、煤气在空气中燃烧等均属于均一系燃烧。与此相反,即为非均一系燃烧,如石油、木材和塑料等液体和固体的燃烧属于非均一系燃烧。与均一系燃烧比较,非均一系燃烧较为复杂,必须考虑到可燃液体及固体物质的加热,以及由此而产生的相变化。

2. 混合燃烧和扩散燃烧

根据可燃性气体的燃烧过程,又有混合燃烧和扩散燃烧两种形式。将可燃性气体预先同空气(或氧气)混合,在这种状况下发生的燃烧称为混合燃烧。可燃性气体由管中喷出,同周围空气(或氧气)接触,可燃性气体分子同氧分子由于相互扩散,一边混合、一边燃烧,这种形式的燃烧叫做扩散燃烧。

3. 蒸发燃烧

在可燃液体燃烧中,通常液体本身并不燃烧,而只是由液体产生的蒸气进行燃烧。因此,这种形式的燃烧叫做蒸发燃烧。

4. 分解燃烧

很多固体或不挥发性液体,由于热分解而产生可燃气体,把这种气体的燃烧称为分解燃烧。如木材和煤大多是由分解产生可燃气体再行燃烧,因此是分解燃烧的一种。像硫磺和萘这类可燃固体的燃烧,是先熔融、蒸发,而后进行燃烧,因此可看作蒸发燃烧。

5. 火焰型燃烧

可燃固体和液体的蒸发燃烧和分解燃烧，均有火焰产生，因此属于火焰型燃烧。当可燃固体燃烧到最后，分解不出可燃气体时，就剩下炭和灰，此时没有可见火焰，燃烧转为表面燃烧或均热型燃烧。金属的燃烧是一种表面的燃烧，无汽化过程，燃烧温度较高。

（四）闪燃和闪点

各种液体的表面都有一定量的蒸气存在，蒸气的浓度取决于该液体的温度。可燃液体表面或容器内的蒸气与空气混合而形成混合可燃气体，通火源即发生燃烧。在形成混合可燃气体的最低温度时所发生的燃烧只出现瞬间火苗或闪光，这种现象叫做闪燃，引起闪燃时的温度叫闪点。当可燃液体温度高于其闪点时，则随时都有被火点燃的危险。

闪点这个概念主要适用于可燃性液体，某些固体，如樟脑和萘等，也能在室温下挥发或缓慢蒸发，因此也有闪点。

（五）自燃与自燃点

自燃是指物质自发的着火燃烧，通常是由缓慢的氧化作用而引起，即物质在无外界火源的条件下，在常温中自行发热，由于散热受到阻碍，使热量积蓄，逐渐达到自燃点而引起的燃烧。自燃点也叫燃点，指物质（不论是固态、液态或气态）在没有外部火花或火焰的条件下，能自动引燃和继续燃烧的最低温度。

物质的自燃可分为受热自燃和自热自燃两种形式。

1. 受热自燃

可燃物质在外部热源作用下，使温度升高，当达到其自燃点时，即着火燃烧，这种现象称为受热自燃。

可燃物质与空气一起被加热时，首先开始缓慢氧化，氧化反应产生的热使物质温度升高，同时，也有部分散热损失。若物质受热少，则氧化反应速度慢，反应所产生的热量小于热散失量，则温度不再会上升；若物质继续受热，氧化反应加快，当反应所产生的热量超过热散失量时，温度逐步升高，达到自燃点而自燃。

在化工生产中，可燃物由于接触高温表面、加热或烘烤过度、冲击摩擦等，均可导致自燃。

2. 自热燃烧

某些物质在没有外来热源影响下，由于物质内部所发生的化学、物理或生化过程而产生热量，这些热量在适当条件下会逐渐积聚，使物质温度上升，达到自燃点而燃烧。这种现象称为自热燃烧。

造成自热燃烧的原因有氧化热、分解热、吸着热、聚合热、发酵热等。自热燃烧的物质可分为：自燃点低的物质；遇空气、氧气发热自燃的物质；自燃分解发热的物质；易产生聚合热或发酵热的物质。能引起本身自燃的物质常见的有植物类、油脂类、煤、硫化铁及其他化学物质等。

二、爆炸、爆炸极限及其影响因素

（一）爆炸及其种类

物质自一种状态迅速转变成另一种状态，并在瞬间放出大量能量，同时产生巨大声响的现象称为爆炸。爆炸也可视为气体或蒸气在一瞬间剧烈膨胀的现象。

根据爆炸传播速度，可将爆炸分为轻爆、爆炸和爆轰。

（1）轻爆。通常指传播速度为每秒数十厘米至数米的过程。

(2) 爆炸。指传播速度为每秒 10m 至数百米的过程。

(3) 爆轰。指传播速度为每秒 1000m 至 7000m 的过程。

爆炸也可分为物理性爆炸、化学性爆炸和爆轰 3 种。

(1) 物理性爆炸。

这种爆炸是由物理变化而引起的，物质因状态或压力发生突变而形成爆炸的现象称为物理性爆炸。例如容器内液体过热气化引起的爆炸、锅炉的爆炸、压缩气体、液化气体超压引起的爆炸等，都属于物理性爆炸。物理性爆炸前后物质的性质及化学成分均不改变。

(2) 化学性爆炸。

由于物质发生极迅速的化学反应，产生高温、高压而引起的爆炸称为化学性爆炸。化学爆炸前后物质的性质和成分均发生了根本的变化。化学爆炸按爆炸时所发生的化学变化，又可分为 3 类。

①简单分解爆炸。引起简单分解爆炸的爆炸物在爆炸时并不一定发生燃烧反应，爆炸所需的热量，是由于爆炸物质本身分解时产生的。属于这一类的有叠氮铅、乙炔银、乙炔酮、碘化氮、氯化氮等。这类物质是非常危险的，受轻微振动即引起爆炸，如：

$$PbN_6 \rightarrow Pb + 3N_2$$
$$Ag_2C_2 \rightarrow 2Ag + 2C \tag{4-5}$$

某些气体由于分解产生相当多的热量，在一定条件下可能产生分解爆炸。尤其在有压力存在的情况下，这种分解爆炸很容易发生，如乙炔在压力下的分解爆炸即属于这一类。

②复杂分解爆炸。这类爆炸性物质的危险性较简单分解爆炸物低，所有炸药均属于此类。这类物质爆炸时伴有燃烧现象，燃烧所需氧由本身分解供给。各种氮及氯的氧化物、苦味酸等都属于这一类。

③爆炸性混合物爆炸。所有可燃气体、蒸气及粉尘与空气混合所形成的混合物的爆炸均属于此类。这类物质爆炸需要一定条件，如爆炸性物质的含量、氧气含量及激发能源等。因此其危险性虽较前两类为低，但极普遍，造成的危害性也较大。

此外，爆炸还可按引起爆炸反应的相分为气相爆炸、液相爆炸和固相爆炸等 3 种。气相爆炸包括可燃性气体和助燃性气体混合物的爆炸、物质的热分解爆炸、可燃性粉尘引起的爆炸以及可燃性液体的雾滴所引起的爆炸（雾爆炸）等，其中分解爆炸是不需要助燃性气体的；液相爆炸包括聚合爆炸、蒸发爆炸以及由不同液体混合所引起的爆炸；固相爆炸包括爆炸性物质的爆炸、固体物质的混合、混融所引起的爆炸以及由于电流过载所引起的电缆爆炸等。

(3) 爆轰。

燃烧速度极快的爆炸性混合物，在全部或部分封闭的状况下，或处于高压下燃烧时，假如混合物的组成或预热条件适宜，可以产生一种与一般爆炸根本不同的现象，称为爆轰。爆轰的特点是具有突然引起的极高的压力，其传播是通过超音速的"冲击波"，每秒可达 2000～3000m 以上。爆轰是在极短的时间内发生的，燃烧的产物以极高的速度膨胀，像活塞一样挤压其周围空气。化学反应所产生的能量有一部分传给这压紧的空气层，于是造成了冲击波。冲击波传播极快，以至于物质的燃烧也落在它的后面，所以它的传播并不需要物质的完全燃烧，而是由它本身的能量所支持的。这样，冲击波便能远离爆轰发源地而独立存在，并能引起该处其他炸药的爆炸，称为诱发爆炸，也就是所谓"殉爆"。

(二)爆炸破坏作用的影响因素

一般,爆炸常伴随有发热、发光、压力上升、真空和电离等现象,具有很大的破坏作用。爆炸的破坏作用与下列因素有关。

1. 爆炸物的数量和性质

主要表现为单位重量的爆炸物爆炸威力的相对比较。

2. 爆炸时的条件

主要表现为振动大小、受热情况、爆炸初期的压力、空气混合物的均匀程度等。

3. 爆炸位置

爆炸位置是指在设备内部或是均匀介质的自由空间,还要考虑周围的环境和障碍物。当爆炸发生在均匀介质的自由空间时,从爆炸中心点起,在一定范围内,破坏力的传播是均匀的,并使这个范围内的物体粉碎、飞散。

(三)爆炸破坏的主要形式

1. 震荡作用

震荡作用是指在遍及破坏作用的区域内,有一个能使物体震荡、使之松散的力量。

2. 冲击波

随爆炸的出现,冲击波最初出现正压力,而后又出现负压力。负压力是气压下降后空气振动产生局部真空而形成的所谓吸收作用。由于冲击波产生正负交替的波状气压向四周扩散,从而造成附近建筑物的破坏。建筑物的破坏程度与冲击波的能量大小、本身的坚固性和建筑物与产生冲击波的中心距离有关。

3. 碎片冲击

机械设备、装置、容器等爆炸以后,变成碎片飞散出去,会在相当广的范围内造成危害。化工生产中属于爆炸碎片造成的伤亡占很大的比例。碎片飞散一般可达 100~500m。

4. 造成火灾

通常爆炸气体扩散只发生在极其短促的瞬间,对一般可燃物质来说,不足以造成起火燃烧,而且有时冲击波还能起灭火作用。但是,建筑物内遗留大量的热或残余火苗,还会把从破坏的设备内部不断流出的可燃气体或易燃可燃液体的蒸气点燃,使厂房可燃物起火,加重爆炸的破坏力。

(四)爆炸极限及其影响因素

1. 爆炸极限

可燃气体、可燃液体的蒸气或可燃粉尘和空气混合达到一定浓度时,遇到火源就会发生爆炸。可燃性气体或蒸气与空气组成的混合物,并不是在任何混合比例下都可以燃烧或爆炸的,而且混合的比例不同,燃烧的速度(火焰蔓延速度)也不同。由试验得知,当混合物中可燃气体含量接近于化学计算量时(即理论上完全燃烧时该物质的含量),燃烧最快或最剧烈;若含量减少或增加,火焰蔓延速度则降低;当浓度低于或高于某一极限值,火焰便不再蔓延。可燃性气体或蒸气与空气组成的混合物能使火焰蔓延的最低浓度,称为该气体或蒸气的爆炸下限;同样,能使火焰蔓延的最高浓度称为爆炸上限;浓度若在下限以下及上限以上的混合物则不会着火或爆炸,但上限以上的混合物在空气中是能燃烧的。这个遇到火源能够发生爆炸的浓度范围,称为爆炸极限。

爆炸极限一般可用可燃性气体或蒸气在混合物中的体积分数(%)来表示,可燃粉尘则以 mg/L 表示。混合物浓度在爆炸下限以下时会有过量空气,由于空气的冷却作用,阻止了火焰的蔓延。同样，混合物浓度在爆炸上限以上，会有过量的可燃性物质，空气非常不足（主要是氧不足），火焰也不能蔓延。但此时若补充空气，同样有火灾、爆炸的危险。故对上限以上的混合气不能认为是安全的。

1) 易燃介质的爆炸极限

易燃介质是指其与空气混合的爆炸下限小于10%，或者爆炸上限和下限之差大于20%的气体。例如乙炔气的爆炸极限下限为2.50%（<10%），所以乙炔属于易燃介质；又例如一氧化碳气体爆炸极限下限为12.5%，上限为74.2%，二者之差为61.7%（>20%），所以一氧化碳气体也属于易燃介质。易燃介质压缩气体或液化气体在空气中的爆炸极限见表4-4。

表4-4 易燃介质压缩气体或液体在空气中的爆炸极限（20℃，大气压）

名称	分子式	爆炸极限,% 下限	爆炸极限,% 上限	名称	分子式	爆炸极限,% 下限	爆炸极限,% 上限
甲烷	CH_2	5.00	15.00	丙烯腈	$CH_2=CH-CN$	3.05	17
乙烷	C_2H_6	3.22	12.45	甲醛	CH_2O	3.2	9.0
丙烷	$CH_3CH_2CH_3$	2.37	9.50	环丙烷	$CH_2CH_2CH_2$	2.4	10.4
正丁烷	$CH_3CH_2CH_2CH_3$	1.9	8.5	环乙烷	C_6H_{12}	1.26	7.75
异丁烷	C_4H_{10}	1.9	8.5	环乙酮	$C_6H_{10}O$	3.2	9.0
乙烯	$CH_2:CH_2$	2.75	36	环氧乙烷	$(CH_2)_2O$	3.0	100
丙烯	$CH_2:CHCH_2$	2.0	11.1	丙酮	$CH_3-CO-CH_3$	2.55	12.8
1-丁烯	$CH_3:CH_2CH:CH_2$	1.6	10	丁醛	$CH_3-(CH_2)_2-CHO$	3.97	57
1,3-丁二烯	$CH_2:CHCH:CH_2$	2.0	11.5	氯乙醚	CH_3CHCl	3.6	33
异丁烯	$(CH_3)_2C:CH_2$	1.8	9.6	氢	H	4.00	74.20
丁烯-2（顺）	$CH_3CH:CHCH_3$	1.7	9	煤气	—	~4.5	~40
丁烯-2（反）	$CH_3CH:CHCH_3$	1.8	9.7	苯	C_6H_6	1.4	7.1
氯甲烷	CH_3Cl	8.25	18.70	氨	NH_3	15.5	27.00
丙炔	$CH_3C\equiv CH$	1.7	—	二硫化碳	CS_2	1.25	50.00
乙炔	$HC\equiv CH$	2.50	82.0	硫化氢	H_2S	4.30	45.00
一甲胺（无水）	CH_3NH_2	4.95	20.75	一氧化碳	CO	12.50	74.20
二甲胺（无水）	C_2H_7N	2.8	14.4	醋酸乙酯	$CH_3\cdot CO\cdot OC_2H_5$	1.18	11.40
三甲胺	$(CH_3)_3N$	2.0	11.6	醋酸甲酯	$CH_3\cdot CO\cdot OCH_5$	3.15	15.00
二甲醚	CH_3OCH_3	3.4	27	甲醇	CH_3OH	6.72	36.50
乙醚	$C_2H_5OC_2H_5$	1.85	36.5	丙醇	C_3H_7OH	2.55	13.50

2) 易燃介质为混合物的爆炸极限

压力容器中的易燃介质常常为混合物质，例如混合液化石油气等。对于这类物质的爆炸极限应以主要成分来划分，也可按下式计算：

$$N=\frac{100}{\frac{P_1}{N_1}+\frac{P_2}{N_2}+\frac{P_3}{N_3}} \tag{4-6}$$

式中 N——易燃介质混合物的爆炸极限,%；

P_1、P_2、P_3——各种易燃气体或蒸气在混合物总量中所占容积,%；

N_1、N_2、N_3——各种易燃介质的爆炸极限下限,%。

例如某液化石油气中各液态烃的组分比为：丙烷20%，丙烯25%，丁烷30%，1-丁烯25%，则该液化石油气的爆炸下限为：

$$N = \frac{100}{\frac{20}{2.37}+\frac{25}{2}+\frac{30}{1.9}+\frac{25}{1.6}} = 1.91\%$$

同样，可求得其爆炸上限为9.64%。

2. 影响爆炸极限的因素

爆炸极限不是一个固定值，它随着各种因素而变化。但如掌握了外界条件变化对爆炸极限的影响，则在一定条件下所测得的爆炸极限，仍有其普遍的参考价值。

影响爆炸极限的主要因素有以下几点。

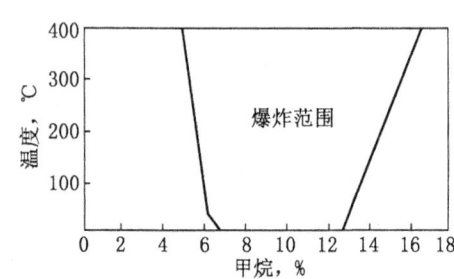

图4-3 温度对甲烷爆炸极限的影响

1) 初始温度的影响

爆炸性混合物的原始温度越高，则爆炸极限范围越大，即爆炸下限降低而爆炸上限增高。因为系统温度升高，其分子内能增加，使原来不燃的混合物成为可燃、可爆系统，所以温度升高使爆炸危险性增大。

温度对甲烷爆炸上、下限的影响试验结果如图4-3所示。从图中可以看出，甲烷的爆炸范围随温度的升高而扩大，其变化接近直线。

2) 压力的影响

混合物的原始压力对爆炸极限有很大的影响，在增压的情况下，其爆炸极限的变化也很复杂。

一般压力增大，爆炸极限扩大。这是因为系统压力增高，其分子间距更为接近，碰撞几率增高，因此使燃烧的最初反应和反应的进行更为容易。

压力降低，则爆炸极限范围缩小。待压力降至某值时，其下限与上限重合，将此时的最低压力称为爆炸的临界压力。若压力降至临界压力以下，系统便不会爆炸。因此，于密闭容器内进行减压（负压）操作对安全生产有利。

图4-4为不同压力下乙烷、丙烷、丁烷、戊烷的爆炸极限。

从图4-4可以看出，压力对爆炸上限的影响十分显著，而对下限影响较小。

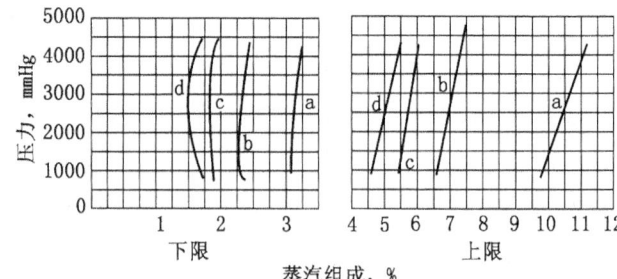

图4-4 不同压力下乙烷、丙烷、丁烷、戊烷的爆炸极限

3) 惰性介质的影响

若混合物中所含惰性气体的百分数增加，爆炸极限的范围缩小；惰性气体的浓度提高到某一数值，可使混合物不爆炸。

在甲烷的混合物中加入惰性气体（氮、二氧化碳、水蒸气、氖、氩、四氯化碳等），对爆炸极限的影响如图4-5所示。从图4-5中可以看出，随着混合物中惰性气体量的增加，对上限的影响较之对下限的影响更为显著。因为惰性气体浓度加大，表示氧的浓度相对减少，而在上限中氧的浓度本来已经很小，故惰性气体浓度稍为增加一点，即产生很大影响，而使爆炸上限剧烈下降。

对于有气体参与的反应，杂质也有很大的影响。例如，如果没有水，干燥的氯没有氧化的性能，干燥的空气也完全不能氧化钠或磷，干燥的氢和氧的混合物在较高的温度下不会产生爆炸（干燥的氢和氧在1000℃也不会爆炸）。痕量的水会急剧加速臭氧、氯氧化物等物质的分解，少量的硫化氢会大大降低水煤气和混合物的燃点，并因此促使其爆炸。

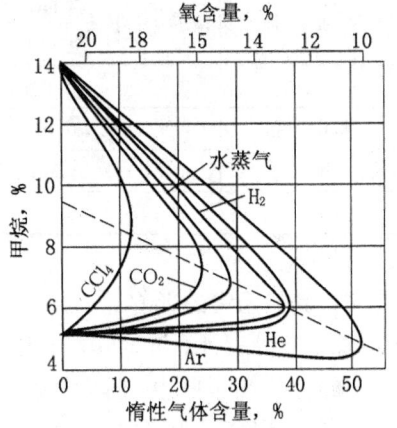

图4-5 各种惰性气体浓度对甲烷爆炸的影响

4）容器直径大小的影响

容器的材质、几何尺寸等，对物质爆炸极限均有影响。试验证明，容器或管子直径越小，爆炸极限范围越小。同一可燃物质，容器或管子直径越小，其火焰蔓延速度亦越小。当容器或管子直径（或火焰通道）小到一定程度时，火焰即不能通过，这一间距称为最大灭火间距，也称临界直径。当容器或管子直径小于最大灭火间距时，火焰因不能通过而被熄灭。

容器或管子直径大小对爆炸极限的影响也可以从器壁效应得到解释。燃烧是由自由基产生一系列连锁反应的结果。只有当新生自由基大于消失的自由基时，燃烧才能继续。但随着容器或管子直径（尺寸）的减小，自由基与器壁的碰撞几率相应增大；当尺寸减少到一定程度时，即因自由基（与器壁碰撞）销毁大于自由基产生，燃烧反应便不能继续进行。

关于材料的影响，可以下例示之。例如，氢和氟在玻璃器皿中混合，甚至放在液态空气温度下、于黑暗中也会发生爆炸；而在银制器皿中，一般温度下才能发生反应。

5）火源能量的影响

火花的能量、热表面的面积、火源与混合物的接触时间等，对爆炸极限均有影响。如甲烷对电压为100V、电流强度为1A的电火花，无论在何种比例下都不爆炸；如电流强度为2A时其爆炸极限为5.9%～13.6%；电流为3A时其爆炸极限为5.85%～14.8%。因此各种爆炸混合物都有一个最低引爆能量（一般在接近于化学理论量时出现）。部分气体的最低引爆能量见表4-5。

表4-5 部分气体最低引爆能量

物质名称	浓度,%	最低引爆能量，MJ		物质名称	浓度,%	最低引爆能量，MJ	
		空气中	氧气中			空气中	氧气中
二硫化碳	6.52	0.015	—	丙烯	4.44	0.282	—
氢	29.2	0.019	0.0013	乙烷	6.0	0.31	—
乙炔	7.73	0.02	0.0003	丙烷	4.02	0.31	0.031
乙烯	6.52	0.016	0.001	乙醛	7.72	0.376	—
环氧乙烷	7.72	0.105	—	丁烷	3.42	0.38	—
羟基乙炔	4.92	0.152	—	四氢呋喃	3.67	0.54	—

续表

物质名称	浓度,%	最低引爆能量,MJ		物质名称	浓度,%	最低引爆能量,MJ	
		空气中	氧气中			空气中	氧气中
丁二烯	3.67	0.17	—	苯	2.71	0.55	—
氟化丙烷	4.97	0.19	—	氨	21.8	0.77	—
甲醇	12.24	0.215	—	丙酮	4.97	1.15	—
甲烷	8.5	0.28	—	甲苯	2.27	2.50	—

6) 其他因素的影响

除上述因素外,光对爆炸极限也有影响。众所周知,在黑暗中氢与氯的反应十分缓慢,但在强光照射下则发生连锁反应而导致爆炸。又如甲烷与氯的混合物,在黑暗中长时间内不发生反应,但在日光照射下,便会引起激烈的反应;如果两种气体的比例适当,则会发生爆炸。另外,表面活性物质对某些介质也有影响,如在球形器皿内于530℃时,氢与氧完全无反应,但是向器皿中插入石英、玻璃、铜或铁棒时,则发生爆炸。

三、防止易燃介质燃烧、爆炸的措施

防火、防爆技术是石油化工生产安全技术的重要内容之一。为了保证安全生产,首先应做好预防工作,消除可能引起燃烧、爆炸的危险因素,这是最根本的解决方法。使可燃物质不处于着火和爆炸危险状态,或者消除一切着火源,只要控制其一,就足以防止火灾、爆炸事故的发生。但由于有时受到生产条件的限制,或受某些不可控制的因素影响,仅采取一种措施是不够的,往往需要同时采取两方面的措施,以提高其安全程度。另外还应当考虑其他各种辅助措施,以便在万一发生火灾、爆炸事故时,减少危害,把损失降到最低限度。

(一) 火源控制

在石油化工生产中,引起火灾爆炸的点火能源有明火、高热物及高温表面、电气火花、静电火花、冲击与摩擦、绝热压缩、自然发热、化学反应热以及光线和射线等。在有火灾爆炸危险的生产过程中,应对各种点火能源进行研究,采取措施,严格控制。

1. 明火控制

化工生产中的明火主要是指生产过程中的加热用火、维修用火及其他火源。

加热易燃液体时,应尽量避免采用明火,而采用蒸汽、过热水、中间载热体或电热等。凡是用明火加热的装置,必须与有火灾爆炸危险的生产装置相隔一定距离,防止装置泄漏而引起着火。

在压力容器和管道内部作业、打磨、施焊时,应严格执行动火安全规定,办理进入手续和动火手续。在作业时应采用安全电压照明和防爆电器。所使用电气线路、电焊具手线、地线应绝缘良好,并有漏电保护装置。不能利用与易燃、易爆生产设备有联系的金属件作为电焊地线,以防止在电器通路不良的地方产生高温或电火花。在积存有可燃气体或液化气体的管沟、深坑、下水道及其附近,没有进行动火分析或消除危险之前,不能有明火作业。

在有火灾爆炸危险场所的储槽和管道内部,不得用蜡烛和普通电灯照明,必须采用防爆电器。工艺装置中明火设备的布置,应远离可能泄漏的可燃气体或蒸气的工艺设备及吸罐区。

烟囱飞火,汽车、拖拉机、汽(柴)油机等的排气管喷火,都可能引起可燃气体、易燃蒸气燃烧爆炸。为防止烟囱飞火,炉膛内燃烧要充分,烟囱要有足够的高度,周围一定距离

内，不搭建易燃建筑，不堆放易燃、易爆物质。进入易燃介质场地的机动车辆排气管上应安装火星熄灭器。

2. 摩擦与撞击火花的控制

化工生产中，摩擦与撞击往往成为火灾、爆炸的起因，如机器上轴承等转动部分摩擦发热起火；金属零件、铁钉等落入粉碎机、反应器、提升机等设备内，由铁器和机件撞击起火；由于轴箱缺乏润滑油而摩擦发热起火；磨床、砂轮等摩擦及铁器工具相撞击或与混凝土地坪撞击发生火花；导管或铁制容器裂开，内部溶液和气体喷射时摩擦起火。

为避免这类火花产生，必须做到：对轴承及时加油，保持良好润滑，并经常消除附着的可燃污垢；凡是相互撞击的两部分应采用两种不同的金属（铜与钢、铅与钢等）制成。施工工具应使用不产生火花的铍青铜和铍镍的钢。搬运盛装易燃、易爆介质的容器时，不要抛掷、拖拉、振动。易燃、易爆场所施工人员和操作人员应穿防静电服装和不带钉子的鞋，不准携带火种，手机要关机。特别危险的厂房内，地面应铺设不会产生火花的软质材料。

3. 高热物及高温表面的控制

化工生产中，加热装置、高温物料输送管线及机泵等，其表面温度都较高，应该防止可燃物落在上面，引燃着火。如果高温管线及设备与可燃物装置较接近，高温表面应有隔热措施。加热温度高于物料自燃点的工艺过程，应严防物料外泄或空气进入系统。要防止易燃、易爆介质与高温的设备及管道表面相接触。可燃物料排放口应远离高温表面，高温表面要有隔热保温措施，不能在高温管道和设备上烘烤衣服及其他可燃物质。

4. 电气火花控制

电气设备所引起的爆炸事故，多由电弧、电火花、电热或漏电造成。电火花能否构成危险主要取决于：火花能量，即引火电流、电压反作用时间；断路电感；产生电弧或电火花的电极大小、材质和形状；混合物的化学性质及其最小点火能。

电气设备所产生的电弧、电火花或电气设备表面温度过高均能引起爆炸性混合物爆炸。因此，根据电气设备产生电火花、电弧的情况和电气设备表面的发热温度，采取各种防爆措施，使这些电气设备能在有爆炸危险的场所中使用，达到安全生产的目的。

5. 静电危害的控制

静电是附着在物体上很难移动的集团电荷，带静电的物体表面具有很高的电位（电动势），例如人体静电高达3kV以上。在一定条件下会产生放电现象，其放电火花能量可引起易燃物着火、爆炸。在石油化工生产中，物料、装置、器材、构筑物以及人体所产生的静电放电可引起可燃、易燃液体蒸气、可燃性气体以及可燃性粉尘着火、爆炸，造成人体伤害及对安全生产构成了严重威胁。因此必须采用各种方法有效地防止静电的产生，控制静电火花对生产带来的危害。对于操作人员可利用人体接地、穿防静电鞋、防静电工作服等，来减少静电在人体上的积累；在工作中，尽量不做与人体带电有关的事情，如接近或接触带电体。在有静电危险场所操作、巡视、检查时，不得携带与工作无关的金属物品，如钥匙、硬币、手表、戒指等。

6. 其他火源控制

油抹布、油棉纱等容易自燃引起火灾，应装入金属桶、箱内，放置在安全地点并及时清除。在易燃、易爆介质的厂区范围内应禁止吸烟，禁止使用无线通讯工具等，避免因吸烟、打手机而引起火灾、爆炸事故。

（二）防止易燃介质的泄漏

压力容器使用过程中易燃介质的泄漏一般不发生在容器的本体，而常常发生在工艺接管、阀门、仪表等连接部位。对某些压力容器难以保证绝对没有泄漏，例如液化气体槽车进行充装和卸液时，就必须要将充装系统的设备、管线与容器连接或拆卸，其中总会残留一些介质。对此，应严格遵照装卸作业规定，并加强压力容器周围环境的通风来防止燃烧条件的形成。尤其是对于气体（或蒸气）密度比空气大的易燃介质，假如有少量泄漏，它们将会因通风不良而聚集在低凹处，可能形成局部燃烧爆炸的条件。

为了保证设备的密闭性，对危险设备及系统，在安装检修方便的前提下，应尽量减少法兰连接，输送管道要用无缝钢管。应做好气体中水分的分离和保温，以防止冬季气体中冷凝水在管道中冻结，造成管道胀裂而泄漏。易燃、易爆介质的生产装置，在投产前应严格进行气密性试验；要按照压力容器的管理规定，定期进行检验。系统检修时应注意密封填料的检查、调整或更换，凡是与系统密封性有关的部件都不能忽视检修质量，以防渗漏。

第三节　压力容器中常用气体的分类及其特性

一、气体的分类

压力容器中气体的分类方法很多。如按其燃烧性，可分为易燃气体（甲烷等）、助燃气体（氧气等）和不可燃气体（氩气等）；如按其毒性可分为剧毒气体（光气等）、有毒气体（一氧化碳等）和无毒气体（空气等）；如按其临界温度又可分为永久气体（氮气等）、高压液化气体（二氧化碳等）和低压液化气体（丙烷等）。GB 16163—1996《瓶装压缩气体分类》规定，按压力容器中气体的临界温度可将其划分为3类，即临界温度 $T_C < -10℃$ 的气体为永久气体；临界温度 $T_C \geqslant -10℃$，且小于或等于70℃的为高压液化气体；临界温度 $T_C > 70℃$ 的为低压液化气体。

此外还有在压力下于溶剂中的气体——溶解气体、吸附于吸附剂中的气体——吸附气体。

气体划分见表4-6。

表4-6　气体划分

名称		临界温度	典型气体举例
压缩气体	永久气体	$T_C < -10℃$	空气、氧、氮、氢、氦、甲烷等
	液化气体 高压液化气体	$-10℃ \leqslant T_C \leqslant 70℃$	二氧化碳、乙烷、乙烯、氧化亚氮、三氟氯甲烷等
	液化气体 低压液化气体	$T_C > 70℃$	氯、氨、二氧化硫、丙烷、丙烯等
	溶解气体	乙炔	—
	吸附气体	—	—

永久气体的临界温度低，因此在充装、运输、使用过程中均为气态，其压力高低取决于气体的压缩程度。

液化气体的临界温度则根据临界压力和环境温度的变化，可以有两种情况。一种是临界温度高于环境温度的气体，如丙烷等。这些气体装入容器后始终保持气、液两相平衡状态，其压力即为所充装气体在相应温度下的饱和蒸汽压。这些临界温度比较高的液化气体，因为其饱和蒸汽压都较低（在60℃时的饱和蒸汽压一般都小于或等于50MPa），所以又称其为

"低压液化气体"。另一种是临界温度处于环境温度变化范围之内的气体，如二氧化碳等，这些气体装入容器后，会随环境温度的变化而发生相变，可以是气、液两相共存，也可以是单一的气相，其压力取决于充装量和温度。这些临界温度较低的液化气体，因为其饱和蒸汽压都较高，所以又称其为"高压液化气体"。

二、常用气体的特性

（一）永久气体

由于永久气体种类较多，这里只介绍几种常用的永久气体。

1. 氧气（O_2）

氧气无色无味，在标准状态下密度为 $1.429kg/m^3$，相对密度为 1.15，在 -182.98℃ 时氧气变为天蓝色透明液体，在 -218.4℃ 时变为蓝色固体结晶。氧气临界温度为 -118.37℃，临界压力为 50.14 标准大气压。氧微溶于水。

氧的化学性质活泼，易和其他物质生成氧化物，即发生氧化反应并释放热量。

氧气助燃，若与可燃气体 H_2、C_2H_2、CH_4、CO 等按一定比例混合，即成为可爆性的混合气体，一旦有火源或引爆条件就能引起爆炸。各种油脂与压缩氧气接触也可自燃。

2. 氢气（H_2）

氢气是无色、无嗅、无味和无毒的可燃、窒息性气体，可使肺缺氧。当空气中各种窒息气体的浓度达 50% 时，就会出现明显的症状，浓度达到 75% 时，即可使人致死。氢的分子量为 2.0158，是最轻的气体。它粘度最小，导热系数最高，化学呈活性、渗透性和扩散性强（扩散系数为 $0.63cm^2/s$，约为甲烷的 3 倍），在氢气的生产、储送和使用过程中都易造成泄漏。它是一种强还原剂，可与许多物质进行不同程度的化学反应，生成各种类型的氢化物。

由于氢气具有很强的渗透性，当钢材暴露在一定温度和压力的氢气中时，容易使钢材形成氢损伤。在高温、高氢分压下，氢原子渗入金属晶格后造成晶格畸变，使金属材料的机械强度和塑性显著下降，使材料变脆，形成氢脆。如氢原子作用于金属中渗碳体的碳，二者化合生成甲烷，使金属内部或表面脱碳，或引起金属材料鼓包、开裂。氢损伤（氢脆、氢侵蚀）极易引起容器脆性破坏，即氢脆损坏。

氢气主要特性是极易着火、燃烧和爆炸。氢在空气、氧气中的爆炸极限很宽，在空气中为 4.0%～75%，在氧气中为 4.7%～94%。氢的燃烧性能好，氢氧焰可达 3400K 的高温。纯净氢气的火焰无色，氢气燃烧只生成水，不污染环境，所以被称为"清洁的氢能"。氢气的着火温度：在空气中为 585℃，在氧气中为 560℃。它的着火能级仅为 0.019 毫焦（mJ），比烷、烃要低一个数量级以上，甚至化纤织物摩擦产生的静电也比氢的着火能级大几倍，所以氢很易着火。因此，在氢的生产中应采取措施，尽量减少和消除静电的积聚以及产生火源的条件。氢在 -252.6℃ 时成为无色、透明的低温液体，密度为 $0.07097kg/L$，是水的 1/14。$1m^3$ 液氢全部汽化可得到 $788m^3$ 的气态氢。

3. 氮气（N_2）

氮气在空气中比例为 78%，是一种窒息性气体。常温下氮气是无色、无味的气体，标准状况下密度为 $1.251kg/m^3$，相对密度为 0.967，在 -165.30℃ 为无色液体，在 -210.1℃ 时凝结为雪状固体。常温下氮气化学性质不活泼，故在工业上，常用 N_2 作为安全防爆、防火置换或气密性试验的气体。

4. 惰性气体

元素周期表中的氦（He）、氖（Ne）、氩（Ar）、氪（Kr）、氙（Xe）、氡（Rn）统称为惰性气体。其化学性质极不活泼，很难和其他元素发生反应，故称惰性气体。在空气中总含量约1%。其物理、化学性质见表4-7。

表4-7 惰性气体的基本性质

惰性气体		密度，kg/m³（标准状态下）	相对密度（空气为1）	临界温度 ℃	临界压力 大气压力	熔点 ℃	沸点 ℃
氦	He	1.7840	1.3300	-167.3	48.00	-189.2	-185.7
氖	Ne	0.8713	0.6740	-228.6	26.19	-248.4	-246.07
氩	Ar	0.1769	0.1368	-267.8	2.26	-271.8	-268.94
氪	Kr	3.6431	2.8180	-64.6	54.30	-156.8	-153.2
氙	Xe	5.8900	4.5300	16.75	58.00	-111.3	-108
氡	Rn	9.7300	7.5160	104	62.00	-71.0	-61.8

5. 一氧化碳（CO）

一氧化碳是一种毒性很强的无色、可燃气体，比空气略轻。在标准状态下，密度为1.25kg/m³，相对密度为0.967。在常压下一氧化碳熔点为-205℃，沸点为-192℃。

一氧化碳的爆炸极限：在空气中为12.5%～75%，在氧气中为15.5%～93.9%。在日光作用下，一氧化碳与氯气能化合成光气。

一氧化碳是含碳物质在燃烧不完全时的产物，是工业生产中广泛存在的一种无色、剧毒、可燃气体。石油化工生产中如合成氨、甲醇、甲醛及炼油和各种加热炉等装置均有一氧化碳的产生。

一氧化碳的毒性很大，但对人体的危害又很不容易被觉察。一氧化碳对血红蛋白有很强的亲和力，比氧与血红蛋白的结合能力大200～300倍。一氧化碳经肺泡进入血液后，便很快与血红蛋白结合生成碳氧血红蛋白，使血液失去载氧作用，人因缺氧而中毒。一氧化碳常以急性中毒方式出现，重度中毒者迅速进入昏迷状态，出现阵发性抽搐，血压下降，体温升高，并引发肺炎、脑水肿及心肌损害，若抢救不及时有生命危险。车间空气中一氧化碳的最高容许浓度为30mg/m³。

6. 甲烷（CH₄）

甲烷是碳氢化合物的一种。是无色、无嗅的气体，标准状态下密度为0.7167kg/m³，相对密度为0.55。甲烷熔点为-182.5℃，沸点为-161.5℃。甲烷的爆炸极限：在空气中的爆炸极限为5.3%～14%，在氧气中的爆炸极限为5.1%～61%。

7. 天然气

天然气是蕴藏在地层中的可燃性气体，主要成分为甲烷（CH_4）及其他烃类（C_nH_m），含有少量二氧化碳（CO_2）和空气。经处理后的天然气，不含CO或其他有毒气体，发热量很高，标准状态下其低位发热量高达35500～41900kJ/m³。天然气具有易燃、易爆、比重轻、热值高等特性，是一种被广泛使用的高效、清洁燃料。用作燃料时有以下特点：

（1）清洁、环保。天然气燃烧时，主要产生二氧化碳及水蒸气，不含灰分。燃烧时几乎不对大气层释放二氧化硫或小微粒物质。以天然气为燃料的汽车，排放尾气中的有害气体含量也大大低于汽油车（大约是汽油车的1/6）。天然气是当今最清洁的可用矿物燃料之一。

（2）经济。天然气纯净，燃烧充分，燃烧效率高。与煤、煤气、液化气相比，具有热值高、经济实用的优点。

（3）安全。天然气成分主要由甲烷构成，不含CO或其他有毒气体，即使吸入少量也不会对人体造成伤害。天然气采取管道输送，低压入户，入户压力为0.002～0.005MPa。民用天然气一般进行加溴处理，一旦出现微漏现象也易于察觉，便于及时处理，使用天然气更平稳、安全。

（4）方便。天然气采取管道输送至最终用户，稳定、安全。

（二）液化气体

1. 二氧化碳（CO_2）

碳酸气又称碳酸酐，是一种无色、无嗅、有酸味的、无毒性的窒息性气体。在标准状况下，其密度为1.997kg/m³，相对密度为1.529，溶于水，则生成碳酸。CO_2能压缩液化成液体，液态时密度为1.101kg/L（-37℃），沸点为-78.5℃。液态CO_2凝成固体则称为干冰，其密度为1.56kg/L，熔点为-56.6℃（0.52MPa）。

CO_2是合成氨工业的副产品，又是合成尿素的原料。大气中CO_2的正常含量约为0.04%，人体呼出气中CO_2约占4.2%，燃料燃烧时可产生大量CO_2气体。由于它比空气重，故CO_2气体常存在于空气不流动的地方，且多沉积于底层，如不通风的储藏蔬菜的地窖、矿井等。低浓度的CO_2无毒，但高浓度的CO_2对有机体有毒性，有刺激和麻醉作用。如果空气中CO_2含量超过6%时，对人有致命的危险。浓度更高时，人若吸入，可于数秒至数分钟内迅速窒息倒下，若不及时抢救就会致死。

2. 氯气（Cl_2）

氯气是一种草绿色、带有刺激性嗅味的剧毒气体。在标准状态下，其密度为3.214kg/m³。相对密度为2.49，沸点为-34.6℃，熔点为-102℃。常温下（20～25℃），在0.6～0.8MPa或在-35～-40℃时的常压下，氯气可液化为黄绿色、透明的液体（常温下比重是水的1.4倍），液氯密度和温度变化有关。在一定温度下，容器内同时存在液态和气态氯，蒸气压随温度变化而变化。在0℃时，1L液氯可气化成450L以上气态氯，并吸收大量热，因此在储液罐中常因液氯气化而降温，在储器表面出现结霜现象。

氯是活泼的化学元素，容易和其他化学元素结合，如遇水生成盐酸及次氯酸。盐酸对钢制容器有很强的腐蚀性，直接影响容器的使用寿命。

氯的用途十分广泛，如自来水、游泳池用水的消毒；用于造纸工业及纺织业（如棉织物的漂白）；制造无机氯化物，如漂白粉、氯化亚锡（还原剂）、氯化银（照相用）、合成盐酸等；制造有机物，如聚氯乙烯塑料、农药（如六六六及D·D·T等）、溶剂（如橡胶、四氯化碳等）、冷冻剂（氯甲烷、氯乙烷、二氯甲烷等）。

氯的用途很广，但毒性很大。它对人的呼吸道和皮肤以及人体其他器官伤害很大，见表4-8。氯气被吸入后与呼吸道粘膜接触，部分与水作用最终形成盐酸和新生态氧。盐酸对粘膜有刺激和烧灼作用，引起炎性水肿、充血与坏死；新生态氧对组织有强烈的氧化作用，并在氧化过程中可能生成臭氧，对组织细胞原浆产生毒害作用，呼吸粘膜末梢感受器受刺激。还可造成呼吸道平滑肌痉挛，加剧通气障碍，导致缺氧。当吸入高浓度氯气时，会引起迷走神经反射性心跳停止而出现"电击样"死亡。车间空气中氯气的最高容许浓度为1mg/m³。

表 4-8 氯的不同浓度对人的毒害

液氯，mg/L	氯气，mg/m³	症　　状
2.5	900	可致人立即死亡
0.1～0.15	35～50	半小时至一小时内死亡或一定时间内死亡
0.04～0.06	14～21	半小时至一小时内有生命危险
0.01	3.5	可忍耐半小时至一小时
0.001	0.35	可长期停留其中，但能引起中毒
0.003～0.006	0.1～0.2	可忍耐 6 小时而无很显著症状

3. 氨气（NH_3）

氨气是一种无色、有刺激性嗅味的气体，在标准状态下，密度为 $0.771kg/m^3$，相对密度为 0.5971，沸点为 -33.4℃，熔点为 -77.7℃。氨气在空气中爆炸极限为 15%～28%，氨气在氧气中的爆炸极限为 13.5%～79%。氨和氯接触能发生低温自燃，并生成不稳定、极易爆炸的氯化氮（NCl_3），这就是氨和氯接触引起爆炸的原因。

氨在合成氨、尿素、硝胺和染料工业中广泛存在。使用氨水、冷藏库的冷冻剂等都有接触氨的机会。氨极易溶于水，呈碱性，1% 水溶液的 pH 值为 11.7 左右。氨属有毒类介质，对人的危害主要是对上呼吸道的刺激和腐蚀作用。氨气刺激鼻粘膜引起窒息，能使咽喉发生红肿，引起咳嗽、声音嘶哑。直接接触高浓度氨时，接触部位可引起碱性化学灼伤，组织呈溶解性坏死。长期在高浓度氨气作用下，还可引起呼吸道深部及肺泡的损伤，发生化学性支气管炎、肺炎和肺水肿。吸入高浓度氨后，可使中枢神经系统兴奋增强，引起痉挛，并可通过三叉神经末梢的反射作用引起心脏停搏和呼吸停止。皮肤接触液氨，会引起化学性灼伤，使皮肤红肿，起疱糜烂。眼内溅入浓氨可使眼结膜充血水肿，角膜溃疡，晶体混浊，甚至角膜穿孔。车间空气中氨的最高容许浓度为 $30mg/m^3$。

4. 氟利昂（氟氯烷——烯类）

氟利昂在大气压力下的沸点为 50～80℃（与其种类有关），分子量大，绝热指数低，压缩终点温度和凝固点低，故用来作制冷剂。氟利昂与水接触即行分解，本身无毒、无嗅、不易着火，与空气混合不爆炸，对金属无腐蚀，能溶于水，与油脂可互相溶解。

5. 氟化氢（HF）

氟化氢常为二分子状态（H_2F_2）存在，是无色气体或液体。气体相对密度为 1.27（空气为 1），液体相对密度为 0.987（水为 1），沸点为 19.4℃，熔点为 -83.7℃。氟化氢呈弱酸性，在空气中发出烟雾，其蒸气具有十分强烈的腐蚀和毒性。氟化氢溶于水，其水溶液在 -30℃ 时也不冻结。具有强烈的腐蚀性能，能侵蚀玻璃，须用铅制、蜡制和塑料制器皿存放，无水物应储存于冷却的银器中。常用于蚀刻玻璃（玻璃量管的标字、刻度）；供制氟化物、氟硼酸和氟硅酸等化合物的原料；也用作有机合成的催化剂和氟化剂。

6. 氯甲烷

氯甲烷有 4 种化学式：一氯甲烷（CH_3Cl）；二氯甲烷（CH_2Cl_2）；三氯甲烷（$CHCl_3$），又叫氯仿；四氯甲烷（CCl_4），又叫四氯化碳。这里只介绍四氯甲烷（CCl_4）的基本理化特性。四氯甲烷（CCl_4）是一种无色液体，在 4～20℃ 时其相对密度为 1.595，熔点为 -22.8℃，沸点为 76.8℃。有毒，微溶于水。四氯甲烷与乙醇、乙醚可以任何比例混合也不燃烧，故常用作溶剂、有机物的氯化剂、香料的浸出剂、纤维以及制氧工业的脱脂剂、灭火剂、分析试剂等，并用于制氯仿和药物等。

7. 氮氧化物

常见的氮氧化物有 NO、NO_2、N_2O_4、N_2O_5 等。氮氧化物是在硝胺和硝化纤维的制造中产生的。其中以 NO_2 比较稳定，其他遇光、湿或热时易变成 NO 和 NO_2，而 NO 很快又变为 NO_2，所以在生产中接触的氮氧化物主要是 NO_2。NO_2 的毒性约为 NO 的 4~5 倍。

在常温下，氮氧化物混合气体呈棕黄色，温度越高，颜色越深，可呈红棕色甚至深棕色，人们俗称之为"黄龙"或"红烟"。若被人吸入，氮氧化物与水反应将形成硝酸与亚硝酸，对肺组织产生刺激和腐蚀作用，引起肺水肿，还可使血红蛋白变为高铁血红蛋白，使人体组织缺氧而引起中毒。因此规定车间空气中二氧化氮的最高容许浓度为 $5mg/m^3$。

8. 硫化氢（H_2S）

硫化氢是一种具有恶臭气味的有害气体。大气中含有 10ppm 时即可察觉。硫化氢气体主要产生于天然气净化、炼焦、人造纤维、石油精炼、煤气制造和造纸等生产过程中。空气中硫化氢含量大于 1mg/L 时，可使人立即中毒，继而痉挛、失去知觉而迅速死亡。急性中毒的后遗症是头痛、智力降低；慢性中毒症状是眼球酸痛，有灼烧感、肿胀畏光等，并引起气管炎和头痛。此外，硫化氢进入大气后，有可能与空气中氧作用生成二氧化硫，增大了大气中二氧化硫的浓度。车间空气中硫化氢气体的最高允许浓度为 $10mg/m^3$。

9. 氯化氢（HCl）

氯化氢是一种无色具有剧烈刺激性的气体。在空气中氯化氢呈白色烟雾，易溶于水成为盐酸。HCl 是石油化工生产的原料之一，聚氯乙烯就是乙炔（C_2H_2）与 HCl 反应而生成的。

HCl 对眼和呼吸道粘膜有强烈的刺激作用，被人吸入后能引起呼吸道炎性水肿、充血和坏死，并对皮肤有刺激作用，可出现丘疹、水泡和烧伤。长期接触高浓度 HCl 烟雾，可造成慢性气管炎、胃肠道功能障碍以及牙齿损坏。当空气中 HCl 的浓度在 7.5~$15mg/m^3$ 时，会使人感到不快。车间空气中 HCl 的最高容许浓度为 $15mg/m^3$。

10. 二氧化硫（SO_2）

二氧化硫又称硫酸酐，是无色、有刺激性的气体。二氧化硫密度为 $2.927kg/m^3$，在常温下加压到 4 个表压即能液化成无色液体，液体相对密度为 1.434（0℃时），溶点为 -76.1℃，沸点为 -10℃。二氧化硫溶于水，且部分变成亚硫酸，也溶于乙醇和乙醚。气态 SO_2 是制造三氧化硫、硫酸和保险粉等的原料；液态 SO_2 是良好的有机溶剂，用于精制各种润滑油和用作冷冻剂等。二氧化硫属有毒介质，高浓度 SO_2 可作用于深部呼吸道而引起肺水肿，严重时可突然发生反射性声门痉挛而窒息。车间空气中 SO_2 的最高容许浓度是 $15mg/m^3$。

11. 液化石油气

液化石油气是多种烃类气体如丙烷、丁烷、丙烯、丁烯等组成的混合物，具有以下性质：

（1）挥发性。液化石油气如果以液体状态流出时，很易挥发成气体，其体积会骤然膨胀约 250 倍而急剧扩散漫延。

（2）易燃性。液化石油气和空气混合后，一旦遇到火种，甚至是石头与金属撞击的火花或摩擦静电火花那样的星星之火，都能迅速引起燃烧。

（3）易爆性。液化石油气和空气混合并达到爆炸极限时，如丙烯气与空气混合的容积达到 2.0%~11.1% 时，一旦遇到火源即刻发生爆炸。因此，存放液化石油气钢瓶的仓库要保持良好的通风，防止液化石油气渗漏后起火爆炸。

（4）微毒性。液化石油气没有使人体血液中毒的危险，因此在空气中的浓度低于1%时，对人体健康没有危害。但是，如果长期接触浓度较高的液化石油气，对于神经系统也是有影响的，尤其是高碳烃气体，当其在空气中的浓度超过10%时，会使人窒息。

（5）腐蚀性。液化石油气一般无腐蚀性，只有在残液中含有较多的硫化物时，才会对钢瓶产生一定的腐蚀作用。液化石油气会使橡胶软化，也会使石油产品溶化。因此，输气软管要用耐油胶管，同时在软管上不得涂抹润滑油和白漆等。

（6）比重大。液化石油气在气态时比空气重，其比重约为空气的1.5～2倍。故在生产和使用过程中，渗漏出来的液化石油气会流向并积存在通风不好、不易扩散的低洼处，当达到一定浓度且遇明火时即爆炸。所以，液化石油气钢瓶库严禁设在地下室，钢瓶的残液严禁倒入下水道。

（7）热值高。液化石油气燃烧时的发热量很高。标准状态下气态液化石油气的低发热量大于或等于 92100～121400 kJ/m^3，相当于炉煤气（CO）的5倍左右。液化石油气不但热值高且燃烧完全，所产生的热量能被充分利用。例如烧煤的民用炉的热效率（全部热量中被有效利用的部分）一般只有10%～15%，而液化石油气民用灶的热效率通常达到55%以上。使用液化石油气既经济方便，又不污染环境，因此，液化石油气是理想的民用燃料。

（8）蒸发潜热高。液化石油气由液相变为气相，需要吸收很多热量，这种热量称为"蒸发潜热"（又称汽化潜热）。如丙烷的蒸发潜热为 4.22×10^5 J/kg，丁烷的蒸发潜热为 3.85×10^5 J/kg。液化石油气在燃烧时，钢瓶内的液化石油气要不断蒸发补充，必须通过钢瓶的四壁向周围大气吸收所需的蒸发潜热。如果气化量过多，而所需的潜热补给跟不上，液体本身的温度就会下降，同时造成蒸气压下降，气体的流出量就相应减少，从而影响正常燃烧。这种情况多数发生在冬季，致使炉灶出现气供不上的现象；严重时，钢瓶外壁会结露或结冰。所以，冬季要注意对钢瓶保温。此外，还应特别防止液化石油气与人体皮肤接触，否则会由于液化石油气向人体吸收大量蒸发潜热而引起人体严重的冻伤。

（三）溶解气体

我国目前的溶解气体只有乙炔一种。在工业上，乙炔主要是通过电石和水作用并用氧气使碳氢化合物部分燃烧的方法供给其热量，以实现乙炔的制取。乙炔是无色的易燃、易爆气体，微轻于空气，纯乙炔气体无臭味。

（1）乙炔的主要物理性质。分子式为 C_2H_2，分子结构式为 HC≡CH，分子量为26.04。密度：在0℃、大气压下为0.9107，在相同条件下，1L的质量为1.175g。液态乙炔的沸点为 -75℃，乙炔在低温时变为固体（固体乙炔在大气压中于 -83.4℃ 时升华。当压力提高至大气压以上时就出现液化），在0.173MPa绝对压力下，熔点为 -820℃。乙炔的临界参数：临界压力为61.58大气压，临界温度为35.7℃。乙炔的爆炸极限：在空气中为2.5%～82%（7%～13% 时爆炸能力极强），在纯氧中为2.3%～93%（30% 时爆炸能力最强）。乙炔的溶解度：易溶于水和其他溶剂中（与水的溶解比（15℃时）约为1:1.1，与丙酮的溶解比（15℃时）约为1:25）。

（2）乙炔是具有三键结合易反应、不饱和的碳氢化合物，其主要化学性质如下：①与氢接触还原成乙烯和乙烷；②易附和氯变成氯化物；③在增压、低温条件下生成水合物（$C_2H_2 \cdot 6H_2O$）；④与铜、银及其盐类反应生成爆炸性的乙炔化合物；⑤乙炔可在各种条件下聚合；⑥乙炔的分解反应是发热的，因而引起分解爆炸。另外，与空气混合成爆炸性气体，爆炸危险性大。

（3）乙炔对人体的有害性。纯净的乙炔气体本身是无毒性的，类似如氢、氮对人体的影响，即较长时吸入乙炔会因氧量不足而引起窒息。

第五章　压力容器安全操作及维护保养

第一节　压力容器运行中常见事故的原因及事故举例

在压力容器所发生的事故中，除少数是因为结构设计不合理，用材不当，制造质量低劣以外，大部分事故均是由于使用不当、管理不善、劳动纪律松弛、违章操作、未进行定期检验和操作人员技术水平低等造成的。因此，正确合理地操作和使用压力容器是每一个操作人员应尽的职责。

压力容器在运行过程中常见事故的原因主要有以下几个方面：

（1）容器本体质量差。

① 设计结构不合理，用材不当，制造质量差，容器本身存在先天性缺陷。

② 未开展定期检验，年久失修，容器器壁被腐蚀，强度不够。

（2）容器内部的压力过高。由于填装介质过量，容器受热（如日光暴晒、火灾等）致使容器内物质发生聚合、分解等剧烈化学反应，等等，都会引起容器内压升高。

（3）容器内形成爆炸性混合气体。主要是由于混合充气、系统混料或系统压力发生变化、可燃性气体和助燃气体混合而引起的。例如水电解槽发生故障时氧气和氢气的混合；在容器中残留氧气、空气、氯气等助燃介质，又充入了可燃性气体；在可燃性气体中充入了氧气等助燃气体；在混有机液体的容器中充入了氧气、氯气等。

（4）容器由于附件泄漏，引起着火、爆炸事故。

① 容器的阀门从主体脱落。例如，容器阀门的拆卸作业；阀门螺丝结构不健全；容器阀门被冲击；容器受到强力冲击等。

② 容器阀门漏气。例如，容器的阀门螺丝被腐蚀；有机物吸附在氧气、氯气等阀门上，使容器阀门受烧损等。

③ 安全泄压装置动作。主要是由于容器内部压力或温度异常上升所引起的；有时也可能由于安全装置质量不好，以致在正常使用中自行动作，使容器内物料喷出而引起事故。

④ 容器上的压力表、温度计、液位计等破损，造成物料泄损引起事故。

（5）操作工缺乏基本知识，违章操作；领导盲目指挥，任意改变生产工艺。

第二节　压力容器安全操作的一般要求

一、压力容器安全操作要点

压力容器的合理使用对容器的安全影响极大。压力容器根据各自的特性和在生产工艺流程中的作用，都有其特定的操作程序和操作方法。操作内容一般包括：操作前的检查、开机准备、开启阀门、启动电源、调整工况、正常运行与停机程序等。尽管各种压力容器使用的工况不尽一致，但其操作却有共同的安全操作要点。容器的使用单位除应设置专门管理机构和专职管理人员对容器进行安全技术管理、建立和健全安全管理制度外，还应对容器的操作人员提出具体要求，并在容器运行过程中，从使用条件、环境和维修等方面采取控制措施，以保证容器的安全运行。操作人员必须按规定的程序和要求进行有关压力容器的操作。

（一）容器安全操作基本要点

（1）做到平稳操作。压力容器要平稳操作，加载和卸载过程应缓慢进行，并保持运行期间载荷的相对稳定。

压力容器开始加载时，速度不宜过快，尤其要防止压力的突然升高。过高的加载速度会降低容器壳体材料的断裂韧性，使存在微小缺陷的容器在压力快速冲击下发生脆性断裂。

高温容器或工作温度低于0℃的容器，加热或冷却都应缓慢进行。避免运行中容器温度的突然变化，以减小壳壁中的热应力。

操作中尽量避免压力的频繁和大幅度波动。压力频繁和大幅度地波动，对容器的抗疲劳强度是不利的，应尽可能避免，保持操作压力平稳。

（2）压力容器严禁超载。防止压力容器过载主要是防止压力容器的超压、超温运行。

压力来自器外（如气体压缩机、蒸汽锅炉等）的容器，超压大多是由于操作失误而引起的。为了防止操作失误，除了装设联锁装置外，实行压力容器安全操作挂牌制度是防止误操作的重要措施。在一些关键性的操作装置上挂牌，牌上用明显标记或文字注明阀门等的开闭方向、开闭状态、注意事项等。对于通过减压阀降低压力后才进气的容器，要密切注意减压装置的工作情况，并装设灵敏可靠的安全泄压装置。随时检查安全附件的运行情况，保证其灵敏可靠。

由于容器内物料的化学反应而产生压力的容器，往往因加料过量或原料中混入杂质，使容器内反应后生成的气体密度增大或反应过速而造成超压。要预防这类容器超压，必须严格控制每次投料的数量及原料中杂质的含量，并有防止超量投料的严密措施。

储装液化气体的容器，装料时避免过急、过量，液化气体严禁超量装载，并防止意外受热。为了防止液体受热膨胀而超压，一定要严格计量。对于液化气体储罐和槽车，除了密切监视液位外，还应防止容器意外受热，造成超压。如果容器内的介质是容易聚合的单体，则应在物料中加入阻聚剂，并防止混入可促进聚合的杂质。物料储存的时间也不宜过长。

除了防止超压以外，压力容器的操作温度也应严格控制在设计规定的范围内。压力容器长期的超温运行可以直接或间接地导致容器的破坏。

（3）压力容器内部有压力时，不得进行任何修理，并严禁容器带压时拆卸压紧螺栓。对于特殊的生产工艺过程，需要带温、带压紧固螺栓，或出现紧急泄漏需进行带压堵漏时，必须按规定制定有效的操作要求和防护措施；作业人员应经专业培训并持证操作，并经使用单位技术负责人批准。在实际操作时，使用单位安全部门应派人进行现场监督。

（4）坚持容器运行期间的巡回检查。巡回检查是压力容器动态监测的重要手段，其目的是查明事故隐患。容器的操作人员在容器运行期间应执行巡回检查制度，经常对容器进行检查，以便及时发现操作上或设备上所出现的不正常状态，采取相应的措施进行调整或消除，防止异常情况的扩大和延续，保证容器安全运行。压力容器巡回检查内容包括工艺条件、设备状况以及安全装置等方面。

（5）压力容器操作人员必须取得特种设备安全监察部门颁发的压力容器操作人员资格证书，并在允许操作项目内进行压力容器的操作工作。

压力容器操作人员要熟悉本岗位的工艺流程，有关容器的结构、类别、主要技术参数和技术性能，严格按操作规程操作，掌握处理一般事故的方法。

（6）认真填写操作记录。操作记录是生产操作过程中的原始记录，也是分析生产和事故的重要原始凭据。它对保证产品质量、保证生产的顺利进行和确保安全生产起着重要的作用。

（二）压力容器的运行操作

压力容器应严格按照操作规程的规定进行操作。容器投用前应做好各项准备工作；容器运行中要加强对工艺参数的控制；容器停止运行时应正确合理地操作。

1. 压力容器的投用

（1）做好容器投用前的准备工作，对容器顺利投入运行、保证整个生产过程安全有重要的意义。

压力容器投用前要做好的准备工作有：①对容器及其装置进行全面检查、验收。检查容器及其装置的设计、制造、安装、检修等质量是否符合国家有关技术法规和标准的要求；检查容器技术改造后的运行是否能保证预定的工艺要求；检查安全装置是否齐全、灵敏、可靠以及操作环境是否符合安全运行的要求。②编制压力容器的开工方案，呈请有关部门批准。③操作人员要了解设备，熟悉工艺流程和工艺条件，认真检查本岗位压力容器及安全附件的完善情况，在确认容器能投入正常运行后，才能开工。

（2）压力容器的开工和试运行。开工过程中，要严格按工艺卡片的要求和操作规程操作。在吹扫、贯通试运行时，操作人员应与检修人员密切配合，检查整个系统畅通情况和严密性，检查压力容器、机泵、阀门及安全附件是否处于良好状态。当升温到规定温度时，应对容器及其管道、阀门、附件等进行恒温热紧。

（3）压力容器进料。压力容器及其装置在进料前要关闭所有的放空阀门。在进料过程中，操作人员要沿工艺流程线路跟随物料进程进行检查，防止物料泄露或走错流向。在调整工况阶段，应注意检查阀门的开启度是否合适，并密切注意运行的细微变化。

2. 压力容器运行中工艺参数的控制

每台容器都有特定的设计参数，如果超过设计参数运行，容器就会因承受能力不足而可能出现事故。同时，容器在长期运行中，由于压力、温度、介质腐蚀等复杂因素的综合作用，容器上的缺陷可能进一步发展并可能形成新的缺陷。为能使缺陷发生和发展被控制在一定限度之内，运行中对工艺参数的安全控制，是压力容器正确使用的主要内容。

（1）使用压力和使用温度的控制。压力和温度是压力容器使用过程中的两个主要工艺参数。使用压力和使用温度既是选定容器设计压力和设计温度，并进行容器设计、选材及确定制造工艺的基础，又是制定容器安全操作控制指标的依据。使用压力的控制要点主要是控制其不超过最高工作压力；使用温度的控制要点主要是控制其极端的工作温度：高温下使用的压力容器，主要控制其最高工作温度，低温下使用的压力容器，主要控制其最低工作温度。因此，要按照容器安全操作规程中规定的操作压力和操作温度进行操作，严禁盲目提高工作压力；采用联锁装置，实行安全操作挂牌制度，以防止操作失误。对于反应容器，必须严格按照规定的工艺要求进行投料、升温、升压和控制反应速度，注意投料顺序，严格控制反应物料的配比，并按照规定的顺序进行降温、卸料和出料。盛装液化气体的压力容器，应严格按规定的充装量进行充装，以保证在设计温度下容器内部存在气相空间；充装所用的全部仪表量具如压力表、磅秤等都应按规定的量程和精度选用；容器还应防止意外受热。储装易于发生聚合反应的碳氢化合物的容器，为防止物料发生聚合反应而使容器内气体急剧升温而压力升高，应该在物料中加入相应的阻聚剂，同时限定这类物料的储存时间。

（2）介质腐蚀性的控制。要防止介质对容器的腐蚀，首先应在压力容器设计时根据介质的腐蚀性及容器的使用温度、使用压力等条件，选用合适的材料。同时也应该看到，在操作过程中介质的工艺条件对容器的腐蚀有很大的影响，因此必须严格控制介质的成分、流速、温度、水分及 pH 值等工艺指标，以减小腐蚀速度，延长使用寿命。

（3）交变载荷的控制。压力容器在反复变化的载荷作用下会产生疲劳破坏，疲劳破坏往往发生在容器开孔焊接、焊缝、转角及其他几何形状突变的高应力区域。为了防止容器发生疲劳破坏，除了在容器设计时尽可能地减少应力集中，或根据需要作容器疲劳分析设计外，就容器使用过程中工艺参数而言，对工艺上要求间断操作的容器，应尽量做到压力、温度的升降平稳，尽量避免突然停车，同时应当尽量避免不必要的频繁加压和泄压。对要求压力、温度稳定的工艺过程，则要防止压力的急剧升降，使操作工艺指标稳定。对于高温压力容器和低温压力容器，应尽可能减缓温度的突变，以降低热应力。

（三）压力容器的停止运行

容器的停止运行有正常停止运行和紧急停止运行两种情况。

1. 正常停止运行

由于容器及设备按生产规程要进行定期检验、检修、技术改造，或因原料、能源供应不及时，或因容器本身要求采用间歇式操作工艺的方法等正常原因而停止运行，均属正常停止运行。

压力容器及其设备的停工过程是一个改变操作参数过程，在较短的时间内容器的操作压力、操作温度、液位等不断发生变化。压力容器正常停止运行需要进行切断物料、返出物料、容器及设备吹扫、置换等大量工作。为保证停工过程中操作人员能安全合理地操作，保证容器设备管线、仪表等不受损坏，首先应编制停工方案。停工方案应包括的内容有：停工周期（包括停工时间和开工时间）；停工操作的程序和步骤；停工过程中控制工艺变化幅度的具体要求；容器及设备内剩余物料的处理、置换清洗及必须动火的范围；停工检修的内容、要求、组织措施及有关制度。停工方案报主管领导审批通过后，操作人员必须严格执行。

容器停止运行过程中，操作人员应严格按照停工方案进行操作。同时要注意，对于高温下工作的压力容器，应控制降温速度，因为急剧降温会使容器器壁产生疲劳现象和较大的收缩应力，严重时会使容器产生裂纹、变形、零件松脱、连接部位发生泄漏等现象，以致造成重大事故；对于储存液化气体的容器，由于容器内的压力取决于温度，所以必须先降温，才能实施降压。停工阶段的操作应更加严格、准确无误；如开关阀门操作动作要缓慢、操作顺序要正确；应清除干净容器内的残留物料，对残留物料的排放与处理应采取相应的措施，特别是可燃物、有毒气体应排至安全区域；停工操作期间，容器周围应杜绝一切火源。

2. 紧急情况下的停止运行

压力容器在运行过程中，如果突然发生故障，严重威胁设备和人身安全时，操作人员应立即采取紧急措施，停止容器运行，并按规定的报告程序，及时向有关部门报告。

压力容器运行中遇有下列情况时应立即停止运行：

（1）容器的工作压力、介质温度或器壁温度超过安全操作规程规定的极限值，而且采取措施仍得不到有效控制，并且有继续恶化的趋势；

（2）容器的主要承压部件出现裂缝、鼓包变形、焊缝或可拆连接处泄露等危及安全的缺陷；

（3）容器的安全装置失效，连接管件断裂，紧固件损坏等，难以保证安全运行；

（4）发生火灾直接威胁到容器的安全运行；

（5）容器液位失去控制，采取措施仍不能得到有效控制；

（6）高压容器的信号孔或警告孔泄漏。

压力容器运行过程中出现异常现象，经判断需紧急停止运行时，操作人员应立即采取紧急措施：

（1）对关键性的压力容器和设备，为防止因突然停电而发生事故，应配置双电源与联锁自控装置。如因线路发生故障，生产车间全部停电时，要及时汇报和联系，查明停电原因，同时应重点检查压力容器及设备的温度、压力的变化，尽量保持物料畅通。某些设备的手动搅拌、紧急排空设施都应有专人看管。如发现因停电而造成冷却系统停机时，要及时将防热设备中的物料进行妥善处理，避免超温、超压事故。

（2）当发生局部停水或小范围内停水时，可根据生产工艺情况进行减量或维持生产；如大面积停水，则应立即停止生产进料，注意温度、压力变化。如压力超过正常值时，可采取放空降压措施。

（3）若需要进行加热的容器或管道突然发生停气，则容器或管道的温度会很快下降，一些在常温下呈固态而在操作温度下呈液态的物料，会因为温度下降而凝结，进而堵塞管道。对此应及时关闭物料连通的阀门，防止物料倒流至蒸汽系统。

（4）停风会使所有以气为动力的仪表、阀门都不能动作，故停风时应立即改为手动操作。某些充气防爆电器和仪表也处于不安全状态，必须加强厂房内通风换气，以防止可燃气体进入电器和仪表内部。

（5）对可燃物大量泄漏的处理。在生产过程中，当有可燃物大量泄漏时，首先应正确判断泄漏部位，及时报告领导和有关部门，迅速切断泄漏物料来源，在一定区域范围内严格禁止动火及其他火源产生。操作人员应坚守岗位，密切注视容器内物料的工艺变化。工艺控制如果达到了临界压力和临界温度的危险值时，应正确地进行停车处理。

（四）容器运行期间的检查

压力容器在运行过程中，压力、温度、介质腐蚀性等变化及操作人员的操作情况随时影响着容器的安全运行。容器专责操作人员在容器运行期间应经常对容器工作状况进行检查，以便及时发现操作中或设备上出现的不正常状态，采取相应的措施进行调整或消除，防止异常情况的扩大或延续，保证容器安全运行。容器工况检查的内容包括工艺条件、设备状况以及安全装置等方面。

操作人员在进行巡回检查时，应随身携带检查工具，如扳手，抹布及其他专用工具，沿着固定的检查路线和检查点，仔细观察阀门、机泵、管线及容器各部位，查看机泵运转是否正常，各个连接部位是否有跑、冒、滴、漏现象。巡回检查要定时、定点、定路线。所谓定时，就是要求每次巡回检查的间隔时间固定，每小时进行一次，或每两小时进行一次；定点是指巡回检查制度明确规定需要进行检查的固定点，如关键的设备、管线、机泵、阀门、容器、指示仪表以及曾经出现过故障的部位；定路线是按生产工艺流程或事故易发线路规定为巡回检查的路线。

为了落实和加强巡回检查，很多容器使用单位实行翻牌制度，即在巡回检查路线的某些地方（如固定检查点）设置监检牌。监检牌上标志巡回检查的时间，当巡检操作人员检查到每个挂牌处，就把牌子挂在或把指针拨到规定的相应时间上，以表明在规定的时间内已进行了巡回检查。

1. 工艺条件等方面的检查

主要检查操作条件，即检查操作压力、操作温度、液位（液化气体储罐等容器）是否在安全操作规程规定的范围内；检查工作介质的化学成分、物料配比、投量数量等，特别是那些影响容器安全（如产生腐蚀，使压力、温度升高等）的成分是否符合要求。

2. 设备状况方面的检查

主要检查压力容器各连接部位有无泄漏、渗漏现象；容器有无明显的变形、鼓包；容器有无腐蚀以及其他缺陷或可疑迹象；容器及其连接管道有无振动、磨损等现象；基础和支座是否松动，基础有无下沉不均匀现象，地脚螺栓有无腐蚀等。

3. 安全装置方面的检查

主要检查安全装置以及与安全有关的计量器具（如温度计、计量用的衡器及流量计等）是否保持完好状态。检查内容有：压力表的取压管有无泄漏或堵塞现象；弹簧式安全阀是否有锈蚀、被油污粘结等情况，杠杆式安全阀的重锤有无移动的迹象，以及冬季气温过低时，装置在室外露天的安全阀有无冻结的迹象等；安全装置和计量器具是否在规定的使用期限内，其精确度是否符合要求。

二、压力容器的维护、保养

压力容器的使用安全与其维护、保养工作密切相关。维护保养的目的在于提高设备的完好率，使容器能保持在完好状态下运行，提高使用效率、延长使用寿命。

（一）压力容器设备的完好标准

压力容器设备是否处于完好状态，主要从下列3个方面进行衡量。

1. 容器使用、管理符合国家现行规范的要求

（1）容器应符合安全技术规范要求。压力容器的设计、制造、安装、修理、改造均应是由国家许可的单位进行，技术资料齐全正确，并经监督检验。

（2）容器本身质量文件资料齐全完整。包括制造单位、安装单位提供的设计、制造、安装文件，有设计文件资料、制造质量证明书、使用安装说明书、安装质量证明书、监督检验证明书等。

（3）使用过程的记录文件齐全准确。包括定期检验、改造、维修证明，有自行检查记录、容器日常运行状态记录、日常维护保养记录、运行故障和事故记录等。

（4）已经在特种设备安全监督管理部门办理了使用登记，登记标志已经置于容器的显著位置。

（5）已经建立健全了容器安全管理制度、岗位责任制、工艺操作规程、岗位操作规程、事故应急措施和救援预案。

（6）容器及其安全附件已经定期检验并在检验有效期内工作。对于在用压力容器，安全状况等级应为1~3级，新购置安装的容器其安全状况等级应为1~2级。

2. 容器运行正常且效能良好

其具体标志为：

（1）容器的各项操作性能指标符合设计要求，能满足正常生产要求。

（2）使用中运转正常，易于平稳地控制各项参数。

（3）密封性能良好，无泄漏现象。

（4）带搅拌装置的容器，其搅拌装置运转正常，无异常的振动和杂音。

（5）带夹套的容器，加热或冷却其内部介质的功能良好。

（6）换热器无严重结垢。列管式换热器的胀口和焊口、板式换热器的板间、各种换热器的法兰连接处均能密封良好，无泄漏及渗漏。

3. 各种装备及附件完整且质量良好

一般包括以下几项内容：

（1）零部件、安全装置、附属装置、仪器、仪表完整，质量符合设计要求。

（2）容器本体整洁，油漆、保温层完整，无严重锈蚀和机械损伤。

（3）有衬里的容器，衬里完好，无渗漏及鼓包。

（4）阀门及各类可拆连接处无"跑、冒、滴、漏"现象。

（5）基础牢固，支座无严重锈蚀，外管道情况正常。

（6）各类技术资料齐全、准确，有完整的设备技术档案。

（7）容器所属安全装置、指示及控制装置齐全、灵敏、可靠，紧急放空设备齐全、畅通。安全附件定期进行了调校和更换。

（二）容器运行期间的维护和保养

只有加强容器日常维护、保养工作，才能使容器在稳定的完好状态下运行。容器运行期间的维护、保养工作主要包括以下几个方面的内容。

1. 保持完好的防腐层

介质对容器金属的腐蚀是有很大的危害的，但又是不可避免的，所以做好容器的防腐蚀工作是容器日常维护、保养的一项重要内容。常采用防腐层来防止介质对器壁的腐蚀，如涂漆、喷镀或电镀、衬里等。如果这些防腐层损坏，工作介质将直接接触器壁而产生腐蚀，所以必须使防腐涂层或衬里保持完好。这就要求容器在使用中注意以下几点：

（1）要经常检查防腐层有无自行脱落，检查衬里是否开裂或焊缝处是否有渗漏现象。发现防腐层损坏时，即使是局部的，也应该经过修补等妥善处理后才能继续使用。

（2）装入固体物料或安装内部附件时应注意避免刮落或碰坏防腐层。

（3）带搅拌器的容器应防止搅拌器叶片与器壁碰撞。

（4）内装填料的容器，填料环应分布均匀，防止流体介质运动的偏流磨损。

2. 消灭容器的"跑、冒、滴、漏"

"跑、冒、滴、漏"不仅浪费原料和能源，污染环境，恶化操作条件，还常常造成设备的腐蚀，严重时还会引起容器的破坏事故。因此，应经常检查容器的紧固件和密封状况，保持其完好，防止产生"跑、冒、滴、漏"。

3. 维护、保养好安全装置

应使安全装置始终保持灵敏、准确、使用可靠状态。应定期进行检查、试验和校正，发现不准确或不灵敏时，应及时检修和更换。容器上安全装置不得任意拆卸或封闭不用。没有按规定装设安全装置的容器不能使用。新购置的安全附件须经校验后方可安装使用。

4. 减少与消除压力容器的振动

容器在使用中，由于风载荷的冲击或机械振动的传递，有时会引起容器的振动，这对容器的抗疲劳性是不利的。因此，当发现容器存在较大振动时，应采取适当的措施，如割断震源、加强支撑装置等，以消除或减轻容器的振动。

（三）容器停用期间的维护、保养

对于长期停用或临时停用的压力容器，也应加强维护、保养工作。停用期间保养不善的容器甚至比正常使用的容器损坏得更快，有些容器恰恰是由于忽略了停用期间的维护而造成了日后的事故。停用容器的维护、保养措施主要有以下几条：

（1）停止运行尤其是长期停用的容器，一定要将其内部介质排除干净，特别是腐蚀性介质，要经过排放、置换、清洗、吹干等技术处理，要注意防止容器的"死角"内积存腐蚀性介质。经过技术处理的容器要采取密封措施，即应把容器所有开口进行隔断、密封。

（2）要经常保持容器的干燥和清洁。为防止大气腐蚀，要经常把散落在上面的灰尘、灰渣及其他污垢擦洗干净，并保持容器及周围环境的干燥。

（3）要保持容器外表面的防腐油漆等完整无损，发现油漆脱落或刮落时，要及时补涂。要注意保温层下和支座处的防腐。

（4）压力容器的安全附件及其安全装置应拆卸保养和封存。

第六章　压力容器检验与修理

第一节　在用压力容器的定期检验

做好在用压力容器的定期检验工作，是压力容器安全监察的一项重要制度，是确保压力容器安全使用的必要手段。

一、压力容器定期检验的目的

相对于机、泵等运转设备，压力容器是一种"静止"的特种设备，其工作条件具有以下特征：

（1）由于频繁的加压和卸载，或操作压力波动的幅度及频率较大，使压力容器在反复交变载荷作用下，在原材料存在缺陷或结构上产生集中的部位产生疲劳裂纹。

（2）由于工作介质对压力容器材料具有腐蚀性，使压力容器部件发生连续不断的腐蚀；或由于高速的介质气流的不断冲刷而使壁厚逐渐减薄；或由于晶间腐蚀、应力腐蚀等而致使材料性能发生变化。

（3）由于压力容器结构不良、材料选用不当或焊接质量低劣，在焊缝及其附近或其他局部应力过大的地区存在裂纹。这些裂纹在使用过程中发生扩展。

（4）由于压力容器承压部件设计厚度过小或压力容器操作使用不当，超载运行，因而产生较大的塑性变形。

（5）由于压力容器安装不当、压力容器本体或其支承附件振动，因而使压力容器磨损，壁厚减薄。

（6）由于压力容器零部件长期经受高温下的压力载荷，因而使材料发生蠕变，致使部件严重变形。

由于上述种种因素，对即使制造质量完全符合规范和标准的容器来说，经一段时间使用后，总会存在或出现某些隐患并危及安全。如果不能及早发现并采取一定的措施消除这些缺陷，任其发展扩大，必将在继续使用过程中发生容器断裂破坏，导致严重的爆炸事故。

实行定期检验制度，是及早发现缺陷、消除隐患、保证压力容器安全运行的一项有效措施。通过定期检验，能达到以下3个方面的目的：

（1）及时查清压力容器的安全状况，及时发现问题，及时修理和消除检验中发现的缺陷，或采取适当措施进行特殊监护，从而防止压力容器事故的发生，保证压力容器在检验周期内连续地安全运行。

（2）检查、验证压力容器设计的结构型式是否合理、制造、安装质量是否可靠以及缺陷扩展情况等。

（3）及时发现运行容器管理中的问题，以便改进管理和操作。

因此，为了防止事故的发生，确保压力容器安全经济运行，压力容器的使用单位，必须按照《条例》的要求，认真安排压力容器的定期检验工作。

二、定期检验的类别及周期

压力容器检验周期应根据容器的技术情况、使用条件和有关规定来确定。《压力容器安全技术监察规程》、《压力容器定期检验规则》将压力容器的检验分为年度检查和定期检验两种形式。定期检验又包括全面检验和耐压试验。其检验周期有如下具体规定。

（一）年度检查

年度检查是指为了确保压力容器在检验周期内的安全而实施的运行过程中的在线检查。每年至少一次。

固定式压力容器的年度检查可以由使用单位的压力容器专业人员进行，也可以由国家质检总局核准的检验机构持证的压力容器检验人员进行。

移动式压力容器的年度检查由国家质检总局核准的检验机构持证的压力容器检验人员进行。

（二）定期检验

压力容器的定期检验工作包括全面检验和耐压试验。

1. 全面检验

全面检验是指压力容器停机时的检验。全面检验应当由检验机构进行。其检验周期为：

（1）安全状况等级为1、2级的，一般每6年一次；

（2）安全状况等级为3级的，一般3～6年一次；

（3）安全状况等级为4级的，其检验周期由检验机构确定。

压力容器安全状况等级的评定按《压力容器定期检验规则》规定进行。

压力容器首次全面检验一般应当于投用满3年时进行。

应当适当缩短全面检验周期的压力容器有：

（1）介质对压力容器材料的腐蚀情况不明或者介质对材料的腐蚀速率每年大于0.25mm，以及设计者所确定的腐蚀数据与实际不符的；

（2）材料表面质量差或者内部有缺陷的；

（3）使用条件恶劣或者使用中发现应力腐蚀现象的；

（4）使用超过20年，经过技术鉴定或者由检验人员确认按正常检验周期不能保证安全使用的；

（5）停止使用时间超过2年的；

（6）改变使用介质并且可能造成腐蚀现象恶化的；

（7）设计图样注明无法进行耐压试验的；

（8）检验中对其他影响安全的因素有怀疑的；

（9）介质为液化石油气且有应力腐蚀现象的，每年或根据需要进行全面检验；

（10）采用"亚铵法"造纸工艺，且无防腐措施的蒸球根据需要每年至少进行一次全面检验；

（11）球形储罐（使用标准抗拉强度下限 $\sigma_b \geqslant 540$MPa 材料制造的，投用一年后应当开罐检验）；

（12）搪玻璃设备。

安全状况等级为1、2级的压力容器符合以下条件之一时，全面检验周期可以适当延长：

（1）非金属衬里层完好，其检验周期最长可以延长至9年；

（2）介质对材料腐蚀速率每年低于0.1mm（实测数据）、有可靠的耐腐蚀金属衬里（复合钢板）或者热喷涂金属（铝粉或者不锈钢粉）涂层，通过1～2次全面检验确认腐蚀轻微或者衬里完好的，其检验周期最长可以延长至12年；

（3）装有触媒的反应容器以及装有充填物的大型压力容器，其检验周期根据设计图样和实际使用情况由使用单位、设计单位和检验机构协商确定，报办理《使用登记证》的质量技术监督部门（以下简称发证机构）备案。

对安全状况等级为4、5级容器的规定：安全状况等级为4级的固定式压力容器，其累积监控使用的时间不得超过3年。在监控使用期间，应当对缺陷进行处理以提高其安全状况等级，否则不得继续使用。安全状况等级评定为4级或5级的移动式压力容器不得继续使用。

2. 耐压试验

耐压试验是指压力容器全面检验合格后，所进行的超过最高工作压力的液压试验或者气压试验。由检验机构进行或由使用单位进行、检验人员到场检查。每两次全面检验期间内，原则上应当进行一次耐压试验。

当全面检验、耐压试验和年度检查在同一年度进行时，应当依次进行全面检验、耐压试验和年度检查，其中全面检验已经进行的项目，年度检查时不再重复进行。

设计图样注明无法进行内外部检验或耐压试验的压力容器，由使用单位提出申请，地、市级安全监察机构审查同意后报省级安全监察机构备案。因情况特殊不能按期进行内外部检验或耐压试验的压力容器，由使用单位提出申请并经使用单位技术负责人批准，征得原设计单位和检验单位同意，报使用单位上级主管部门审批，向发放《压力容器使用证》的安全监察机构备案后，方可推迟或免除。对无法进行内外部检验和耐压试验或不能按期进行内外部检验和耐压试验的压力容器，均应制定可靠的监护和抢险措施，如因监护措施不落实而出现问题，应由使用单位负责。

有以下情况之一的压力容器，全面检验合格后必须进行耐压试验：
（1）用焊接方法更换受压元件的；
（2）受压元件焊补深度大于1/2壁厚的；
（3）改变使用条件，超过原设计参数并且经过强度校核合格的；
（4）需要更换衬里的（耐压试验应当于更换衬里前进行）；
（5）停止使用2年后重新复用的；
（6）从外单位移装或者本单位移装的；
（7）使用单位或者检验机构对压力容器的安全状况有怀疑的。

三、压力容器的年度检查

压力容器年度检查包括使用单位压力容器安全管理情况检查、压力容器本体及运行状况检查和压力容器安全附件检查等。

检查方法以宏观检查为主，必要时进行测厚、壁温检查和腐蚀介质含量测定、真空度测试等。

（一）年度检查前的准备工作

使用单位应当做好以下各项准备工作：
（1）压力容器外表面和环境的清理；
（2）根据现场检查的需要，做好现场照明、登高防护、局部拆除保温层等配合工作，必要时配备合格的防噪声、防尘、防有毒、有害气体等防护用品；
（3）准备好压力容器技术档案资料、运行记录、使用介质中有害杂质记录；
（4）准备好压力容器安全管理规章制度和安全操作规范以及操作人员的资格证；

(5)检查时,使用单位压力容器管理人员和相关人员到场配合,协助检查工作,及时提供检查人员需要的其他资料。

(二)压力容器安全管理情况检查

检查前检查人员应当首先全面了解被检压力容器的使用情况、管理情况,认真查阅压力容器技术档案资料和管理资料,做好有关记录。

压力容器安全管理情况检查的主要内容如下:

(1)压力容器的安全管理规章制度和安全操作规程,运行记录是否齐全、真实,查阅压力容器台账(或者账册)与实际是否相符;

(2)压力容器图样、使用登记证、产品质量证明书、使用说明书、监督检验证书、历年检验报告以及维修、改造资料等建档资料是否齐全并且符合要求;

(3)压力容器作业人员是否持证上岗;

(4)上次检验、检查报告中所提出的问题是否解决。

(三)压力容器本体及运行状况的检查

进行压力容器本体及运行状况检查时,除非检查人员认为必要,一般可以不拆保温层。

压力容器本体及运行状况的检查主要包括以下内容:

(1)压力容器的铭牌、漆色、标志及喷涂的使用证号码是否符合有关规定;

(2)压力容器的本体、接口(阀门、管路)部位、焊接接头等是否有裂纹、过热、变形、泄漏、损伤等;

(3)外表面有无腐蚀、有无异常结霜、结露等;

(4)保温层有无破损、脱落、潮湿、跑冷;

(5)检漏孔、信号孔有无漏液、漏气、检漏孔是否畅通;

(6)压力容器与相邻管道或者构件有无异常振动、响声或者相互摩擦;

(7)支承或者支座有无破损,基础有无下沉、倾斜、开裂,紧固螺栓是否齐全、完好;

(8)排放(疏水、排污)装置是否完好;

(9)运行期间是否有超压、超温、超重等现象;

(10)罐体有接地装置的,检查接地装置是否符合要求;

(11)安全状况等级为4级的压力容器的监控措施执行情况和有无异常情况;

(12)快开门式压力容器安全联锁装置是否符合要求。

(四)安全附件的检验

安全附件的检验包括对压力表、液位计、测温仪表、爆破片装置、安全阀的检查和校验。

1. 压力表

(1)压力表的年度检查,至少包括以下内容:

① 压力表的选型;

② 压力表的定期检修、维护制度,检定有效期及其封印;

③ 压力表外观、精度等级、量程、表盘直径;

④ 在压力表和压力容器之间装设三通旋塞或者针形阀的位置、开启标记及锁紧装置;

⑤ 同一系统上各压力表的读数是否一致。

(2)年度检查时,凡发现以下情况之一的,要求使用单位限期改正并且采取有效措施以确保改正期间的安全;如果逾期仍未改正的,应当暂停该压力容器的使用:

① 选型错误；
② 表盘封面玻璃破裂或者表盘刻度模糊不清；
③ 封印损坏或者超过检定有效期限；
④ 表内弹簧管泄漏或者压力表指针松动；
⑤ 指针扭曲断裂或者外壳腐蚀严重；
⑥ 三通旋塞或者针形阀开启标记不清或者锁紧装置损坏。

2. 液位计

(1) 液位计年度检查，至少包括以下内容：
① 液位计的定期检修、维护制度；
② 液位计外观及附件；
③ 寒冷地区室外使用或者盛装 0℃ 以下介质的液位计选型；
④ 用于盛装易燃、毒性程度为极度、高度危害介质的液化气体压力容器时，液位计的防止泄漏保护措施。

(2) 年度检查时，凡发现以下情况之一的，要求使用单位限期改正并且采取有效措施以确保改正期间的安全；如果逾期仍未改正的，应当暂停该压力容器的使用：
① 超过规定的检修期限；
② 玻璃板（管）有裂纹、破碎；
③ 阀件固死；
④ 出现假液位；
⑤ 液位计指示模糊不清；
⑥ 选型错误；
⑦ 防止泄漏的保护装置损坏。

3. 测温仪表

(1) 测温仪表的年度检查，至少包括以下内容：
① 测温仪表的定期检定和检修制度；
② 测温仪表的量程与其检测的温度范围的匹配情况；
③ 测温仪表及其二次仪表的外观。

(2) 年度检查时，凡发现以下情况之一的，要求使用单位限期改正并且采取有效措施以确保改正期间的安全；如果逾期仍未改正，则该压力容器暂停使用：
① 超过规定的检定、检修期限；
② 仪表及其防护装置破损；
③ 仪表量程选择错误。

4. 爆破片装置

(1) 爆破片装置的年度检查，至少包括以下内容：
① 检查爆破片是否超过产品说明书规定的使用期限；
② 检查爆破片的安装方向是否正确，核实铭牌上的爆破压力和温度是否符合运行要求；
③ 爆破片单独作泄压装置的，如图 6-1 所示，检查爆破片和容器间的截止阀是否处于全开状态，铅封是否完好；

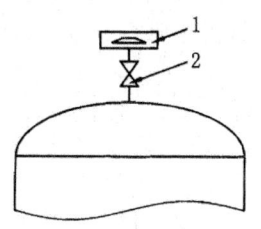

图6-1 爆破片单独使用
1—爆破片；2—截止阀

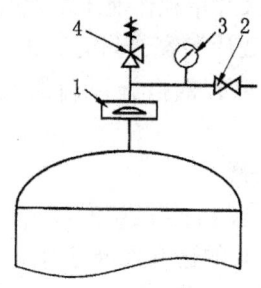

图6-2 安全阀与爆破片串联使用
（爆破片装在安全阀进口侧）
1—爆破片；2—截止阀；3—压力表；4—安全阀

④ 爆破片和安全阀串联使用，如果爆破片装在安全阀的进口侧，如图6-2所示，应当检查爆破片和安全阀之间装设的压力表有无压力显示，打开截止阀检查有无气体排出；

⑤ 爆破片和安全阀串联使用，如果爆破片装在安全阀的出口侧，如图6-3所示，应当检查爆破片和安全阀之间装设的压力表有无压力显示，如果有压力显示，应当打开截止阀，检查能否顺利疏水、排气；

⑥ 爆破片和安全阀并联使用，如图6-4所示，检查爆破片与容器间装设的截止阀是否处于全开状态，铅封是否完好。

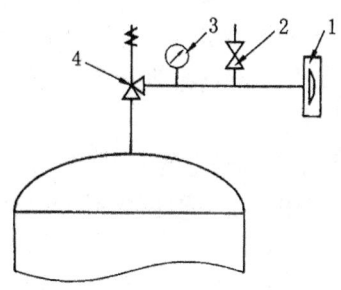

图6-3 安全阀与爆破片串联使用
（爆破片装在安全阀出口侧）
1—爆破片；2—截止阀；3—压力表；4—安全阀

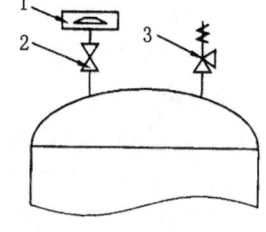

图6-4 安全阀、爆破片并联使用
1—爆破片；2—截止阀；3—安全阀

(2) 年度检查时，凡发现以下情况之一的，要求使用单位限期更换爆破片装置并且采取有效措施以确保更换期的安全；如果逾期仍未更换，则该压力容器暂停使用：

① 爆破片超过规定使用期限的；
② 爆破片安装方向错误的；
③ 爆破片装置标定的爆破压力、温度和运行要求不符的；
④ 使用中超过标定爆破压力而未爆破的；
⑤ 爆破片装在安全阀进口侧与安全阀串联使用时，爆破片和安全阀之间的压力表有压力显示或者截止阀打开后有气体漏出的；

⑥ 爆破片装置泄漏的。

（3）爆破片单独作泄压装置或者爆破片与安全阀并联使用的压力容器进行年度检查时，如果发现爆破片和容器间的截止阀未处于全开状态或者铅封损坏时，要求使用单位限期改正并且采取有效措施以确保改正期间的安全；如果逾期仍未改正，则该压力容器暂停使用。

5. 安全阀

（1）安全阀的年度检查，至少包括以下内容：

① 安全阀的选型是否正确。

② 校验有效期是否过期。

③ 对杠杆式安全阀，检查防止重锤自由移动和杠杆越出的装置是否完好；对弹簧式安全阀，检查调整螺钉的铅封装置是否完好；对静重式安全阀，检查防止重片飞脱的装置是否完好。

④ 如果安全阀和排放口之间装设了截止阀，检查截止阀是否处于全开位置及铅封是否完好。

⑤ 安全阀是否泄漏。

（2）年度检查时，凡发现以下情况之一的，要求使用单位限期改正并且采取有效措施以确保改正期间的安全；如果逾期仍未改正，则该压力容器暂停使用：

① 选型错误；

② 超过校验有效期；

③ 铅封损坏；

④ 安全阀泄漏。

（五）年度检查结论及报告

年度检查工作完成后，检查人员根据实际检查情况出具检查报告，做出下述结论。

1. 年度检查结论

（1）允许运行，是指年度检查未发现或者只有轻度且不影响安全的缺陷。

（2）监督运行，是指年度检查发现一般缺陷，经过使用单位采取措施后能保证安全运行，结论中应当注明监督运行需解决的问题及完成期限。

（3）暂停运行，仅指安全附件的问题逾期仍未解决的情况。问题解决并且经过确认后，允许恢复运行。

（4）停止运行，是指年度检查发现严重缺陷，不能保证压力容器安全运行的情况，应当停止运行或者由检验机构持证的压力容器检验人员做进一步检验。

年度检查一般不对压力容器安全状况等级进行评定，但如果发现严重问题，应当由检验机构持证的压力容器检验人员按本规则第五章的规定进行评定，适当降低压力容器安全状况等级。

2. 压力容器年度检查报告格式

1）《压力容器年度检查报告》基本报告

此基本报告主要由报告封面、压力容器年度检查结论报告、压力容器年度检查附页等3页组成，如图6-5所示，见表6-1、表6-3。若需要进行其他项目检验时，还可出具如壁厚测定报告、超声波检测报告、磁粉检测报告、渗透检验报告、安全附件检验报告等表面或外观检验项目的报告。

报告编号：

压力容器年度检查报告

使用单位：_____

容器名称：_____

单位内编号：_____

使用证号：_____

设备代码：_____

检验日期：_____

（印刷检查单位名称）

图6-5　压力容器年度检查报告封面

2)《压力容器年度检查报告》填写说明

（1）封面填写。

报告编号：检验单位出具的《压力容器年度检查检验报告》的统一编号。

使用单位：设备使用单位全称。

容器名称：图纸或质量证明书上的设备全称。

单位内编号：设备使用单位对本单位设备的编号。

使用证号：设备所在地安全监察机构发给的使用证编号。

设备代码：按设备编码规则由设备制造厂生成的设备惟一的21位标识码。由于目前此项工作还没有开展，可先使用设备所在地安全监察机构给予此设备注册的20位注册代码。

检验日期：受检设备检验结束或进行检验的日期。

（2）压力容器年度检查结论报告填写。

压力容器年度检查结论报告格式见表6－1。

表6－1 压力容器年度检查结论报告格式

压力容器年度检查结论报告

报告编号：

使用单位					
单位地址				单位代码	
管理人员		联系电话		邮政编码	
容器名称					
设备代码				容器品种	
使用证号		单位内编号		安全状况等级	
容器内径	mm	容器长（高）	mm	公称壁厚	mm
工作压力	MPa	工作温度	℃	工作介质	
主要检查依据：《压力容器定期检验规则》					
检查发现的缺陷位置、程度、性质及处理意见（必要时附图或附页）：					
检查结论	☐ 允许运行 ☐ 监督运行 ☐ 暂停运行 ☐ 停止运行		允许/监督运行参数	压力： MPa 温度： ℃ 介质： 其他：	
监督运行需解决的问题及完成期限（暂停/停止运行说明）：					
下次年度检查日期： 年 月 日				（检查单位检查专用章） 年 月 日	
检查：		日期：			
审批：		日期：			

报告编号：检验单位出具的《压力容器年度检查报告》的统一编号，同封面。
使用单位：同封面。
单位地址：设备使用单位所在地的详细地址。
单位代码：设备使用单位的组织机构代码。
管理人员：设备使用单位从事该设备使用管理的人员。
联系电话：管理人员的联系电话。
邮政编码：设备使用单位所在地的详细地址。
容器名称：同封面。
设备代码：同封面。
容器品种：按"国质检锅字〔2004〕31号"文件通知中的《特种设备目录》填写，如第二类中压容器、汽车罐车等，固定式压力容器的容器品种见表6-2。

表6-2 《特种设备目录》（摘录）

代 码	种 类	类 别	品 种
2000	压力容器	—	—
2100	—	固定式压力容器	—
2110	—	—	超高压容器
2120	—	—	高压容器
2130	—	—	第三类中压容器
2140	—	—	第三类低压容器
2150	—	—	第二类中压容器
2160	—	—	第二类低压容器
2170	—	—	第一类压力容器
2200	—	移动式压力容器	—
2300	—	气瓶	—
2400	—	氧舱	—

使用证号：同封面。
单位内编号：同封面。
安全状况等级：本设备有效检验期内的全面检验时被评定的安全状况等级。
容器内径：图纸上标注的容器主体公称内径。
容器高（长）：图纸上标注的容器主体高度或长度。
公称壁厚：图纸上标注的容器主体公称厚度。
工作压力：设备运行时的最高操作压力。
工作温度：设备运行时的最高操作温度。
工作介质：设备运行时其内部的全部或主要介质。
主要检验依据：填写检验本设备时主要参照的法规、规程和标准。
检查结论：根据检查发现问题的程度将对受检设备是否可继续运行给出结论，结论只能在允许运行、监督运行、暂停运行和停止运行中选择一个结论并注明相对应的运行参数。
下次年度检查日期：给出进行下次年度检查的具体日期。
检查：进行此设备检查的人员签名。
审批：对本报告进行审核、批准人的签名。年度检验报告应当有检查、审批两级签字，审批人为使用单位压力容器技术负责人或者检验机构授权的技术负责人。

(3) 压力容器年度检查报告附页填写。

压力容器年度检查报告附页格式见表6-3。

表6-3 压力容器年度检查报告附页格式

压力容器年度检查报告附页
报告编号：

		检查项目	检查结果	备注
容器管理	1	管理制度、操作规程、运行记录		
	2	出厂资料、检验报告资料		
	3	作业人员上岗持证情况		
	4	上次检验、检查报告中所提出的问题解决情况		
容器本体及运行情况	5	设备铭牌、漆色、标志、使用证号码		
	6	本体裂纹、过热、变形、泄漏、损伤情况		
	7	接口部位、焊接接头等裂纹、泄漏、损伤情况		
	8	外表面腐蚀、异常结霜、结露情况		
	9	保温层、隔热层、衬里状况		
	10	检漏孔、信号孔		
	11	容器与相邻管道、构件间异常振动、响声、摩擦		
	12	支承、支座、基础、紧固螺栓		
	13	遮阳罩、操作台紧固		
	14	罐体与底盘等连接		
	15	波板、罐内扶梯与罐体连接		
	16	罐车拉紧带、鞍座、中间支座		
	17	气、液相管及其他管路		
	18	疏水、排放、排污装置		
	19	设备运行稳定情况		
	20	罐体接地装置		
	21	安全状况等级为4级的压力容器的监控措施		
安全附件	22	安全阀		
	23	压力表		
	24	爆破片		
	25	测温仪表		
	26	液位计		
	27	快开门安全联锁装置		
	28	紧急切断装置		
其他	29	装卸软管、装卸阀门		

注：没有或未进行的检查项目在检查结果栏打"－"；无问题或合格的检查项目在检查结果栏打"√"；有问题或不合格的检查项目在检查结果栏打"×"，并在备注中说明。

单位内编号/设备代码：可选择其一输入相应编号，编号填写如前述。

报告编号：同封面。

报告中的"容器管理"、"容器本体运行情况"、"安全附件"和"其他"中的项目要求比较详细，无需做进一步的说明。检查过程中应逐项按要求进行检查，并按要求填写检查结果和在备注做相应说明。

（4）如果在年度检验中还需做其他检验，如壁厚测定、超声波检测、磁粉和渗透检测时，还可增加这些单项报告，作为本报告的附加内容。

四、压力容器的全面检验

（一）全面检验工作的一般程序

全面检验的一般程序包括检验前准备、全面检验、缺陷及问题的处理、检验结果汇总、结论和出具检验报告等常规要求，如图6-6所示。检验人员可以根据实际情况，确定检验项目，进行检验工作。

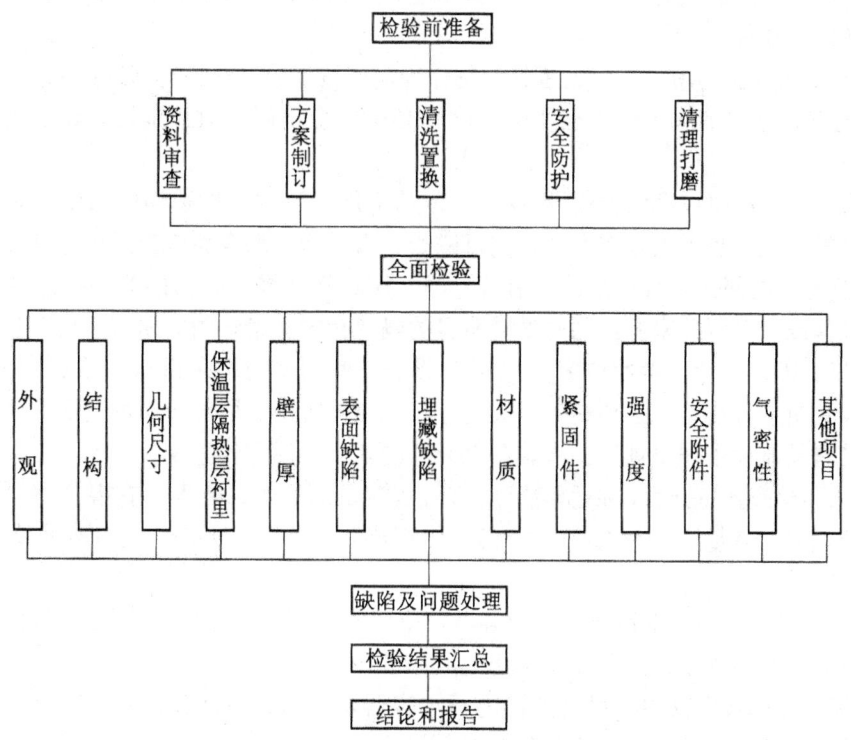

图6-6 全面检验的一般工作程序

（二）全面检验前的准备工作

压力容器全面检验前的准备工作包括使用单位的准备（资料的提供、容器的准备和安全设施的准备等）和检验单位的准备（包括检验前资料的审查、检验工艺的制订审批、检验设备仪器、仪表工具的准备等）。

1. 使用单位的准备工作

（1）检验前使用单位应向检验单位提供以下技术资料：

① 设计单位资格、设计、安装及使用说明书、设计图样、强度计算书等；

② 制造单位资格、制造日期、产品合格证、质量证明书（对于低温液体（绝热）压力容器，还包括封口真空度、真空夹层泄漏率检验结果、静态蒸发率指标等）、竣工图等；

③ 大型压力容器现场组装单位资格、安装日期、竣工验收文件；

④ 制造、安装监督检验证书、进口压力容器安全性能监督检验报告；

⑤ 使用等级证；

⑥ 运行周期内的年度检查报告；

⑦ 历次全面检验报告；

⑧ 运行记录、开、停车记录、操作条件变化情况以及运行中出现异常情况的记录等；

⑨ 有关维修或者改造的文件、重大改造、维修方案、告知文件、竣工资料、改造、维修监督检验证书等。

其中①至⑤项的资料在压力容器投用后首次检验时必须审查，在以后的检验中可以视需要查阅。

（2）检验现场应当具备的条件。全面检验前，使用单位做好有关的准备工作，检验前现场应当具备以下条件：

① 影响全面检验的附属部件或者其他物体，应当按检验要求进行清理或者拆除。

② 为检验而搭设的脚手架、轻便梯等设施必须安全牢固（对离地面 3m 以上的脚手架设置安全护栏）。

③ 需要进行检验的表面，特别是腐蚀部位和可能产生裂纹性缺陷的部位，必须彻底清理干净。母材表面应当露出金属本体，进行磁粉、渗透检测的表面应当露出金属光泽。

④ 被检容器内部介质必须排放、清理干净，用盲板从被检容器的第一道法兰处隔断所有液体、气体或者蒸汽的来源，同时设置明显的隔离标志。禁止用关闭阀门代替盲板隔断。

⑤ 盛装易燃、助燃、毒性或者窒息性介质的，使用单位必须进行置换、中和、消毒、清洗，取样分析，分析结果必须达到有关规范、标准的规定。取样分析的间隔时间，应当在使用单位的有关制度中作出规定。盛装易燃介质的，严禁用空气置换。

⑥ 人孔和检查孔打开后，必须清除所有可能滞留的易燃、有毒、有害气体。压力容器内部空间的气体含氧量应当在 18%～23%（体积比）之间。必要时，还应当配备通风、安全救护等设施。

⑦ 高温或者低温条件下运行的压力容器，应按照操作规程的要求缓慢地降温或者升温，使之达到可以进行检验工作的程度，防止造成伤害。

⑧ 能够转动的或者其中有可动部件的压力容器，应当锁住开关，固定牢靠。移动式压力容器检验时，应当采取措施防止其移动。

⑨ 切断与压力容器有关的电源，设置明显的安全标志。

⑩ 如果需现场射线检测时，应当隔离出透照区，设置警示标志。

（3）其他工作准备。

① 准备检验照明用电不超过 24V，引入容器内的电缆应当绝缘良好，接地可靠；

② 全面检验时，应当有专人监护，并且有可靠的联络措施；

③ 检验时，使用单位压力容器管理人员和相关人员到场配合，协助检验工作，负责安全监护。

2. 检验单位的准备

（1）检验单位应选派有检验资格的检验员、检验师承担压力容器的检验工作，并对检验结论负责。

（2）检验标准的准备。检验人员应熟练掌握国家安全技术法规和技术标准，熟悉所用检验检测设备的技术性能，并熟练操作检验检测设备。

（3）检验人员应详细审查使用单位提供的技术资料，充分了解设备在设计、制造、安装方面存在的缺陷，了解容器在使用过程中的运行参数、使用状况及存在的问题，熟悉容器在生产中的原理和作用，掌握容易产生新生缺陷的部位和检验重点，制订出切实可行的检验方案。

（4）准备齐全检验现场所用各种检验仪器、仪表及检测工具，检验用的设备和器具应当在有效的检定或者校准期内。在易燃、易爆场所进行检验时，应当采用防爆、防火花型设备、器具。准备好现场记录表格。

（5）检验人员认真执行使用单位有关动火、用电、高空作业、罐内作业、安全防护、安全监护等规定，确保检验工作安全。

（三）压力容器的全面检验

检验的具体项目包括宏观（外观、结构以及几何尺寸）、保温层和隔热层、衬里、壁厚、表面缺陷、埋藏缺陷、材质、紧固件、强度、安全附件、气密性以及其他必要的项目。

（1）检验的方法以宏观检查、壁厚测定、表面无损检测为主，必要时可以采用以下检验检测方法：超声检测、射线检测、硬度测定、金相检验、化学分析或者光谱分析、涡流检测、强度校核或者应力测定、气密性试验、声发射检测以及其他检验方法。

（2）宏观检查主要是对容器进行外观检查、结构检查、几何尺寸检查、保温层、隔热层、衬里的检查，检查容器是否满足安全使用的要求，并按规定评定安全状况等级。

（3）夹层上装有真空测试装置的低温液体（绝热）压力容器，对其夹层真空度进行测试；夹层上未装真空测试装置的低温液体（绝热）压力容器，要对容器日蒸发率变化情况进行检查，并进行容器日蒸发率测量。

（4）壁厚测定。测定部位应当有代表性，有足够的测定点数。测定后标图记录，对异常测厚点做详细记录。壁厚测定时，如果遇母材存在夹层缺陷，应当增加测定点或者用超声检测，查明夹层分布情况以及母材表面的倾斜度，同时做记录。

（5）表面无损检测。

① 首次进行全面检验的第三类压力容器、盛装介质有明显应力腐蚀倾向的压力容器、Cr－Mo 钢制压力容器、标准抗拉强度下限 $\sigma_b \geqslant 540$MPa 钢制压力容器，对容器内表面对接焊缝进行磁粉或者渗透检测，检测长度不少于每条对接焊缝长度的 20%。

② 对应力集中部位、变形部位、异种钢焊接部位、奥氏体不锈钢堆焊层、T 型焊接接头、其他有怀疑的焊接接头、补焊区、工卡具焊迹、电弧损伤处和易产生裂纹部位，应当重点检查。对焊接裂纹敏感的材料，注意检查可能发生的焊接裂纹。

③ 有晶间腐蚀倾向的，可以采用金相检验检查。

④ 铁磁性材料的表面无损检测优先选用磁粉检测。

⑤ 标准抗拉强度下限 $\sigma_b \geqslant 540$MPa 的钢制压力容器，耐压试验后应当进行表面无损检测抽查。

（6）埋藏缺陷检测。使用过程中补焊过的部位；检验时发现焊缝表面裂纹，认为需要进行焊缝埋藏缺陷检查的部位；错边量和棱角度超过制造标准要求的焊缝部位；使用中出现焊接接头泄漏的部位及其两端延长部位;承受交变载荷的设备的焊接接头和其他应力集中部位;有衬里或者因结构原因不能进行内表面检查的外表面焊接接头;用户要求或者检验人员认为有必要的部位。有上述情况之一的,应当进行射线检测或者超声检测抽查,必要时相互复验。

(7) 材质检查。查明主要受压元件材质的种类和牌号以及主要受压元件材质是否劣化。

(8) 对无法进行内部检查的压力容器,应当采用可靠检测技术(例如内窥镜、声发射、超声检测等)从外部检测内表面缺陷。

(9) 紧固件检查。对主螺栓应当逐个清洗,检查其损伤和裂纹情况,必要时进行无损检测。重点检查螺纹及过渡部位有无环向型裂纹。

(10) 强度校核。对于腐蚀深度超过腐蚀裕量、设计参数与实际情况不符、名义厚度不明、结构不合理(并且已发现严重缺陷)以及检验人员对强度有怀疑的容器,应当进行强度校核。

(11) 安全附件检查。包括压力表、安全阀、爆破片、紧急切断装置的检查。

(12) 气密性试验。介质毒性程度为极度、高度危害或者设计上不允许有微量泄漏的压力容器,必须进行气密性试验。气密性试验的试验压力、气密性试验的操作都应当符合有关规定。盛装易燃介质的压力容器,在气密性试验前,必须进行彻底的蒸汽清洗、置换,并且经取样分析合格,否则严禁用空气作为试验介质。对盛装易燃介质的压力容器,如果以氮气或者其他惰性气体进行气密性试验,试验后应当保留 0.05～0.1MPa 的余压,保持密封。

(13) 在进行压力容器全面检验时,应将安全装置和仪表拆下进行校检与调试。

(四) 耐压试验

全面检验合格后方允许进行耐压试验。

(1) 耐压试验前,压力容器各连接部位的紧固螺栓,必须装配齐全,紧固妥当。耐压试验场地应当有可靠的安全防护设施,并且经过使用单位技术负责人和安全部门检查认可。耐压试验过程中,检验人员与使用单位压力容器管理人员到试验现场进行检验。检验时不得进行无关的工作,无关人员不得在试验现场停留。

(2) 耐压试验时,至少采用两个量程相同的并且经过检定合格的压力表,压力表安装在容器顶部便于观察的部位。低压容器使用的压力表精度不低于 2.5 级,中压及高压容器使用的压力表精度不低于 1.5 级;压力表的量程应当为试验压力的 1.5～3.0 倍,表盘直径不小于 100mm。

(3) 耐压试验的压力应当符合设计图样要求,并且不小于式(6-1)计算值:

$$p_T = \eta p \frac{[\sigma]}{[\sigma]_t} \qquad (6-1)$$

式中　p——本次检验时核定的最高工作压力,MPa;

p_T——耐压试验压力,MPa;

η——耐压试验的压力系数,按表 6-4 选用;

$[\sigma]$——试验温度下材料的许用应力,MPa;

$[\sigma]_t$——设计温度下材料的许用应力,MPa。

表6-4 耐压试验的压力系数

压力容器型式	压力容器的材料	压力等级	耐压试验的压力系数 液(水)压	耐压试验的压力系数 气压
固定式	钢和有色金属	低压	1.25	1.15
固定式	钢和有色金属	中压	1.25	1.15
固定式	钢和有色金属	高压	1.25	1.15
固定式	铸铁	—	2.00	—
固定式	搪玻璃	—	1.25	—
移动式	—	中、低压	1.25	1.15

当压力容器各承压元件（圆筒、封头、接管、法兰及紧固件等）所用材料不同时，计算耐压试验压力取各元件材料 $[\sigma]/[\sigma]_t$ 比值中最小者。

(4) 耐压试验前，应当对压力容器进行应力校核，其环向薄膜应力值应当符合如下要求：

① 液压试验时，不得超过试验温度下材料屈服点的80%与焊接接头系数的乘积；

② 气压试验时，不得超过试验温度下材料屈服点的80%与焊接接头系数的乘积；

③ 校核应力时，所取的壁厚为实测壁厚最小值扣除腐蚀量，对液压试验所取的压力还应当计入液柱静压力。对壳程压力低于管程压力的列管式热交换器，可以不扣除腐蚀量。

(5) 耐压试验优先选择液压试验。

① 其试验介质应当符合如下要求：

a. 凡在试验时，不会导致发生危险的液体，在低于其沸点的温度下，都可以用作液压试验介质；

b. 一般采用水，当采用可燃性液体进行液压试验时，试验温度必须低于可燃性液体的闪点；

c. 试验场地附近不得有火源，并且配备适用的消防器材。

以水为介质进行液压试验，所用的水必须是洁净的。奥氏体不锈钢制压力容器用水进行液压试验时，控制水的氯离子含量不超过25mg/L。

液压试验时，碳素钢、16MnR、15MnNbR 和正火 15MnVR 钢制压力容器在液压试验时，液体温度不得低于5℃。其他低合金钢制压力容器，液体温度不得低于15℃。如果由于板厚等因素造成材料无延性转变温度升高，则需相应提高液体温度。其他材料压力容器液压试验温度按设计图样规定。铁素体钢制低温压力容器液压试验时，液体温度应当高于壳体材料和焊接接头夏比冲击试验规定温度中的高者与20℃之和。

② 液压试验的操作应当符合如下要求：

a. 压力容器中充满液体，滞留在压力容器中的气体必须排净，压力容器外表面应当保持干燥；

b. 当压力容器壁温与液体温度接近时，才能缓慢升压至规定的试验压力，保压 30min，然后降至规定试验压力的80%（移动式压力容器降至规定试验压力的67%）保压足够时间进行检查；

c. 检查期间压力应当保持不变，不得采用连续加压来维持试验压力不变，液压试验过程中不得带压紧固螺栓或者向受压元件施加外力；

d. 液压试验完毕后，使用单位按其规定进行试验用液体的处置以及对内表面的专门技术处理。

换热压力容器液压试验程序参照 GB 151—1999《管壳式换热器》的有关规定执行。

对内筒外表面仅部分被夹套覆盖的压力容器，分别进行内筒与夹套的液压试验；对内筒外表面大部分被夹套覆盖的压力容器，只进行夹套的液压试验。

③ 压力容器液压试验后符合以下条件为合格：

a. 无渗漏；

b. 无可见的变形；

c. 试验过程中无异常的响声；

d. 标准抗拉强度下限 $\sigma_b \geqslant 540$MPa 钢制压力容器，试验后经过表面无损检测未发现裂纹。

（6）压力容器气压试验应当符合的要求。

① 基本要求。

a. 由于结构或者支承原因，压力容器内不能充灌液体，以及运行条件不允许残留试验液体的压力容器，可以按设计图样规定采用气压试验；

b. 盛装易燃介质的压力容器，在气压试验前，必须采用蒸汽或者其他有效的手段进行彻底的清洗、置换并且取样分析合格，否则严禁用空气作为试验介质；

c. 试验所用气体为干燥洁净的空气、氮气或者其他惰性气体；

d. 碳素钢和低合金钢制压力容器的试验用气体温度不得低于15℃，其他材料制压力容器，其试验用气体温度应当符合设计图样规定；

e. 气压试验时，试验单位的安全部门进行现场监督。

② 气压试验的操作过程。

a. 缓慢升压至规定试验压力的10%，保压5～10min，对所有焊缝和连接部位进行初次检查。如果容器无泄漏，可以继续升压到规定试验压力的50%。

b. 如果无异常现象，其后按规定试验压力的10%逐级升压，直到试验压力，保压30min。然后降到规定试验压力的87%，保压足够时间进行检查，检查期间压力应当保持不变，不得采用连续加压来维持试验压力不变。气压试验过程中严禁带压紧固螺栓或者向受压元件施加外力。

③ 气压试验过程中，符合以下条件为合格：

a. 压力容器无异常响声；

b. 经过肥皂液或者其他检漏液检查无漏气；

c. 无可见的变形。

对盛装易燃介质的压力容器，如果以氮气或者其他惰性气体进行气压试验，试验后，应当保留0.05～0.1MPa的余压，保持密封。

（7）有色金属制压力容器的耐压试验，应当符合其标准规定或者设计图样的要求。

（五）安全状况等级评定及出具检验报告

全面检验工作完成后，检验人员根据实际检验情况，结合耐压试验结果，按《压力容器定期检验规则》的规定评定压力容器的安全状况等级，出具检验报告，给出允许运行的参数及下次全面检验的日期。

（六）压力容器安全状况等级的划分及含义

根据压力容器的安全状况，划分为5个等级，每个等级的代号和含义如下：

(1) ①——表示1级；

(2) ②——表示2级；

(3) ③——表示3级；

(4) ④——表示4级；

(5) ⑤——表示5级。

1. 1级标准

1级标准要求：压力容器出厂技术资料齐全；设计、制造质量符合有关法规和标准的要求，在法规规定的定期检验周期内，在设计条件下能安全使用。

2. 2级标准

(1) 2级标准要求新压力容器：出厂技术资料齐全；设计、制造质量基本符合有关法规和标准的要求，但存在某些不危及安全且难以纠正的缺陷，出厂时已取得设计单位、用户和用户所在地锅炉压力容器安全监察机构同意；在法规规定的定期检验周期内，在设计条件下能安全使用。

(2) 2级标准要求在用压力容器：出厂技术资料基本齐全；设计、制造质量基本符合有关法规和标准的要求；根据检验报告，存在某些不危及安全可不修复的一般性缺陷，在法规规定的定期检验周期内，在规定的操作条件下能安全使用。

3. 3级标准

3级标准要求：出厂技术资料不够齐全；主体材质、强度、结构基本符合有关法规和标准的要求；对于制造时存在的某些不符合法规或标准的问题或缺陷，根据检验报告，未发现由于使用而发展或扩大；焊接质量存在超标的体积性缺陷，经检验确定不需要修复；在使用过程中造成的腐蚀、磨损、损伤、变形等缺陷，其检验报告确定为能在规定的操作条件下，按法规规定的检验周期安全使用；对经安全评定的，其评定报告确定为能在规定的操作条件下，按法规规定的检验周期安全使用。

4. 4级标准

4级标准要求：出厂技术资料不全；主体材质不符合有关规定，或材质不明，或虽属选用正确，但已有老化倾向；强度经校核尚满足使用要求；主体结构有较严重的不符合有关法规和标准的缺陷，根据检验报告，未发现由于使用因素而发展或扩大；焊接质量存在线性缺陷；在使用过程中造成的腐蚀、磨损、损伤、变形等缺陷，其检验报告确定为不能在规定的操作条件下，按法规规定的检验周期安全使用；对经安全评定的，其评定报告确定为不能在规定的操作条件下，按法规规定的检验周期安全使用。必须采取有效措施，进行妥善处理，改善安全状况等级，否则只能在限定的条件下使用。

5. 5级标准

5级标准要求：缺陷严重，难于或无法修复，无修复价值或修复后仍难以保证安全使用的压力容器，应予以判废。

(1) 安全状况等级中所述缺陷，是指该压力容器最终存在的状态。如缺陷已消除，则以消除后的状态确定该压力容器的安全状况等级。

(2) 技术资料不全的，按有关规定补充后，并能在检验报告中作出结论的，则可按技术资料基本齐全对待。

(3) 安全状况等级中所述问题与缺陷,只要具备其中之一的,即可确定该压力容器的安全状况等级。

2001年国家质检总局《关于普查整治工作中在用锅炉压力容器检验治理工作的意见》质检锅函〔2002〕1号文重申:通过检验补充锅炉压力容器技术资料时,应进行内、外部检验,至少包括以下检验内容。

(1) 采用先进的方法,确定锅炉压力容器材质,难以确定的按较低级别材料校核其强度。

(2) 按所确定锅炉压力容器的材质和实测锅炉压力容器壁厚进行强度校核,应符合相关标准要求。

(3) 对锅炉压力容器进行100%的射线检测和内、外表面无损检测。对原制造时仅做20%射线检测的压力容器,如检测出仅有体积状缺陷,一般可放宽1级。但对于低温容器、材料$\sigma_b \geqslant 540$MPa的容器、盛装高度和极度危害介质的容器、盛装易燃、易爆介质的容器和其他危险性较大的压力容器,无损检测结果必须符合原制造标准要求。

(4) 按工作压力,由检验单位按相关标准要求确定耐压试验压力,并进行耐压试验。

(5) 检查安全附件,使用爆破片的,应予以更换;使用安全阀的,应由具备安全阀校验资格的单位,对安全阀重新校验和整定起跳压力。快开门压力容器安全联锁装置必须齐全有效。

上述通过检验补充资料的在用锅炉压力容器,应相应缩短定期检验周期,且使用年限不易超过1~2个检验周期,届时应予以更换。

对于无任何技术资料的在用锅炉压力容器,且不能确定其制造单位是否具备相应制造资格,或确定是由无制造许可证单位制造的,不得继续使用,应在监察机构或其授权单位监督下,进行强制解体报废。

第二节 在用压力容器的安装、修理及改造

压力容器是生产和生活中广泛使用的承压设备(如化工炼油厂生产中使用的承压设备、生活中常见的煤气液化罐等),这种承压设备具有爆炸危险性,会危及设备与人身生命安全。

压力容器的制造、安装、改造、维修等活动直接影响设备产品质量和安全性能,是保证其安全运行的基础,一些重大事故都是由于制造、安装、改造、维修质量不良导致的。

另一方面,压力容器在使用过程中会出现磨损、腐蚀、裂纹、变形等新的缺陷,这些缺陷不及时处理,会给压力容器的安全运行造成威胁,严重时会导致设备发生爆炸,造成人身伤亡事故,给人民的生命、国家和人民的财产带来极大损失和危害。如果对缺陷处理不当又会给压力容器带来新的事故隐患。

由于压力容器种类繁多,工作条件差别较大,因此,在安装、改造、修理压力容器时,要对安装、改造、修理质量的影响因素严格控制,以能保证压力容器的安装、改造、修理质量,确保安装、改造、修理后的压力容器的安全运行。为此,国家对压力容器的安装、改造、修理制定了相关法规,从各方面对压力容器的安装、改造、修理工作作了严格规定。

一、对安装、改造、维修单位条件及许可的要求

(一) 安装、改造、维修单位许可的要求

压力容器制造、安装、改造单位应当经国务院特种设备安全监督管理部门许可,方可从事相应的活动。维修单位应当经省级特种设备安全监督管理部门许可,方可从事相应的活动。

安装、改造、维修单位获得许可后可在全国范围内从事压力容器的安装、改造、维修工作。

安装单位必须具有独立承担法律责任的能力,即具有法人资格,持有工商行政管理等行政部门核发的营业执照,注册资金应与申请范围相适应;安装单位必须具有固定的办公场所和通讯地址。

(二) 安装单位人员的素质与数量至少应当满足的条件

(1) 法定代表人(或其授权代理人)应了解特种设备有关的法律、法规、规章、安全技术规范和标准,对承担安装的特种设备质量和安全技术性能负全责。授权代表人应有法定代表人的书面授权委托书,并应注明代理事项、权限和时限等内容。

(2) 应任命一名技术负责人,对本单位承担的特种设备安装质量进行技术把关。技术负责人应掌握特种设备有关的法律、法规、规章、安全技术规范和标准;技术负责人具有国家承认的工程师(电气或机械专业)以上职称,并不得在其他单位兼职。

(3) 应配备足够的现场质量管理人员,设立相应的现场质量管理机构,拥有一批满足申请作业需要的专业技术人员、质量检验人员和技术工人;技术工人中持相应作业类别特种设备操作人员资格证书的人员数量应达到相应要求。

(4) 法定代表人或授权代理人、技术负责人、质量检验人员和特种设备作业人员,应在负责批准安装许可的特种设备安全监督管理部门备案。

应拥有满足申请作业需要的设备、工具和检测仪器,如必备的起重运输和焊接设备、计量器具、检测仪器、试验设备等。计量器具和检测仪器设备必须具有产品合格证,并在法定计量检定有效期内。

安装过程中涉及的土建、起重、脚手架架设和安装安全防护设施等专项业务,可以委托给具备相应资格的单位承担。对安装单位审查时,仅考核相应委托活动的管理制度建立情况。

作业单位必须加强质量管理,结合本单位情况和申请安装设备的技术管理要求,建立质量保证体系,制定相关的管理制度,编制质量手册、质量保证体系程序和作业指导书等质量保证体系文件。

作业单位应具有所申请作业范围内的安装业绩;特种设备制造单位承担由本单位制造的设备安装时,在申请安装资格时,可不受上述业绩限制。

(三) 改造单位的条件

改造单位的条件与安装单位条件基本相同,但必须具备设备设计能力,并应有满足其改造作业需要的制造和试验的厂房与场地。

(四) 维修单位的条件

维修工作一般在设备使用现场进行,维修质量主要靠技术人员和检测设备保证。维修活动会影响压力容器的安全性能,所以不能随意进行。维修单位必须具备一定的条件,《条例》规定维修单位的条件是:有与特种设备维修相适应的专业技术人员和技术工人以及必要的检测手段。

二、对压力容器安装、改造、维修工作的一般要求

(1) 压力容器安装、改造、维修工作应由经特种设备安全监察机构许可的单位进行。从事压力容器安装、改造、维修工作的单位应当接受特种设备安全监督管理部门依法进行的特种设备安全监察。

(2) 压力容器的安装、改造、维修的施工单位应当在施工前将拟进行的特种设备安装、改造、维修情况书面告知直辖市或者设区的市的特种设备安全监督管理部门,告知后即可施工。告知书应采用国家质检总局统一样式(TSZS 003—2003),见表6-5。

TSZS 003—2003

表6-5 特种设备安装改造维修告知书

施工类别		主要施工项目	
设备种类		设备类别	
设备级别		设备品种（型式）	
设备名称		设备型号（参数）	
设备代码		单位内编号	
设备地点		制造编号	
设备制造单位			
组织机构代码		制造日期	
使用单位			
使用单位地址			
使用单位负责人		电话	
合同编号		合同签订日期	
施工单位			
许可证编号		许可证有效期	
施工单位法定代表人		组织机构代码	
施工现场负责人		电话	
现场技术负责人		移动电话	
施工机构地址			
土建工程施工单位			
工程设计单位			
工程计划施工日期	开始	工程总预算（万元）	土建
	竣工		设备

在此，我申明：所告知的内容真实；在施工过程中，严格执行《特种设备安全检察条例》及其相关规定，保证施工质量，接受监督管理和施工监督检验。

施工单位法定代表人：　　　（单位公章）　　　日期：

施工现场负责人：　　　日期：　　　现场技术负责人：　　　日期：

安全监察机构意见
接受告知书人员：　　　日期：　　　意见： 意见通知书编号：　　　发出意见书日期：

续表

分包单位		
施工项目	分包单位名称	组织机构代码

提交的文件资料		
序号	文件资料名称	篇幅或页数

现场管理、专业、作业人员情况				
作业项目	姓名	身份证编号	持证作业	
			类别（方法）	级别（项目）

国家质量监督检验检疫总局制

（3）用焊接方法对压力容器进行修理或改造前，修理单位应依据《容规》和 JB 4708—2000《钢制压力容器焊接工艺评定》标准的要求进行焊接工艺评定。评定使用范围应涵盖修理内容。

（4）焊接压力容器的焊工，必须按照《锅炉压力容器焊工考试规则》进行考试，取得焊工合格证后，才能在有效期内担任合格项目范围内的焊接工作。焊工应按焊接工艺指导书或焊接工艺卡施焊。

（5）压力容器的安装、改造、维修竣工后，安装、改造、维修的施工单位应当在验收后 30 日内将有关技术资料移交给使用单位。使用单位应当将其存入该压力容器的安全技术资料档案。

（6）压力容器的安装、改造、重大维修过程，必须经国务院特种设备安全监督管理部门核准的检验检测机构按照安全技术规范的要求进行监督检验；未经监督检验合格的压力容器不得交付使用。

（7）压力容器的安装、改造、维修单位，应当依照《条例》规定以及国务院特种设备安全监督管理部门制订并公布的安全技术规范（以下简称安全技术规范）的要求，进行生产活动。

压力容器的安装、改造、维修单位对其安装、改造、维修的压力容器的安全性能负责。

三、压力容器的修理

（一）压力容器修理、改造分类

特种设备的修理是指需要通过拆卸或者更新主要受力部件、结构和其他部件才能完成的修理业务的活动，也包括对受力部件、结构、机构或者控制系统进行修理的业务，但修理后特种设备的性能参数与技术指标不应变更。

在用压力容器修理分为重大修理、重大改造和一般性修理。

（1）压力容器的重大修理是指主要受压元件的更换、矫形、挖补和焊制压力容器的筒体纵向接头、筒节与筒节（封头）连接的环向接头以及封头的拼接接头的焊补。

（2）压力容器的重大改造是指改变主要受压元件的结构或改变压力容器运行参数、盛装介质或用途等。

（3）上述以外的修理为一般性修理。

（二）压力容器修理的一般原则

1. 在用压力容器的缺陷处理应符合"合乎使用"的原则

缺陷的修复处理不是要使容器恢复到现行（或原来）的设计、制造标准所要求的质量水平，因而不能完全套用制造标准，而应从实际出发，分析、总结事故规律，以安全可靠与经济合理为基点，对缺陷进行具体分析后决定处理修复方案。

在用压力容器缺陷处理的要求如下：

（1）主要受压元件材质不明或用材不当。

① 用材与原设计不符：如果材质清楚，强度校核合格，经过检验未查出新生缺陷（不包括正常的均匀腐蚀），检验员认为可以安全使用的可以继续使用；如果使用中产生缺陷，并且确认是用材不当所致，可以监控使用或判废处理。罐车和液化石油气储罐的主要受压元件材质为沸腾钢的，不得继续使用。

② 材质不明者：对于无特殊要求的容器，经检验未查出新生缺陷（不包括正常的均匀腐蚀）的，并按 Q235 钢进行强度校核合格的，在常温下工作的压力填料，可以继续使用

1~2个检验周期，届时应予以更换。移动式压力容器和液化石油气储罐，不准继续使用。

③ 用材不当者：如果材质清楚，强度校核合格，经过检验未查出新生缺陷（不包括正常的均匀腐蚀），检验员认为可以安全使用的可以继续使用1~2个检验周期，届时应予以更换；如果使用中产生缺陷，并且确认是用材不当所致，不准继续使用。罐车和液化石油气储罐的主要受压元件材质为沸腾钢的，不准继续使用。

④ 材质劣化：如果发现明显的应力腐蚀、晶间腐蚀、表面脱碳、渗碳、石墨化、蠕变、氢损伤等材质劣化倾向并且已产生不可修复的缺陷或者损伤时，根据材质劣化程度，可以监控使用或判废处理；如果缺陷可以修复并且确保在规定的操作条件下和检验周期内安全使用的，可以继续使用。

(2) 采用不合理结构的。

① 封头主要参数不符合制造标准，但经过检验未查出新生缺陷（不包括正常的均匀腐蚀），可以继续使用；如果有缺陷，可以根据缺陷性质作相应处理。

② 封头与筒体的连接，如果采用单面焊对接结构，并且存在未焊透时，罐车不准继续使用，其他压力容器，可以根据未焊透情况，并根据缺陷性质作相应处理；如果采用搭接结构，可以监控使用或判废处理。

不等厚度板（锻件）对接接头，未按规定进行削薄（或者堆焊）处理的，经过检验未查出新生缺陷（不包括正常的均匀腐蚀），可以继续使用，否则监控使用或判废处理。

③ 焊缝布置不当（包括采用"十"字焊缝），或者焊缝间距小于规定值，经过检验未查出新生缺陷（不包括正常的均匀腐蚀），可以继续使用；如果查出新生缺陷，并且确认是由于焊缝布置不当引起的，可以监控使用或判废处理。

④ 按规定应当采用全焊透结构的角接焊缝或者接管角焊缝而没有采用全焊透结构的主要受压元件，如果未查出新生缺陷（不包括正常的均匀腐蚀），可以继续使用，否则监控使用或判废处理。

⑤ 如果开孔位置不当，经过检验未查出新生缺陷（不包括正常的均匀腐蚀），对于一般压力容器，可以继续使用；对于有特殊要求的压力容器，视具体情况可以继续使用或监控使用，如果孔径超过规定，其计算和补强结构经过特殊考虑的，不影响使用，未作特殊考虑的，监控使用或判废处理。

(3) 对裂纹的处理。

容器内、外表面不允许有裂纹。如果有裂纹，应当打磨消除，打磨后形成的凹坑在允许范围内不需补焊的，不影响使用；否则，可以补焊或者进行应力分析，经过补焊合格或者应力分析结果表明不影响安全使用的，可以继续使用。

裂纹打磨后形成凹坑的深度如果在腐蚀余量范围内，则该坑允许存在。否则，将凹坑按其外接矩形规则化为长轴长度、短轴长度及深度分别为 $2A$（mm）、$2B$（mm）及 C（mm）的半椭球形凹坑，计算无量纲参数 G_0。如果 $G_0 < 0.10$，则该凹坑在允许范围内。

进行无量纲参数计算的凹坑应当满足如下条件：

① 凹坑表面光滑、过渡平缓，并且其周围无其他表面缺陷或者埋藏缺陷；

② 凹坑不靠近几何不连续区域或者存在尖锐棱角的区域；

③ 容器不承受外压或者疲劳载荷；

④ T/R 小于 0.18 的薄壁圆筒壳或者 T/R 小于 0.10 的薄壁球壳；

⑤ 材料满足压力容器设计规定，未发现劣化；

⑥ 凹坑深度 C 小于壁厚 T 的 1/3 并且小于 12mm，坑底最小厚度 $(T-C)$ 不小于 3mm；

⑦ 凹坑半长 $A \leqslant 1.4\sqrt{RT}$；

⑧ 凹坑半宽 B 不小于凹坑深度 C 的 3 倍。

凹坑缺陷无量纲参数 G_0 的计算公式如下：

$$G_0 = \frac{C}{T} \cdot \frac{A}{\sqrt{RT}} \tag{6-2}$$

式中　T——凹坑所在部位容器的壁厚（取实测壁厚减去至下次检验期的腐蚀量），mm；

　　　R——容器平均半径，mm。

（4）机械损伤、工卡具焊迹、电弧灼伤以及变形处理。

① 机械损伤、工卡具焊迹和电弧灼伤，打磨后按第四款的原则确定。

② 变形不处理不影响安全、不影响使用的，根据变形原因分析不能满足强度和安全要求的，应监控使用或判废处理。

（5）焊缝咬边的处理。

内表面焊缝咬边深度不超过 0.5mm、咬边连续长度不超过 100mm，并且焊缝两侧咬边总长度不超过该焊缝长度的 10％时；外表面焊缝咬边深度不超过 1.0mm、咬边连续长度不超过 100mm，并且焊缝两侧咬边总长度不超过该焊缝长度的 15％时，其评定如下：

① 对一般压力容器不影响使用，超过时应当予以修复；

② 对有特殊要求的压力容器或者罐车，检验时如果未查出新生缺陷（例如焊趾裂纹），可以继续使用，查出新生缺陷或者超过上述要求的，应当予以修复；

③ 低温压力容器不允许有焊缝咬边。

（6）有腐蚀的压力容器的处理。

① 分散的点腐蚀。如果同时符合以下条件，不影响使用：腐蚀深度不超过壁厚（扣除腐蚀余量）的 1/3；在任意 200mm 直径的范围内，点腐蚀的面积之和不超过 4500mm^2，或者沿任一直径点腐蚀长度之和不超过 50mm。

② 均匀腐蚀。如果按剩余壁厚（实测壁厚最小值减去至下次检验期的腐蚀量）强度校核合格的，不影响使用；经过补焊合格的，可以继续使用。

③ 局部腐蚀。腐蚀深度超过壁厚余量的，应当确定腐蚀坑形状和尺寸，并且充分考虑检验周期内腐蚀坑尺寸的变化，可以按凹坑进行无量纲参数 G_0 的计算后确定。

（7）错边量和棱角度超出相应的制造标准，根据以下具体情况进行处理。

① 错边量和棱角度尺寸在表 6-6 范围内，容器不承受疲劳载荷并且该部位不存在裂纹、未熔合、未焊透等严重缺陷的，可以继续使用或控制使用；

表 6-6　错边量和棱角度尺寸范围　　　　　　　　　　　　　　mm

对口处钢材厚度 t	错边量	棱角度
≤20	≤$t/3$，且≤5	≤$(t/10=3)$，且≤8
>20～50	≤$t/4$，且≤8	
>50	≤$t/6$，且≤20	
对所有厚度锻焊容器		≤$t/6$，且≤8

注：测量棱角度所用样板按相应制造标准的要求选取。

② 错边量和棱角度在表 6-6 范围内，但该部位伴有未熔合、未焊透等严重缺陷时，应当通过应力分析，确定能否继续使用。在规定的操作条件下和检验周期内，能安全使用的，应监控使用或降低条件使用。

（8）焊缝埋藏缺陷的处理。

制造标准允许的焊缝埋藏缺陷，不影响使用；超出制造标准的，按规定要求处理。

（9）容器夹层的处理。

容器材料有夹层的，如果与自由表面平行的夹层，不影响使用；与自由表面夹角小于 10°的夹层，可以继续使用；与自由表面夹角大于或者等于 10°的夹层，检验人员可以采用其他检测或者分析方法综合判定，确认夹层不影响容器使用的，可以继续使用，否则应修理后使用或降低条件使用或判废处理。

（10）鼓包的处理。

使用过程中产生的鼓包，应当查明原因，判断其稳定状况。如果能查清鼓包的起因并且确定其不再扩展，而且不影响压力容器安全使用的，可以继续使用；无法查清起因时，或者虽查明原因但仍会继续扩展的，应修理后使用或降低条件使用或判废处理。

（11）耐压试验不合格的处理。

属于容器本身原因，导致耐压试验不合格的，不允许继续使用。

2. 压力容器修理方案的制订

在用压力容器的一般修理应参照相应制造技术规范制订修理方案，修理方案应经修理单位技术负责人批准。对于在用压力容器的重大修理方案还应经原设计单位或具备相应资格的设计单位同意。

修理方案至少应包括：（1）修理方案的标准依据；（2）缺陷产生的原因分析；（3）缺陷的尺寸和位置；（4）施工工艺流程；（5）施工工艺质量检验方法；（6）修理后容器达到的性能指标及验收标准。

3. 压力容器修理的技术要求

（1）压力容器修理的技术要求应符合相关规程及压力容器制造技术标准的要求。

（2）采用焊接方法对压力容器进行修理或改造时，一般应采用挖补或更换，不应采用贴补或补焊方法，且应符合以下要求：

① 压力容器的挖补、更换筒节及焊后热处理等技术要求，应参照相应制造技术规范，制订施工方案及适合于使用的技术要求。焊接工艺应经焊接技术负责人批准。

② 缺陷清除后，一般均应进行表面无损检测，以确认缺陷已完全消除。完成焊接工作后，应再做无损检测，以确认修补部位符合质量要求。

③ 母材焊补的修补部位，必须磨平。焊接缺陷清除后的修补长度应满足要求。

④ 有热处理要求的，应在焊补后重新进行热处理。

⑤ 主要受压元件焊补深度大于 1/2 壁厚的压力容器，还应进行耐压试验。

（3）改变移动式压力容器的使用条件（介质、温度、压力、用途等）时，由使用单位提出申请，经省级或国家安全监察机构同意后，由具有资格的制造单位更换安全附件，重新涂漆和标志。经具有资格的检验单位进行内、外部检验并出具检验报告后，由使用单位重新办理使用证。

4. 修理用材料的要求

（1）采用挖补、更换筒节更换受压元件时，所用材料原则上与原设备材料相同。如确因特殊情况，需材料替代时，应经原设计单位或具备相应资格的设计单位同意。材料的技术要求应符合相应的国家标准、行业标准或技术条件的规定，并附有钢材生产单位的钢材质量证明书。修理单位应按质量证明书对钢材进行验收，必要时应进行复验。

（2）受压元件的矫形。对于仅需要矫形的受压元件，施工前应进行模拟试验，并进行必要的力学性能评定（如受压元件有耐蚀要求，还应进行耐腐蚀性评定），评定结果符合设备技术要求后，方可施工。

（3）采用挖补、更换筒节、补焊方法修理压力容器时，焊材应选择与制造时相同的材料。如因施工条件所限达不到制造条件需另选焊材时，应选择与制造时性能相近的焊材，并应遵循以下原则：

① 保证焊缝金属的使用性能。焊缝金属的使用性能包括力学性能（强度、韧性）、化学成分（主要是不锈钢和耐热钢）、抗腐蚀性（设备如有耐腐蚀性要求时）。

② 保证焊缝的抗裂性能。修理与制造有很大的区别，一般修理的在用压力容器经过一段时间的运行，设备本身的材料发生了一定的变化，修理时一定要考虑易产生裂纹的特点，在保证焊缝金属使用性能的前提下优先选用抗裂纹性好的焊接材料。

③ 良好的焊接工艺性能。焊接材料的焊接工艺性能包括：电弧稳定性、脱渣性（采用氩弧焊除外）、气孔敏感性、熔渣流动性、焊缝成形、飞溅等。

④ 修理部件的复杂程度及刚性大小。修理形状复杂、厚度大的部件在焊接过程中冷却速度快，焊接应力大，易产生冷裂纹，故应选用抗裂性能好、韧性好、塑性高、含氢量低的焊条（如低氢型、超低氢型、高韧性焊条等）。当修理部位需全位置修理且部件又不能翻转时，宜选用适用于全位置焊接的焊条。

⑤ 焊接条件。对于某些焊接部位确难以清理干净时，应尽量选用氧化性强、对水、锈、油等物不敏感的酸性焊条，以免产生气孔等缺陷。在密闭容器内进行焊接时，应尽可能选用酸性焊条（如钛型、钛钙型）或低尘、低毒的碱性焊条。在酸性焊条和碱性焊条都可满足要求时，应尽量选用酸性焊条。

按上述原则选用的焊条能否采用，还应按《钢制压力容器焊接工艺评定》JB 4708—2000 标准和被修理设备技术要求进行评定，合格后，方可采用。

承担修理在用压力容器的单位，应按国家相关焊接材料标准要求、焊材生产厂家提供的产品说明书、出厂合格证、质量保证书对所采购的焊接材料进行验收，必要时进行复验。焊接材料的烘干是保证修理质量和修理能否获得成功的重要因素之一。焊条按烘干工艺烘干后，放在 100℃±20℃ 的恒温箱内，焊工携带保温筒随用随领取，当天没用完的焊条，必须单独存放，再次使用前必须按烘干工艺重新烘干。重新烘干次数不宜超过两次。

（4）焊接环境。当焊接环境出现下列任一情况时，必须采取有效的防护措施，否则禁止施焊：

① 焊条电弧焊时，风速大于 10m/s；
② 气体保护焊时，风速大于 2m/s；
③ 相对湿度大于 90%；
④ 雨、雪环境；
⑤ 焊接环境温度低于 0℃ 时。

5. 修理质量控制

在用压力容器修理是一个复杂的工程，主要是涉及的部门较多，要经过缺陷产生原因分析、方案制订及报审批，材料采购、焊接、热处理、无损检测、试压等许多过程。要保证在用压力容器修理后的安全使用，必须加强全过程的质量检查管理，确保修理的在用压力容器达到质量标准。

（1）修理单位应严格按照质量控制体系要求控制现场施工程序及施工质量，认真搞好自查，必要时应进行阶段性工程质量确认和验收。

（2）由安全监察机构的检验单位进行修理质量监督检验。

6. 修理在用压力容器验收应提交的技术资料（报告）

修理在用压力容器完工后，交工资料（报告）是最终验收的依据，资料必须与施工同步，项目齐全、内容充实、记录完整、格式统一，并有有关部门的公章，责任人员签章。具体报告内容如下：

（1）修理方案；

（2）焊工资格证书；

（3）无损检测人员资格证书；

（4）焊接材料质量证明书；

（5）当需要更换受压元件时，还应提供其材料质量证明书；

（6）焊接工艺评定报告；

（7）焊接记录；

（8）热处理记录；

（9）外观检查记录；

（10）无损检测报告；

（11）压力试验报告。

第七章 压力容器的使用管理

第一节 压力容器安全监察

一、压力容器法规标准体系

我国建立的包括压力容器在内的特种设备法规标准体系由"法律—行政法规—部门规章—规范性文件—相关标准及技术规定"5个层次构成。

（一）特种设备法规标准体系

1. 法律

法律是由全国人民代表大会或省人民代表大会通过和批准的。

我国现行与特种设备有关的法律主要有：《中华人民共和国安全生产法》、《中华人民共和国劳动法》、《中华人民共和国产品质量法》、《中华人民共和国商品检验法》。

正在制定的《特种设备安全监察法》，将以《特种设备安全监察条例》为基础立法，其内容将涵盖锅炉、压力容器、压力管道、电梯、起重机械、客运索道、大型游乐设施等各类特种设备的设计、制造、销售、安装、使用、检验、维修、改造等各项活动。

2. 行政法规

包括国务院颁布的行政法规和国务院部委以令的形式颁布的与特种设备相关的部门行政规章。

《特种设备安全监察条例》（以下简称《条例》）已经于2003年3月11日以第373号国务院令公布，自2003年6月1日起施行。《条例》是一部全面规范锅炉、压力容器、压力管道、电梯、起重机械、客运索道、游乐设施等特种设备的生产（含设计、制造、安装、维修、改造）、使用、检验检测及其安全监察的专门法规。

2001年4月1日颁布施行的《国务院关于特大安全事故行政责任追究的规定》是与特种设备安全密切相关的另一部重要的行政法规。该行政法规明确规定了如发生特大安全事故，将追究行政首长的责任。压力容器和锅炉、压力管道等安全事故被作为7类特大安全事故之一列出。

3. 部门规章

部门规章是以国家质检总局局长令形式发布的办法、规定、规则。例如，《特种设备事故处理规定》、《锅炉压力容器制造监督管理办法》、《锅炉压力容器使用管理办法》、《气瓶安全监察规定》等。

4. 安全技术规范

安全技术规范是以总局领导签署或授权签署，以总局名义公布的技术规范和管理规范。管理规范类包括各种管理规则、核准规则、考核规则和程序等；技术类规范包括各种安全技术监察规程、检验规则、评定细则、考核大纲等。

5. 技术标准

技术标准是由行业或技术团体提出，经有关管理部门批准的技术文件，有国家标准、行业标准和企业标准之分。国家鼓励优先采用国际标准，国家标准又分为强制性标准和推荐性标准。根据我国《中华人民共和国标准化法》的规定，涉及安全卫生的领域必须实行国家强制性标准。目前我国的与压力容器有关的标准较多，涉及面很广，它包括基础标准、材料标准、设计标准、制造标准、产品标准、附件标准、检验标准、试验标准、安装标准、运行标准、管理标准等。企业标准应高于行业标准，更应高于国家标准。行业标准是对没有国家标准而又需要在全国某个行业范围内统一技术要求而制定的标准，在相应的国家标准实施后，行业标准即行废止。

（二）涉及压力容器安全管理的有关国家法律、法规及规程、标准

（1）《特种设备安全监察条例》。中华人民共和国国务院令第373号，2003年6月1日起施行。

（2）《压力容器安全技术监察规程》。质技监局锅发〔1999〕154号，2000年1月1日起正式实施。

（3）《锅炉压力容器、压力管道特种设备事故处理规定》。中华人民共和国国家质量监督检验检疫总局令第2号，2001年11月15日起施行。

（4）《锅炉压力容器使用登记管理办法》。国质检锅〔2003〕207号。

（5）《压力容器定期检验规则》。2004年9月23日起实施。

二、特种设备安全监察

特种设备安全监察是负责特种设备安全的政府行政机关为实现安全目的而从事的决策、组织、管理、控制和监督检查等活动的总和。

对特种设备实行安全监察是国务院赋予质检部门的职责和权力。国家质量监督检验检疫总局主要负责对特种设备安全监察的统一管理，制定相关规章政策。县级以上地方质量技术监督部门主要负责安全监察工作的具体实施，包括生产、使用过程中的审核、发证以及对违法行为的查处。

特种设备安全监察区别于工业主管部门、行业组织（总会、联合会）及大型企业的安全管理。安全监察活动是为了公众安全，从国家整体利益出发，以政府的名义并利用行政权力进行的，不受部门或行业的限制，行为比较超脱、客观。

我国安全生产监督管理实行的是综合监督管理与专项安全监察相结合的工作体制。国务院负责安全生产监督管理，对全国安全生产工作实施综合监督管理。负有安全生产监督管理职责的有关部门，如海事、煤矿、特种设备、道路交通、铁路、民航、消防等专项安全监察机构，负责相应的专项安全监察工作。

特种设备是涉及生命安全、危险性较大的设备和设施的总称。特种设备包括：锅炉、压力容器、压力管道、电梯、起重机械、客运索道、游乐设施、厂内机动车辆等。特种设备是生产和生活中广泛使用的具有潜在危险的设备，有的在高温、高压下工作，有的盛装易燃、易爆、有毒介质，有的在高空、高速下运行。特种设备因设备本身性能和外在因素的影响容易发生事故，一旦发生事故，会造成严重人身伤亡及重大财产损失。

特种设备生产、使用单位应当建立、健全特种设备安全管理制度和岗位安全负责制。特种设备生产、使用单位的主要负责人应当对本单位特种设备的安全全面负责。特种设备生产、使用单位和特种设备检验检测机构，应当接受特种设备安全监督管理部门依法进行的特种设备安全监察。

特种设备生产、使用单位主要负责人对本单位特种设备的安全全面负责，既赋予主要负责人在安全生产方面的法定指挥决策权，同时也规定了主要负责人在安全生产方面的法定

义务。

特种设备使用单位具有下列权利与义务：

（1）特种设备使用单位，应当严格执行《条例》和有关安全生产的法律、行政法规的规定，保证特种设备的安全使用。

（2）特种设备使用单位应当使用符合安全技术规范要求的特种设备。

（3）特种设备使用单位应当向直辖市或者设区的市的特种设备安全监督管理部门登记。

（4）特种设备使用单位应当建立特种设备安全技术档案。

（5）特种设备使用单位应当对在用特种设备进行经常性日常维护保养，并定期自行检查。

（6）特种设备使用单位应当按照安全技术规范的定期检验要求，对特种设备进行定期检验。未定期检验或者检验不合格的特种设备，不得继续使用。

（7）特种设备出现故障或者发生异常情况，使用单位应当对其进行全面检查，消除事故隐患后，方可重新投入使用。

（8）特种设备存在严重事故隐患，无改造、维修价值，或者超过安全技术规范规定使用年限，特种设备使用单位应当及时予以报废，并应当向原登记的特种设备安全监督管理部门办理注销。

（9）特种设备使用单位应当制定特种设备的事故应急措施和救援预案。

（10）特种设备作业人员（锅炉、压力容器、电梯、起重机械、客运索道、大型游乐设施）及其相关管理人员，应当按照国家有关规定经特种设备安全监督管理部门考核合格，取得国家统一格式的特种设备作业人员证书，方可从事相应的作业或者管理工作。

（11）特种设备使用单位应当对特种设备作业人员进行特种设备安全教育和培训，保证特种设备作业人员具备必要的特种设备安全作业知识。特种设备作业人员在作业中应当严格执行特种设备的操作规程和有关的安全规章制度。

（12）特种设备作业人员在作业过程中发现事故隐患或者其他不安全因素，应当立即向现场安全管理人员和单位有关负责人报告。

第二节　压力容器安全管理

一、使用压力容器单位的安全管理

为保证压力容器的安全和可靠运行，正确和合理地使用压力容器至关重要。使用单位技术负责人（主管厂长、经理或总工程师），应对压力容器的安全管理负责，并指定具有压力容器专业知识，熟悉国家相关法规标准的工程技术人员负责压力容器的安全管理工作。

安全管理工作主要包括：

（1）贯彻执行《特种设备安全监察条例》、《压力容器安全技术监察规程》和有关的压力容器安全技术规范、规章。

（2）制定压力容器的安全管理规章制度。

（3）参加压力容器订购、设备进厂、安装验收及试车。

（4）检查压力容器的运行、维修和安全附件校验情况。

（5）压力容器的检验、修理、改造和报废等技术审查。

（6）编制压力容器的年度定期检验计划，并负责组织实施。

(7) 向主管部门和当地安全监察机构报送当年压力容器数量和变动情况的统计报表、压力容器定期检验计划的实施情况、存在的主要问题及处理情况等。

(8) 压力容器事故的抢救、报告、协助调查和善后处理。

(9) 检验、焊接和操作人员的安全技术培训管理。

(10) 压力容器使用登记及技术资料的管理。

二、使用符合安全技术规范要求的压力容器

使用合格的特种设备是保证特种设备安全运行的最基本的条件。安全技术规范对特种设备的生产作出了科学、明确的规定。购买合格的特种设备，正确进行安装，在满足其条件情况下正常使用，不会发生事故。

压力容器出厂，必须按照有关部门规定，附有安全技术规范要求的设计文件、产品质量合格证明、安装及使用维修说明、监督检验证明等文件资料；设备在安装后，也附有相关的安装质量证明文件资料。这些文件资料的齐全、正确与否，说明了压力容器的生产质量是否得到有效控制，是生产单位对产品安全性能的保证。使用单位获得这些文件资料，一方面便于正确地使用压力容器，另一方面也是向当地特种设备安全监督管理部门办理使用登记的依据。因此，购买压力容器时和安装压力容器后必须及时索取并核对相关资料是否完整和符合规定要求。

符合安全技术规范要求的设计文件、产品质量合格证明、安装及使用维修说明、监督检验证明等文件资料包括的主要内容如下。

（一）设计文件

设计文件是指设计图纸、计算书和说明书等文件。

压力容器的设计文件，包括设计图样、技术条件、强度计算书，必要时还应包括设计或安装、使用说明书。

1. 对设计图样的要求

（1）压力容器的设计单位资格、设计类别和品种范围的划分应符合《压力容器设计单位资格管理与监督规则》的规定。设计单位应对设计质量负责。压力容器设计单位不准在外单位设计的图样上加盖压力容器设计资格印章（经压力容器设计单位批准机构指定的图样除外）。

（2）压力容器的设计总图（蓝图）上，必须加盖压力容器设计资格印章（复印章无效）。设计资格印章失效的图样和已加盖竣工图章的图样不得用于制造压力容器。

设计总图上应有设计、校核、审核（定）人员的签字。对于第三类中压反应容器和储存容器、高压容器和移动式压力容器，应有压力容器设计技术负责人的批准签字。

（3）压力容器的设计总图上，至少应注明下列内容：

① 压力容器名称、类别。

② 设计条件（包括温度、压力、介质（组分）、腐蚀裕量、焊缝系数、自然基础条件等）。对储存液化石油气的储罐应增加装量系数；对有应力腐蚀倾向的材料应注明腐蚀介质的限定含量；对有时效性的材料应考虑工作介质的相容性，还应注明压力容器使用年限。

③ 主要受压元件材料牌号及材料要求。

④ 主要特性参数（如压力容器容积、换热器换热面积与程数等）。

⑤ 制造要求。

⑥ 热处理要求。

⑦ 防腐蚀处理要求。
⑧ 无损检测要求。
⑨ 耐压试验和气密性试验要求。
⑩ 安全附件的规格和订购特殊要求。
⑪ 压力容器铭牌的位置。
⑫ 包装、运输、现场组焊和安装要求。
⑬ 下列情况下的特殊要求：

a. 夹套压力容器应分别注明壳体和夹套的试验压力、允许的内外差值以及试验步骤和试验的要求；

b. 装有触媒的反应容器和装有填充物的大型压力容器，应注明使用过程中定期检验的技术要求；

c. 由于结构原因不能进行内部检验的，应注明计算厚度、使用中定期检验和耐压试验的要求；

d. 对不能进行耐压试验和气密性试验的，应注明计算厚度和制造及使用的特殊要求，并应与使用单位协商提出推荐的使用年限和保证安全的措施；

e. 对有耐热衬里的反应容器，应注明防止受压元件超温的技术措施；

f. 为防止介质造成的腐蚀（应力腐蚀），应注明对介质纯净度的要求；

g. 亚铵法造纸蒸球应注明防腐技术要求；

h. 有色金属制压力容器制造、检验的特殊要求。

（4）压力容器的设计压力不得低于最高工作压力，装有安全泄放装置的压力容器，其设计压力不得低于安全阀的开启压力或爆破片的爆破压力。

（5）设计压力容器时，应有足够的腐蚀裕量。腐蚀裕量应根据预期的压力容器使用寿命和介质对材料的腐蚀速率确定，还应考虑介质流动时对压力容器或受压元件的冲蚀量和磨损量。在进行结构设计时，还应考虑局部腐蚀的影响，以满足压力容器安全运行要求。

为防止压力容器超寿命运行引发安全问题，设计单位一般应在设计图样上注明压力容器设计使用寿命。

2. 对计算书的要求

（1）对于移动式压力容器、高压容器、第三类中压反应容器和储存容器，设计单位应向使用单位提供强度计算书。

（2）按 JB 4732—95 设计时，设计单位应向使用单位提供应力分析报告。

（3）强度计算书的内容，至少应包括：设计条件、所用规范和标准、材料、腐蚀裕量、计算厚度、名义厚度、计算应力等。

（4）装设安全阀、爆破片装置的压力容器，设计单位应向使用单位提供压力容器安全泄放量、安全阀排量和爆破片泄放面积的计算书。无法计算时，应征求使用单位意见，协商选用安全泄放装置。

3. 对安装、使用说明书的要求

用户需要时，压力容器设计或制造单位还应向压力容器的使用单位提供安装、使用说明书。安装及使用说明是指指导安装单位和使用单位在安装、使用特种设备时应注意的事项，避免造成安装不当导致质量下降，或使用不当导致事故。这些内容在设计、制造时应予以考虑。

4. 对产品制造质量监督检验证书的要求

《特种设备安全监察条例》规定"锅炉、压力容器、压力管道元件、起重机械、大型游乐设施的制造过程和锅炉、压力容器、电梯、起重机械、客运索道、大型游乐设施的安装、改造、重大维修过程，必须经国务院特种设备安全监督管理部门核准的检验检测机构按照安全技术规范的要求进行监督检验；未经监督检验合格的不得出厂或者交付使用。"

监督检验是指在特种设备制造或安装过程中，在企业自检合格的基础上，由国家特种设备安全监督管理部门核准的检验机构对制造或安装单位进行的制造或安装过程进行的验证性检验，属于强制性的法定检验。监督检验的项目、合格标准、报告格式等应在安全技术规范中规定。

进行监督检验的对象是：锅炉、压力容器、压力管道元件、起重机械、大型游乐设施的制造过程和锅炉、压力容器、电梯、起重机械、客运索道、大型游乐设施的安装、改造、重大维修过程。

监督检验证明是指经过国务院特种设备安全监督管理部门核准的检验检测机构对制造过程监督检验后，对符合安全技术规范和标准的产品出具的监督检验证书。对不需要监督检验的，不需要提供监督检验证书。

监督检验的主要内容有以下几个方面：

（1）对制造、安装过程中涉及安全性能的项目确认核实，如材料、焊接工艺、焊工资格、力学性能、化学成分、无损探伤、水压试验、载荷试验、出厂编号和监检钢印等重要项目。

（2）对出厂技术资料进行确认。

（3）对受检单位质量管理体系运转情况进行抽查。

监督检验合格后，监督检验单位应按规定的期限出具监督检验报告，报告中应当包括上述3项内容和结论，同时对每台合格产品签发监督检验证书。

（二）产品质量合格证明及安装、改造、修理竣工资料

压力容器制造（含现场组装，下同）、安装、改造、修理单位应建立压力容器质量保证体系，编制压力容器质量保证手册，制定企业标准（包括管理制度、程序文件、作业指导书、通用工艺及特殊方法标准等），保证压力容器产品安全质量。

制造单位必须在压力容器明显的部位装设产品铭牌和注册名牌。

（1）压力容器出厂时，制造单位应向用户至少提供以下技术资料：

① 竣工图样。竣工图样上应有设计单位资格印章（复印件无效）。若制造中发生了材料代用、无损检测方法改变、加工尺寸变更等，制造单位应按照设计修改通知单的要求在竣工图样上直接标注。标注处应有修改人和审核人的签字及修改日期。竣工图样上应加盖竣工图章，竣工图章上应有制造单位名称、制造许可证编号和"竣工图"字样。

② 产品质量证明书及产品铭牌的拓印件。

③ 压力容器产品安全质量监督检验证书（未实施监检的产品除外）。

④ 移动式压力容器还应提供产品使用说明书（含安全附件使用说明书）、随车工具及安全附件清单、底盘使用说明书等。

⑤ 规程要求提供的强度计算书等。

⑥ 制造单位对原设计的修改，应取得原设计单位同意修改的书面文件，并对改动部位作详细记载。

压力容器受压元件（封头、锻件等）的制造单位，应按照受压元件产品质量证明书的有关内容，分别向压力容器制造单位和压力容器用户提供受压元件的质量证明书。

（2）现场组焊的压力容器竣工并经验收后，施工单位除按规定提供上述技术文件和资料外，还应将组焊和质量检验的技术资料提供给用户。现场组焊压力容器的质量应经当地经过国务院特种设备安全监督管理部门核准的检验检测机构监督检验合格。

（3）移动式压力容器必须在制造单位完成罐体、安全附件及底盘的总装（落成），并经压力试验和气密性试验及其他检验合格后方可出厂。

（4）压力容器安装、改造、修理竣工资料。包括告知书、合格证、安装改造修理质量证明书、有关安装改造修理部分的图样等。

（三）产品合格证明

产品合格证明是指含有材料、部件质量和产品重要性能指标的证明文件、检验数据的文件，以及产品竣工图纸。产品质量合格证明文件应由制造企业的质量负责人签署。

压力容器产品质量证明书应符合《压力容器安全技术监察规程》附件的要求；

受压元件产品质量证明书应符合《压力容器安全技术监察规程》附件的要求；

产品铭牌应符合《压力容器安全技术监察规程》附件的要求。

三、压力容器的技术档案管理

压力容器的使用单位，必须建立压力容器技术档案并由管理部门统一保管。

（一）技术档案的内容

（1）压力容器登记卡（见《锅炉压力容器使用登记管理办法》附件）。

（2）符合《压力容器安全技术监察规程》第33条规定的压力容器设计文件。

（3）符合《压力容器安全技术监察规程》第63条规定的压力容器制造、安装技术文件和资料。

（4）检验、检测记录以及有关检验的技术文件和资料。

（5）修理方案、实际修理情况记录以及有关技术文件和资料。

（6）压力容器技术改造的方案、图样、材料质量证明书、施工质量检验技术文件和资料。

（7）安全附件校验、修理和更换记录。

（8）有关事故的记录资料和处理报告。

（二）容器使用情况记录资料

容器投入使用后，应按时记录使用情况并存入容器技术档案内。使用情况记录包括运行情况记录和检验修理记录。

1. 容器运行情况记录

容器运行情况记录中主要记入容器开始使用日期、每次开车和停车时间；实际操作压力、操作温度及其波动范围和次数。操作条件变更时，应记下变更日期及变更后的实际操作条件。还应存入有关事故的记录资料和处理报告。

2. 容器检验和修理记录

容器检验和修理记录中主要记入检验或修理日期、内容；检验中所发现的缺陷及缺陷消除情况和检验结论；容器耐压试验情况及试验评定结论；容器受压元件的修理或更换情况等。

压力容器使用情况记录由容器专管人员定期或每次开、停车检验时如实填记。若容器调出原使用单位，应将容器技术档案，包括原始技术资料和使用情况记录资料，随同容器一并移交新使用单位。

（三）安全装置技术资料

这类资料主要包括安装技术说明书和安全装置的检验或更换记录资料。

1. 安全装置技术说明书

技术说明书中应有安全装置的名称、形式、规格、结构图、技术条件及装置的适用范围等信息。技术说明书由安全装置制造单位提供。

2. 安全装置检验或更换记录

内容包括装置检验校正日期、试验或调整结果、下次校验日期、更换日期和更换记录等。校验或更换资料由容器专管人员如实填写。

四、压力容器的安全管理制度

建立和完善压力容器安全使用管理的各项规章制度，并有效地执行和落实，是确保压力容器使用安全的基本条件。压力容器的使用单位应在容器管理和操作两方面制定相应的规章制度。

（一）容器管理责任制

容器使用单位除由主要技术负责人（厂长或总工程师）对容器的安全技术管理负责外，还应根据本单位所使用容器的具体情况，设专职或兼职人员，负责容器的安全技术管理工作。容器的专职负责人员应在技术总负责人的领导下认真履行职责，做好压力容器的管理工作。

（二）容器操作责任制

每台压力容器都应有专职的操作人员。压力容器专职操作人员应具有保证压力容器安全运行所必需的知识和技能，并经过技术考试合格，取得相应的上岗证件。压力容器操作人员应履行以下职责：

（1）按照安全操作规程的规定，正确操作使用压力容器。

（2）认真填写操作记录、生产工艺记录或运行记录。

（3）做好压力容器的维护保养工作（包括停用期间对容器的维护），使压力容器经常保持良好的技术状态。

（4）经常对压力容器的运行情况进行检查，发现操作条件不正常时及时进行调整，遇紧急情况应按规定采取紧急处理措施，并及时向上级报告。

（5）对任何有害压力容器安全运行的违章指挥，应拒绝执行。

（6）努力学习业务知识，不断提高操作技能。

（三）容器管理规章制度

容器管理规章制度一般应包括以下几项内容：

（1）压力容器使用登记制度。

（2）压力容器的定期检验制度。

（3）压力容器修理、改造、检验、报废的技术审查和报批制度。

（4）压力容器安装、改装、移装的竣工验收制度和停用保养制度。

（5）安全附件的校验、修理制度。

（6）容器的统计上报和技术档案的管理制度。

（7）容器操作、检验、焊接及管理人员的技术培训和考核制度。

(8）容器使用中出现紧急情况的处理规定。
(9）压力容器事故报告制度。
(10）接受压力容器安全监察部门监督检验的规定。

（四）容器安全操作规程

为了保证压力容器的正确使用，防止因盲目操作而发生事故，压力容器的使用单位应根据生产工艺要求和容器的技术性能制定容器安全操作规程。安全操作规程至少应包括以下内容：

(1）容器的操作工艺控制指标，包括最高工作压力、最高或最低工作温度、压力及温度波动幅度的控制值、介质成分特别是有腐蚀性的成分控制值等；
(2）压力容器的岗位操作法规，开、停车的操作程序和注意事项；
(3）容器运行中日常检查的部位和内容要求；
(4）容器运行中可能出现的异常现象的判断和处理方法以及防范措施；
(5）容器的防腐措施和停用时的维护保养方法。

第三节　压力容器的使用登记

使用压力容器的单位和个人（以下统称使用单位）应当按照《锅炉压力容器使用登记管理办法》的规定办理锅炉压力容器使用登记，领取《特种设备使用登记证》。未办理使用登记并领取使用登记证的锅炉压力容器不得擅自使用。压力容器使用登记证在压力容器定期检验合格期间内有效。

使用《压力容器安全技术监察规程》、《超高压容器安全技术监察规程》、《医用氧舱安全管理规定》适用范围内的固定式压力容器、移动式压力容器（铁路罐车、汽车罐车、罐式集装箱）和氧舱，应当到地级州、盟以及未设区的地级市等同于设区的市的质监部门办理压力容器使用登记。

锅炉房内的分汽（水）缸随锅炉一同办理使用登记，不单独领取使用登记证；锅炉房内的分汽（水）缸按下列要求办理使用登记证。

机器设备附属的且与机器设备为一体的压力容器，只需提交本节①、②项文件。

一、压力容器的使用登记

(1）每台压力容器在投入使用前或者投入使用后 30 日内，使用单位应当向所在地的登记机关申请办理使用登记，领取使用登记证。

使用单位使用租赁的锅炉压力容器，除移动式压力容器外，均由产权单位向使用地登记机关办理使用登记证，交使用单位随设备使用。

(2）使用单位申请办理使用登记应当按照下列规定，逐台向登记机关提交压力容器及其安全阀、爆破片和紧急切断阀等安全附件的有关文件：

① 安全技术规范要求的设计文件、产品质量合格证明、安装及使用维修说明、制造、安装过程监督检验证明；
② 进口压力容器安全性能监督检验报告；
③ 压力容器安装质量证明书；
④ 移动式压力容器车辆走行部分和承压附件的质量证明书或者产品质量合格证以及强制性产品认证证书；

⑤ 压力容器使用安全管理的有关规章制度。

(3) 使用单位申请办理使用登记，应当逐台填写《压力容器登记卡》(以下简称登记卡，见《锅炉压力容器使用登记管理办法》) 一式 2 份，交予登记机关。

(4) 登记机关接到使用单位提交的文件和填写的登记卡（以下统称登记文件），应当按照下列规定及时审核、办理使用登记：

① 能够当场审核的，应当当场审核。登记文件符合本办法规定的，当场办理使用登记证；不符合规定的，应当出具不予受理通知书，书面说明理由。

② 当场不能审核的，登记机关应当向使用单位出具登记文件受理凭证。使用单位按照通知时间凭登记文件受理凭证领取使用登记证或者不予受理通知书。

③ 对于一次申请登记数量在 10 台以下的，应当自受理文件之日起 5 个工作日内完成审核发证工作，或者书面说明不予登记理由；对于一次申请登记数量在 10 台以上 50 台以下的，应当自受理文件之日起 15 个工作日内完成审核发证工作，或者书面说明不予登记理由；一次申请登记数量超过 50 台的，应当自受理文件之日起 30 个工作日内完成审核发证工作，或者书面说明不予登记理由。

(5) 登记机关办理使用登记证，应当按照《锅炉压力容器注册代码和使用登记证号码编制规定》，编写注册代码和使用登记证号码。办理移动式压力容器使用登记证，同时核发记录出厂信息和使用登记信息的"移动式压力容器 IC 卡"。

(6) 登记机关向使用单位发证时，应当退还提交的文件和一份填写的登记卡。

(7) 使用单位应当建立安全技术档案，将使用登记证、登记文件妥善保存。

(8) 使用单位应当将使用登记证悬挂固定在压力容器本体上（无法悬挂或者固定的除外），并在压力容器的明显部位喷涂使用登记证号码。

(9) 使用单位使用无制造许可证单位制造的锅炉压力容器的，登记机关不得给予登记。

二、压力容器的变更登记

压力容器安全状况发生变化、长期停用、移装或者过户的，使用单位应当向登记机关申请变更登记。

(1) 压力容器安全状况发生下列变化的，使用单位应当在变化后 30 日内持有关文件向登记机关申请变更登记：

① 压力容器经过重大修理改造或者压力容器改变用途、介质的，应当提交锅炉压力容器的技术档案资料、修理改造图纸和重大修理改造监督检验报告；

② 压力容器安全状况等级发生变化的，应当提交压力容器登记卡、压力容器的技术档案资料和定期检验报告。

(2) 压力容器拟停用一年以上的，使用单位应当封存压力容器，在封存后 30 日内向登记机关申请报停，并将使用登记证交回登记机关保存。重新启用应当经过定期检验，经检验合格的持定期检验报告向登记机关申请启用，领取使用登记证。

(3) 在登记机关行政区域内移装压力容器的，使用单位应当在移装完成后投入使用前向登记机关提交压力容器登记文件和移装后的安装监督检验报告，申请变更登记。

(4) 移装地跨原登记机关行政区域的，使用单位应当持原使用登记证和登记卡向原登记机关申请办理注销。原登记机关应当在登记卡上做注销标记，并向使用单位签发《锅炉压力容器过户或者异地移装证明》(见《锅炉压力容器使用登记管理办法》)。

移装完成后，使用单位应当在投入使用前或者投入使用后 30 日内持《锅炉压力容器过户或者异地移装证明》、标有注销标记的登记卡、压力容器登记文件以及移装后的安装监督检验报告，向移装地登记机关申请变更登记，领取新的使用登记证。

（5）压力容器需要过户的，原使用单位应当持使用登记证、登记卡和有效期内的定期检验报告到原登记机关办理使用登记证注销手续。

原登记机关应当注销使用登记证，并在登记卡上做注销标记，向原使用单位签发《锅炉压力容器过户或者异地移装证明》。

原使用单位应当将《锅炉压力容器过户或者异地移装证明》、标有注销标志的登记卡、历次定期检验报告以及登记文件全部移交锅炉压力容器新使用单位。

压力容器只过户不移装的，新使用单位应当在投入使用前或者投入使用后 30 日内持全部移交文件向原登记机关申请变更登记，领取使用登记证。

原使用单位办理使用登记证注销和新使用单位办理变更登记可以同时在登记机关进行。

（6）锅炉压力容器过户并在原登记机关行政区域内移装的，新使用单位应当在投入使用前或者投入使用后 30 日内持全部移交文件和移装后的安装监督检验报告向原登记机关申请变更登记，领取使用登记证。

（7）压力容器过户并跨原登记机关行政区域移装的，新使用单位应当在投入使用前或者投入使用后 30 日内持全部移交文件和移装后的安装监督检验报告向移装地登记机关申请变更登记，领取使用登记证。

（8）使用锅炉压力容器有下列情形之一的，不得申请变更登记：

① 在原使用地未办理使用登记的；
② 在原使用地未进行定期检验或定期检验结论为停止运行的；
③ 在原使用地已经报废的；
④ 擅自变更使用条件、进行过非法修理改造的；
⑤ 无技术资料和铭牌的；
⑥ 存在事故隐患的；
⑦ 安全状况等级为 4、5 级的压力容器或者使用时间超过 20 年的压力容器。

（9）变更登记，原有的注册代码保持不变。

（10）压力容器报废时，使用单位应当将使用登记证交回登记机关，予以注销。

第八章　压力容器事故

第一节　压力容器常见事故的原因及常见缺陷

压力容器发生事故时，往往不仅是容器本身遭到破坏，而且还会危及周围设施和职工的生命与健康，因此，我们必须从各方面采取积极可靠的措施来保证其安全运行，防止事故的发生。预防压力容器事故很重要的一条，就是对已发生的事故应进行认真的分析研究，找出确切的事故原因，总结经验、吸取教训，从中掌握容器事故规律，才能采取切实有效的预防措施。

压力容器发生事故的原因往往是多方面的，常因多种不安全因素的汇集才促使事故萌发。对事故进行技术分析就是要找出这些不安全因素的相互关系和影响，从不同的角度提出预防事故的措施。

一、压力容器运行中常见事故的原因

近年来，在压力容器所发生的事故中，除少数是因为结构设计不合理、用材不当、制造质量低劣以外，大部分事故均是由于使用管理不善、劳动纪律松弛、违章操作、未进行定期检验和操作人员技术水平低等原因造成的。因此，正确合理地操作和使用压力容器是每一个操作人员应尽的职责。

（1）容器本体质量差。①设计结构不合理，用材不当，制造质量差，容器本身存在先天性缺陷。②未开展定期检验，年久失修，容器器壁被腐蚀，强度不够。

（2）容器内部的压力过高。由于填装介质过量，容器受热（如日光暴晒、火灾等）致使容器内物质发生聚合、分解等剧烈化学反应等，都会引起容器内压升高。

（3）容器内形成爆炸性混合气体。主要是由于混合充气、系统混料或由于系统压力发生变化、可燃性气体和助燃气体混合而引起的。例如水电解槽发生故障时氧气和氢气的混合；在容器中残留的氧气、空气、氯气等助燃介质，又充入了可燃性气体；在可燃性气体中充入了氧气等助燃气体；在混有机液体的容器中充入了氧气、氯气等。

（4）容器由于附件泄漏，引起着火、爆炸事故。①容器的阀门从主体脱落（这类事故很多，例如容器间门的拆卸作业，间门螺丝结构不健全；容器阀门被冲击，容器受到强力冲击等）。②容器阀门漏气（例如容器的阀门螺丝被腐蚀；有机物吸附在氧气、氯气等间门上，使容器阀门受烧损等）。③安全泄压装置动作（由于容器内部压力或温度异常上升所引起的，有时也可能由于安全装置质量不好，以致在正常使用中自行动作，使容器内物料喷出而引起事故）。④容器上的压力表、温度计、液位计等破损，造成物料泄损引起事故。

（5）操作工缺乏基本知识，违章操作；领导盲目指挥，任意改变生产工艺。

二、压力容器的常见缺陷

压力容器常见缺陷包括腐蚀、裂纹、变形 3 种。

（一）腐蚀

这是用于石油、化工、化肥等行业的压力容器在使用过程中最易产生的一种缺陷，它是由于金属与所接触的介质产生化学或电化学反应所致。就腐蚀的破坏形态而言，常见的有均

匀腐蚀、坑蚀（或片蚀）、点蚀、应力腐蚀、晶间腐蚀、腐蚀疲劳和氢损伤。但不论是何种形式的腐蚀，严重时都会导致容器的失效或破坏。

1. 均匀腐蚀

在金属暴露的表面上，产生程度基本相同的化学腐蚀或电化学腐蚀称为均匀腐蚀。遭到均匀腐蚀的容器是以壁厚逐渐均匀减薄最后遭致破坏为特征。均匀腐蚀并不是威胁很大的腐蚀形态，因为容器的使用寿命可以从腐蚀试验求得腐蚀速率后经计算确定的，设计时可考虑足够的腐蚀裕度。但要注意的是，使用中腐蚀速率往往由于环境因素（如温度、腐蚀介质浓度等）的变化而变化。因此需适时地、周期性地进行壁厚测量，以免发生意外的腐蚀事故。

2. 坑蚀

顾名思义，坑蚀是一种局部的化学腐蚀或电化学腐蚀，在金属表面形成麻坑（坑的深度一般小于坑的"直径"）。其危害不仅与坑深有关，也与坑的数量（面积）有关，一般比均匀腐蚀大。蚀坑深度很难用超声波测厚仪测量，除非将它磨平。一般，可用深度尺等测定其深度。

3. 缝隙腐蚀

暴露于电解质溶液中的金属表面，在其缝隙和其他隐蔽区域被渗入并集聚浓缩常发生局部腐蚀。像不锈钢等易产生缝隙腐蚀。

4. 点蚀

点蚀是指仅在金属表面的某些部位形成小的且深度大于直径的蚀孔。一般，点蚀易产生于静止的介质中，且沿重力方向发展，所以是破坏性最大的腐蚀形态之一，经常在突然间导致事故。同时，点蚀常伴同应力腐蚀的发生。

5. 晶间腐蚀

Cr–Ni 不锈钢处于一定温度（400～850℃）时，由于在晶界形成 $Cr_{23}C_8$ 而使晶界贫铬。如果铬含量降到纯化所需的极限（12%）以下，贫铬区就处于活化状态，此时晶界（由于晶格内存在电位差构成原电池，晶界是阳极，晶粒是阴极）便产生腐蚀。晶间腐蚀使材料的机械性能显著下降（仍保持原有的金属光泽）。腐蚀严重时只须轻敲就会成碎块，极易造成容器突然破坏，危害很大。

6. 应力腐蚀

应力腐蚀是特定的材料在特定的腐蚀介质和静拉应力作用下发生的以裂纹形式出现的极危险的腐蚀形态。它往往在没有先兆的情况下，发生局部腐蚀，裂纹一旦出现，其扩展速度比其他局部腐蚀快得多。它是压力容器低应力破坏的主要原因之一。应力腐蚀时，裂纹有穿晶的、沿晶的和穿晶—沿晶混合型的。在压力容器中能产生应力腐蚀的条件很多，例如液氨对碳钢及低合金钢的应力腐蚀、硫化氢对钢制容器的应力腐蚀、热碱溶液对钢制容器的应力腐蚀、氧化物对不锈钢容器的应力腐蚀等。

7. 氢损伤

氢损伤包括氢脆和氢浸蚀。在盛装氢介质或酸洗过的容器，由于氢原子半径最小，容易渗入金属晶格造成晶格畸变，导致结合力降低使金属变脆——氢脆。氢浸蚀则表现为材料表面或内部脱碳，或产生氢鼓包。无论是氢脆还是氢浸蚀，都使材料机械性能急剧降低，可能造成突发性事故。

（二）裂纹

裂纹是压力容器中最危险的一种缺陷，是导致容器发生脆性破坏的主要因素。同时，它还加速容器的疲劳破裂和腐蚀断裂。据某些事故资料统计，由于裂纹造成的事故占事故总数的 80%以上。压力容器中的裂纹包括腐蚀裂纹及疲劳裂纹。

1. 腐蚀裂纹

腐蚀裂纹是腐蚀介质在一定的操作压力、温度下对材料产生腐蚀而逐渐形成的一种裂纹，这种裂纹往往与应力有关。应力与腐蚀相互促进：腐蚀在材料表面形成缺口或使原有的缺口扩大而产生应力集中，或者削弱金属的晶间结合力；应力则加速腐蚀的进展，使表面缺口向纵深处扩展。腐蚀裂纹的产生必须具备一定的条件（介质、温度、压力），而且也只能在某一类材料而不是所有的材料中都能产生。

2. 疲劳裂纹

疲劳裂纹是因为容器的结构不合理或材料存在缺陷，造成局部应力过高，因而在容器经过多次的加压和卸压（或压力过分波动）之后而产生的裂纹。这种裂纹由产生到扩展以至断裂，一般都需要经过许多次的反复变载。所以，对于一些开停频繁（或压力频繁大幅度波动）的容器，在定期检查中常常可以发现这种裂纹。

（三）变形

变形是指容器经使用后，整体或局部地方发生几何形状的改变。容器的变形一般可以表现为局部凹陷、鼓包、整体膨胀和整体扁瘪等几种形式。

1. 局部凹陷

局部凹陷是容器壳体或封头的局部区域受到外力的撞击、顶压而发生的表面凹坑。一般发生在壁厚较薄的容器上。凹陷一般不引起容器壁厚的改变，只是使某一局部表面失去原有的几何形状。

2. 鼓包

鼓包常常是由于容器的某一部分承压面发生了严重的腐蚀，壁厚显著减薄，在内压作用下发生向外凸变。个别情况下也可因容器的局部温度过高，以致材料的机械性能降低而产生局部鼓包。鼓包变形将使容器该处的壁厚进一步减薄。

3. 整体膨胀

整体膨胀是由于容器设计壁厚不够或超压运行，以致整台容器或某些截面产生屈服变形而造成。长期在高温下工作的压力容器，如果材料选用不当或应力过高，缓慢地也会因材料的蠕变而使容器整体膨胀变形，只有在特殊的监测下才能发现。

4. 整体扁瘪

整体扁瘪是因为承受外压容器壁厚太薄，在外压作用下失去稳定性而改变了原来的形状。扁瘪变形一般都是以有规则的波浪形式向内凹瘪，波形数可以是好多个。因此，变形后的圆筒形壳体可以成为扁椭圆形或梅花形等形状。

第二节　压力容器破坏

欲保证压力容器安全运行，首要的是应防止其运行中发生破裂，因为这种破裂会造成巨大的危害。为了提高压力容器操作工人分析和处理异常情况的技能，本节重点介绍一下压力容器破裂的 5 种形式。

一、腐蚀破坏

钢材在腐蚀介质作用下，引起壁厚减薄或材料组织结构改变，机械性能降低，使承载能力不够而产生的破坏，称为腐蚀破坏。

根据金属腐蚀的形式，容器的腐蚀可以分成全面腐蚀（均匀腐蚀）和局部腐蚀（非均匀腐蚀）两大类。后者包括区域腐蚀、点腐蚀、晶间腐蚀、应力腐蚀及腐蚀疲劳等。

（一）均匀全面腐蚀

均匀全面腐蚀也叫全面腐蚀、普遍腐蚀，是最常见的腐蚀形式。腐蚀作用均匀地发生在整个金属表面，化学或电化学反应在全部暴露的金属表面或大部分面积上进行是均匀腐蚀的一般特征。均匀腐蚀会导致压力容器壳壁和封头减薄，最后因强度不够而报废。

由于这种腐蚀发生在材料表面，所以较易发现。而且对于接触有腐蚀介质的容器，在设计时一般都已考虑到腐蚀裕度，即根据容器预计使用年限和介质对材料的腐蚀速率，另加一定量的壁厚，以保证容器不致在使用期限内由于均匀腐蚀减薄壁厚而出现强度不够的现象。因此，均匀腐蚀相对而言是危险性最小的一种腐蚀，在正常使用下，由于均匀腐蚀而造成容器破坏是非常少见的。

1. 均匀腐蚀的构成

均匀腐蚀由化学腐蚀和电化学腐蚀构成。

1）化学腐蚀

金属与介质发生化学反应而引起的破坏叫做化学腐蚀。

化学腐蚀的特点：在腐蚀过程中，金属内部没有电流流动（这是区别于电化学腐蚀的重要特点），它只包括氧化和还原两个过程。

化学腐蚀是金属与介质直接起化学作用而引起的。腐蚀产物就是一般所指的表面膜，首先在金属表面上形成。表面膜的性质（完整性、可塑性、在金属上的附着力等）对于化学腐蚀速率有直接影响。金属氧化物可能是固体，也可能是液体或气体，只有固体氧化物膜可能具有保护作用，只有致密的和完整氧化物膜把金属表面全部遮盖住时，才能对金属起保护作用。氧化物膜不足以遮盖住整个金属表面，就会成为多孔疏松的非保护性膜。

2）电化学腐蚀

金属在电解质溶液（包括大气腐蚀情况下的薄水膜）和熔盐中的腐蚀过程是电化学腐蚀。

电解质溶液和熔盐的共同特征是：它们都是离子导体，依靠带电荷的离子的活动而导电。因此电化学腐蚀过程具有不同于高温氧化和化学腐蚀过程的特点。

电化学腐蚀过程的基本特点如下：

（1）本质上，金属电化学腐蚀过程同金属的高温氧化和化学腐蚀过程一样，是一个氧化还原反应，即金属原子被氧化（化学价升高或失去价电子）而某一氧化剂被还原。但这两类腐蚀过程的氧化还原的进行方式有重大区别。在高温氧化或化学腐蚀过程的情况下，氧化还原过程只有在反应粒子（氧化剂的分子或原子和金属的原子）相互直接碰撞的过程中才能发生。所以在氧化还原反应中的氧化过程（金属原子失去价电子）和还原过程（氧化剂得到金属原子的价电子）两者不仅必须在同时，而且必须在同一个碰撞点发生。电化学腐蚀过程则不然，虽然氧化过程和还原过程是必须同时进行的，但氧化剂的粒子不必直接同被氧化的那个金属原子碰撞，而可以在金属表面上的其他部分得到电子。这就是说，在电化学腐蚀过程中，整个腐蚀反应分成两个既是互相联系又是相对独立的半反应分别同时进行。

（2）既然电化学腐蚀的特点是氧化过程和还原过程在空间上的可分性，阳极反应和阴极就可以分别主要集中在最有利于它们进行的金属表面区域进行，从而也就使得整个腐蚀得以最有利于它进行的方式进行。像这种由在空间上可以明显分出主要进行阳极反应和进行阴极反应的表面区域构成的腐蚀系统，叫做腐蚀电池。其中，主要进行阳极反应的区域叫做"阳极区"，主要进行阴极反应的区域叫做"阴极区"。腐蚀电池的形成以及阳极区和阴极区的分布情况对腐蚀破坏的形式，有很大影响。主要的影响是：腐蚀电池的形成可以使腐蚀过程以最有利于它进行的方式进行，所以它的形成一般总是使腐蚀加速；金属材料的破坏是阳极反应的直接结果，所以腐蚀破坏总是主要集中在阳极区，如果腐蚀电池是由很大的阴极区和很小的阳极区构成的，就会出现危险性较大的"局部腐蚀"的形式。

2. 均匀腐蚀的控制

1) 正确选用金属材料和制定合理的加工工艺

为了防止金属构件腐蚀，延长压力容器的使用寿命，确保压力容器安全运行，在设计压力容器时，首先应该注意的就是一个选材问题。也就是说，首先要了解该金属在其使用时接触的介质中的耐腐蚀性能。除了考虑耐腐蚀性能外，还要考虑一些别的性能，如力学性能、冷垫加工性能，等等。

研制新合金、进行合理的热处理和机械加工是改善金属或合金耐腐蚀性能的重要途径。例如，铬镍钢中含有少量碳，能与铬及铁生成复杂的碳化物。如果把它加热至高温，这些碳化物就溶解于固态 γ 相固溶体内，从而使钢的耐腐蚀性能提高。当钢缓慢冷却或将淬火过的钢在 400～850℃ 范围内回火时，铬和碳化物就会沿晶粒的边界自固溶体中析出，从而使钢的耐腐蚀性能降低，因为在这种情况下，它具有晶间腐蚀的倾向。

金属表面加工得愈光滑，则金属的抗腐蚀性能就愈高。

由此可知，正确地选择压力容器用材和制定合理的热处理及机械加工工艺，对提高压力容器所用材料的抗腐蚀性能都是非常重要的。

2) 选择合理的结构设计

对于压力容器的结构部件，如果结构设计不合理，例如流体介质发生停滞和聚集、金属材料内产生机械应力及热应力等现象，即使应用性能较优良的材料，也会引起金属材料腐蚀过程的加速。因此，合理地设计压力容器构件也是控制其均匀腐蚀的重要措施之一。

设计压力容器金属构件时，应特别注意以下几个方面的问题：

（1）应注意避免把电位差别很大的不同金属材料互相接触，否则就可能产生电偶腐蚀。例如，铝合金、镁合金不应和铜、镍、钢铁等电位较高的金属相接触。当必须把它们装配在一起时，应当用不导电的材料将它们隔离开。

（2）阳极和阴极面积的面积比对腐蚀速率有很大影响。构件设计时，如果无法避免两种不同电位的金属材料互相接触，则应尽可能不使阴极部分的面积过大，而阳极面积过小，否则就会使阳极的电流密度过大，从而加速其腐蚀。

（3）压力容器金属构件设计应服从防腐蚀要求。如果一些金属构件设计不当，就会在一些低凹的地方发生液体聚集现象，从而发生腐蚀。例如，压力容器的器壁与底部的连接形式必须考虑，在某一部分有沉积物积聚时，必须便于不断清除沉积物，以免产生沉淀积聚物的死角。在其最低点应有液体排放口，这样在排放设备中的液体时就不会有残余，同时也便于清洗设备。

（4）对管路和转动部件的设计应考虑有最高的放气口，以防止气蚀的产生。

（5）设计时应注意避免造成浓差电池和防止缝隙腐蚀。

（6）构件设计应避免应力的过分集中。

(7) 避免金属与易吸收水分的材料互相接触。

3) 腐蚀介质处理

对腐蚀介质,可改变其化学组成以降低其侵蚀性,但这种方法只有在腐蚀介质体积有限时方可应用。改变介质的化学性质以降低其侵蚀性的途径有两个,一是减少介质中的有害成分,特别是去极化剂的含量,二是添加缓蚀剂。

4) 采用电化学保护

例如阴极保护、阳极保护等。

5) 覆盖层保护

工业上最普遍采用的腐蚀防护方法是在金属表面上应用覆盖层。它的主要作用在于将金属制品(包括压力容器)与周围介质隔离。

覆盖层一般应该满足下列基本要求:

(1) 覆盖层结构紧密,完整无孔;

(2) 与底层金属有很大的粘结力;

(3) 有足够硬度及耐磨性;

(4) 能很均匀地分布在整个保护面上。

(二) 局部腐蚀

1. 点腐蚀

点腐蚀是指构件表面受到呈深坑状的点状腐蚀(蚀孔深度>蚀孔直径),点腐蚀严重时会导致器壁穿孔而使容器破坏,这是因为在深坑的周围产生较高的局部应力。同时,点腐蚀常易诱发应力腐蚀。点腐蚀从外观上较易发现,特别是大面积密集的点腐蚀。

点腐蚀通常发生在易钝化金属或合金中,同时往往在有侵蚀性阴离子(例如 Cl^-)与氧化剂共存的条件下。例如,不锈钢、铝及铝合金、钛及钛合金,在近中性的含氯离子的水溶液或其他特定介质中,可能发生局部溶解形成孔穴而遭受点腐蚀。

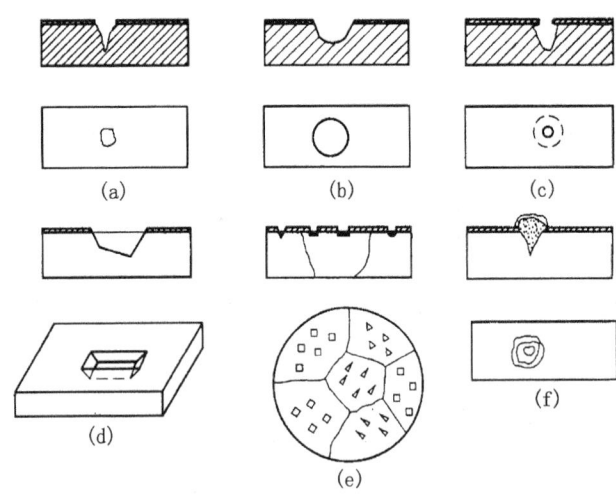

图 8-1 几种不同类型的点腐蚀
(a) 不规则形;(b) 抛光面半球形;(c) 闭口型;(d) 结晶学型;
(e) 表明晶粒位向的结晶学型;(f) 带腐蚀产物"盖"的蚀孔

点腐蚀是一种由小阳极、大阴极腐蚀电池引起的阳极区高度集中的局部腐蚀形式。从外观上看,有开口式的蚀孔,也有闭口式的,即表面为腐蚀产物所覆盖或表面仍残留有呈现凹痕的金属薄层,内部则隐藏着严重的蚀坑。图 8-1 表示了几种不同类型的点腐蚀形貌,既有抛光表面的半球形蚀孔,也有结晶学形状的蚀孔(其侧面由腐蚀速度最低的结晶学平面所组成),更多的是不规则形状的蚀孔,其剖面形状大致分为 7 类,如图 8-2 所示。

点腐蚀是一种外观隐蔽而破坏性大的一种局部腐蚀,虽然因点腐蚀而损失的金属质量很小,但若连续发展,能导致腐蚀穿孔或应力腐蚀破裂,直至整台压力容器失效,甚至产生危害性极大的事故。

当压力容器受到应力作用时,腐蚀点孔往往还易成为应力腐蚀破裂或腐蚀疲劳的裂纹源。

点腐蚀的重要特征之一是在某一给定的"金属—介质"体系中,存在一特定的阳极极化电位门槛值,低于此电位时,不会发生点腐蚀,高于此电位则发生点腐蚀。

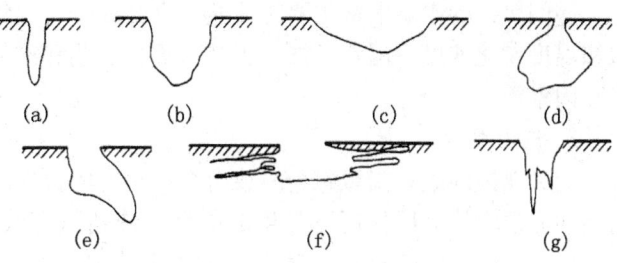

图 8-2 各种点腐蚀孔的剖面形状
(a) 窄深形;(b) 椭圆形;(c) 宽浅形;(d) 皮下形;
(e) 底切形;(f) 水平形;(g) 垂直形

碳钢的点腐蚀:碳钢表面上不完整的氧化皮,或暴露在表面上的硫化物夹杂,都会使碳钢在含氧的水中产生点腐蚀。硫化物相对碳钢基体为阴极,点腐蚀自硫化物—钢交界处起源,向钢基一侧发展。腐蚀产物呈半球形壳膜盖在蚀孔上,阻止溶液中的溶解氧向孔底扩散,构成闭塞腐蚀电池。

点腐蚀的防护与控制措施:包括采用点腐蚀缓蚀剂、阴极保护、合理选择耐蚀材料等。

合理选择耐蚀材料,使用含有耐点蚀性能最有效的元素如 Cr、Mo、Ni 等的不锈钢,在含氯离子介质中可以得到较好的抗点蚀性能。这些元素含量愈高,抗点腐蚀性能愈好。Cr、Mo、Ni 等元素含量的适当配合可获得抗点腐蚀和缝隙腐蚀性能均好的效果。

对合金的热处理、表面处理、研磨以及随后的钝化处理等也必须予以注意,这些均能提高耐点腐蚀性。当合金在常温下使用时,这些因素意义较大;在较高温度下这些因素起作用较小。

在侵蚀性很强的条件下,如提高卤化物阴离子浓度和温度时,最好使用钛,它是耐点腐蚀性最好的结构材料。

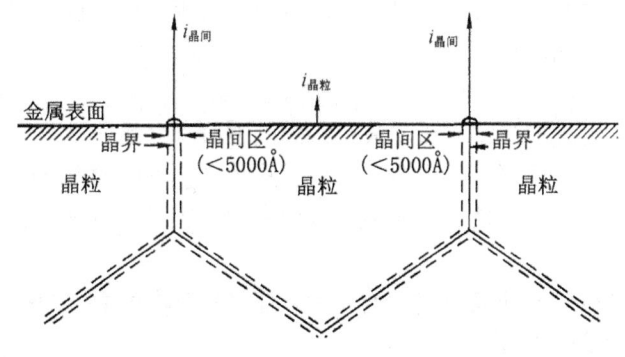

图 8-3 晶界、晶间区及晶间腐蚀示意图

2. 晶间腐蚀

常用金属材料,特别是结构材料,属多晶结构的材料,因此存在着晶界。晶间腐蚀发生在金属晶粒的边界(晶界)上,腐蚀沿晶界发展,使晶粒间的结合遭到破坏,遭到晶间腐蚀部位的材料强度及塑性急剧降低甚至完全丧失,即使在很小的外力作用下,材料也会被破坏。晶间腐蚀所指的晶间并非严格限定在晶界这个过渡层范围内,而是出现在包括晶界在内的一个与晶粒尺寸相比相对很小的区域内,如图 8-3 虚线所示的宽度区,其中的实线表示晶界。晶间腐蚀从材料的外表不易被(破坏)发现,材料的厚度也没有变薄,材料的破坏是突然发生的,因而是最危险的一种腐蚀。晶间腐蚀常发生在用铬镍不锈钢制造的容器中,因为不锈钢的晶间腐蚀倾向受加热温度和加热时间两个因素的影响。不锈钢焊接接头经受 400~850℃ 重复加热,在晶界易析出铬的碳化物,使晶界贫铬,而产生晶间腐蚀的一种特殊形态——刀状腐蚀,焊缝从熔合线像刀切一样剥离。

奥氏体不锈钢、铁素体不锈钢都有晶间腐蚀倾向。

晶间腐蚀的影响因素主要是冶金（合金成分、组织影响）因素、热处理（温度、加热时间和温度变化速度）因素、加工工艺（焊接工艺和冷加工工艺）因素以及环境（腐蚀电流密度）因素等。

3. 应力腐蚀

应力腐蚀断裂是指敏感金属或合金在一定的拉应力（施加的外应力或残余应力）和一定的腐蚀介质环境共同作用下产生的一种特殊断裂方式。应力腐蚀断裂是金属的一种损伤形式，取决于金属或合金的力学性能与组织、介质性质、介质有无某种杂质及介质参数等。

应力腐蚀断裂的特点是几乎完全没有金属宏观体积上的塑性变形，这种断裂是压力容器灾难性事故以及大量材料损耗的原因。其另一特征是形成腐蚀—机械裂纹，该种裂纹的形态特征如下。

1）宏观特点（即用肉眼观察）

（1）腐蚀区呈树枝状裂纹，而其他部位则腐蚀非常轻微，甚至仍保持金属光泽，腐蚀就发生在裂纹的前端。

（2）树枝状裂纹一般说来有一条发展的主干，这条主干与拉应力的方向垂直。应力腐蚀裂纹有很多"之"形的分枝，尤其是苛性碱所引起的应力腐蚀裂纹更具有分枝的特征，而且裂纹尾部较尖。

（3）某些材料（如奥氏体不锈钢）裂纹和断口的形态与应力的大小有密切的关系。应力小，则应力腐蚀裂纹为一条直裂纹，应力腐蚀断口撕裂棱较薄，撕裂棱壁也比较光滑；应力中等，则应力腐蚀裂纹呈分枝形裂纹，应力腐蚀断面撕裂棱较前者厚，撕裂棱壁也较前者不光滑；应力大，则应力腐蚀裂纹呈网络状裂纹，撕裂棱更厚，撕裂棱壁也更为不光滑。因此可以根据裂纹的数量和形状，根据断面的形态，对制件所受应力情况作出初步的判断。

（4）应力腐蚀断裂的宏观断口形态一般呈现脆性断裂的特征，没有宏观的塑性变形的痕迹。断面表面一般失去金属光泽，甚至有时可以看到有腐蚀痕迹，腐蚀痕迹的形态特征随合金成分、应力大小和腐蚀时间的长短而不同。

2）微观特点（用金相显微镜观察）

（1）在光学显微镜下，可以看到应力腐蚀裂纹有沿晶裂纹、穿晶裂纹和穿晶—沿晶混合裂纹。在混合裂纹中，总有一种是主要的，或以沿晶为主，或以穿晶为主。不同的合金在不同的介质中有不同的裂纹倾向。电极电位相比更负，而成为阳极受腐蚀。这时应力腐蚀裂纹大都是穿晶的。

（2）应力腐蚀裂纹总是在那些具有拉应力的表面部分上开始，并且具有由表面向内扩展的特征。尤其是裂纹起源处多呈不连续状。

3）应力腐蚀的延迟破坏特点

由于应力腐蚀裂纹产生、扩展，一直发展到达到和超过临界裂纹长度，需要有一个过程。因此，装有能产生应力腐蚀的介质的压力容器，承受到一定拉应力作用，并不马上发生应力腐蚀断裂，而是在经过一段的时间以后（几小时、几日、几月甚至几年），往往在没有预兆的情况下发生突然的断裂。

4）影响应力腐蚀的因素

产生应力腐蚀的3大因素是：一定的拉应力、环境敏感金属（或合金）、特征介质环境，三者缺一不可。

应力腐蚀裂纹始发于金属表面。压力容器的内表面接触腐蚀介质，所承受的拉应力又最大。承受一定的拉应力是应力腐蚀产生的三大要素之一，而压力容器正好具备这一条件。

金属表面如承受压应力，根据断裂力学原理，压应力可使已产生的裂纹闭合，也就是说，金属表面承受压应力，可以减缓应力腐蚀。

环境的温度、成分、浓度、pH 值、溶解氧、氧化—还原电位等对金属或合金的应力腐蚀断裂敏感性都有不同程度的影响。

特征介质离子浓度（例如 Cl^-）越大，越容易引起应力腐蚀断裂。在某些金属—环境介质体系中，只有当特征介质离子浓度大于一定值时，应力腐蚀裂纹才可能扩展。如果有效特征介质离子浓度过高，则产生全面腐蚀而不产生应力腐蚀。

不同的金属（或合金）—特征介质环境体系，产生应力腐蚀断裂的临界温度不同，低于此温度，不发生应力腐蚀断裂。如氯化物不锈钢体系，临界温度为60℃左右；锅炉钢的碱脆，临界温度在50℃左右。在临界温度以上温度升高，应力腐蚀断裂加快。这是因为温度升高，缩短了到达破坏的时间，增加了溶液的电导率、扩散速度及化学反应速度。如果温度升得太高，腐蚀形式、腐蚀机理都将发生变化，对应力腐蚀断裂的敏感性明显降低。

5）在化工及石油容器中，常见容器的应力腐蚀

（1）液氨对碳钢及低合金钢容器的应力腐蚀。

液氨广泛用于化肥、石油化工、冶金、制冷等工业部门。液氨的储存和运输大部分用碳钢或低合金钢制压力容器。在一般情况下，无水液氨只对钢材产生轻微的均匀腐蚀。但是液氨储罐在充装、排料及检修当中，容易受空气污染，而大气中的氧及二氧化碳则促进液氨的应力腐蚀。液氨的应力腐蚀主要来源于残余应力，且与它的工作温度有明显的关系。

在使用中应采取下列措施以有利于防止液氨对储存容器的应力腐蚀：

① 在焊接工艺上采取措施，减小焊接残余应力。焊缝最好都经过消除残余应力处理，冷压封头必须经过热处理。

② 尽可能采用屈服强度低的低碳钢制造液氨储罐。若采用合金钢材料，则 16MnR 比 16Mn 材质更合适。

③ 尽可能保持较低的工作温度，低温储存。

④ 减小空气污染。

⑤ 在液氨中加入 0.1%～0.2%的水。试验证明，液氨中含有 0.2%的水有缓蚀作用，但对高强度钢不起作用。

（2）硫化氢对钢制容器的应力腐蚀。

硫化氢对钢制容器的应力腐蚀是一个比较普遍的问题，特别是湿的硫化氢对碳钢和低合金钢的应力腐蚀。在应力因素方面，除了薄膜应力以外，主要是焊接残余应力、强行装配组焊引起的附加应力等；在腐蚀因素方面，介质中含量较高的硫化氢及水分与高强度钢焊缝区的淬硬组织，构成了腐蚀环境。

预防硫化氢对压力容器的应力腐蚀，除了从根本上降低介质中硫化氢的含量外，比较有效的措施是消除残余应力或减小焊接残余应力和其他附加应力。最常用的办法是进行焊后热处理，还可采用内壁涂防腐层的办法。

（3）热碱溶液对钢制容器的应力腐蚀。

压力容器的工作介质中，如果含有一定浓度的氢氧化钠溶液，在温度较高的特定环境中，会对碳钢或合金钢产生应力腐蚀，这种现象俗称碱脆，或称苛性脆化。钢的碱脆一般要同时具备3个条件：即高的温度、高的碱浓度和拉伸应力。碱脆断裂的容器，没有宏观塑性

变形。断裂都发生在应力集中部位，断面与主拉伸应力大体成垂直。

(4) 含水一氧化碳对钢的应力腐蚀。

在通常情况下，一氧化碳气体可以被铁吸附，在金属表面形成一层保护膜。但是由于多种原因，内壁上这层保护膜遭到局部破坏。于是在保护膜被破坏的地方，因二氧化碳和水的作用，使铁发生快速阳极溶解，并形成向纵深方向扩展的裂纹，而无水的一氧化碳气体，不存在对钢产生应力腐蚀的现象。这种腐蚀属于电化学腐蚀。

4. 腐蚀疲劳

腐蚀性介质与交变应力的协同作用下所引起的材料破坏现象，叫做腐蚀疲劳。介质必须对压力容器与之接触的那部分材料有腐蚀性，否则便是一般的疲劳；应力必须是交变的，若为静态载荷，便是应力腐蚀。上述两个因素必须是协同的，这包含同时、协力地破坏材料。

1) 腐蚀疲劳与疲劳、应力腐蚀的关系

腐蚀疲劳与疲劳、应力腐蚀的关系密切。压力容器在介质、材料和拉应力3因素的联合作用下，常会产生应力腐蚀。受开车、停车、加压、减压、升温、降温的影响，应力腐蚀的静载荷，就会变成低频率的动载荷，形成腐蚀疲劳。而腐蚀疲劳又会加速应力腐蚀微裂纹的扩展，从而加快应力腐蚀破裂。

2) 腐蚀疲劳的特征

腐蚀疲劳除具有常规疲劳的特点外，由于受腐蚀性环境的侵蚀，是一个很复杂的材料或构件失效现象，影响因素较多，包括冶金、材料、环境、应力、时间、温度等，其中任何一个因素的变化都会影响到腐蚀疲劳性能。

腐蚀疲劳损伤有如下特征：

(1) 材料抗疲劳性能降低，在相同的应力水平，尤其在接近空气疲劳极限的情况下，腐蚀疲劳寿命远较一般疲劳寿命短，往往要缩短许多倍。因此在腐蚀疲劳条件下，金属材料往往没有明显的疲劳极限，通常采用给定循环次数下的条件疲劳极限。对有些金属材料，表现不出现疲劳极限的现象。

(2) 腐蚀疲劳性能与循环加载的频率和波形强烈相关。在常规疲劳中，应力交变频率和波形对疲劳性能影响甚微。在腐蚀疲劳试验过程中，加载频率不能太高，因为腐蚀疲劳性能会明显依赖实际的加载频率。通常说来，循环加载的频率越低，每一循环应力与环境的共同作用时间愈长，腐蚀疲劳便愈严重。

(3) 压力容器的钢制受压元件在产生腐蚀疲劳时，对表面微观几何特性以及机械应力集中不敏感或较少敏感。这是腐蚀疲劳的一个重要特征。

(4) 腐蚀疲劳在宏观上也表现出与常规疲劳不同的特征。在腐蚀疲劳条件下，往往同时有多条疲劳裂纹形成，并沿垂直于拉应力的方向扩展。而在空气中，这样的疲劳裂纹常常只有一条。腐蚀疲劳同时形成多条裂纹，导致碳钢和低合金钢在中性腐蚀介质中的疲劳断口呈现多平面特征。

腐蚀疲劳与应力腐蚀的根本区别在于，一是载荷（拉应力）在应力腐蚀中基本上是恒定的，而在腐蚀疲劳中是交变的；二是应力腐蚀通常发生在敏感的材料和特定的环境条件下，不是所有的材料在拉应力和腐蚀介质中都发生应力腐蚀破裂。与应力腐蚀相比，腐蚀疲劳没有这种选择性，几乎所有的金属在任何腐蚀环境中都会产生腐蚀疲劳。

3) 腐蚀疲劳的防护及控制措施

腐蚀疲劳的防护及控制措施，主要从以下3个方面考虑。

（1）合理选材：一般说来，抗点蚀能力高的材料，其腐蚀疲劳强度也较高；而应力腐蚀断裂敏感性高的材料，其腐蚀疲劳强度也较低。因此，为了抗疲劳断裂，一般选择强度较高的材料。

（2）降低应力：改进设计，减小应力；避免尖锐缺口；采用消除参与应力的热处理；采用喷丸等表面处理，使表面层有残余压应力。

（3）减少腐蚀：常用的措施有涂层、缓蚀剂及电化学保护。采用阴极保护时，应注意可能出现的氢脆问题。

5. 氢损伤

按氢的来源不同，可将氢脆分成内部氢脆和环境氢脆两种：氢在压力容器使用以前就存在于金属材料内部，是由于在金属材料冶炼、热加工、热处理、酸洗、电镀等过程中吸收了氢，在应力与氢的交互作用下所产生的一种脆性，叫做内部氢脆；金属原来不含氢或含氢很低，而在使用时由于环境中氢的作用而产生的脆性，叫做环境氢脆。环境中含有的氢气或金属受环境电化学腐蚀时阴极反应所析出的氢都可能产生金属的氢脆。

氢和钢的化学作用主要是氢与钢中碳化物等第二相反应生成甲烷等气体。因此，一般把氢对钢的物理作用所引起的损伤叫做钢的氢脆，而把氢与钢的化学作用引起的损伤叫做氢腐蚀。

氢的溶入不会使钢的组织发生明显改变。此钢如在常温空气中长期静置，或在空气或真空中短期加热，氢会逸出，钢的力学性能可以基本恢复，脆性会消除。溶有氢的钢，在低于屈服强度的低应力作用下，经过一段孕育期后，钢内会形成裂纹，在应力持续作用下会进行亚临界裂纹的慢速扩展，最后产生脆断。在高温下氢在钢中的溶解度较大，温度下降时溶解度也下降，这时溶入钢中的氢会以分子状氢在钢的缺陷中析出，形成高压氢气泡。如果高压氢气泡使缺陷扩展并产生了裂纹，会造成灾难性的破坏。

1）氢腐蚀

氢原子或氢离子扩散进入钢中后，会在晶界附近以及夹杂物与基体相的交界面处的微隙中结合成氢分子，并部分地与微隙壁上的碳或碳化物反应生成甲烷。微隙中聚集了许多氢分子和甲烷分子，就会产生高达数千兆帕的局部高压，使微隙壁承受很大应力。如果这些微隙靠近钢材表面，将会形成表面鼓泡，而在钢材内部更多的微隙则会发展成为裂纹，严重降低钢的力学性能。氢对钢的这种损伤叫做氢腐蚀，钢的氢腐蚀的危害比钢的氢脆严重。

环境温度和压力、钢中碳含量及其他合金元素、热处理及组织等对氢腐蚀都有一定的影响。淬硬组织会降低钢的抗氢腐蚀性能；碳在马氏体、贝氏体中的过饱和溶解程度都较大，稳定性低，具有析出活性碳原子的趋势，这种碳很容易与氢反应，因此应当尽量避免淬硬组织；当焊接接头中出现淬硬组织时，应尽量进行高温回火处理，使钢在使用前，其淬硬组织已分解，使碳存在于稳定的合金碳化物中被固定住，并降低钢的界面能。这样可以大大提高钢的抗氢腐蚀性能。冷加工变形会使钢中产生组织的不均性，并产生残余应力，提高了晶界的扩散能力，从而加剧了氢腐蚀。适当的热处理可以清除残余应力，恢复组织的均匀性，提高钢的抗氢腐蚀性能。

氢腐蚀的防护控制：对于高温、高压容器，主要做到合理选用钢材、增加衬里或覆盖层、降低容器壁的温度以及加强管理、保障正确技术措施的执行等。对于低压、高温容器，为防止和抑制钢在低压高温脱碳，除采取以上措施外，还应特别注意控制操作温度不能超标，操作压力不能超压，尽量减少在氢中所含的水汽量等。

2) 氢鼓泡及白点

氢鼓泡及白点都是由于氢气的逸出所导致材料的损伤,特别是结构钢的损伤。它们之间的共性是所形成的氢分压大于材料的断裂强度,因而形成含有氢气的裂纹;它们之间的区别在于氢的来源不同,白点的氢是内氢,是材料及部件生产及制造过程已引入的氢,而氢鼓泡的氢是环境氢,是材料及部件使用过程中从环境继续引入的氢。

压力容器的壳体材料及受压部件在含硫化氢的水溶液中产生应力腐蚀破裂时,曾将所产生的氢致开裂现象分为氢致鼓泡(简称为氢鼓泡)及氢致开裂两大类。氢鼓泡时没有外加应力,而氢致开裂有外加应力;它们都是氢引起的,氢鼓泡因氢而裂,但整个试样或部件未断,而氢致开裂则是外加应力协助氢的作用,使试样或部件既裂且断,是氢致开裂型的应力腐蚀破裂。

氢鼓泡的防护和抑制措施:控制介质,硫化氢含量及 pH 值是最主要的两个因素,也要注意氯离子的影响,对于所选用的钢种,应根据具体的工程条件,确定允许的介质条件。选择钢种,对于苛刻的介质条件,应选用超低硫含稀土或钙的钢种。若介质的 pH 值在 4.5 以上,含 Cu 的钢种可进一步抑制氢鼓泡。控制工艺,焊后必须充分退火,消除马氏体及贝氏体有害的金相组织及残余应力。

白点:由于氢量过高所导致的钢锻件的内部裂纹,因其裂纹面是发亮的脆面,则被称作"白点"。这种开裂是在没有外力的作用下氢原子聚集形成高压氢气所引起的,是一种氢致开裂。它与氢鼓泡之间的区别在于氢源不同,它们分别是内氢及外氢引起的。在外加拉伸应力的作用下,含氢较高的钢种也可出现"白点"这种氢致开裂。

氢是钢锻件产生"白点"的必要条件,所以从冶炼和热处理两个方面防止和抑制白点是最重要的。

3) 氢脆

在高温、高氢分压下材料的机械强度和塑性显著下降,即材料变脆,这种现象就叫氢脆。氢脆是由于氢原子渗入金属晶格后,造成晶格畸变而引起的。氢脆几乎包括所有的氢致材料退化及氢致开裂现象。

氢气是否会使钢发生氢脆,主要决定于它的压力、温度、作用时间和钢的化学组成。通常,氢的分压越大、温度越高,钢的脱碳层越深,发生氢脆断裂的时间越短。其中温度因素尤为重要。

钢中碳与合金的含量对氢脆也有很大影响。在相同的温度和压力条件下,碳含量越高,越容易发生氢脆。在合金钢中,碳含量的影响就更为明显。钢中若加入铬、钛、钒等元素,则可阻止钢产生氢脆。

二、塑性破裂(韧性破裂)

塑性破裂是因为容器承受的压力超过材料的屈服极限,材料发生屈服或全面屈服(即变形),当压力超过材料的强度极限时,则发生断裂。

(一)塑性破裂的特征

(1)塑性破裂有明显的塑性变形。破裂容器器壁有明显的伸长变形,破裂处器壁显著减薄。金属的塑性断裂是在经过大量的塑性变形后发生的,表现在容器上,则是周长增大和壁厚减薄。所以具有明显的外形变化是压力容器塑性破裂的主要特征。

(2)断口呈暗灰色纤维状。塑性破裂断口为切断型撕裂,从金相上观察,这种断裂是先滑移后断裂,所以断口呈灰暗色纤维状,断口不齐平,与主应力方向成 45°。圆筒形容器纵向开裂时,其破裂面常与半径方向成一角度,即裂口是斜断的。

(3) 容器一般无碎片飞出,只是裂开一个口。壁厚比较均匀的圆筒形容器,常常是在中部裂开一个形状为")("的裂口。

(二) 造成塑性破裂的原因

塑性破裂常由以下几个原因造成:

(1) 盛装液化气体的容器过量充装。液化气体随温度的升高而体积增加比较大,若容器内是满液,则压力急剧上升,造成超压爆炸。这可能是由于充装失误、计量误差或操作工责任心不强造成的。

(2) 由于容器在使用过程中超压而使器壁应力大幅增加,超过材料的屈服极限。如化学反应容器由于操作不当,介质工艺参数失控而使化学反应速度加快、反应温度升高,使器内压力上升。

(3) 由于设计或安装错误。如容器的进气压力高于容器的设计压力而没有在进气管安装减压阀。

(4) 器壁大面积腐蚀而使壁厚减小。

(三) 防止塑性破裂发生的措施

防止塑性破裂事故发生的根本措施就是防止容器壳体应力超过材料的屈服极限,即防止超压。操作中应注意以下几个方面:

(1) 严禁超压运行。盛装液化气体的容器,应防止过量充装和超温运行。

(2) 严格按操作规程操作,防止因操作失误造成内压升高,发生事故。特别是放热反应容器,应严格控制物料加入量。

(3) 容器应按《压力容器安全技术监察规程》规定进行定期检验,防止因器壁腐蚀减薄而发生事故。

三、脆性破裂

压力容器在正常压力范围内,无塑性变形的情况下突然发生的爆炸称为脆性破裂。

(一) 脆性破裂的特征

脆性破裂有如下特征:

(1) 没有明显的塑性变形。容器发生脆性破裂时没有明显的外观变化,因而往往是在没有外观预兆的情况下突然破裂。

(2) 断口齐平,呈金属光泽。作为脆性破裂的断裂源,往往是材料内部所存在的缺陷处或结构几何形状不连续处的应力集中部位。当容器壁厚较大时,出现人字形纹路,其尖端指向断裂源。

(3) 一般产生碎片。由于脆性破裂的过程是裂纹迅速扩展的过程,材料的韧性又差,所以脆性破裂的容器常裂成碎片,且有碎片在容器破裂时飞出。

(4) 破裂事故多在温度较低的情况下发生。因金属材料的断裂韧性随温度的降低而减小,所以有裂纹缺陷的容器常在温度较低的情况下发生脆性破裂。

(二) 产生脆性破裂的原因

产生脆性破裂的主要原因是:

(1) 低温使材料的韧性降低或材料的脆性转变,温度升高使材料变脆。

(2) 设备存在制造缺陷,造成局部应力过高。

(3) 根据断裂力学的观点,构件材料并非绝对均匀和连续,总存在微裂纹(对夹渣、气孔、未焊透、大块杂物等缺陷也作为裂纹看待），这些裂纹的失稳扩展就是导致构件破坏的原因。所谓失稳扩展就是带有宏观裂纹的材料或构件受到外力作用时，裂纹尖端附近区域就产生应力、应变集中效应。当此区域的应力、应变达到一定数值，超过材料的断裂韧性时，裂纹就迅速扩展，致使整个物件发生突然断裂。

（三）防止脆性事故发生的措施

防止脆性事故发生的措施有以下几点：

（1）根据操作条件和设计规范正确选用材料，确保材料具有较高的韧性。材料的韧性是至关重要的，因此从设计时就必须考虑选择具有良好韧性的材料来制造压力容器，必要时甚至可以放弃追求过高的强度。

（2）容器结构设计应尽量减少应力集中。如结构不良、开孔等，造成局部应力过高。在设计时，尤其是对低温容器，应尽可能采用降低应力集中的补强结构，制造时应严格按设计要求施工。

（3）提高焊接质量，按规定要求进行无损探伤，焊后进行热处理以消除容器的残余应力。消除残余应力的热处理主要是退火处理。

（4）按规定定期对容器进行检验，重点对裂纹性缺陷进行检验和无损探伤。

（5）操作时应注意容器是否出现异常泄漏，即裂纹源。

四、疲劳破裂

压力容器的疲劳破裂是由于容器在频繁的加压、卸压过程中，材料受到交变应力的作用，经长期使用后所导致的容器破裂。所谓交变应力就是外加应力（工作应力）随时间呈周期性变化的应力，也称为疲劳应力，容器在承压和卸压状态下，器壁所受的应力差异很大。不过容器在使用过程中一般加压，卸压重复次数不多，所以材料通常承受的是所谓低周疲劳应力。

在交变应力作用下，容器的较高应力部位会产生细微的裂纹（或微细裂纹扩展）等缺陷，并在裂纹的尖端形成高度应力集中。由于应力集中存在，使微裂纹逐渐扩大。同时，由于应力继续不断地交变，在裂纹扩大到一定程度后，如果载荷达到一定数值，或遇到冲击、振动时，容器就会沿着裂纹发生破裂。

（一）疲劳破裂的特征

疲劳破裂有如下特征：

（1）破坏是在经过多次的反复加压和卸压以后发生。

（2）容器承受的总体应力在破裂时并没有超过材料的屈服极限，器壁没有减薄的特征，这点与脆性破裂相似。

（3）容器一般不是破裂成碎片，而是裂成一个口，泄漏失效。

（4）疲劳裂纹从产生、扩展到破裂的过程比较缓慢，疲劳破裂比脆性破裂要长得多。

（5）疲劳破裂的位置往往是在容器存在应力集中的部位（如开孔接管处等）。

（6）疲劳断口存在两个明显的区域：一个是疲劳裂纹扩展区，光滑面有滩状波纹，一个是最终断裂区，断口齐平，有金属光泽。

（二）防止疲劳破裂的措施

防止疲劳破裂的措施，主要在于设计中应尽量减少应力集中，采用合理的结构及制造工艺。同时，在使用过程中也尽量减少不必要的加压、卸压或严格控制压力及温度的波动。

五、蠕变破裂

蠕变是指当金属的温度高于某一限度时，即使应力（主要为拉应力）低于屈服极限，材料也能发生缓慢的塑性变形。这种塑性变形经长期积累，最终也能导致材料破坏，这一现象被称为蠕变破坏。

由于导致容器发生蠕变破坏是容器长期处在高温（碳素钢和普通低合金钢的蠕变温度界限约为350~400℃）下工作、应力长期作用的结果。所以，蠕变破坏一般都有明显的塑性变形，其变形量的大小取决于材料的塑性。

容器发生蠕变破坏事故非常少，但对于高温容器仍不可忽视。例如，高温加氢反应、高温高压下的合成氨、高温加热炉等设备，在设计、制造、使用过程中应特别考虑蠕变问题。

第三节 压力容器事故危害

压力容器是一种具有潜在爆炸危险的特殊设备。把压力容器作为一种特殊设备管理，不仅是因为它比较容易发生事故，更主要的是事故危害的严重性。压力容器发生事故，不仅设备本身遭到破坏，往往还会破坏周围设备和建筑物，甚至诱发一连串恶性事故，如烫伤、烧伤、大面积中毒，甚至导致更为严重的火灾等，造成人员伤亡，给国民经济造成重大损失。

压力容器的结构并不复杂，但在载荷作用下，应力的分布比较复杂。例如开孔处的应力分布要比不开孔处复杂得多。尤其是在高温、高压、低温、腐蚀等恶劣的运行条件下，如果管理不当，就容易发生事故。一旦容器破坏，会造成严重的后果，不但引起设备、财产的损失，还会造成人员的伤亡。例如1962年吉化公司某厂水洗塔爆炸，巨大的爆炸声吉林市几乎均能听到，塔体碎片四处飞散，厂房玻璃均震坏，全厂设备和管道都受到不同程度的损伤，致使全厂停车。水洗塔底部着火，塔体碎37片，有一块重1550kg的碎片飞出185m。死亡1人，重伤3人，轻伤20人。

1979年9月，浙江省温州市某厂液氯工段液氯钢瓶突然发生爆炸事故，这次事故共有5只液氯钢瓶爆炸，又有5只液氯钢瓶和计量罐被碎片击穿。当时，巨响震天，烟气弥漫，大量的液氯汽化气和化学反应物形成巨大蘑菇状的气柱冲天而起，高达40余米，气柱间夹杂着砖、石、瓦块及钢瓶碎片，并飞向四方。强大的气浪使液氯工段的414m²钢筋混凝土混合结构的厂房全部倒塌，相邻的冷冻厂房部分倒塌，附近的办公楼及距厂区周围280余间的民房都受到不同程度的破坏。厂房内的液氢储罐、计量罐、汽化器等设备及管线均受到损伤及破坏。爆炸中心的水泥地面被炸成一个深1.82m、直径6m的大坑。有一只瓶重为1735kg、内装1t重的液氯钢瓶被气柱掀起，飞越12m高的高压线路，坠落在离爆炸中心30余米远的盐仓库内。爆炸碎片飞向四面八方，在收集到的碎片中，有一块重0.8kg，飞出830m；一块重72.5kg的钢瓶封头飞越厂区，飞行过程中打断一棵直径8cm的树干，穿越离爆炸中心85m处的居民房砖墙，落地后又蹦起将一老大娘砸死。这次事故，共有10.2t液氯外溢，汽化扩散，波及面积达7.35km²。由于氯气浓度极高，厂房炸塌，造成死亡59人，中毒及重伤住院治疗的779人，门诊治疗的420余人。直接经济损失63万余元。由此可见压力容器事故的危害性。

压力容器发生事故的危害主要有振动危害、碎片的破坏危害、冲击波危害、有毒液化气体容器破裂时的毒害等。

一、振动

压力容器发生爆炸事故时，都会发生巨大的声响，这种声响可使物体发生振动，设备损坏，也会伤及人的耳膜和内脏，危及人的生命。

二、碎片的破坏作用

容器发生爆炸时,有些壳体则可解裂成大小不等的碎块或碎片向四周飞散,这些具有较高速度或较大质量的碎片,在飞出的过程中具有较大的动能,可击穿房屋,损坏设备、管道及人员生命,也可能引起连续爆炸或酿成火灾、中毒等。因此经常把压力容器比作巨型炸弹,若有不慎,就可能引爆,发生事故。

若被击物为塑性材料(如钢板、木材等),碎片的穿透力可按公式(8-1)计算:

$$S = K \frac{E}{A} \qquad (8-1)$$

式中　S——碎片对材料的穿透深度,cm;

　　　E——碎片击中时所具有的动能,J;

　　　A——碎片穿透方向的截面积,cm²;

　　　K——材料的穿透系数。对钢板,$K=0.001$;对木材,$K=0.04$;对钢筋混凝土,$K=0.01$。

三、冲击波危害

容器发生爆炸时,其占80%以上的能量都是以冲击波的形式向外扩散。冲击波是介质受到外界的作用,如振动、冲击、敲打等而产生的一种介质状态突跃变化的传播,或者简称为强扰动传播。压力容器破裂时,器内的高压气体大量冲击,使它周围的空气受到冲击而发生扰动,使压力、温度、密度等发生突跃变化,这种扰动在空气中传播就成为冲击波。空气冲击波中状态的突跃变化,最显著的表现在压力上,开始时突然升高,产生一个很大的正压力,接着又迅速衰减,在很短时间内正压降为零,而且还要继续下降至小于大气压的负压。

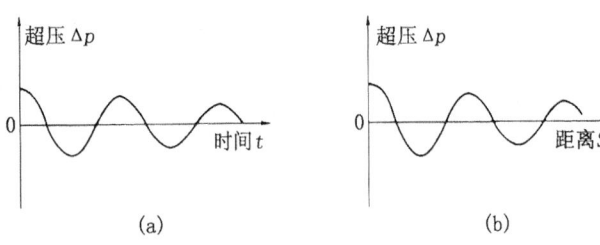

图 8-4 空气冲击波状态的突跃变化示意图
(a) 超压 Δp 随时间 t 的衰减示意;(b) 超压 Δp 随距离 S 的衰减示意

如此反复循环数次,压力一次比一次小,直到趋于平衡。它像水波一样向外扩散,形状如图 8-4 所示。它的破坏作用主要是由波阵面上的超压 Δp 引起的。

在爆炸中心附近,空气冲击波波阵面上的超压 Δp 可以达到几个甚至十几个大气压,在这样高的压力下,建筑物将被摧毁,设备、管道均会遭到严重破坏。即使 0.005MPa 的超压就可以使门窗玻璃破碎,0.1MPa 的超压就可使人死亡。冲击波对建筑物和人体伤害见表 8-1、表 8-2。

表 8-1　冲击波超压 Δp 对建筑物的破坏作用

超压 Δp,MPa	破坏情况	超压 Δp,MPa	破坏情况
0.005～0.006	门窗玻璃部分破碎	0.05～0.06	木建筑厂房柱折断,房架松动
0.006～0.01	门窗玻璃大部分破碎	0.07～0.1	砖墙倒塌
0.015～0.02	窗框损坏	0.1～0.2	防震混凝土破坏
0.02～0.03	墙壁裂缝	0.2～0.3	大型钢架结构破坏
0.04～0.05	墙壁大裂缝,屋瓦飞落	—	—

表 8-2　冲击波超压 Δp 对人体的伤害作用

超压 Δp，MPa	伤害作用
0.02～0.03	轻微损伤
0.03～0.05	听觉器官损伤或骨折
0.05～0.1	内脏严重损伤或死亡
>0.1	大部分人员死亡

冲击波波阵面上超压的大小与产生冲击波的爆炸能量有关。且爆炸气体产生的冲击波是立体的，它以爆炸点为中心，以球面形状向外扩展。超压 Δp 的计算请参考有关资料。

四、有毒液化气体容器破裂时的毒害区

如果压力容器内的介质为有毒液化气体，当容器破裂时，有毒介质外泄，部分介质流入地沟，造成环境污染；部分介质汽化蒸发向外扩散，造成大面积毒害区域，使得人和动物中毒，甚至危害生命。1952 年某校曾发生过一次液氯钢瓶撞裂事故，结果数十人送医院急救，附近树木、庄稼也大批毁坏。有毒液化气体容器破裂时的毒害区可通过公式（8-2）～公式（8-4）进行估算：

$$V_g = \frac{22.4WC(t-t_0)}{Mq} \cdot \frac{273+t_0}{273} \qquad (8-2)$$

$$V = \frac{V_g}{A} \qquad (8-3)$$

$$R = \sqrt{\frac{V}{\frac{1}{2} \cdot \frac{3}{4}\pi}} \qquad (8-4)$$

式中　V_g——介质（液化气体）全部汽化成气体的体积，m³；
　　　W——介质质量，即破裂前容器内液化气体质量，kg；
　　　C——介质比热容，J/(kg·K)；
　　　t——破裂前温度，℃；
　　　t_0——介质标准沸点，℃；
　　　M——介质分子质量；
　　　q——介质汽化潜热，J/kg；
　　　V——毒害区范围，m³；
　　　A——毒害区浓度，%；
　　　R——毒害区半径，m。

表 8-3 列出了容器中经常充装的有毒液化气体的危险浓度。

表 8-3　有毒气体的危险浓度

名　称	吸入 5～10min 致死浓度，%	吸入 0.5～1h 致死浓度，%	吸入 0.5～1h 致重伤浓度，%
氨	0.5	—	—
氯	0.09	0.0035～0.005	0.0014～0.0021
硫化氢	0.08～0.1	0.042～0.06	0.036～0.05
二氧化氮	0.05	0.032～0.053	0.011～0.021
氢氰酸	0.027	0.011～0.014	0.01

通过估算可知，大多数液化气体生成的蒸汽体积为液体的二三百倍，如液氯为240倍，液氢为150倍，氢氰酸为200～370倍，液化石油气约为180～200倍。如1t液氯容器破裂时可酿成 $8.6 \times 10^4 m^3$ 的致死伤亡区、$5.5 \times 10^6 m^3$ 的中毒范围；如 $1m^3$ 的氢氰酸，可使 $3700m^3$ 的空间变成中毒伤亡区。

五、二次爆炸燃烧

许多压力容器，充装的是可燃液化气体，如液化石油气等。当容器破裂时，液化气大量蒸发，与周围空气混合，遇到火种，会在器外发生二次爆炸，酿成更大的火灾事故。1979年12月18日吉林某厂，一个 $400m^3$ 的球形储罐破裂，引起一组储罐连锁爆炸，造成死亡32人、伤55人，直接经济损失540万元的重大事故，教训是惨痛的。

容器二次爆炸燃烧区域的计算可参考有关资料。据介绍，一个15kg民用液化石油气瓶破裂爆炸时，其燃烧范围可达到20m；一个1t的液化石油气储罐破裂爆炸时，其燃烧范围可达78m（即以容器为中心，以39m为半径的半球形区域）。由此可见，对于易燃介质，防火防爆的重要性。

第四节 压力容器的爆炸能量

压力容器破裂时，器内的高压介质解除了外壳的约束，迅速膨胀泄压，达到瞬间能量释放，这一能量迅速释放的过程叫爆炸（或者说，爆炸是物质从一种状态迅速转变成另一种状态，并在瞬间放出能量，同时产生巨大声响的现象）。

压力容器的爆炸事故，按其起因有物理性爆炸和化学性爆炸两类。物理性爆炸，是由于容器内介质物理性质变化（如液化气超装及温度升高引起体积增大），引起的超压和容器材料机械性能不足造成的事故。化学性爆炸是指容器内介质起剧烈的燃烧氧化反应或聚合放热反应（如混有爆炸气体并达到爆炸极限时或发生了非正常的化学反应使温度压力迅速升高），由于化学反应能量来不及释放而引起容器破坏。

压力容器破裂时，气体膨胀所释放的能量（即爆炸能量），不仅与气体压力和容器容积有关，还与介质在容器中的物态有关。容器内的介质分为液体、气体和液化气体（或高温饱和水）。一般情况、液体的体积随压力的增加变化不大，容器一旦发生破裂，容器内压力很快释放而不会产生爆炸，所以《压力容器安全技术监察规程》对这一类介质的容器不作规定。介质为气体和液化气体的容器破裂时能量释放的过程不同，下面分别讨论。

一、压缩气体容器的爆炸能量

压缩气体在容器破裂时迅速降压膨胀，这一过程所经历的时间很短，介质释放出来的能量来不及与系统外物质进行能量交换，可以认为没有热量传递，即气体膨胀是在绝热状态下进行的。压缩气体的爆炸能量可按理想气体做绝热膨胀时所释放的能量来计算：

$$U_g = C_g \cdot V \tag{8-5}$$

式中 U_g——气体的爆炸能量，J；

V——气体体积，m^3；

C_g——压缩气体爆炸能量系数，J/m^3。

压缩气体爆炸能量系数 C_g 与气体的绝热指数 k 和气体的绝对压力 p 有关。即：

$$C_g = \frac{p}{k-1}\left[1 - \left(\frac{0.1}{p}\right)^{\frac{k-1}{k}}\right] \times 10^6 \tag{8-6}$$

式中　p——气体爆炸前的绝对压力，MPa；
　　　k——气体的绝热指数，即气体的定压比热容与定容比热容之比。
压力容器常用压缩气体的绝热指数可查表 8-4。

表 8-4　常用压缩气体的绝热指数 k

气体名称	空气	氮气	氧气	氢气	甲烷	乙烷	一氧化碳	二氧化碳
绝热指数	1.4	1.4	1.397	1.412	1.315	1.18	1.395	1.295

从表 8-4 可以看出，常用气体如空气、氮气、氧气、氢气及一氧化碳等的绝热指数均为 1.4 或近似 1.4。将 $k=1.4$ 代入式（8-6），即可得常用压力下的气体容器的爆炸能量系数，见表 8-5。

表 8-5　常用压力下的气体容器的爆炸能量系数 C_g（$k=1.4$ 时）

绝对压力，MPa	0.3	0.5	0.7	0.9	1.1	1.7	2.6
能量系数，J/m³	2.02×10^5	4.61×10^5	7.46×10^5	1.05×10^6	1.36×10^6	2.36×10^6	3.94×10^6
绝对压力，MPa	4.1	5.1	6.5	15.1	32.1	40.1	—
能量系数，J/m³	6.70×10^6	8.60×10^6	1.13×10^7	2.88×10^7	6.48×10^7	8.22×10^7	—

例如，一个容积为 $1m^3$，介质为空气的储气罐，工作压力为 0.9MPa，发生爆炸能量为：
$$U_g = C_g \cdot V = 1.05\times10^6 \times 1 = 1.05\times10^6 \text{ （J）}$$

对于介质为水蒸气时，也可按式（8-5）、式（8-6）计算。因 k 值与饱和蒸汽的干度及是否过热有关：过热蒸汽，$k=1.3$；干饱和蒸汽，$k=1.135$；湿饱和蒸汽，$k=1.035+0.1x$（x 为蒸汽干度）。将 $k=1.135$ 代入式（8-5）、式（8-6），可得干饱和蒸汽容器爆炸能量计算公式：

$$U_s = C_s \cdot V \tag{8-7}$$

式中　U_s——干饱和蒸汽的爆炸能量，J；
　　　V——蒸汽的体积，m³；
　　　C_s——干饱和蒸汽爆炸能量系数，J/m³。

各种常用压力（绝对压力）的干饱和蒸汽爆炸能量系数查表 8-6。

表 8-6　常用压力下的干饱和蒸汽容器的爆炸能量系数

绝对压力，MPa	0.4	0.6	0.9	1.4	2.6	3.1
能量系数 C_s，J/m³	4.5×10^5	8.5×10^5	1.5×10^6	2.8×10^6	6.2×10^6	7.7×10^6

二、液化气体（高温饱和水）容器的爆炸能量

介质为液化气体或高温饱和水的压力容器，破裂时的情况与压缩气体容器不同。它除了气体迅速膨胀以外，还包括液体（或高温水）急剧蒸发气化的过程。

当容器破裂时，容器内的气体首先迅速膨胀，使容器内的压力瞬时降至大气压力。此时容器的饱和液处于过热状态，也就是说它的温度高于它在大气压力下的沸点，于是气液两相失去平衡。液体迅速大量蒸发气化，体积急剧膨胀，容器壳体受到很高的压力冲击，使其进

一步破裂。这种由于压力突然下降,使原来处于平衡状态的饱和液,在大气压力下过热而迅速沸腾蒸发、体积急剧膨胀而显示出的一种爆炸现象,称为爆沸或蒸汽爆炸(高温饱和水则为水蒸气爆炸)。

介质为液化气体和高温饱和水的压力容器在破裂时所释放出的能量包括:气相绝热膨胀的爆炸能量和处于过热状态的液相迅速而猛烈地蒸发的爆沸、爆炸能量两部分。在大多数情况下,这类容器中的过热饱和液占内部介质质量的绝大部分,液相爆沸的能量比气相爆炸能量大得多,所以计算时气相爆炸能量往往忽略不计。

爆沸一般是在极短的时间内完成的,所以它是一个绝热过程。处于过热状态下的液体的爆炸能量可按式(8-8)计算:

$$U_L = [(i_1 - i_2) - (s_1 - s_2)T_1]W \tag{8-8}$$

式中 U_L——过热状态下液体的爆炸能量,J;
i_1——在容器破裂前的压力下饱和液体的焓,J/(kg·K);
i_2——在大气压力下饱和液体的焓,J/(kg·K);
s_1——在容器破裂前的压力下饱和液体的熵,J/(kg·K);
s_2——在大气压力下饱和液体的熵,J/(kg·K);
T_1——介质在大气压力下的沸点,K;
W——饱和液体的质量,kg。

将饱和水在大气压力下的焓和熵及沸点值,即 $i_2 = 418680$、$s_2 = 1304.2$、$T_1 = 373$ 代入式(8-8),即得各种压力下饱和水的爆炸能量:

$$U_L = [(i_1 - 418680) - 373(s_1 - 1304.2)]W$$

为简化计算,可将各种压力下饱和水的焓 i_1 和熵 s_1 代入公式(8-8),并把饱和水的质量换算为体积(因为已知条件常为容器的容积),饱和水爆炸能量计算公式可写成:

$$U_W = C_W \cdot V \tag{8-9}$$

式中 V——容器内饱和水所占的容积,m^3;
C_W——饱和水的爆炸能量系数,J/m^3。

饱和水的爆炸能量系数由它的压力决定,各种常用压力(绝对压力)的饱和水的爆炸能量系数列于表8-7。

表8-7 常用压力下的饱和水爆炸能量系数

绝对压力,MPa	0.4	0.6	0.9	1.4	2.6	3.1
能量系数 C_W,J/m^3	$9.414×10^6$	$1.667×10^7$	$2.648×10^7$	$4.021×10^7$	$6.570×10^7$	$7.551×10^7$

比较表8-6和表8-7可以看出,同体积、同压力下的饱和水的爆炸能量为蒸汽的数十倍。所以在一个汽包内,即使饱和蒸汽和水各占一半的容积,饱和蒸汽的爆炸能量也不到全部爆炸能量的10%。

以上仅讨论了压缩气体和液化气体(高温饱和水)发生物理爆炸时的能量,化学爆炸以及器外发生的二次爆炸请参考有关资料。

第五节 压力容器事故

压力容器的事故往往是多种因素综合作用的结果。压力容器发生事故的危害是巨大的。

因此，对于每一次事故，应按照"三不放过"的原则，认真进行调查分析，以便从中吸取经验教训，研究防止再次发生类似事故的措施。

一、特种设备事故处理的规定

2001年4月21日国务院第302号令颁布了《国务院关于特大安全事故行政责任追究的规定》，规定中列举了七种特大安全事故：特大火灾事故；特大交通安全事故；特大建筑质量安全事故；民用爆炸物品和化学危险品特大安全事故；煤矿和其他矿山特大安全事故；锅炉、压力容器、压力管道和特种设备特大安全事故；其他特大安全事故。特种设备特大安全事故是其中之一。

为了规范锅炉、压力容器、压力管道、特种设备的事故报告、调查和处理工作，根据国务院赋予国家质量监督检验检疫总局的职能以及《特种设备安全监察条例》、《国务院关于特大安全事故行政责任追究的规定》，国家质检总局以总局令第2号颁布了《锅炉压力容器压力管道特种设备事故处理规定》。

规定要求，锅炉、压力容器、压力管道、特种设备发生事故后，事故发生单位或者业主，除按规定报告外，必须严格保护事故现场，妥善保存现场相关物件及重要痕迹等各种物证，并采取措施抢救人员和防止事故扩大。

为防止事故扩大、抢救人员或者疏通通道等，需要移动现场物件、设施时，必须做出标志，绘制现场简图并写出书面记录，见证人员应签字，必要时应当对事故现场和伤亡情况录像或者拍照。

规定明确了特种设备安全事故的执法主体是技术监督部门的锅炉压力容器压力管道特种设备的安全监察机构。为此国家质量监督检验检疫总局设立锅炉压力容器压力管道事故调查处理中心（以下简称国家质检总局事故调查处理中心），并规定省级质量技术监督行政部门可以设立本辖区事故调查处理办事机构。

国家质检总局事故调查处理中心的主要职责是：

（1）在国家质量监督检验检疫总局锅炉压力容器安全监察局的指导下，组织对锅炉、压力容器、压力管道、特种设备特大事故的调查，参与特别重大事故的调查；

（2）指导并督办各地对事故的调查、处理和批复工作；

（3）对事故进行统计、分析；

（4）负责收集有关事故资料，建立事故数据库；

（5）研究并提出事故预防措施；

（6）参与起草事故调查、处理方面的规章制度。

二、压力容器事故分类

压力容器事故指压力容器发生爆炸、受压部件严重损坏，以及由于受压部件开裂，可燃气体泄漏引起火灾或有毒气体泄漏引起人员中毒死亡、受伤的事故。

按照国家质检总局2001年11月15日起施行的，将锅炉、压力容器、压力管道、特种设备事故，按照所造成的人员伤亡和破坏程度，分为特别重大事故、特大事故、重大事故、严重事故和一般事故。

（1）特别重大事故。特别重大事故是指造成死亡30人（含30人）以上，或者受伤（包括急性中毒，下同）100人（含100人）以上，或者直接经济损失1000万元（含1000万元）以上的设备事故。

（2）特大事故。特大事故是指造成死亡10～29人，或者受伤50～99人，或者直接经济损失 500 万元（含 500 万元）以上 1000 万元以下的设备事故。

（3）重大事故。重大事故是指造成死亡 3～9 人，或者受伤 20～49 人，或者直接经济损失 100 万元（含 100 万元）以上 500 万元以下的设备事故。

（4）严重事故。严重事故是指造成死亡 1～2 人，或者受伤 19 人（含 19 人）以下，或者直接经济损失 50 万元（含 50 万元）以上 100 万元以下，以及无人员伤亡的设备爆炸事故。

（5）一般事故。一般事故是指无人员伤亡，设备损坏不能正常运行，且直接经济损失 50 万元以下的设备事故。

三、事故报告

（1）发生特别重大事故、特大事故、重大事故和严重事故后，事故发生单位或者业主必须立即报告主管部门和当地质量技术监督行政部门。当地质量技术监督行政部门在接到事故报告后应当立即逐级上报，直至国家质量监督检验检疫总局。发生特别重大事故或者特大事故后，事故发生单位或者业主还应当直接报告国家质量监督检验检疫总局。

发生一般事故后，事故发生单位或者业主应当立即向设备使用注册登记机构报告。

移动式压力容器、特种设备异地发生事故后，业主或者聘用人员应当立即报告当地质量技术监督行政部门，并同时报告设备使用注册登记的质量技术监督行政部门。当地质量技术监督行政部门在接到事故报告后应当立即逐级上报。

（2）事故报告应当包括的内容。

① 事故发生单位（或者业主）名称、联系人、联系电话；
② 事故发生地点；
③ 事故发生时间（年、月、日、时、分）；
④ 事故设备名称；
⑤ 事故类别；
⑥ 人员伤亡、经济损失以及事故概况。

（3）省级质量技术监督行政部门应当于每季度的第 1 个月 15 日之前将所辖区上季度事故汇总表报国家质量监督检验检疫总局，每年 1 月 15 日之前将所辖区上年度事故汇总表报国家质量监督检验检疫总局。

（4）各级质量技术监督行政部门设立事故举报电话并向社会公布，及时受理有关事故的情况，并提出意见和建议。

四、事故调查组的组成

（一）事故调查组的组成原则

事故发生后，应立即成立事故调查组。事故调查组一般由质量技术监督行政部门会同事故发生地政府机构组成，根据事故的性质和发生事故的地点，组成原则如下：

（1）特别重大事故按照国务院的有关规定，由国务院或者国务院授权的部门组织成立特别重大事故调查组，国家质量监督检验检疫总局参加。

（2）特大事故由国家质量监督检验检疫总局会同事故发生地的省级人民政府及有关部门组织成立特大事故调查组，省级质量技术监督行政部门参加。

（3）重大事故由省级质量技术监督行政部门会同事故发生地的市（地、州）人民政府及有关部门组织成立重大事故调查组，市（地、州）质量技术监督行政部门参加。

（4）严重事故由市（地、州）质量技术监督行政部门会同事故发生地的县（市、区）人民政府及有关部门组织成立事故调查组，县（市、区）质量技术监督行政部门参加。

(5)一般事故由事故发生单位组织成立事故调查组。上一级质量技术监督行政部门认为有必要时,可以会同有关部门直接组织成立事故调查组。

(6)移动式压力容器、特种设备异地发生的事故,由事故发生地有关部门按照本条规定组织成立事故调查组,并通知办理使用注册登记的质量技术监督行政部门参加。办理使用注册登记的质量技术监督行政部门应当协助调取设备档案等资料,配合做好事故调查工作。

(二)组织、成立事故调查组的专家条件

成立事故调查组需要聘请有关专家时,参加事故调查组的专家应当符合下列条件:

(1)具有事故调查所需要的相关专业知识;

(2)与事故发生单位及相关人员不存在任何利益或者利害关系。

(三)事故调查组应当履行的职责

(1)调查事故发生前设备的状况;

(2)查明人员伤亡、设备损坏、现场破坏以及经济损失情况(包括直接和间接经济损失);

(3)分析事故原因(必要时应当进行技术鉴定);

(4)查明事故的性质和相关人员的责任;

(5)提出对事故有关责任人员的处理建议;

(6)提出防止类似事故重复发生的措施;

(7)写出事故调查报告书。

(四)事故调查组的职权

(1)事故调查组有权向事故发生单位、有关部门及有关人员了解事故的有关情况、查阅有关资料并收集有关证据。

事故发生单位及有关人员,必须实事求是地向事故调查组提供有关设备及事故的情况,如实回答事故调查组的询问,并对所提供情况的真实性负责。

(2)事故调查过程中,事故调查组可以根据需要委托有能力的单位,进行技术检验或者技术鉴定。

接受委托的单位完成技术检验或者技术鉴定工作后,应当出具技术检验或者技术鉴定报告书,并对其负责。

(3)事故调查应当根据事故性质和当事人的行为,确定当事人应当承担的责任,并在事故报告书中,提出事故处理意见。当事人应当承担的责任分为:全部责任、主要责任、同等责任、次要责任。

当事人故意破坏、伪造事故现场、毁灭证据、未及时报告事故等致使事故责任无法认定的,当事人应当承担全部责任。

(4)事故调查组应当将事故调查报告书报送组织该起事故调查的行政部门,并由其进行批复。

事故调查报告书的批复应当在事故发生之日起 60 日内完成。特殊情况,经上一级质量技术监督行政部门批准,批复期限可以延长,但不得超过 180 日。

五、压力容器事故调查

事故调查的目的是为了找出事故发生的原因,查明责任,吸取教训,采取有效的防范措施。事故的发生往往涉及操作、管理和技术方面的原因,因此对各类事故都应当本着"三不放过"的原则进行处理,即事故原因查不清不放过、事故责任者和全体职工不受教育不放过、事故防范措施没有制定落实不放过。

（一）事故调查的一般工作程序

（1）召集有关人员了解事故发生情况；

（2）查阅设计、制造、安装、使用、修理、改造等有关档案资料；

（3）勘察事故现场；

（4）做好必要的技术检验和鉴定工作；

（5）正确分析事故发生的原因；

（6）提出预防发生类似事故的措施；

（7）完成事故调查报告书，报有关部门。

（二）事故调查的要求

1. 对事故发生前的设备情况调查

了解事故发生前的有关档案，设计制造资料和运行情况，例如，设备结构是否合理，强度是否足够，材质是否符合要求，制造质量尤其是焊接质量和热处理是否合格，产品试验是否符合要求，安装是否正确，修理质量对设备是否有影响，是否超过检验期，定期检验时危及安全的缺陷是否漏检，运行中有否违章或误操作，运行是否平稳，是否发生过剧烈的参数波动等现象。

2. 事故现场的调查

（1）事故现场检查的一般要求。仔细观察记录各种现象，并进行必要的技术测量。记录承压部件及周围设施损坏情况，尽力收集较完整的原始资料，数据要准确，资料要真实。

（2）人员伤亡情况的调查。包括：事故造成的死亡、重伤、轻伤人数，伤亡人员性别、年龄、职务、从事本职工作的年限、持证情况等。

（3）事故破坏情况的调查。包括：设备的损坏情况，周围建筑物的破坏情况，主要爆炸物落点及波及范围。如属爆炸事故，应尽量收集齐设备所有爆炸碎片，并拍摄现场照片，绘制现场简图，记录环境温度。

（4）设备本体损坏情况的检查。包括：部位、形状、尺寸。具体要求如下：

① 尽量收集齐所有的碎片，准确测量每块碎片飞出的距离，称量每块碎片的重量；绘制每块碎片形状图。

② 注意保存好严重损伤部位（特别注意保护断口），仔细检查碎片内外表面情况，检查有无腐蚀减薄、烧损和材料缺陷，并肉眼判断损坏、损伤破裂是塑性还是脆性。

③ 对无碎块或碎片的设备，应测量开裂位置、方向、长度及壁厚。

④ 绘出本体破裂简图。

（5）附件及附属设备损坏情况的调查。包括：安全附件、保护装置。

① 附属设备包括：风道、烟道、构架、管道、阀门等。

② 安全附件包括：安全阀、水位表、压力表、减压阀、爆破片等。

③ 保护装置包括：高低水位报警装置、超温报警或保护装置、低水位联锁保护装置等。

（6）确定是否需要进行机械性能试验、化学成分分析、断口微观检查、无损检测等。若需要，则应标出其部位，并对这些部位进行保护。

3. 关于事故发生过程的调查

（1）调查当时运行参数是否正常，有否发生渗漏、变形和异常响声。对易燃、易爆的介质，要特别注意是否有化学爆炸的可能性，应重点检查是否有发生化学爆炸的条件。

(2) 查清事故过程中操作人员的操作过程及操作人员的技术水平、培训与考核情况。

（三）技术检验及鉴定

通过现场调查还不能确定事故性质时，应进一步做技术检验和鉴定。技术检验和鉴定的主要内容有下列几项：

(1) 材质化学成分分析。重点化验对设备性能有影响的元素成分，对材质可能发生脱碳现象的设备，应化验其表面层含碳量和内层材质含碳量，并进行对比，分析介质对材质的影响，借以鉴别是否错用钢种或材质发生变化。

(2) 机械性能测定。测定钢材强度、塑性、硬度等以判断材质组织变化情况或是否错用钢材。测定钢材的韧性指标，以鉴定是否可能脆性断裂。

(3) 金相检查。观察断口及其他部位金属相的组成，注意是否有脱碳现象，分析裂纹性质，为鉴别事故性质提供依据。

(4) 工艺性能试验。主要是焊接性能试验、耐腐蚀性能试验。试验时应取与破裂设备相同的材料和焊条、焊接工艺，观察试样是否有与破裂设备类同的缺陷。

(5) 断口分析。包括宏观分析和微观分析。重点做好宏观分析，以微观分析为辅助，忌用微观分析代替宏观分析。

① 断口应加以保护，不准用手触摸、对接、碰撞和玷污。观察分析前要将断口清洗干净，保持断面原始形状，尽量采用物理方法清洗。

② 断口宏观分析，即用肉眼或借助放大镜在较低倍数下对断口进行观察，以判断断裂类型。

③ 必要时可利用电子显微镜对断口的微观形态进行分析，通过微观分析确定裂纹的传播、断口析出相和腐蚀产物的属性。

④ 断口试样应保留至事故无争议并处理完毕。

(6) 无损检测。重点是检查设备投入使用后新产生的缺陷和投用后发展了的制造原始缺陷，包括裂纹分布情况和焊缝内部缺陷情况。

(7) 根据设备破裂的特征，应做相应计算。如强度计算、爆炸能量的计算、液化气体过量充装可能量的计算等。

(8) 锅炉事故还应对水垢、氧化物和其他杂质等进行成分分析。

（四）事故原因的分析

(1) 设计。选材不合理，结构不合理，强度计算错误以及设计技术要求不正确等。

(2) 制造和安装。焊接、加工及组装质量不好，材料用错，材质不好，制造、安装工艺不符合要求等。

(3) 使用。违章操作，违章指挥，设备维护不良，没有进行定期检验或超过检验周期等。

(4) 修理和改造。修理、改造方案不合理，修理、改造工艺不符合要求，修理、改造质量不好，材质用错等。

(5) 检验。检验人员素质低或责任心不强，检验质量不好，缺陷漏检、误判等。

(6) 安全附件。安全附件不全、不灵、不可靠，安装不当或排量计算有误等。

(7) 其他。气瓶、罐体充装过量，或错装、混装；运输装卸不当；超过储存期；水泵或其他辅机、附属设备发生故障等。

（五）事故的综合分析

（1）具体分析的步骤。

① 确定事故的类别，列出可能发生此类事故的所有原因，即事故原因系统分析框图。

② 根据调查情况，逐步排除不存在的因素。

③ 分析和验证可疑因素，以确定事故的直接原因，从而掌握事故的全部原因。

（2）进行事故综合分析时，可采用鱼刺图、事故树分析或其他分析方法。

（六）事故结论

（1）事故调查应当根据事故性质和当事人的行为，确定当事人应当承担的责任，并在事故报告书中，提出事故处理意见。当事人应当承担的责任分为：全部责任、主要责任、同等责任、次要责任。

当事人故意破坏、伪造事故现场、毁灭证据、未及时报告事故等致使事故责任无法认定的，当事人应当承担全部责任。

（2）事故调查组应当将事故调查报告书报送组织该起事故调查的行政部门，并由其进行批复。

六、事故处理

（1）事故批复后，组织该起事故调查的行政部门应当将事故调查报告书归档备查，并将事故调查报告书副本送达国家质检总局事故调查处理中心、当地人民政府和有关主管部门。

（2）事故发生单位及主管部门和当地人民政府应当按照国家有关规定对事故责任人员作出行政处分或者行政处罚的决定；构成犯罪的，由司法机关依法追究刑事责任。行政处分或者行政处罚的决定应当在接到事故调查报告书之日起 30 日内完成，并告知组织该起事故调查的行政部门。

七、责任追究

（1）有关人员在事故报告、调查、处理以及统计、分析、技术检验、技术鉴定、档案资料保管等过程中，因主观故意违反法律、法规和规章的规定，违反法定程序、适用法律不当、认定事实错误造成行政执法过错的，或者行政部门公务员不履行职责的，依据国家有关规定追究其责任；构成犯罪的，依法追究其刑事责任。

（2）在事故发生和调查过程中，有下列行为之一者，由主管部门或者当地政府对责任人员给予行政处分；构成犯罪的，依法追究刑事责任：

① 对所发生的设备事故隐瞒不报、谎报或者故意拖延报告的；

② 故意破坏事故现场的；

③ 私自转移、隐匿、毁弃设备事故证据或者设备设计、制造、销售、安装、充装、使用、检验、修理、改造等证件以及记录、技术资料、档案的；

④ 阻挠、干涉事故调查工作正常进行的；

⑤ 无正当理由拒绝接受事故调查，拒绝提供与设备事故有关的情况和资料的；

⑥ 提供伪证或者指使他人提供伪证的；

⑦ 对事故调查和处理工作不负责任，致使调查或者处理工作有重大疏漏的；

⑧ 行贿、受贿，包庇事故责任者或者借机打击报复他人的。

（3）对事故责任单位，除依法追究民事责任或者刑事责任外，由组织该起事故调查处理的质量技术监督行政部门按照以下规定进行处罚：

① 事故发生单位在设备发生事故后不采取紧急救援措施，在人力能及的情况下未能有

效防止事故灾害扩大的，予以警告，并处 5000 元以上 25000 元以下的罚款。

② 事故发生单位，发生事故未按照规定报告或者隐瞒不报的，予以警告，并处 5000 元以上 25000 元以下罚款。

③ 销售、安装、充装、使用无许可证设备发生事故，予以警告，并处 5000 元以上 25000 元以下罚款。

④ 违反法律、法规、规章、强制性国家标准，进行产品设计、制造、销售、安装、充装、使用、检验、修理、改造，造成事故的，予以警告，暂停相应资格或取消相应资格，并处 10000 元以上 30000 元以下罚款。

⑤ 强令违章作业、管理混乱、对职工不进行安全教育、无证上岗、违章操作或对事故隐患不进行处理，造成事故的，予以警告，并处 10000 元以上 30000 元以下罚款。

第二篇 典型生产设备及安全操作要点

第九章 分　离　器

在油层条件（高温、高压）下，天然气溶解在原油中，在油井生产过程中，随着温度、压力的变化，天然气不断地从原油中分离出来。为了满足油井产品计量、矿场加工、储存和长距离输送的需要，必须将呈混合状态的原油和天然气分开，分成通常所说的原油和天然气，这就是油气分离。这种工作是通过专门的设备——油气分离器进行的。

第一节　分离器的形式

油气分离器一般分为两相和三相两类。两相分离器把油井生产的原油和天然气混合物分为气体和液体；而三相分离器把含有游离水的油气混合物分为油、气、水。从外形上看，分离器又可分为立式、卧式和球形3种，卧式分离器又有主体分为单筒和双筒之分。从功能上分，分离器还可分为计量分离器和生产分离器两种。计量分离器是用于计量站或井口将油井产出的油气分开，以便计量油、气的产量，计量后，一般原油和天然气再混合外输；生产分离器主要是用于接转站和转油站（将原油和天然气分开，再分别对原油、天然气处理，净化后外输）。

立式、卧式、球型3种分离器的性能和优缺点见表9-1，其性能的好坏以1、2、3的顺序排列。

表9-1　3种分离器性能表

性　　能	卧　式	立　式	球　型
分离效果	1	2	3
分离所得液体沉降程度	1	2	3
适应各种情况的能力	1	2	3
操作的灵活性	2	1	3
处理杂质的能力	3	1	2
处理起泡原油的能力	1	2	3
单位处理量的分离器价格	1	2	3
作为移动式使用的适应性	1	3	2
安装所需空间的平面	3	1	2
安装所需空间的立面	1	3	2
安装的简易程度	1	3	2
检查和保养的简易程度	1	3	2

第二节 分离器的工作原理

油气在分离器中主要依靠重力沉降分离,油气混合物由分离器上部的切向进入,并沿器壁旋转。在重力作用下,依靠油滴和气体的相对密度差使油气分离,气向上,而油水向下;在离心力的作用下,由于油的密度大于气的密度,故油沿壁向下,气集中在中心向上,上面装有散油帽,当气体上升时,依靠油膜的粘附作用将气中所含油滴分出。所谓油膜粘附作用,就是指气体中含有大量雾状油滴,此油滴当碰到面积大的散油帽时,油滴就会粘附在挡板(散油帽)上,形成一层很薄的油膜,当此油膜与气体接触时,又可继续将气中的油捕集起来。当油多了之后,就会因重力作用而落到下部。

第三节 生产分离器

一、结构

生产分离器不论是立式的、卧式的或是球型的,它们的作用是一样的,所以它们都具有相同的部件,即由主体容器、分离部分、液面控制部分、压力控制部分和加热部分构成。如图9-1、图9-2、图9-3所示,是油田常用的分离器。

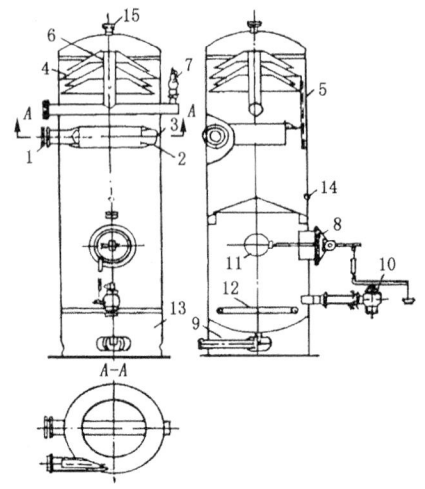

图9-1 立式分离器
1—油气入口;2—油槽;3—防冲板;4—捕集器
(散油帽);5—回油管;6—出气管;7—安全阀;
8—人孔;9—排污管;10—出油阀;11—浮漂;
12—盘管;13—底座;14—压力表接头;15—安全头

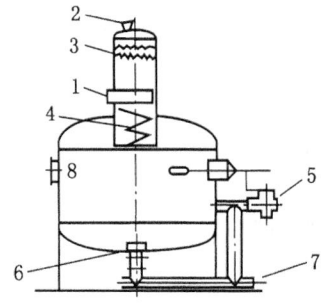

图9-2 立式油气分离器
1—油气进口;2—气出口;3—叶片式
捕雾器;4—辅液板;5—出油阀;
6—出油阀;7—排污口;8—人孔

(一)主体容器

主体容器是分离器的最基本部件,它所能承受的压力决定了分离器的工作压力,它的尺寸决定了分离器的处理能力。

主体容器是由容器封头和圆筒(筒体)两部分组成。容器上连接有油气混合物的入口管、安全阀、天然气排出管、原油排出管、排污管等。分离器中往往有机械杂质或石蜡的沉积,需及时清理,有时需对器内的附件进行检查和维修,因而在器壁上需设置能进行清理和维修的开口。一般大容器常设有人孔,小容器上则采用手孔。

另外还有控制液面的接口、加热盘管的蒸汽(或热水)进出口、压力表管嘴等。

(二) 分离部分

分离部分是分离器的重要组成部分,直接影响分离效果。它包括3个部分:初分离部分、主要分离部分和除雾器(或分离伞)。

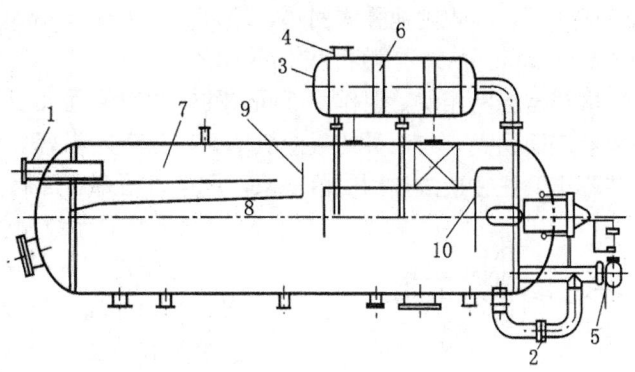

图9-3 卧式油气分离器
1—油气进口;2—油出口;3—二级分离包;4—气出口;5—出油阀;
6—气液过滤阀;7—阻流板;8—拉泡管;9—挡板;10—防冲隔板

1. 初分离部分

初分离部分由油气入口、油槽、防冲板组成。它的作用是把油气混合物分开,成为以气体为主和以液体为主的两部分,如图9-4所示。立式分离器的入口管和容器内壁成切线,利用离心力把油气混合物铺在容器内壁上。如图9-5所示,卧式分离器初分离部分采用疏流板式,尽可能地使混合物铺开,使油气向各自的方向流动,不应该产生过多的油滴和气泡,以免造成下一步的分离困难。

立式分离器的入口管一般装在分离器高度的一半偏上处,也就是稍高于最高液面偏上处。这是为了防止气液流对液面的冲击和搅动,给液体沉降留有一定的容积,保证其在分离器中有足够的停留时间。同时,避免了油滴直接溅到气体出口。而卧式分离器的入口一般装在容器封头的上半部。

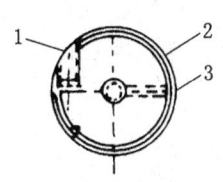
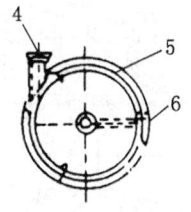

图9-4 分离器切线入口示意图
1—油气进口(内切);2—旋流挡板;
3—溢流管;4—入口法兰;
5—旋流挡板;6—溢流管

2. 主要分离部分

主要分离部分是主体容器本身。它的作用是利用沉降分离把油滴从气体中分离出来,使流出分离器的气体含油量不超过规定的气体带液率,把气泡从原油中分离出来,使流出分离器的原油含气量不超过规定的液体带气率。为了满足气体和液体两方面的沉降要求,主体容器必须有一定的直径和长度。

3. 除雾器

在油气分离器中沉降分离未能除去的较小油滴,采用以碰撞和凝聚为主的方法加以捕集。油气分离中起碰撞、凝聚分离作用的部件称除雾器。除雾器应能除去气体中携带的粒径为10~100μm的油雾,并要求其结构简单,气体通过时压力降较小。常用的除雾器有两种:伞型和网垫型。伞型除雾器用钢板作成伞状,其结构简单,维修工作量小,压降低,但捕雾效果差。而网垫型除雾器是由耐腐蚀合金钢、金属网制成的,最通用的用直径0.33mm金属丝

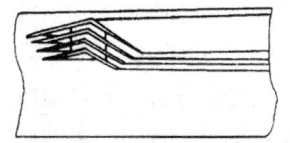

图9-5 人字形疏流板

编织成线网，不规则地叠成网垫，厚度为 100～150mm，密度为 200kg/m³，金属丝表面积为 360～410m²/m³，空隙占 97%～98%。

网垫与滤网相似，但作用不同。网垫的空隙远大于滤网，是靠碰撞捕集油雾的。网垫的金属丝表面积大，与油雾的碰撞机率高，分离效果好。但网垫结构较伞型除雾器结构复杂，安装不牢，往往造成丝网脱落现象，严重时堵塞出油阀，维修工作量大。

（三）液面控制部分

为了使油气分离器正常、平稳的运行，保证分离效果，必须使油气界面在某一限定的高度内波动，使其不越过最高或最低允许位置，那么就要对分离器液面进行检测和控制。国内油田通常采用浮子控制机械动作阀，如图 9-6 所示。

球形空心浮子置于分离器中，漂在液面上，分离器液面发生变化时，球沿垂直方向发生相应的位移，通过连杆并转动外面的小轴，小轴又与杠杆相连接，杠杆的一端有平衡锤，而另一端借助于杠杆和装在出口管线上的控制阀件的杠杆相连。

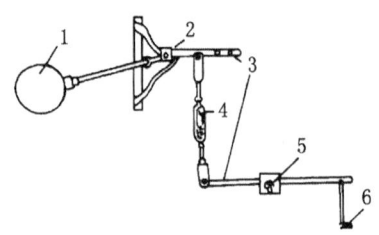

图 9-6 液面控制器
1—浮子；2—小轴；3—杠杆；4—拉杆；
5—出油阀轴；6—平衡锤

当油气分离器中液面降低（如分离器进液量减小）时，浮子向下，转动小轴，并使拉杆向上，出油阀关小或直到关闭，此时排出的油流减少，直到油流停止。反之，当液面升高（如分离器进液量增大）时，上述动作相反，出油阀开大，因而油流大量流出，从而使分离器液面控制在一定位置。由于分离器液面相对稳定，既防止原油进入输气管线，又避免了天然气进入出油管线。出油阀的结构如图 9-7 所示。

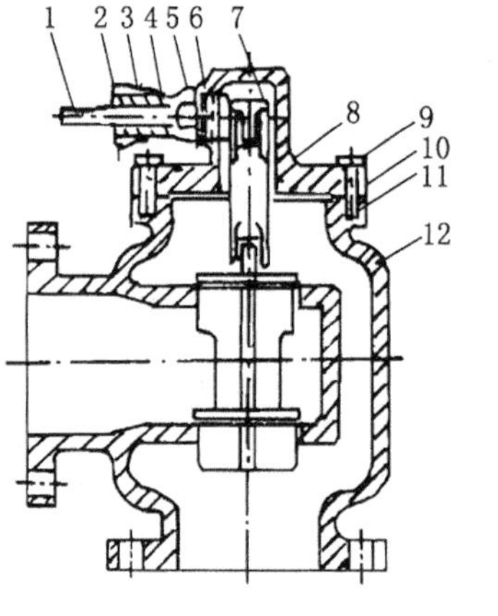

（四）压力控制部分

从工艺流程上看，油气分离后，原油流入油罐或流入缓冲罐（或分水罐）。因此，必须使油气分离器保持一定压力，使原油能够克服油罐的静液柱压力和管道摩阻损失而流入油罐，或使原油高于缓冲罐（或分水罐）的工作压力。保持油气分离压力稳定的方法，是在分离器的排气管上装有一个阀门控制压力（开式流程）。在密闭流程中，则用常开型薄膜头阀控制压力。

图 9-7 出油阀
1—扭杆；2—压紧螺母；3—格兰；
4—密封填料；5—密封盒；6—垫片；
7—升降器；8—拉根；9—固定螺丝；
10—盖子；11—垫片；12—壳体

为了防止分离器压力过高，发生跑油或超压爆炸事故，分离器上必须装有安全阀。分离器的工作压力一般控制在 0.1～0.35MPa，安全阀定压在 0.4～0.5MPa。一旦分离器压力大于安全阀定压时，安全阀的弹簧受到压缩，使阀球离开阀座，气体排出，同时发生叫声，值班人员听到叫声即可采取措施。随着油田自动化程度的提高，目前，有些分离器已经安装了超压自动报警装置，即当油气分离器工作压力超过规定值后，报警装置可自动进行声（铃响）光（灯亮）报警。

安全阀要定期调整、检验，使其处于正常工作状态，保证分离器安全运行。如发现安全阀在低于定压时漏气，说明阀球和阀座结合不严，或者是因为砂卡或者脏物堵塞。此时，须用凡尔砂研磨阀球、阀座，或者清除脏物。

初投产时,分离器安全阀可用压风机定压。生产中调整分离器时,应关死出油阀门,关小出气阀门,调节安全阀的调节螺丝,压缩或放松弹簧,使其达到规定的压力,有气体逸出时打开油阀门即可。在定压时,应注意防止调试时间过长,分离器跑油。

(五) 加热部分

为了防止油气分离器因故较长时间停运时原油结蜡和冻凝,在分离器下部装有蒸汽盘管,以备需要时加热。

二、操作管理

(一) 分离器的进油操作

(1) 校正分离器的安全阀,定压为 $0.4\sim0.5$MPa。
(2) 打开分离器的蒸汽进出口阀门。
(3) 打开分离器的出油阀门,并检查进罐及有关流程。
(4) 打开天然气出口阀门,检查其有关流程。
(5) 控制分离器压力,一般在 0.15MPa 左右(最低不低于 0.1MPa,最高不高于 0.2MPa)。

(二) 分离器的倒换

(1) 检查待工作的分离器是否畅通,然后按照启动操作规定进行启动。
(2) 待分离器启动运转正常后,再停止须停运的分离器。
(3) 先关闭停运分离器进口阀门,排净器内原油。
(4) 关闭出油阀门,压死出油阀。
(5) 关闭天然气出口阀门。
(6) 关闭蒸汽出口阀门,若分离器内原油排不净时,下次启动前,应先通入蒸汽预热。

(三) 分离器正常运转中的注意事项

(1) 经常观察分离器的工作压力,使其不超过允许值。
(2) 经常活动出油阀,检查浮漂连杆机构是否灵活、好用。
(3) 定期检验安全阀。

三、分离器常见故障及处理

(一) 分离器跑油

分离器跑油即原油从气管线排出。跑油原因如下:
(1) 浮漂连杆机构失灵或出油阀卡死,使分离器压力过高。
(2) 出油阀不严,分离器压力过低,大罐倒灌跑油。

为了预防分离器跑油,须经常检查分离器各零部件是否灵活、好用,发现问题及时维修。值班人员必须坚守岗位,定期巡回检查分离器的压力与进油温度变化,及时调节出气阀及出油阀门,使分离器始终保持平稳运行。分离器跑油事故及处理见表 9-2。

(二) 分离器串气

所谓"串气"就是天然气从出油阀随同原油一起串入大罐。

1. 分离器串气造成的危害

(1) 气体冲击罐内原油从罐顶溅出;
(2) 气体使罐体发生强烈振动,时间一长,将造成罐底钢板破裂,原油外溢,酿成恶性事故;
(3) 天然气进入大罐后,跑入大气,既浪费了能源,又污染了大气。

表 9-2 分离器跑油事故及处理

跑 油 原 因	处 理 方 法
1. 油压突然增加,分离器油面压不下去	开大出油阀门或倒旁通
2. 分离器压力过高	
(1) 出油阀卡死	检查、修理出油阀
(2) 浮漂失灵,浮漂进油	检查修理浮漂连杆机构、补焊、更换浮漂
(3) 出油管线堵塞	用压风机扫线
(4) 出油管线冻结	用压风机扫线
(5) 出油阀门未开	打开出油阀门
3. 压力过低	
(1) 天然气出气口阀门开得过大;	控制出气口阀门
(2) 放空阀门开得过大	控制放空阀门
4. 伞板掉下	焊接伞板

2. 串气原因及预防

串气原因如下:

(1) 出油阀砂卡、蜡卡、关不严。

(2) 分离器上天然气出口阀门开度过小,天然气不能全部从气管线排出,致使分离器建立不起液面。

从预防上讲,应定期维修出油阀和随时调节出气阀开度。

第四节 计量分离器

计量分离器（也叫量油分离器）一般设在计量站或井口,其作用主要是将油井产出的油气分开,以便计量油、气的产量,计量完成后油气又混合输送到集油站。其工作原理与生产分离器相同,结构大致相似,只是计量分离器没有液面控制系统,而以玻璃管代之监视液面的变化和计量测试任务。下面介绍油田常用两种计量分离器。

一、立式单容积计量分离器

（一）工作原理

如图 9-8 所示,为立式油气计量分离器,工作原理如下:油井来的油气混合物,进入分离器挡帽上部,喷洒在分离伞上,靠油气密度不同进行分离。分离出的气体向上再经过两层分离伞除去夹带的油滴,从顶部出气管经孔板测气。沉降下来的原油计量后经出油阀门排出,并与分离出的气体重新混合进入集油干线。

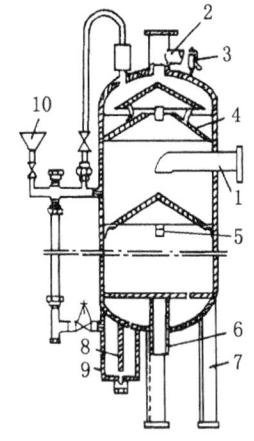

图 9-8 量油分离器
1—进油管；2—出气管；3—安全阀；4—分离伞；5—板帽；6—出油管；7—支架；8—隔板；9—水仓；10—漏斗

（二）技术参数

立式量油分离器常用的有 $\phi600$、$\phi800$、$\phi1200$、$\phi2400$ 等规格,其技术参数见表 9-3。

（三）量油

量油、测气是油井日常管理的重复工作。通过油气产量的计量,可以了解油井生产情况。只有取全、取准油井生产的第一性动态资料，才能给油井和油田的分析提供可靠依据，对油井生产动态作出正确判断，并提出合理的措施，改善油井生产状况，建立合理的工作制度，保证油井长期稳产、高产。这里仅介绍两种基本常用量油方法。

表 9-3 量油分离器技术参数

型　　号	ϕ600	ϕ800	ϕ1200	ϕ2400
最高工作压力，MPa	1.6	1.6	1.6	1.0
总高度，mm	2285	2300	4484	7080
筒体高度，mm	1220	1286	3500	4750
内径，mm	600	800	1200	2400
油气进口，mm	80	80	150	200
气出口，mm	80	80	150	150
安全阀出口，mm	50	50	50	100
设备自重，kg	345	544	2500	94721
油出口，mm	80	80	150	200

1）玻璃管量油原理及计算公式

在分离器侧壁装一高压玻璃管，与分离器构成连通器，如图 9-9 所示。根据连通器平衡原理，分离器内液柱的压力应与玻璃管内水柱压力相平衡。因此，当分离器内进油，液面上升一定高度时，玻璃管内水柱也相应上升一定高度，只是因油水密度不同，上升高度不同。知道了水柱上升高度，就可以换算出分离器内油柱上升的高度。记录水柱上升高度所需时间，计算出分离器单位容积，就可求出产量。根据连通管平衡原理得到：

$$H_{油} \cdot r_{油} = h_{水} \cdot r_{水}$$

由此得：

$$H_{油} = \frac{h_{水} \cdot r_{水}}{r_{油}}$$

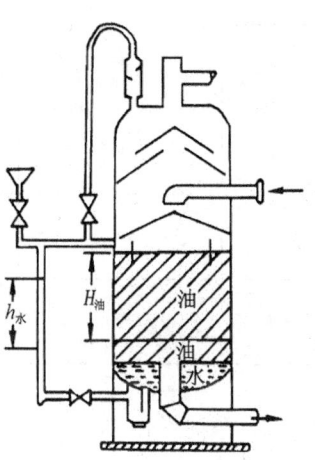

图 9-9 玻璃管量油原理

分离器内油柱重量为：

$$\begin{aligned} G &= H_{油} \cdot r_{油} \cdot F \\ &= \frac{h_{水} \cdot r_{水}}{r_{油}} \cdot r_{油} \cdot F \\ &= h_{水} \cdot r_{水} \cdot F \\ &= h_{水} \cdot r_{水} \cdot \pi R^2 \end{aligned} \tag{9-1}$$

式中　$H_{油}$、$h_{水}$——油水上升高度，m；

$r_{油}$、$r_{水}$——油水密度；

R——分离器内半径，m；

F——分离器内截面积，m^2。

若量油时水面上升高度 $h_{水}$ 所测得时间为 t（s），则每秒时间的产油量为：

— 199 —

$$q = \frac{\pi R^2 \cdot h_\text{水} \cdot r_\text{水}}{t}$$

折算时间产油量计算公式为:

$$Q = \frac{\pi R^2 \cdot h_\text{水} \cdot r_\text{水} \cdot T}{t} \tag{9-2}$$

式中 T——当折算4h产量时乘上14400s;当折算8h产量时乘上28800s;当折算24h产量时乘上86400s;

Q——折算产量,t。

各种类型分离器量油计算公式见表9-4。

表9-4 分离器量油计算公式

序 号	分离器内径,mm	人 孔	规定量油高度,mm	水的相对密度	计 算 公 式
1	φ412	无	300	1	$Q = \frac{115.8}{t}$ (t/班)
2	φ600	无	300	1	$Q = \frac{2443}{t}$ (t/班)
3	φ620	无	300	1	$Q = \frac{2608}{t}$ (t/班)
4	φ800	无	400	1	$Q = \frac{5790.5}{t}$ (t/班)
5	φ800	有	400	1	$Q = \frac{6034.5}{t}$ (t/班)
6	φ800	无	500	1	$Q = \frac{7238.3}{t}$ (t/班)
7	φ1200	有	300	1	$Q = \frac{9763.2}{t}$ (t/班)

2) 量油操作

(1) 检查并校对量油玻璃管位置和阀门、管线有无漏油气现象。

(2) 先开玻璃管上流阀门,再开玻璃管下流阀门,接着关闭出油阀门。

(3) 稍开分离器平衡阀门,平衡分离器与集油干线的压力。

(4) 仔细观察液面上升情况,准确记录始末时间,误差不应超过1s。观察液面时视线应在同一水平线上,看时间应正视钟面指针。

(5) 量油完毕后关闭平衡阀门,慢开出油阀门,待分离器中的油压出后,先关闭玻璃管下流阀门,再关上流阀门。

(6) 产量稳定的油井,每班量油一次,每次量两遍,取平均值。如油井产量不稳定,量油的间隔和次数要根据具体情况进行分析,然后决定。

(四) 测气

测气是油井管理中很重要的工作,只有掌握了准确的气量和油气比,才能正确地分析和判断油井地下变化情况,掌握油田、油井及注采关系等。

现场大部分采用放空测气、密闭测气两种方法。放空测气时,气体经测气管、挡板,然后放入大气；密闭测气时，气体经测气管线和挡板后仍进集输管线。

测气方法的基本原理是使气体通过测气管线上装的挡板产生节流作用，在挡板前后形成压差，利用挡板孔径和挡板前后的静压值可计算出气量。对气量小、管线压力低的气体可采用放空测气；对气量大、管线压力高的气体可采用密闭测气。下面介绍两种常用的测气方法。

1. 压差计测气法

这种测气法也叫垫圈流量计测气法，是放空测气方法的一种。由测气短节和 U 型管压差计组成，如图 9-10 所示。

1）气体计算公式

当气体通过挡板进入大气时，受挡板的节流作用，气流速度增大，在气流速度低于临界速度时，流量与压差成正比关系。因部分压能转为动能，故挡板前后形成压差。由挡板孔径和压差计测得的压差值，根据动力学的原理推导，得到计算气量的公式为：

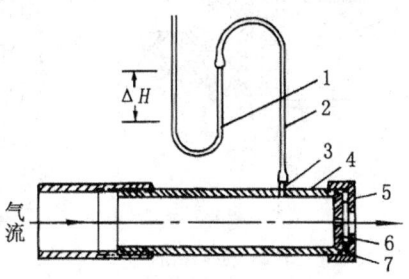

图 9-10 压差计测气装置示意
1—压差计；2—胶管；3—测压嘴；
4—短节；5—压帽；6—挡板；7—胶垫

$$Q_{气} = 0.6356 \cdot d^2 \sqrt{\frac{T_o}{T}} \cdot \sqrt{\frac{1}{r_{气}}} \cdot \sqrt{\Delta h} \tag{9-3}$$

式中 $Q_{气}$——产气量，m³/d；

d——挡板孔径，mm；

T_o——标准状况下绝对温度值，$T_o = 273 + 20 = 293$K；

T——测气时的绝对温度，$T = 273 + t$（t 即天然气的温度,℃），K；

$r_{气}$——天然气相对密度；

Δh——U 型管压差计内水银柱的高度，mm。

2）操作要求

（1）根据气量选择适当的挡板，并使孔眼安装正中，管线严密不漏。测定管线长度要求 5~7m 平直无弯曲。

（2）采用放空测气（使分离器压力接近于零），若所选孔板不能放空，则需换用较大的孔板。

（3）为减少测量误差，孔板孔径选择 7~25m 较合适，水银柱压差合理范围规定为 30~150mm。

（4）刮风天，不能逆风测气，气体出口不能有阻挡物。

（5）测气必须在测压、清蜡、井下取样等操作后 1h 进行。

（6）操作要平稳，装好测气短节后，先关油阀门，慢开测气阀。

（7）开始测气后，每 15~30s 读一次压差值，正常井测 8min；取差值比较稳定的 10 个点算出平均值。

（8）测气之后，将分离器憋压高于干线回压 0.05MPa 左右，然后慢开分离器出油阀，将原油压入干线。

2. 波纹管压差计测气

1）工作原理

在测气管上装一副孔板，气流通过孔板造成一定压差。将高压（孔板前）通至波纹管外

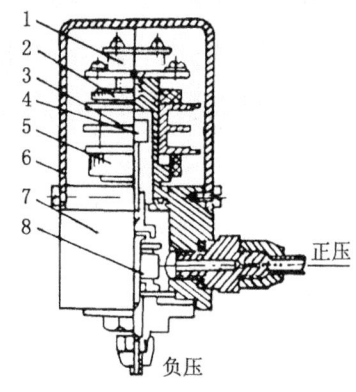

图 9-11 测气一次仪表
1—热敏电阻；2—压紧螺帽；3—线圈骨架；4—铁芯；5—压紧螺帽；6—保护罩；7—壳体；8—波纹管

腔，低压（孔板后）通至波纹管的内腔。在压差的作用下，波纹管变形，它的变形程度与压差成正比。

为了测量这个压差，采用差动线圈，如图 9-11 所示，线圈的轴心上有一个能上、下移动的铁芯，当铁芯位于线圈中心时，通过两个线圈的磁力线相同，所感应出的电压大小相等、方向相反，所以输出端的电压为零。当波纹管在压差的作用下变形而推动铁芯在线圈中移动时，造成输出端电压不平衡，此时就有电流输出，输出电流的大小和铁芯位移成正比，因而测出电流就可以知道压差。因感应电流很小，所以将信号电流放大整流后，用微安表指示出来，查出相应的压差值进行平均，代入计算公式求出产气量。

波纹管压差计的特点是体积小、测气准确、可靠。

2) 气量计算公式

$$Q = 0.01252\alpha\varepsilon d^2 \sqrt{\frac{T_\circ(p'+1)\Delta h \times 13.6}{r_g \rho_g T p_\circ}} \quad (9-4)$$

式中　Q——天然气气量，m^3；
　　　α——流量系数；
　　　ε——气体膨胀系数；
　　　d——主孔板孔径，mm；
　　　$p_\circ$——标准大气压，MPa；
　　　p'——分离器压力，MPa；
　　　ρ_g——空气密度，kg/m^3。

其他符号与压差计公式相同。

3) 测气要求

(1) 将分离器各部阀门开好，量油、测气可以同时进行。

(2) 当分离器进油以后，再开始记录压差，要求每 1s 记录一个压差值，共计 10 个，然后取平均值计算气量。

(3) 在合上测气电流开关后，待微安表指针摆动平稳后，再开始记录读数。

二、连续量油分离器

所谓连续量油分离器，就是通常所说的双容积量油分离器，它能对油井产液量和产气量自动连续计量。

(一) 结构

连续量油分离器原理结构如图 9-12 所示。

隔板把分离器分为储油室和计量室两部分，储油室经弯管和计量室相连。量油弯管顶部经量油电磁阀和储油室顶部连通。计量室外侧装有玻璃管水位计。计量室经排油弯管和外输管线相接。排油弯管顶部经排油阀与计量室顶部连通。

(二) 工作过程

量油玻璃管内的 5 个电极，通过切换开关可以实现连续量油和间断量油的不同需要。

1. 自动连续量油、间断测气

开始计量的状态是量油阀关闭，排油阀开启，油井来的油气进入储油室后，立即流进计量室进行油气分离。气体经排油阀进入外输管线，计量室内液面随着来油增多不断上升，液面上升，可由玻璃管水位计反映出来。这个液面上升过程就是量油过程，当水位上升到规定高度位置时，初次量油结束。此时量油阀由关闭变为开启，排油阀由开启变为关闭。

进入储油室的油气被分离后，气体经量油阀流进计量室，油则储存在储油室造成液面上升，同时替出同体积的气体也进入计量室。由于排油阀关闭，气体将迫使计量过的油经下弯管排送，这个以气替油的过程就是测气过程。只要知道排油的时间、替出油的体积、分离器的压力和温度，就能算出产气量。随着排液过程的进行，储油室液面不断上升，计量室液面不断下降。当计量室液面降到规定位置时，测气过程结束。此时，分离器恢复到初始计量状态，重复上述过程量油和测气。

由于储油室能储存分离器的计量室排油时的油井来油，使得油井的全部来油都能计量，故称为连续量油；测气只在计量室向外排油时才进行，而量油时不计量，因此，叫间断测气。

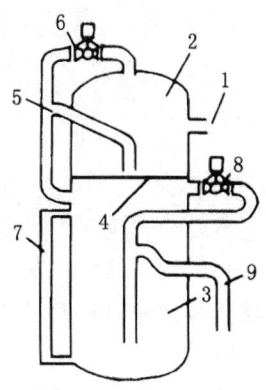

图 9-12　连续量油分离器
结构示意
1—油气入口；2—储油室；
3—计量室；4—隔板；
5—量油弯管；6—量油阀；
7—玻璃管和电极；8—排油阀；
9—排油弯管

2. 自动间断量油、间断测气

自动间断量油、间断测气时，量油阀始终是关闭的，即储油室只起缓冲作用，而计量室在排油时的油井来油也被排走不能计量。只用排油阀的开和关造成计量室液面的上升和下降，在液面上升时进行量油，在液面下降时进行测气，实现间断量油、间断测气。

自动间断量油、间断测气工作方式适应油井中高含水期的油气计量。因为中、高含水期产气量相对减少，"液气比"较小，若按连续量油方式工作，有些井可能在计量室排油没全部排光时，储油室就已充满油，造成提前溢油，计量精度下降。而采用间断量油，避免漏油现象。

3. 人工计量

人工计量方式与间断量油、间断测气一样，只是过程的转换由人来手动开关阀门和测取参数值。

分离器在连续计量时，各阀的开关和量油测气时间及次数的测取、累计都是由量油测气仪自动完成的。

玻璃管水位计内装有 5 个电极组成的计量电极，如图 9-13 所示。

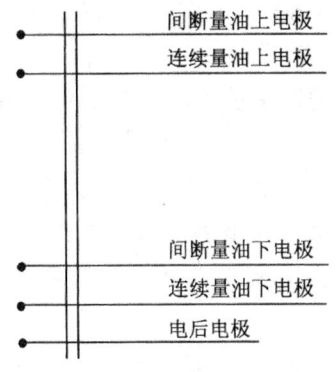

图 9-13　电极位置示意

第十章 脱 水 器

水是油田原油的"永远伴生者",世界各国油田都要经历含水开发期。特别是采油速度快和采取注水强化开发的油田,原油见水早,无水期采油时间短,含水率增长速度快。尤其是我国稠油油田开发采取掺水降粘的区块,含水上升更为剧烈。到开采后期,含水率高达90%以上。

按国家规定:出矿合格原油含水量不大于1%,优质原油含水量不大于0.5%。原油含水危害极大,因此,必须对含水原油进行处理。除用分离器处理部分水之外,主要脱水工艺,必须依靠脱水器来完成。

第一节 原油脱水的工艺基础

原油和水是以乳化状态存在的,含水低时是"油包水"型乳化液;含水高时,除了"油包水"型乳化液存在外,还有大量游离水存在。当出现游离水时,含水一般在30%~70%以上。这里的游离水也并非纯净的水,多为"水包油"型乳化液,只不过是含油较少。

一、原油含水的危害

原油中所含的水主要是由地层水和地表水组成,这些水造成原油含水的急剧上升,带来许多危害。

(一)增大流体体积并降低了设备和管道的有效利用率

当油水一块采出后,总液量大大增加,特别是在高含水采油期,使采油与集输系统的管道和设备有效利用率都大幅度降低。

(二)增加了输送过程中的动力消耗

在采油和集输过程中,一旦形成"油包水"型乳化液,粘度要比纯油高,使采油和集输机械设备的动力消耗大大增加,严重时,会造成离心泵吸入性能变坏,无法维持正常生产。

(三)增加了升温过程中的燃料消耗

大家知道,原油的比热容为1.884J/(kg·K),而水的比热容为4.187J/(kg·K),所以燃料消耗要成倍增加。特别是在长距离输送过程中,一般要对原油反复多次加热升温,这样热能的消耗是很可观的。

(四)原油中的污水能引起金属设备、管道的结垢和腐蚀

原油中所含的水,特别是地下水,矿化程度较高,当含碳酸盐较高时,形成盐垢,慢慢的堆积,造成管道流通面积减少,甚至完全阻塞。加热炉的火筒或炉管内壁结垢,会影响热的传导,造成局部过热、鼓包、破裂,发生火灾事故。

当水中含有氯化物时,会因水解放出氯化氢,引起金属管道和设备腐蚀穿孔。

当原油含有环烷酸等有机酸时,能与氯化物发生复分解反应,放出氯化氢,特别是在原油中含有粉末状氯化铁时,对氯化物的水解和复分解反应起催化剂的作用,使腐蚀加剧。

(五) 对炼油厂加工过程的影响

原油到炼油厂第一个过程是常压塔蒸馏。在常压炉内，原油被加热到350℃左右，进入常压塔。由于水分子量小（18），原油汽化部分的分子量大（200～250），因而水汽化后比油汽化后的体积大十几倍。在塔内进料段的汽化空间内极易发生"突沸"，使塔内线速度增加，发生冲塔事故（冒黑烟），造成炼油产品不合格，重新回炼。

原油含水高时，相对的讲，含盐也高，到炼油厂后，还需要再注入淡水后进行洗盐，然后再将水和盐脱出。

二、油水存在的形式——乳化液

(一) 乳化液的基本概念

乳化液是一个多相体系，其中至少有一种液体以液珠的形式均匀地分散于另一种和它互不相溶的液体中，液珠的直径一般大于 $0.1\mu m$，乳化液都有一个最低的稳定性。

稳定性是指乳化液的生存状态不会在一瞬间自发破坏（分离成层）的性质，也就是说，尽管有长有短，乳化液是有一定"寿命"的。

(二) 油田"油包水"型乳化液的生成

油田内，油和水两相相遇，一般是生成"油包水"型乳化液，这种乳化液有3种组成：(1) 水：为分散相或内相；(2) 油：为连续相或外相；(3) 乳化剂：稳定的分散相。

除了这3种组分外，要生成乳化液必须有足够的能量，把一种液体分散到另一种液体中去。具体地讲，原油在开采和集输过程中，由于天然气的参与，使液流造成紊流。在阀门的节流、离心泵的搅拌等机械能的参与下，将采出水分散成大大小小的若干水滴，这时乳化剂就吸附在这些油水界面上，形成了"油包水"型乳化液。这里的乳化剂是指原油中天然存在的高分子表面活性物，如胶质、沥青质或固体岩屑等。它们一旦聚集在油水界面上就形成了一层表面"膜"，而这种"膜"具有一定弹性与强度，使分散相内液珠不易被破坏。

三、原油脱水的方法及其原理

(一) 沉降分离法

沉降分离规律是原油脱水的最基本规律，它的依据就是斯托克斯公式：

$$V = \frac{d^2 g (\rho_w - \rho_o)}{18\mu_o} \qquad (10-1)$$

式中　V——液滴沉降速度，m/s；

　　　d——液滴直径，m；

　　　μ_o——原油粘度，Pa·s；

　　　g——重力加速度，m/s²；

　　　ρ_w、ρ_o——水、油的密度，kg/m³。

从式中可以看出，沉降速度与原油中水珠直径的平方成正比，与水油密度差成正比，与原油粘度成反比。这个规律是能比较恰当地反映了我国各油田原油脱水难易程度。从现场实际工作情况可以看出：粘度小、密度小的原油其脱水比重质、高粘原油容易得多，其设备处理量大，操作平稳，净化油质量好。

由斯托克斯定律，可以看出，要提高油水分离速度，最有效的方法就是增大水珠直径；其次是增加油水密度差，或者使原油粘度尽量小。于是人们发现用高压电场、电磁场加化学破乳剂或使用过滤材料等方法可使油水界面膜破坏，使水珠得以合并增大，加快沉降速度。也可以用离心机进行离心分离来提高分离速度。

（二）电破乳法

1. 交流电破乳

在交流电破乳中有两种现象发生。(1) 振荡破乳。在交流电频率50Hz下，交变振荡，水珠在振荡过程中被拉长变为菱形，界面膜变薄，使乳化的稳定性遭到破坏，水珠在电场运动中碰撞，合并增大从原油中沉降下来。(2) 偶极聚结破乳。在电场运动着的水珠，受到电场诱导产生偶极极化，使水珠两端分别带上正负电荷，如图10-1所示。图中所示相邻两水滴所带电荷正好是异性，因此相互吸引合成大水珠。当大水珠足以克服掉乳化稳定性时，水就会从原油中分离出来，沉降到水层。

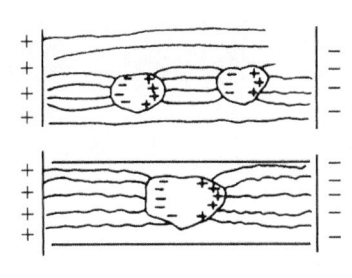

图10-1 高压电场中水滴偶极聚结

2. 直流电破乳

在直流电场中，主要发生电泳聚集现象。水珠在电场中被极化后，依据自身所带电荷符号的不同，向相反方向泳动，这种现象叫电泳。在游动过程中，一部分颗粒大的水珠会因带电荷多而速度快。由于速度的不等，使大小不同的水珠发生相对运动，使之碰撞、合并。当水珠增大到一定程度后，克服阻力，从原油中沉降出来。其他未发生碰撞的水珠继续泳动，直到与自身相反符号的电极表面，在这里聚集合并，从原油中沉降分离出来，这样"电泳聚结"过程全部完成。

从以上的推理可知，直流电破乳比交流电破乳效果好，但污水带油多。这是因为在电极表面聚结的微小水珠乳化膜没有真正破坏，这些带油水珠随之沉降下来，因此污水含油高。

（三）化学破乳

化学破乳是油田原油脱水中应用最为普遍的一种方法。在油水界面上添加破乳剂是为了破坏其乳化状态，达到油水分离的目的，其破乳作用分析如下：

（1）破乳剂的活性要比乳化剂高，到达油水界面后，可把乳化剂排挤掉，使界面膜强度降低。

（2）化学破乳剂具有相反作用。将"油包水"型乳化液反相成为"水包油"型乳化液，在相反过程中，乳化膜破裂，水珠得以合并。

（3）化学破乳剂对乳化膜具有很强的溶解能力，在溶解过程中，乳化膜被破坏，使水珠分离出来。

（4）化学破乳剂可以中和油水界面膜上的电荷，使电荷所保护的界面膜破坏。

（四）润湿聚结破乳

这种方法主要是采用一种固体材料，做成一定的形状。这种材料极易被水润湿，但不易被油润湿，即亲水增油材料。这种形状的固体材料能够提供尽可能大的比表面积，油中的水珠在这个巨大的场所聚结达到沉降分离的目的。

这种破乳方法只对稳定性差的"油包水"型乳化液水珠或游离水起作用，并且要借助化学破乳剂的作用，否则很难达到理想效果。所以这种方法多用在高含水原油处理为低含水原油的过程。

（五）电—化学联合脱水

所谓电—化学联合脱水是指用电法破乳也用化学破乳，两种方法联合使用。目前，我国处于高含水采油期的油田多采用这种方法。例如，在脱水站内增加一段化学沉降脱水，用来把高含水原油处理到低于30%以下的含水后再进入电脱水器进行电法处理。经过这种化学沉降和电法两段处理后，达到合格要求。

四、原油脱水的工艺流程

（一）热化学脱水工艺流程

如图10-2所示，该工艺流程是加入破乳剂后，用泵增压或在管路中流动搅拌，使破乳剂充分混合，利用化学破乳剂自身的分散性来达到油水界面膜，使界面膜的表面张力降低，使乳化状态遭到破坏，水珠得以接触合并，使油水分层。

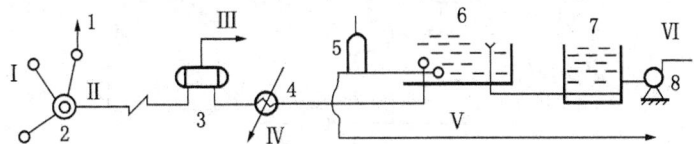

图10-2 热化学脱水工艺流程

1—油井；2—计量站；3—油气分离器；4—加热器；
5—水封界面调节器；6—沉降罐；7—净化油缓冲罐；8—输油泵
Ⅰ—化学破乳剂；Ⅱ—油气水混合物；Ⅲ—天然气；Ⅳ—净化油；Ⅴ—脱出水；Ⅵ—热媒

（二）低含水原油电—化学联合脱水工艺流程

如图10-3所示，该工艺流程中低含水原油是指原料油含水低于30%的原油。这种油采用电—化学联合脱水可以降低生产成本，得到优质的商品原油。操作起来也比较平稳，但是一旦原油含水有所升高，就难以操作平稳了。

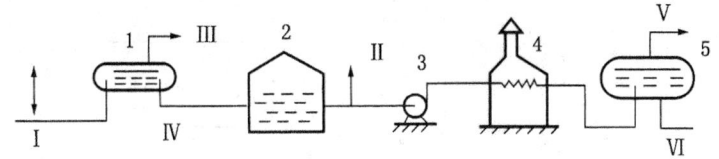

图10-3 低含水原油电—化学脱水工艺流程

1—油气分离器；2—含水原油缓冲罐；3—脱水泵；4—加热炉；5—电脱水器
Ⅰ—油气水混合物；Ⅱ—化学破乳剂；Ⅲ—天然气；Ⅳ—含水原油；Ⅴ—净化原油；Ⅵ—脱出水

（三）高含水原油电—化学两段脱水工艺流程

图10-4所示流程较图10-3所示流程，其区别就是增加了一级化学沉降段，可以处理高于30%含水原油，脱水质量稳定可靠，但该流程不密闭。

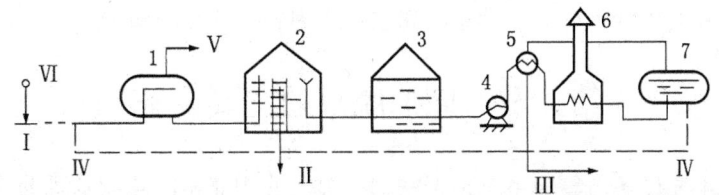

图10-4 高含水原油电—化学两段脱水工艺流程

1—油气分离器；2—沉降罐；3—低含水原油沉降罐；4—脱水泵；5—换热器；6—加热炉；7—电脱水器；
Ⅰ—油井排来的油气水混合物；Ⅱ—沉降脱出水；Ⅲ—净化原油；Ⅳ—回掺污水；Ⅴ—天然气；Ⅵ—化学破乳剂

在处理高粘原油时,脱水温度提高后,所产生的过多热量可以在加热炉入口和脱水器出口的原油进行换热,回收这些过剩的热量,把脱水器放出的污水回掺进一次沉降罐。这样可以进一步回收剩余热量和剩余破乳剂,使其进一步发挥作用。

(四) 几种其他工艺流程

(1) 如图 10-5 所示流程。

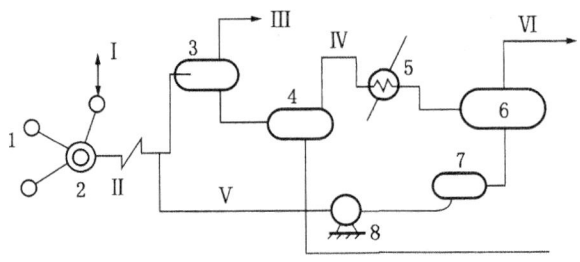

图 10-5 其他脱水工艺流程

1—油井;2—计量站;3—油气分离器;4—高含水原油脱水器;
5—加热器;6—电脱水器;7—污水缓冲罐;8—污水回掺泵
Ⅰ—化学破乳剂;Ⅱ—油气水混合物;Ⅲ—天然气;Ⅳ—净化油;Ⅴ—脱出水;Ⅵ—油气

其特点是无罐密闭,可以充分利用地层能量、抽油机的能量以及其他采油机械的能量,减少中间增压过程,一次加热、多种用途。因此该流程较为先进。

(2) 如图 10-6 所示的流程。

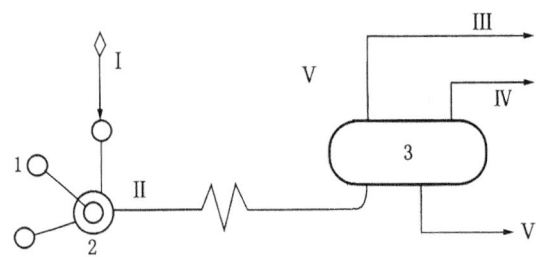

图 10-6 一般脱水工艺流程

1—油井;2—计量站;3—"合一"设备
Ⅰ—化学破乳剂;Ⅱ—油气水混合物;Ⅲ—天然气;Ⅳ—净化油;Ⅴ—脱出水

这种流程实际是把流程简化,采用了合一设备,把油气分离、高含水预脱水、加热、低含水原油电脱水等工艺过程在一个设备内完成,规模较小的油田最为适用。

第二节 原油脱水的主要设备

原油脱水的主要设备与集输系统是否密闭有关。使用非密闭集输系统的脱水站,通常要有脱水器、脱水泵、含水原油加热炉、含水油罐和净化油罐等(一般为立式无力矩式金属油罐);使用密闭集输系统的脱水站,常与原油稳定混建在一起,一般有分离沉降罐、脱水器、分离闪蒸罐、脱水泵、脱水加热炉、压力缓冲罐(一般用卧式)等。原油脱水的主要设备中对原油脱水影响效果最大的关键设备是脱水器,下面仅对其进行介绍。

一、陶粒脱水器

(一) 构造

陶粒脱水器是由 4 部分组成的，即油气分离段、加热沉降段、陶粒填料段和斜板沉降段等。在油气分离箱内安装有油气分离头、捕雾器、浮球蝶阀、天然气出口、进油喷管等。在加热沉降段（在分离箱下面）装有两束换热盘管，底部装有排污口，并用隔板将其下部与陶粒填料段隔开。陶粒填料段上部与热沉降段相通，上面是陶粒填料层，下部是 $\phi 529mm \times 7mm$ 的筛管短节；为了便于充填陶粒填料，其填料段上下均有人孔。在斜板沉降段内，上部装有斜板，顶部装有互相连接的集油管与出油管，底部装有排污口。为了便于清扫，头部设有人孔，整个陶粒脱水器全长 9604mm，直径 $\phi 3000mm$，其设计性能见表 10-1。

表 10-1 陶粒脱水器的设计性能

设计压力 MPa	试验压力 MPa	充水重量 kg	工作介质	腐蚀余量 mm	最大重量 kg	设计温度 ℃	设计自重 kg	容器类别
0.4	0.6	6385	油、气、水	2	76482	40	1562	I

(二) 工作原理

混合液先进分离箱进行油气分离，天然气从出口排出，原油进分离箱底部的进油喷管从热沉降段底部排出。自下而上运动，经换热盘管升温（38～40℃）进行热沉降脱水，将一部分游离水沉降外排，其余混合液流进陶粒填料弯弯曲曲的孔道间隙，部分水滴被陶粒表面吸附，聚集而流入料板沉降段。在料板沉降段，由于斜板的作用使沉降距离大大减少，沉降面积大大增加，水珠很快沉降下来，由底部排污管排出，净化油从顶部出油管排出。

陶粒脱水器常用于一段脱水，与管道破乳配套，可将原油含水由 60% 脱到含水 5% 以下，对脱盐也有一定的效果，并不受来油量不平衡及原油含水高低的影响，是适用于低温脱水的理想设备。但是陶粒不能破乳，在处理乳化水较高的原油时，应与管道破乳结合起来，才能达到理想效果。

二、电脱水器

电脱水器分立式、卧式两种，都属于容器式脱水器，其电场处理与油水沉降分离过程在同一容器中进行。由于卧式电脱水器较立式电脱水器具有安装简单、操作方便、处理量大、适应性强等特点，所以我国油田大都采用卧式电脱水器。

(一) 卧式电脱水器的构造及工作原理

卧式电脱水器的构造如图 10-7 所示。在脱水容器内，整个空间分为上、下两部分，上部分为电场空间，下部分为沉降水分离空间，中间有油水分界面。电场空间内悬挂着若干层水平电极，电极距离自下而上逐渐减小，最小电极距离为 100～120mm，电场强度自下而上逐渐增强，最高电场强度达 34V/cm。

含水原油从最低层电极和油水分界面之间的进油喷头进入脱水器，自下而上经过全部电场空间。在高压电场作用下，水滴发生碰撞、合并，从原油中相继分离出来，沉降到脱水器底部，经过放水管排出。脱过水的净化油从顶部出油管线排出。在油层与水层之间有 50～100mm 的混油段。脱水器水位控制的高低，通过中部的 3 个火花塞带动指示灯来显示。

我国自行设计制造的原油脱水器直径为 3000mm 和 4000mm，个别油田有采用直径 2200mm 的脱水器，一般脱水器壁厚为 10～12mm。常用卧式电脱水器技术参数见表 10-2。

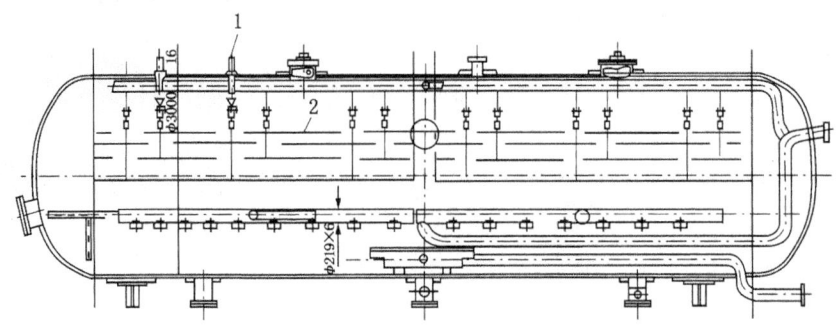

图 10－7　卧式原油电脱水器

（设计承压能力：0.57MPa。筒长有：8000mm、11000mm、14400mm等，详见表10－2）

1—进线绝缘棒；2—电极板

表 10－2　几种卧式电脱水器的技术参数

规　　格		$\phi3000\times8504$	$\phi3000\times9600$	$\phi3000\times9612$	$\phi3000\times9612$
操作压力，MPa		0.39	0.248	0.39	0.39
试验压力，MPa		0.59	0.39	0.59	0.59
工作温度，℃		≤100	80	100	100
筒体壁厚，mm		12	12	12	12
封头壁厚，mm		16	16	16	16
电极层数及结构型式		半圆立挂4层	平挂8层	平挂8层	平挂6层
进油口型式		双喇叭口	分散管	双喇叭口	分散管、双喇叭口
总容积，m^3		56.3	64	63	63
进口管径，mm		$\phi114\times4$	$\phi159\times6$	$\phi159\times5$	$\phi159\times5$
出口管径，mm		$\phi114\times4$	$\phi159\times6$	$\phi159\times5$	$\phi159\times5$
处理量 m^3/h	交流	80	100	100	100
	直流	100	120	120	120

（二）卧式电脱水器的主要部件

1．电极

卧式电脱水器的电极是长方形的，电极板圈用 $\phi2.2mm\times2mm$ 的圆钢预制。整个板圈根据电极长度分成若干段，中间用螺栓和连接极相连，在电极平面上极丝平行缠绕，一般采用 16～18 号镀锌铁丝，极丝间距为 60～80mm。

用镀锌铁丝缠绕的脱水器电极，由于局部腐蚀与放电作用，在使用一段时间后，经常发生损坏。任何一根电极丝的断落都会搭到下层电极上，造成高压短路，使电场空间电压降为零，脱水器无法正常运行，必须停产检修。在生产实践中，将原设计的辐射状或正行环绕的电极丝改为网状结构，这样即使局部电极丝腐蚀或烧断，也不会脱落到下层电极上去，从而使脱水器照常运行。

2．进线绝缘棒

为了把高压线引进脱水器中，在脱水器顶部装有高压绝缘棒。

进线绝缘棒有橡胶、环氧树脂、聚四氟乙烯等几种。以前常用的有用橡胶和环氧树脂做成两种绝缘棒。环氧树脂绝缘棒具有体积小、重量轻、造价低、便于安装等特点，但存在不耐高温、韧性差、容易脆裂等缺点，有待进一步改进。目前各油田均采用聚四氟乙烯绝缘棒，其优点是体积小、重量轻、耐高温、高压（一般不低于70kV）、强度大、不易损坏和击穿、密封性能好等。

3. 悬垂绝缘子和悬垂挂板

悬垂绝缘子和悬垂板是悬挂电极用的。以往采用瓷质绝缘子，但在高压直流电脱水中，悬挂绝缘子经常被击穿。通过试验，采用聚四氟乙烯材料做成悬挂板。这种材料挂板具有体积小、重量轻、耐压程度高、难以击穿等优点。因此聚四氟乙烯悬挂板逐步取代了瓷质的悬垂绝缘子，得到了广泛的应用。

4. 限流电抗器

限流电抗器是一个自感线圈，线圈各节有分线接头，供调节电抗阻值用。

原理：当线圈中的电流变化时，线圈自身磁通发生变化，产生感应电动势。当电流增大时，感应电动势与电源电动势方向相反，阻碍电流增大。感应电动势的大小与线圈感应系数及电流强度变化成正比。

利用自感原理做成限流电抗器，串联在脱水器升压变压器的一次回路中，当脱水器内生产失常，电流增大时，则自感电动势可回流电源电动势，使电流自动下降；当脱水器内恢复正常时，电流下降，电源电动势自动回升。

因此，限流电抗器不仅可以保护脱水器电器设备，更重要的是可以稳定操作，尤其是处理高含盐、含水的原油时，限流电抗器的作用更为显著。

近年来，采用了可控硅自动控制原油脱水，这种方法具有轻便、省钢材、自动调节等优点，现已广泛采用。

三、其他形式的脱水器

利用几种功能合一的"合一"设备，其目的是为了缩小占地面积，减少操作程序。有时将几种工艺设备合为一体，组成联合脱水装置。例如，将原油加热炉与电脱水装置合为一体，组成二合一装置，俗称"二合一"脱水器。除此之外，还有把"油气分离"、"原油加热炉"、"热化学沉降与电脱水"4部分集中在一个$\phi 3000\times 9600$的卧式容器中，完成4个工艺过程的"四合一"联合装置，俗称"四合一"脱水器。

"四合一"的型式较多，有Ⅰ、Ⅱ、Ⅲ、Ⅳ等多种型式，它们的规格及性能各不相同，结构也有一定差异，其中Ⅱ型与Ⅳ型比较成熟，在现场应用比较广泛。

这里仅介绍以下"四合一"的电脱水部分。

"四合一"装置的电脱水部分的上部为电场空间，下部为水沉降分油空间，中间有油水分界面。电场空间由几层水平悬挂的电极组成，自下而上电极间距逐渐减少，电场强度自下而上逐渐增大。原油在加热及热沉降部分经一次化学脱水后进入电场部分，在电场中自下而上流动，受电场作用，水滴相继脱出。

脱水后的原油自脱水器顶部流入缓冲罐内（进行二次分离和缓冲），脱出的污水经容器下部沉降分油后排出。

随着常温输送、低温脱水、密闭集输新工艺的发展，作为适宜于高温脱水的"四合一"装置已逐渐被淘汰，正为陶粒脱水器、卧式电脱水器等所取代。

第三节 脱水器运行

一、影响原油脱水的因素

(一) 乳化液分散度的影响

乳化液分散度是指水滴在油中的分散程度。分散度大，水滴小、数量多，在油中分散较均匀；反之，分散度小，水滴大、数量少，在油中分散不均匀。分散度大的乳化液，导电性强，较难破乳，沉降速度小，所以脱水较困难。

(二) 水质影响

含氯化钙、氯化镁的水能分解并形成盐酸，水就具有酸性反应。水的酸性或碱性愈大，所形成的乳化液越稳定。碱性盐和原油中的酸性沥青形成环烷皂和沥青皂，这些化合物都是活性乳化剂，因此，碱性水稳定性最高。

(三) 电荷的影响

原油中破碎细小的水滴带有电荷。这些电荷对所有的水滴均是同性的，或是正电，或是负电。由于同性电荷相斥，因此电荷妨碍水滴的结合，使乳化液稳定。如果向含有碱性水的乳化液中加入酸，则能排除或减小电荷的影响，使乳化液易于水解。

(四) 乳化剂和时间的影响

原油中所含乳化剂的性质和数量直接影响着乳化液的稳定性，不同乳化剂在水滴表面形成的界面膜不同。由于原油存放时间愈长，乳化剂就有时间更容易充分地吸附在油水界面上，增加了乳化液的稳定性，这种现象俗称为乳化液的"老化"。因此，在生产过程中，要尽量减少中转环节和乳化液存放的时间，避免乳化液"老化"。最好在脱水油罐上采用边脱边进的流程。

(五) 原油粘度及密度的影响

水滴从油中分出要靠油水密度差，水的密度变化不大，而原油密度变化较大，从$0.8\sim1.0g/cm^3$。原油密度较小、油水密度差愈大，分离越易；反之，愈困难。粘度表示原油的内摩擦力，粘度越高，内摩擦越大，水滴要从原油中沉降下来，必须克服原油中内摩擦力就越大，分离就越困难。另外，粘度越大，水滴碰撞力就越小，不易破坏界面膜，乳化液就越稳定。原油粘度大，还说明原油含胶量多，而胶质是一种乳化剂，使乳化液稳定性增大，油水分离更困难。

(六) 原油温度及含蜡量的影响

原油中所含蜡在一定条件下是固态乳化剂。温度越低，原油粘度越大，含蜡量越高；从原油中析出的石蜡微粒，吸附在水滴表面上就越多，因而增加了乳化液的稳定性。

(七) 汽化物的影响

原油是一种碳氢化合物的混合物，当加热沉降时，内部轻质馏分易于汽化，汽化物上升引起了原油内部对流，对水滴沉降不利。

二、脱水器运转参数的选择

(一) 油品的加热温度

主要考虑原油含蜡、沥青、胶质的含量以及原油粘度、密度、挥发性及老化程度等对原油脱水的影响。一般规律是：原油含蜡、沥青、胶质等量大，或原油粘度高、密度大、老化严重时，应适当提高油品温度，可保持在$50\sim60°C$之间。加热温度不可太高，至少在原油初馏点以下，否则易使原油汽化，引起脱水器内部对流，妨碍水珠下降，影响脱水效果。

（二）脱水器内的工作压力

主要考虑原油的挥发性及工艺条件等因素，原油初馏点低及挥发性强时，工作压力应稍高。对于非密闭流程，脱水器的压力一般在 0.15～0.2MPa 之间；对于密闭流程，一段脱水器压力应在 0.2～0.4MPa，二段脱水器压力应在 0.15～4MPa。一般脱水器的试验压力在 0.3～0.4MPa 之间，额定工作压力在 0.15～0.4MPa 之间。使用中，严禁超过脱水器的额定工作压力，以保证其安全运行。

（三）掺水量

掺水可溶解油中所含晶体盐，并对小水珠的碰撞合并起凝聚作用，从而提高脱盐、脱水的效果。掺水量应根据原油中含盐多少、乳化液均匀性和分散度的大小来决定。一般按原油水处理量的 10%～15% 来选择。对于含盐高、乳化液分散度大、颗粒小的而均匀的原油，应适当提高掺水量。但不必过高，太高不仅浪费能源，而且会增加污水处理量，而脱水效果并不显著。

（四）加药量

主要考虑加药品种及其投加量。主要根据原油的乳化程度、乳化液的性质和使用的脱水方式来决定。投加量一般按原油处理量计算，在 10～30mg/L 之间选择。对于乳化程度高的原油，应适当加大投药量。选择加药品种时，应分清破乳剂的名称、性质和使用条件。

（五）原油处理量

应根据脱水器的处理能力和油品的含水情况而定，对于含水高的原油，应适当降低处理量。

（六）脱水器内水位

脱水器分上、中、下 3 种水位线，操作时水位应适当。水位过高，容易造成电场不稳定或破坏电场；水位过低，影响脱水效果，而且容易引起污水跑油。

（七）电场强度

电场强度直接影响到脱水效果的好坏，它决定于所送电压的高低和电极距离的大小。电场强度应选择合适，电场强度太大，引起电场不稳，甚至破坏电场；电场强度太弱，脱水效果不好。所以送电电压的高低（可分为 2 万伏、4 万伏两档）、电极距离的大小，应根据原油含水情况具体调节。

三、电脱水器的安全操作

（一）启动步骤

（1）启动前应清扫脱水器，检查电极线路，调整电极距。详细检查安装在电脱水器顶部的浮球液位控制器，检查的内容有：浮球动作是否灵敏，电接点随着浮球动作而动作，当浮球向上动作时，以能接通电脱水器的供电及控制回路为正常。

（2）打开人孔进行放、送电试验。应无放电声音。空载电流应在 3～5A 之间。

（3）关闭人孔和排气阀进行水压试验。试验压力在 0.3～0.45MPa 之间，不渗、不漏为合格。

（4）打开顶部排气阀，上水至中水位指示灯亮，水温为 40℃。

（5）倒好流程，向脱水器内进油，当排气阀见油后，关闭排气阀。打开出油阀（取样）应见油。保持脱水器压力在 0.15～0.25MPa 之间。

（6）加入破乳剂并掺水，同时对油品升温。

(7) 当原油升温至 40~65℃ 以后送电，运转电流应不超过额定值，电场应平稳。

(8) 控制油品温度在 40~70℃ 之间，平稳处理量和水位，注意电流、电压的变化情况。当温度、压力、处理量及电场都稳定后，转入正常运行。

（二）正常运行的操作

(1) 按时巡回检查，注意水位、压力、电流、电压及处理量的变化，随时进行调节和平稳控制各种运转参数，保持脱水器在最佳条件下运转。

(2) 按时取样化验，分析脱水器的运转规律，调节各种运转参数，保证脱水效果。

(3) 取全、取准各项资料，填好脱水报表。

总之，脱水操作人员应严肃认真，做到"三勤"、"五平稳"，兢兢业业、文明生产。

三勤：勤检查、勤分析、勤调整。

五平稳：油处理量平稳、压力与温度平稳、加药与掺水量平稳、电场平稳、水位平稳。

（三）脱水器停产步骤

(1) 停止加热。

(2) 停止掺水与加药。

(3) 打开排污阀，排尽脱水器内水后关闭。

(4) 用泵抽尽脱水器内存油（注意实际操作中也可用清水替油）。

(5) 关闭抽空阀，用蒸汽清洗脱水器，要排尽污油。

(6) 打开人孔及排气孔，通风降温 24h 后，进行内部清扫检查。

（四）脱水器操作中的安全注意事项

(1) 绝缘棒在使用过程中被高压电击穿后，未能及时发现，而在不正常状态下，处于低电压、大电流情况下继续运行，是引起电脱水火灾事故的主要原因。绝缘棒击穿的现象与判断如下：

① 现象：个别电脱水器突然送不上电，或送上电，但电流大、电压低。

② 判断与处理方法：

a. 首先用"分段送电法"，按操作规程有步骤地正确操作，检查外部电气设备，如配电盘、脱水供电控制柜、脱水变压器、硅堆整流器等，确认性能良好的情况下，分别对电脱水器上的两根绝缘棒进行单相送电，如出现上述不正常情况，则首先怀疑绝缘棒已损坏。经检查确实损坏并更换后，再进行单相送电，即可恢复生产。

b. 如果卸下的绝缘棒没有损坏，则可进一步认为电脱水器内绝缘挂板有损坏，或者电极发生变形、电极间距局部过小、也或者电极间有金属性短路存在。在此情况下，电脱水器内应排空存油，用蒸汽吹扫处理干净后，由检查人员进入电脱水器内逐项检查，即可发现问题。整改后，用瓦斯测定仪检测电脱水器内，确认无爆炸性气体存在时，应立即用空送电方法进行验证，证明故障已排除，即可进油投产。

(2) 电脱水器上正常使用的绝缘棒，应每年做一次预防性工频交流耐电压试验检查。目的在于提高绝缘棒安全使用的可靠性，消除事故隐患。试验电压标准值见表 10-3。

表 10-3 试验电压标准值

额定电压，kV	15	20	35	60
试验电压，kV	50	59	90	150

注：本表中的额定电压是指绝缘棒所承受的对地电压值。若此值为非标准额定电压等级时，其试验电压可根据上表试验电压标准规定的相邻电压等级，按比例用插入法计算。

交流电压耐压试验时,加至试验标准电压后的持续时间为1min。

(3)电脱水器停产清扫过程中,排空了存油,继续用蒸汽清扫电脱水器(俗称用蒸汽闷电脱水器)完毕后,应及时打开其顶部的放空阀,以避免容器在冷却过程中形成真空,将电脱水器压瘪。

用蒸汽清扫电脱水器时,操作人员应通知锅炉岗位值班人,在清扫时间内,不准任意停汽。若遇有特殊情况需停汽时,值班人员应通知操作人员,做好停汽善后处理。

用泵抽空已经卸了压的电脱水器时,应打开其顶部的放空阀,这样既便于油抽尽,又避免抽瘪的可能。

(4)电脱水器做空送电时,必须将其人孔、透光孔全部打开,必须设专人监护。禁止任何人闯入平台上的高压禁区。浮球液位接控制器的电路,在供电控制回路中,可做短接、摘除处理,但空送电完毕后,必须立即还原,切莫忘记。

新站施工完毕并已开始进油运行,但电脱水器部分暂不投入的电脱水器、老站扩建或更新的并已与生产管线碰头连接的电脱水器、老站改建或检修后的电脱水器,需做空送电时,应在空送电之前必须用瓦斯测定仪器测器内,确认容器内可燃气体在规定安全范围内时,方可立即进行空送电工作。

(5)在电脱水器顶部设有浮球液位控制器,它是电脱水器进油投产的一项重要安全措施。为了安全起见,在电脱水器投产时,进满油后、送电之前,其顶部必须做放气检查,使器内空气排尽,放气时见流出原油为止。

(6)装在电脱水器放水总管上的安全阀,按规定要求(一般定压为0.4~0.5MPa),应定期做例行检查,保持其动作灵敏。检查方法:在电脱水器底部有水位的情况下,将电脱水器的操作压力逐渐提高到安全阀定压范围,观察安全阀是否动作泄压。如果不动作或提前动作,应调节安全阀的定压弹簧,使其在所需要的定压范围内能动作泄压为止。降低电脱水器的压力至正常操作压力后,再提高压力至定压范围,如安全阀能重复动作、通畅泄压,则为合格;否则,重新调整,直至合格。在电脱水器提高压力时,应认真检查其人孔、透光孔、法兰、法兰盖等处的石棉垫子,如有渗漏或刺垫子,应及时处理。

(7)电脱水器平台、栏杆上安装的防爆按钮、电气安全联锁开关,应定期做例行检查,保持其动作灵敏。检查方法:关上安全门,防爆按钮、电气安全联锁开关闭合,接触良好;安全门打开,联锁开关自动断开,切断电脱水器供电电源,这样为合格。

在生产运行中如遇安全门联锁开关损坏,应及时更换,不允许将此开关摘除,强行生产。

当有关人员需要进入电脱水器平台高压电区作业时,首先通知当班脱水岗工人,令其对号拉闸停电,并在手柄上挂有"禁止合闸"字样的牌子,停电后,必须从安全门进入平台。打开安全门后,应检查防爆按钮、电气安全联锁开关,确认开关自动开路(此举为可防止配电室对所需停电的脱水器万一停错电时的补救措施),才能进入平台高压作业区,严禁从栏杆上跨入平台。

(8)电脱水器、供电配电盘上的闸刀及可控硅调压供电控制柜,三者应对号编号。

(9)电脱水器平台上的脱水变压器、高压硅堆整流器,其接地必须可靠,应定期做例行检查。

第十一章 催化裂化安全技术

第一节 催　　化

一、催化过程的安全技术

催化反应是在催化剂的作用下所进行的化学反应。例如，由氮和氢合成氨、由二氧化硫和氧合成三氧化硫、由乙烯和氧合成环氧乙烷等都属于催化反应。

在化学反应中，能改变反应速度而本身的组成和质量在反应前后保持不变的物质，叫做催化剂。能加快反应速度的叫做正催化剂；减慢的称作负催化剂或缓化剂，通常所说的催化剂是指正催化剂。常用的催化剂主要有金属、金属氧化物和无机酸等。催化剂一般具有选择性，能专门改变某一个或某一类型反应的速度。有些反应，在不同条件下，使用各种适当的催化剂，可以使人们得到各种各样的产品。

在选择催化剂时，大体有以下几种类型。

（1）生产过程中产生水汽的，一般采用具有碱性、中性或酸性反应的盐类、无机盐类、三氯化铝、三氯化铁、三氧化磷及二氧化镁等。

（2）反应过程中产生硫化氢的，一般采用盐基、卤素、碳酸盐、氧化物等。

（3）反应过程中产生氯化氢的，一般采用碱、吡啶、金属、三氯化铝、三氯化铁等。

（4）反应过程中产生氢气的，应采用氧化剂、空气、高锰酸钾、氧化物及过氧化物等。

催化反应又分单相反应和多相反应两种。单相反应是在气态下或液态下进行的，危险性较小，因为在这种情况下，反应过程中的温度、压力及其他条件较易调节。在多相反应中，催化作用发生于相界面及催化剂的表面上，这时温度、压力较难控制。

从安全要求来看，催化过程中主要应正确选择催化剂；散热要良好；催化剂加量适当，防止局部反应激烈；并注意严格控制温度。如果催化反应过程能够连续进行，采用温度自动调节系统，就可以减少其危险性。

在催化反应过程中，有的产生氯化氢，有腐蚀和中毒危险；有的产生硫化氢，则中毒、危险性更大。另外，硫化氢在空气中的爆炸极限较宽（4.3%～45.5%），生产过程还有爆炸危险。在产生氢气的催化反应中，有更大的爆炸危险性，尤其高压下，氢的腐蚀作用使金属高压容器脆化，从而造成破坏性事故。

原料气中某种能与催化剂发生反应的杂质含量增加，可能生成爆炸危险物，也是非常危险的。例如，在乙烯催化氧化合成乙醛的反应中，由于在催化剂体系中含有大量的亚铜盐，若原料气含乙炔过高，则乙炔与亚铜反应生成乙炔铜：

$$2CuCl + C_2H_2 \rightarrow Cu_2C_2 + 2HCl$$

Cu_2C_2 为红色沉淀，自燃点在 260～270℃，干燥状态下极易爆炸，在空气作用下易氧化成暗黑色，并易起火。

二、催化重整

在加热、加压和催化作用下进行汽油馏分重整，叫做催化重整。所用的催化剂有钼铝催化剂、铬铝催化剂、铂催化剂、镍催化剂等。主要反应有脱氢、加氢、芳香化、异构化、脱烷基化和重烷基化等。直馏汽油、粗汽油等馏分的催化重整，主要使原料油中脂肪烃脱氢、芳香化和异构化，同时伴有轻度的热裂化，可以提高辛烷值。其他烃类的催化重整，主要是用于制取芳香烃。

提高汽油的辛烷值可以消除汽车发动机通常易产生的"爆震"现象。而汽油的催化重整，是改善汽油辛烷值的最好方法。

催化重整的装置根据所用设备不同，有固定床催化重整、流动床催化重整、蓄热器催化重整等；根据所用催化剂和其他条件的不同，有加氢催化重整、铂重整等；按催化剂再生方法分为非再生催化剂型、间歇再生催化剂型、连续再生催化剂型；按产物分为燃料型（汽油）、化工型（芳烃）和综合型。

反应装置中的反应器应当有附属部件热电偶管和催化剂引出管；反应器和再生器都需采用绝热措施；为了便于观察壁温，常在反应器外表面涂上变色漆，当温度超过了规定指标就会变色显示。铂重整的反应装置，包括加氢精制反应器，由于高温、加压和氢腐蚀，对材质要求较高，例如，选用镇静钢、合金钢的复合钢板或用其作衬里。

催化剂在装卸时，要防止破碎和污染；未再生的含碳催化剂卸出时，要预防自燃超温烧坏。

加热炉是热的来源，在催化重整过程中，重整和预加氢的反应需要很大的炉子才能供应所需的反应热，所以加热炉的安全和稳定是很重要的。此外，催化重整过程中物料预热或塔底加热器、重沸器的热源，依靠热载体加热炉。热载体在使用过程中要防止局部过热分解，防止进水或进入其他低沸点液体而造成水汽化超压爆炸。加热炉必须保证燃烧正常、调节及时。

加热炉出口温度的高低，是反应器入口温度稳定的条件，而炉温变化与很多因素有关，例如燃料流量、压力、质量等。为了稳定炉温，保证整个装置安全生产，加热炉应采用温度自动调节系统，操作室的温度指示由测温元件将感受信号通过温度变进器传送过来。

催化重整装置中，安全警报应用较普遍，对于重要工艺参数，如温度、压力、流量、液位等都有报警，重要的液位显示器、指示灯、喇叭等警报装置见表 11-1。

表 11-1 催化重整主要警报点与参数范围

警报点	警报参数	范围	方式
重整进料泵	低流量	低于正常量 1/2	喇叭
预分馏塔底	低液面	低于正常值 25%	指示灯
预加氢汽提塔底	低液面	低于正常值 20%	指示灯
脱戊烷塔底	低液面	低于正常值 80%	指示灯
抽提塔底	低界面	低于正常值 25%	指示灯
汽提塔底	高液面	高于正常值 90%	指示灯
重整循环氢	低流量	—	喇叭自动保护

重整循环氢和重整进料量，对于催化剂有很大的影响，特别是低氢量和低空速运转，容易造成催化剂结焦，所以除报警外，应备有自动保护系统。这个保护系统，就是当参数变化超出正常范围并发生不利于装置运行的危险状况时，自动仪表可以自行做出工艺处理，如停止进料或使加热炉灭火等，以保证安全。

除了警报和自动保护之外,所有压力塔器都应装设安全阀。

三、催化加氢

催化加氢是多相反应,一般是在高压下有固相催化剂存在下进行的。这类过程的主要危险性,是由于原料及成品(氢、氨、一氧化碳等)大都易燃、易爆或具有毒性,高压反应设备及管道易受到腐蚀并常因操作不当而发生事故等。

在催化加氢过程中,压缩工段的安全极为重要。氢气在高压下,爆炸范围加宽,燃点降低,从而增加了危险性。高压氢气一旦泄漏,将立即充满压缩机室并因静电火花引起爆炸。压缩机各段都应装有压力表和安全阀,在最后一段上安装两个安全阀和两个压力表,更为可靠。

高压设备和管道的选材要考虑能防止氢腐蚀的问题,管材选用优质无缝钢管。设备和管线应按照有关规定定期进行检验。

为了避免吸入空气而形成爆炸危险,供汽总管压力须保持稳定在规定的数值。为了防止因高压致使设备损坏、氢气泄漏达到爆炸浓度,应有充足的备用蒸汽或惰性气体,以便应急。另外,室内通风应当良好,因氢气密度较轻,宜采用天窗排气。

为了避免设备上的压力表及玻璃液位指示器在爆炸时其碎片伤人,这些部位应包以金属网,液面测量器应定期进行水压试验。

冷却机器和设备用水不得含有腐蚀性物质。在开车或检修设备、管线之前,必须用氮气吹扫。吹扫气体应当排至室外,以防止窒息或中毒。

由于停电或无水而停车的系统,应保持余压,以免空气进入系统。无论在任何情况下,处于压力下的设备不得进行拆卸、检修。

第二节 裂 化

裂化有时又称裂解,是指有机化合物在高温下分子发生分解的反应过程。裂化可分为热裂化、催化裂化、加氢裂化3种类型。石油产品的裂化主要是以重质油为原料,在加热、加压或催化作用下,使其所含分子量较高的烃类断裂成分子量较小的烃类(也有分子量较小的烃类缩合成分子量较大的烃类),再经分馏而得裂化气、汽油、煤油和残油等产品。分子量较小的烃类主要是烷烃和烯烃,分子量较大的烃类主要是芳烃。

一、热裂化

热裂化为裂化的一种,在加热和加压下进行。根据所用压力的高低,有高压热裂化和低压热裂化两种。高压热裂化在较低温度(约450~550℃)和较高压力(2.0~7.0MPa)下进行;低压热裂化在较高温度(约550~770℃)和较低压力(0.1~0.5MPa)下进行。产品有裂化气体、汽油、煤油、残油和石油焦等。

热裂化装置的主要设备有管式加热炉、分馏塔、反应塔等。管式加热炉就是用钢管做成的炉子,管子里是原料油,管外用火加热,至800~1000℃使原料发生裂解。管式炉经常在高温下运转,要采用高镍铬合金钢。

热裂化生成的焦炭会沉积在加热炉管内,形成坚硬的焦层,叫做结焦。炉管结焦后,由于焦层不易传热,使加热炉效率下降,炉管出现局部过热,甚至烧穿,这种事故应尽量避免。

裂解炉炉体应有防爆门,备有蒸汽吹扫管线和灭火管线、设置紧急放空管和放空罐,防止因阀门不严或设备漏气造成事故。

处于高温下的裂解气,要直接喷水急冷,如果因停水和水压不足,或因误操作,气体压力大于水压而冷却不下来,会烧坏设备,从而引起火灾。为了防止此类事故发生,应配备两路电源和水源。操作时,要保证水压大于气压,发现停水或气压大于水压时,要紧急放空。

裂解后的产品多数是以液态储存,有一定的压力,如有不严之处,储槽中的物料就会散发出来,遇明火发生爆炸。高压容器和管线要求不泄漏,并应安装安全装置和事故放空装置。压缩机房应安装固定的蒸汽灭火装置,其开关设在外边易接近的地方。机械设备、管线必须安装完备的静电接地和避雷装置。

分离主要是在气相下进行的,所分离的气体均有火灾爆炸危险。如果设备系统不严密或操作错误而泄漏可燃气体,遇火源就会燃烧至爆炸。分离都是在压力下进行的,原料经压缩机压缩有较高的压力,若设备材质不良,误操作造成负压或超压;或者因压缩机冷却不好,设备因腐蚀、裂缝而泄漏物料,就会发生设备爆炸和油料着火。另外,分离又大都在低温下进行,操作温度有的低达 $-30\sim-100℃$,在这样的低温条件下,如果原料气或设备系统含水,就会发生冻结堵塞,以致引起爆炸起火。分离的物质在装置系统内流动,尤其在压力下输送,易产生静电火花,引起燃烧,因此应该有完善的消除静电的措施。分离塔设备均应安装安全阀和放空管;低压系统和高压系统之间应有止逆阀;配备固定的氮气装置、蒸汽灭火装置。发现设备有堵塞现象时,可用甲醇解冻疏通。操作过程中要严格控制温度和压力。发生事故需要停车时,要停压缩机、关闭阀门,切断与其他系统的通路,并迅速开启系统放空阀,再用氮气或水蒸气、高压水等扑救。放空时,应当先放液相后放气相,必要时送至火炬。

二、催化裂化

催化裂化是用于重质油生产轻质油的工艺,但由于常减压塔底的塔底油和渣油会有多量胶质、沥青质,在催化裂化时易生成焦炭;同时还含有金属铁、镍等,故一般采用较重的馏分油为原料,在 $460\sim520℃$ 及 $0.1\sim0.2MPa$ 下进行反应。

催化裂化装置主要由3个系统组成,即反应系统或反应再生系统、分馏系统以及吸收稳定系统。

催化剂以天然膨润土、矾土或高岭土为原料制成。现代催化裂化装置是采用流化床,催化剂做成粉状或微球状,靠加热的原料油气携带,循环于反应器和再生器之间。催化剂与油气形成外观与流体相似的流化状态。在流化床中,由于催化剂的激烈运动,油气与催化剂充分接触,加速了反应的进行,同时也使热量传递加快;床层温度均匀,避免局部过热。

反应再生系统是催化裂化装置中重要的组成部分,它是生产中的关键系统。反应过程中,生成的焦炭易沉积在催化剂表面上,从而使催化剂失去活性,沉到反应器底部不断送入再生器。在再生器内鼓入空气烧掉焦炭,使催化剂恢复活性,再返回反应器。分馏系统的任务是把反应器进来的产物进行冷却并分馏成各种产品,主要设备有分馏塔、轻、重柴油汽提塔。吸收稳定系统的主要任务是进行富气分离和使汽油、干气、液态烃等质量合乎要求,主要设备包括气体压缩机、吸收解吸塔、二级吸收塔、稳定塔和汽油水洗、碱洗等。

在生产过程中,这3个系统是紧密相连的整体。反应系统的变化很快地影响到分馏和吸收稳定系统,后两个系统的变化反过来又影响到反应部分。在反应器和再生器间,催化剂悬浮在气流中,整个床层温度要保持均匀,避免局部过热,造成事故。

反应器和再生器两器压差保持稳定,是催化裂化反应中最重要的安全问题。在四型式反应器中，压差一般都是正压，即反应器压力高于再生器压力；在提升管式反应器中，压差是负值，即再生器压力高于反应器压力。两器压差一定不能超过规定的范围，目的就是要使两器之间的催化剂沿一定方向流动，避免倒流，造成油气与空气混合而发生爆炸。当维持不住两器压差时，应迅速启动自动保护系统，关闭两器间的单动滑阀。在两器内存有催化剂的情况下，必须通以流化介质维持流动状态，防止造成死床。正常操作时，主风量和进料量不能低于流化所需的最低值，否则应通入一定量的事故蒸汽，以保持系统内正常流化状态，保证压差的稳定。当主风量由于某种原因停止时，应当自动切断反应器进料，同时启动主风与原料及增压风自动保护系统，向再生器与反应器、提升管内通入流化介质，而原料则经事故旁通线进入回炼罐或分馏塔，切断进料，并应保持系统的热量。

在反应正常进行时，分馏系统要保持分馏塔底油浆经常循环，防止催化剂从油气管线进入分馏塔被携带到塔盘上及后面系统，造成塔盘堵塞。要防止因回流过多或太少引起的憋压和冲塔现象。在切断进料以后，加热护应根据情况适当减火，防止炉管结焦和烧坏；再生器也应防止在稀相层发生二次燃烧，因这种燃烧往往放出大量热，损坏设备。

降温循环用水应充足。降温用水若因故中断，应立即采取减量降温措施，防止各回流冷却器油温急速上升，造成油罐突沸。同时还应当注意冷却水量突然加大，造成急冷，容易损坏设备。若系统压力上升较高时，必要时可启动气压放空火炬，维持反应系统压力平衡。应备有单独的供水系统。

催化裂化装置关键设备应当备有两路以上的供电，自动切换装置应经常检查，保持灵敏好用。当其中一路停电时，另一路能在几秒钟内自动合闸送电，保持装置的正常运行。

三、加氢裂化

加氢裂化是 20 世纪 60 年代发展起来的新工艺，其特点是在有催化剂及氢气存在下，使重质油通过裂化反应转化为质量较好的汽油、煤油和柴油等轻质油。它与催化裂化不同的是在进行催化裂化反应时，同时伴有烃类加氢反应、异构化反应等，所以叫加氢裂化。

加氢裂化反应需要消耗大量氢气，其总量约为原料重量的 2.5~4.09 倍，通常需配有制氢装置。制氢的方法很多，目前，国内多采用烃类水蒸气转化法，原料为气体烃，在高温及催化剂的作用下与水蒸气发生反应，即得到氢气及二氧化碳。

加氢裂化装置有多种类型，按照反应器中催化剂的放置方式不同可分为固定床、沸腾床等。反应器是加氢裂化装置最主要的设备之一，目前新建加氢裂化装置所用反应器，多数都是壁厚大于 179mm、直径大于 3600mm、高度大于 20000mm、重量超过 500t 的大型反应器，可承受 14MPa 以上压力和 400~510℃ 温度。由于反应温度和压力均较高，又接触大量氢气，加氢裂化火灾爆炸危险性较大。加热炉平稳操作对整个装置安全运行十分重要，要防止设备局部过热，防止加热炉的炉管烧穿或者高温管线、反应器漏气而引起燃烧。高压下钢与氢气接触易产生氢脆，因此应加强检查，定期更换管道、设备，防止操作事故。

第十二章 气体充装

第一节 气体基础知识

一、基本概念

（一）分子与原子

一切物质都是由一种极小的粒子所构成的，这种微粒就叫分子。分子是能够独立存在并保持原物质性质（化学性质）的最小微粒，而组成分子的最小微粒，我们叫它原子。分子在一定条件下，虽然能够分解成原子，但分解后的原子将不再保持原物质的化学性质。

（二）压强（压力）

气体分子在不停地做无规则的运动，在运动中，分子之间一方面相互碰撞，另一方面无数个分子又不停地和气瓶内壁碰撞，从而形成了气体作用于瓶壁的压强。因此，可以说，气体的压强（压力）是不停地做无规则运动的大量分子对瓶壁撞击的结果。

压强（压力）的大小，以均匀分布并垂直作用在单位面积上的力来衡量。压强（压力）的法定计量单位名称是帕（斯卡），单位符号 Pa。

在气瓶标准和技术文件中，有关压强（压力）的常用术语，有如下几种：

(1) 公称工作压力：对于永久气体气瓶，是指在基准温度时（一般为20℃），所盛装气体的限定充装压力；对于液化气体气瓶，是指温度为60℃时瓶内气体压力的上限值。

(2) 最高温升压力：按《气瓶安全监察技术规程》规定充装，在允许最高工作温度时，瓶内介质达到的压力。

(3) 许用压力：气瓶在充装、使用、储运过程中，允许承受的最高压力。

(4) 充装压力：气瓶充装过程中瓶内介质的压力。国外标准中的充装压力是指标准温度下的充装压力，相当于公称工作压力的概念。

(5) 计算压力：气瓶强度设计时，作为计算载荷的压力参数。

(6) 水压试验压力：为检验气瓶静压强度所进行的以水为介质的耐压试验的压力，简称试验压力。

(7) 屈服压力：气瓶在内压作用下，筒体材料开始沿壁厚全面屈服时的压力。

(8) 爆破压力：气瓶爆破时所达到的最高压力。

（三）温度

温度是衡量物体冷热程度的物理量。它是对物质分子运动平均动能的度量。气瓶标准和技术文件中，有关温度的常用术语有：

(1) 基础温度：由气体产品标准规定的充装标准温度。

(2) 充装温度：气瓶充装过程中瓶内介质的温度。

(3) 最高工作温度：气瓶标准允许达到的气瓶最高使用温度。

（四）质量

质量是表示物质多少的一个物理量。单位名称千克（公斤），单位符号 kg。在生活语言

及贸易部门的技术语言中,人们习惯把质量叫做重量。在气瓶标准和技术文件中,有关质量的常用术语有:

(1) 充装量:气瓶内充装的气体重量。

(2) 气瓶净重:瓶体及其不可拆连接件的实际重量(不包括瓶阀、瓶帽、防震圈等可拆件)。

(3) 空瓶重量:瓶体及其所有附件(填充物)的重量。

(4) 实瓶重量:气瓶充装气体后的总重量。

(五)体积

由于气体分子的热运动,气体总是充满整个气瓶空间的。一般情况下,气体分子本身的体积可以忽略不计。说到气体的容积,通常就是指在气瓶中气体所占的体积。在法定计量单位中,体积是用"立方米"来表示的,单位符号为 m^3。气瓶的容积单位名称有时也用"升"来表示,单位符号为 L。

气瓶标准和技术文件中,有关容积的常用术语有如下几种:

(1) 公称容积:气瓶容积系列中的容积等级。

(2) 水容积。气瓶内的实际容量。

(3) 充装系数:标准规定的气瓶单位水容积允许充装的气体最大重量。

(4) 气相空间:瓶内介质处于气—液两相平衡共存状态时,气相部分所占的空间。

(5) 满液:瓶内气相空间为零时的状态。

(六)比容和密度

比容是确定物质状态的基本参数之一,它是均匀物质的单位质量所占有空间的量度。单位体积中所容的物质量叫做密度。

二、物质的状态

(一)状态与相

纯粹物质的聚集状态有气体、液体和固体 3 种,被称为物质的 3 态。例如,水就有水蒸气、水、冰 3 态。气体没有固定的形状,在不受膨胀限制的情况下,具有无限膨胀的性质。液体的体积大致是一定的,但没有固定的形状,分子间的(单质时为原子间)相对排列不断地变化着。液体还有一个重要特征,就是在重力场中能够形成一个垂直于重力场的自由液面。固体在无外力影响时,有固定的形态体积,分子间的相互关系基本上保持一定。

在某种条件下,物质有两种以上的状态共存。这时,各种状态能在较长时间内保持清晰的界面,界面以内自成均匀体系,这种物理上的清晰界面跟其他部分相区别的均匀体系称为"相"。在多数情况下,物质的 3 态分别只以单相存在,故常把气体、液体、固体简称为气相、液相、固相。

(二)状态的变化

物质的 3 态中的任何一种聚集状态都只能在一定的条件下(温度、压力等)存在,一旦条件发生变化,物质分子间的相互位置就会发生相应的变化,即表现为相变。

在相变过程中有着不同的物理变化过程。

(1) 汽化:液体变为气态的过程。汽化一般有两种方式:

① 蒸发:在液体表面发生的汽化现象。这是由于同一时间内从液面逸出的分子数,多于由液面外进入液体的分子数所致,在任何温度下都能进行。但因蒸发时,液体从其周围吸

收热量，所以温度越高，蒸发越快。此外，液体的表面积越大，液面上的气体排除得越迅速，液面上的气体压力越小，也能使其蒸发速度越发加快。但在相同条件下，各种液体蒸发的速度不同。

② 沸腾：在液体表面和内部同时汽化的现象，是剧烈的汽化过程。液体沸腾时的温度叫做沸点。

（2）液化：气体变成液体的过程。

（3）凝固（固化）。液体变为固态的过程。开始凝固时的温度叫做凝固点。

（4）熔化：固体变为液态的过程。开始熔化时的温度叫做熔点。

（5）升华：固态（结晶）物质不经过液态而直接转变为气态的现象。

在密闭的气瓶内，逸出液面的气体分子聚留在液面上方的气相空间里，这些气体分子在其自由运动中碰撞到液面时，会发生凝结，其结果是返回液体里去。其返回的分子数随液面上方气相空间的蒸气密度的增大而增多，而蒸气密度的逐渐加大，又会使液体的蒸发速度减缓。当逸出液面的分子数与返回液体的分子数相等时，就达到了动态平衡。也就是说，气、液二相处于相对稳定的平衡共存状态，我们称之为饱和状态。在饱和状态下的液体叫做饱和液体，其密度叫做饱和液体密度，饱和液体液面上的蒸汽叫做饱和蒸汽，其密度叫做饱和蒸汽密度，其压力叫做饱和蒸汽压（简称蒸汽压）。对于充满液化气体的气瓶而言，不论气瓶的体积大或小，只要瓶内存在气—液两相，瓶内的压力就是液化气体所处温度下的饱和蒸汽压。温度越高，液面上的饱和蒸汽密度或压力就越大，饱和蒸汽压随温度升高而增大。

（三）临界温度

试验结果表明，只有当气体的温度降低到一定温度以下，才能将其等温地压缩成为液体，这一温度称为气体的临界温度（t_c）。在临界温度以下，等温线的形状就呈现蒸气—液体的等温线的现状。氦、氧、氢、氮等较难液化的气体，临界温度很低，因此，长期以来曾被人们错误地看作"永久气体"。人们还曾错误地把气体分成能液化的"蒸气"或"气"和不能液化的"气体"两类。

（四）气体状态方程式

1. 理想气体状态方程

所谓理想气体是一种假想气体，这种气体的分子不占有体积，分子与分子之间没有相互作用力。实际上，自然界中并不存在真正的理想气体，为了讨论问题方便，而引出了理想气体的概念。当气体压力远低于临界压力，温度远高于临界温度的时候，都相当符合理想气体的假定。例如，在常温常压下的氧气、氮气以及由这些气体组成的混合气体，都可以近似地当作理想气体来处理，其误差是很小的。

对 1mol 理想气体，其压力、摩尔体积、温度 3 者之间的关系为：

$$p\upsilon = RT \qquad (12-1)$$

式中　p——理想气体的绝对压力，Pa；

　　　υ——理想气体的摩尔体积，mol/m³；

　　　T——理想气体的绝对温度，K；

　　　R——摩尔气体常数，$R = 8.3145$ J/（mol·K）。

这个关系式即为理想气体状态方程式。

对于 n (mol) 气体，若其总体积为 V ($V=n \cdot v$)，则其关系式为：$pV=nRT$。

压缩机中的气体往往是由若干不同的气体所组成的混合气体，若各组分气体均为理想气体，则其混合气体也可以认为是理想气体。

2. 实际气体状态方程

理想气体忽略了气体分子之间的作用力和气体分子本身所占有的体积。由于自然界并不存在真正的理想气体，实际工业生产中气体有时所处的工况并不都能遵循理想气体的定律，这时就必须按实际气体来处理。例如，临界温度较低的气体（如氮、氢、氧等）在压力超过10MPa时，或临界温度较高的气体（如二氧化碳、氨气等），如用理想气体状态方程进行计算，就会产生很大的误差。这时，就必须用实际气体方程进行计算。

考虑到气体分子之间的相互作用力和分子本身所占有的体积，对理想气体方程进行修正，一般表示为：

$$\left(p+\frac{\alpha}{v^2}\right)(v-b)=RT \tag{12-2}$$

式中　a——考虑了气体分子作用力大小的修正值；

　　　b——考虑了气体分子本身占有容积的修正值。

三、气体分类

气瓶内充装的介质是气体，对气瓶的技术要求应随所充装气体的性质而定。因此，气体的分类是构成气瓶分类的基础。一般情况下，按工业气体的组分，将气体分为工业纯气（单一气体）和工业混合气体两大类。

（一）工业纯气

工业纯气是按其物理特性和瓶内状态，以临界温度为基准所进行的分类。这是因为以气瓶的安全考虑为基本出发点时，最突出的问题是气瓶的强度储备。在正常环境温度下，不同的气体随温度变化，瓶内压力的变化是不一样的，其关键是发生气液相变的气体与不发生气液相变的气体的压力变化遵循不同的规律。等容过程中发生相变的同时，压力会产生突变；气体发生气液相变的先决条件是气体本身的性质，也就是该种气体的临界参数，其次是气体所处的温度状态。对于同样的环境温度，其区别就是气体的临界参数，在临界参数中，临界温度是主要因素。

1. 永久性气体

永久性气体指临界温度小于-10℃的气体。这类气体在气瓶使用温度范围内，在充、储、运、使用过程中，不发生气液相变，总是呈现气态。

2. 液化气体

液化气体指临界温度大于或等于-10℃，且小于或等于70℃的气体，又可分为高压液化气体和低压液化气体。

（1）高压液化气体。该组气体在充装时为液态。在允许的工作温度下储存和使用时，气体在瓶内的状态会随着环境状态的变化而变化，即低于或等于临界温度时，瓶内介质为气液两态共存，高于临界温度时，瓶内介质为气态。

（2）低压液化气体。低压液化气体指临界温度大于70℃的气体。

该组气体在气体充装、储运和使用过程中，瓶内气体为气液两相共存状态（主要是液态），液体密度随环境温度而变化。

为什么以 70℃来划分高压液化气体和低压液化气体呢？是否应和气瓶许用温度 60℃相一致呢？原因是这样的：对于充装低压液化气体气瓶来说，所装液化气体的临界温度，不能等于更不能低于气瓶的许用温度，而必须高于气瓶的许用温度，只有保证了这一点，才能确保瓶内的液化气体不会相变为单一的气相，而始终处于气液两相相对稳定的共存状态，瓶内压力受液面上的饱和蒸汽压所支配且不会剧烈变化。至于临界温度高出的幅度，要考虑以下两个因素：

① 气体临界温度的试验误差。特别是烃类化合物以及各种不同组分的混合气体，往往缺乏试验数据，而不得不从其他物性数据中进行推算其临界温度，其误差一般为 ±5%。以70℃为基准，就是将负误差考虑在内，保证避免相变的发生。

② 低压液化气体气瓶的最大充装量是按其许用温度 60℃确定的。为安全起见，不允许在 60℃满液（即气相空间为零），所以，以 70℃划分高压液化气体和低压液化气体可以保证60℃时气瓶应具备的安全空间。

3. 溶解乙炔

气液相变的共性规律同样适于溶解乙炔。乙炔的临界温度较高（$t = 36.5℃$），三相点压力较低（$p_s = 0.13MPa$），常温下加压极易液化。但是，由于加压乙炔的热力学性质很不稳定，极易发生聚合和分解反应，如果像永久气体那样装瓶的话，稍给能量（例如碰撞或振动）就会爆炸。因此，必须采用气态乙炔加压溶解于溶剂，并使其均匀分散在多孔物质之中，类似液化的储运方法，从而达到安全充装、储运和使用的目的。基于溶解乙炔具有如上所述的特殊性，所以在气体的分类中单独划分一类。

（二）工业混合气

工业混合气包括自然合成和人工配制的混合气（二元或多元混合气）。其中：含可燃气体组分在 2%（容积或重量）以上者为可燃性混合气；含自燃气体组分在 0.5%（溶剂或容量）以上者为自燃性混合气；含剧毒气组分 0.5%（容积）以上者为剧毒性混合气。含强腐蚀气体组分时，不管其浓度多少，均视为腐蚀性混合气。

工业混合气按其瓶内的状况分为气态混合气和液态混合气两组。

1. 气态混合气

气态混合气下分两个小组：（1）不燃混合气体，其中包括稀有气体混合气及空气混合气；（2）可燃混合气体，其中包括城市煤气、水煤气以及气态可燃气体的混合气。

2. 液态混合气

液态混合气下分两个小组：（1）不燃混合气体，其中包括制冷剂以及环氧乙烷和氟氯烷的混合气；（2）可燃混合气体，其中包括液化石油气以及丙烷、丁烷、丙烯、丁烯的混合气。

四、气体的危险特性

工业气体的危险特性是指气体的易燃、易爆、有毒、腐蚀以及可能发生的分解、氧化、聚合倾向等性质，这是不同气体各自固有的特性。

（一）燃烧性

可燃性液化气体的燃烧危险性远比易燃液体大得多。汽油是大家比较熟悉的一种易燃液体，沸点在 50℃以上，闪点在 -45℃左右，易挥发，爆炸性很强，挥发后的蒸汽与空气混合后，遇火即可引爆。而瓶装可燃性液化气体的沸点低于常温，极易汽化，已不能测定其闪点，并以此来衡量其危险级别，可见火灾危险性比汽油大得多。液化气体一旦酿成火灾将是非常严重的,人受到强烈辐射时,会烧伤或死亡;有机物受到辐射热时,会形成火灾,而且灭火以后极有可能会发生二次爆炸。

燃烧是一种同时伴有发光、发热的激烈的氧化反应。燃烧必须同时具备可燃物、助燃物、导致燃烧的能源这3个条件,缺少其中任何一个条件,燃烧便不能发生。空气本身就是一种助燃的氧化剂,这一条件随时随地都将存在。可燃物就是可燃气体本身。所以,关键的问题是要控制好点火源和防止气瓶中可燃气体的泄漏。一般认为:

(1) 可燃性气体与空气混合时的爆炸下限越低,则危险程度越高;

(2) 可燃性气体与空气混合时的爆炸范围(即爆炸上下范围幅度)越宽,则危险程度越高;

(3) 可燃性气体燃烧点越低,则危险程度越高;

(4) 可燃性气体在空气中的最小引燃量相对越小,则危险程度越高;

(5) 可燃性气体的密度相对于空气密度越大,则危险程度越高。

如果以上述观点作比较,那么瓶装气体中的永久气体危险程度最高的是氢气,液化气体中环氧乙炔则是第一位的。

从气体的燃烧性来看,可把气体分为不燃、助燃(氧化性)、可燃、易燃、自燃5种类别。其中,不燃和助燃(氧化性)列为不燃气体范围,可燃、易燃、自燃列为可燃气体范围。

(二) 毒性

瓶装气体中有一部分属于毒性气体(不燃有毒气体和可燃有毒气体)。一般来说,凡作用于人体并产生有毒作用的物质,都叫做毒物。在工业生产过程中所使用或产生的毒物,叫做工业毒物,毒物气体属于工业毒物的一种。毒物侵入人体后,与人体组织发生化学或物理化学作用,并在一定条件下破坏人体的正常生理机能,引起某些器官和系统发生暂时性或永久性的病变,这叫做中毒。在劳动过程中,工业毒物引起的中毒,叫做职业中毒。

充装毒性气体的气瓶在充装、储运和使用过程中,其主要危害是由于气体泄漏造成人体慢性中毒,或由于气瓶发生事故,导致气体外溢所引起的人体急性中毒。

工业毒物侵入人体的途径有3个,即呼吸道、皮肤和消化道。而毒性气体中毒,一般是经呼吸道进入人体的。

(三) 腐蚀性

凡是能使人体、金属或其他物质发生腐蚀作用的气体,均被称为腐蚀性气体。

瓶装气体多数属非腐蚀性介质,但由于瓶装工业气体往往不纯,结果本来属于非腐蚀性的变成了腐蚀性的甚至是强腐蚀性的介质。比如干燥的(露点为-54℃以下)一氧化碳,对气瓶金属原本是没有腐蚀作用的,但由于瓶装一氧化碳往往不纯,结果造成了瓶内介质对气瓶金属的应力腐蚀。

类似这样的介质还有氯化氢。当无水时,它对普通钢瓶没有腐蚀性,但含水量大于0.03%的氯化氢,其腐蚀性就大大增加。又如光气,当含水量超过0.04%时,因水解而产生的盐酸即对钢瓶有腐蚀,而腐蚀物能把瓶阀堵塞。纯的四氧化碳几乎不腐蚀钢,但含水量大于0.1%时,钢会受到强烈腐蚀。"氟氯烷"类气体(大都是制冷剂)腐蚀性很小,但遇水会因水解而产生强腐蚀性的盐酸和氢氟酸。

事实说明,水分的影响是一个带有共性的问题,也就是说,气体对钢瓶的腐蚀大都与气体的干燥过程有关（瓶装气体中氨是例外，含水氨会减缓对钢的腐蚀）。

对于上述气体的充装就不应选用一般钢瓶，首先就是要选用耐腐蚀材料制造的气瓶。作为气瓶设计单位，要适当加大腐蚀裕度（对应力腐蚀无效），瓶阀等附件也应采用相应的耐腐蚀材料；气体生产单位必须严格控制气体中水的含量，把好质量关；气瓶定期检验的单位在检验这一类产品时，应要求气瓶使用单位对气瓶彻底干燥除水。

另一种情况是气体具有轻腐蚀性。对于这样的介质也不可忽视，因为气瓶是移动式的，瓶壁较薄，在设计时没取腐蚀裕度或取得较小，更应重视其腐蚀所造成的影响。

（四）爆炸性

物质从一种状态迅速转变成另一种状态，并在瞬间放出大量能量，同时产生巨大声响的现象，称为爆炸。爆炸也可视为气体或蒸汽在瞬间剧烈膨胀的现象。爆炸可分为物理爆炸和化学爆炸。气体的危险特性主要是指化学性爆炸，即由于气体发生极迅速的化学反应而产生高温、高压所引起的爆炸。

对于盛装化学性质非常活泼（主要是容易氧化、分解或聚合）气体的钢瓶需要特别注意，因为这些介质具有非常危险的爆炸性。

瓶装气体中"氧化瓶禁油"的道理是大家所熟悉的。四氧化二氮是比氧更强烈的氧化剂，应绝对避免与脂类等有机物接触。环氧乙烷、光气等，都是化学性质活泼的气体，遇胺、醇等多种有机物会发生强烈的化学反应。

在瓶装气体中，气体因分解爆炸的可能性要比氧化爆炸的可能性小得多。因为促使其分解反应的必要条件之一是高温，没有高温，气体就不会分解。但这丝毫也不容忽视，往往由于局部过热使少量气体分解而波及其余，最后导致气瓶爆炸的可能性不仅是存在的，而且这样的事故也的确发生过。分解反应速度很快，一旦反应开始，便会放出大量热能而使温度急剧升高，加快分解速度，直至发生强烈的爆炸。分解爆炸的产物是黑烟状的细碳粒子，漂浮在空气中，并有可能发生二次爆炸，放出巨大热量，其爆炸破坏力往往大于第一次爆炸。

聚合是一种放热反应过程。气体聚合时的放热反应会使瓶内压力异常升高，而且反应物的质量越大，反应越猛烈。这种反应会造成极大的危害。对于这类气体气瓶除在气体中加入适当的稳定剂或阻聚剂外，在气瓶的管理方面应做到：(1) 避免气瓶日晒和受热。因为温度会促使且加速这类气体的聚合过程。(2) 气瓶容积不宜太大，最好不超过 80L。因为盛装量越大，一旦发生爆炸，造成的危害也就越大。

对于容易发生聚合或有聚合倾向的气体，必须绝对避免与有机或无机的过氧化物接触，因为过氧化物和氧都是良好的引聚剂。

如上所述，瓶装气体中有不少气体属易燃、易爆、有毒、有害的介质，必须从充装、储运、使用等各个环节入手，注意消除隐患，以确保其安全。

第二节　气　　瓶

一、气瓶的分类

（一）从结构上分类

从结构上讲，气瓶大致可分为无缝气瓶和焊接气瓶，常温下充装工业气体的绝大部分是这两种。

1. 无缝气瓶

氧、氮、氩等永久气体或二氧化碳、乙烷等高压液化气体，均使用无缝气瓶进行充装。其结构如图12-1所示。

2. 焊接气瓶

氨、氯、氟、氯烷等低压液化气体和溶解乙炔均使用焊接气瓶进行充装，其形状多种多样，同无缝气瓶相比，多数为矮粗形状。其代表结构如图12-2所示。

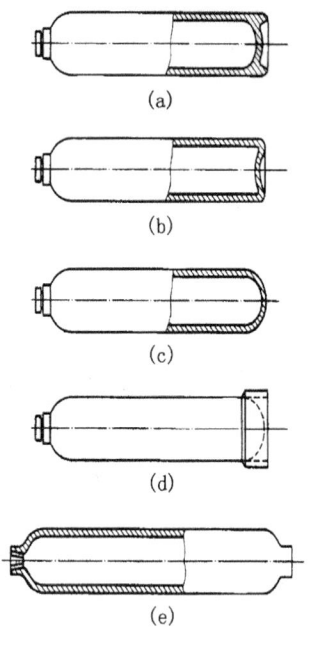

图12-1 无缝气瓶典型结构
(a) 底部形状：H形；(b) 底部形状：凹形；(c) 底部形状：凸形；
(d) 底部形状：凸形带底座；
(e) 底部形状：双口

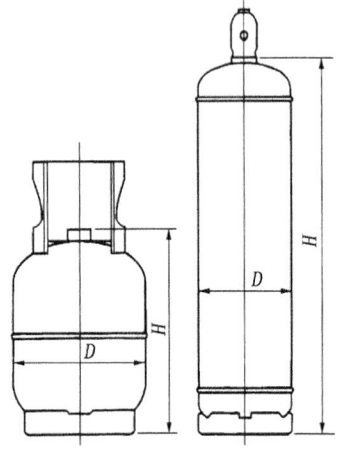

图12-2 焊接气瓶典型结构

（1）深冲型气瓶（两件组装气瓶）。在瓶体上只有一道环向焊缝，首先要把瓶用钢板深冲成杯状封头。上下两件封头组装后，用环向焊缝焊接成瓶体部分。

（2）纵焊缝气瓶（3组件装气瓶）。瓶体是采用瓶用钢板卷制，然后用纵焊缝焊接与上下两封头组装后，再用环向焊缝相接。

（3）在气瓶中，还有点火器用的气瓶、清凉饮料用的弹壳式二氧化碳气瓶等小型气瓶。

（二）从材质上分类

作为气瓶材料，自然绝大部分都是钢制的，但是近年来满足特殊需要的铝合金无缝气瓶也开始制造、销售。

（1）钢制气瓶。包括碳钢气瓶、锰钢气瓶、铬钼钢气瓶、不锈钢气瓶等。

（2）铝合金气瓶。这种气瓶具有低温冲击性优良、瓶重较轻（比碳钢气瓶、锰钢气瓶轻）和耐腐蚀性好等优点。

（3）复合气瓶。所谓复合气瓶是指气瓶瓶体由两种或两种以上材料制成的气瓶。

（4）其他材料。在国外，还有使用镍（Ni）、铜（Cu）等材料制造的气瓶，以满足特殊的需要。

（三）从充装介质上分类

按充装介质可把气瓶分成永久气体气瓶、液化气体气瓶和溶解气体气瓶。

（1）永久气体气瓶。是指只用压缩的方法充装在常温下永远是气态的介质（如氢、氧）

的气瓶。

(2) 液化气体气瓶。是指充装在常温条件下，由压缩而液化的气体（比如液氯气、液化石油气）的气瓶。

(3) 溶解乙炔气瓶。乙炔溶解于丙酮中，然后将其储藏于带有填料的气瓶中，这样的气瓶就是溶解乙炔气瓶。

（四）从公称工作压力或水压试验压力上分类

按公称工作压力或水压试验压力可将气瓶分为：(1) 高压气瓶；(2) 低压气瓶。详见表12-1。

表 12-1 气瓶压力系列

压力类别	高压气瓶					低压气瓶				
公称工作压力，MPa	30	20	15	12.5	8	5	3	2	1.6	1
水压试验压力，MPa	45	30	22.5	18.8	12	7.5	4.5	3	2.4	1.5

（五）从使用要求上分类

(1) 一般气瓶。是指无特殊要求的气瓶。

(2) 特殊气瓶。是指用于电子工业、航空、医疗、安全抢救等的气瓶，这种气瓶或在结构、材料、制造上有特殊要求，或在性能上有特殊要求。

二、气瓶的主要技术参数

根据各国气瓶标准和目前我国已公布的钢制无缝气瓶、钢制焊接气瓶和液化石油气钢瓶的国家标准以及气瓶安全监察规程的有关规定，气瓶主要技术参数如下。

（一）常用气瓶的公称工作压力

我国气瓶的压力系列见表4-1，气瓶水压试验压力是公称工作压力的1.5倍。

对盛装永久气体的气瓶，气瓶的公称工作压力是指在基准温度时（一般为20℃）气瓶所盛装气体的限定充装压力；对盛装液化气体的气瓶，气瓶的公称工作压力是指温度为60℃时瓶内气体压力的上限值（液化气体压力的上限值除和温度有关外，还与充装系数有关）。

盛装高压液化气体的气瓶，其公称工作压力不得小于8MPa。

盛装有毒和剧毒危害的液化气体的气瓶，其公称工作压力的选用应适当提高。

常用气体气瓶的公称工作压力见表12-2。

表 12-2 常用气体气瓶的公称工作压力

气体类别	公称工作压力 MPa	常用气体
永久气体 $t_c<10℃$	30	空气、氧、氢、氮、氩、氖、氪、氙、甲烷、煤气、天然气、氟等
	20	
	15	空气、氧、氢、氮、氩、氖、氪、甲烷、煤气、三氟化硼、四氟甲烷（R-14）、一氧化碳、一氧化氮、氘（重氢）、氦等
	20	二氧化碳、一氧化二氮（氧化亚氮）、乙烷、乙烯、硅烷、磷烷、乙硼烷等
	12	

续表

气体类别		公称工作压力 MPa	常用气体
液化气体 $t_c \geqslant -10℃$	高压液化气 $-10℃ \leqslant t_c \leqslant 70℃$	12.5	氙、一氧化二氮（氧化亚氮）、六氟化硫、氯化氢、乙烷、乙烯、三氟氯甲烷（R-13）、三氯甲烷（R-23）、六氟乙烷（R-116）、1,1二氟乙烯（偏二氟乙烯 R-1132a）、氟乙烯（R-1141）、三氯溴甲烷（R-12B1）等
		8	六氟化硫、三氟氯甲烷（R-13）、1,1二氟乙烯（偏二氟乙烯 R-1132a）、六氟乙烷（R-116）、氟乙烯（R-1141）、三氯溴甲烷（R-12B1）等
	低压液化气体 $t_c > 70℃$	5	溴化氢、硫化氢、碳酰二氯（光气）、硫酸氟等
		3	氨、二氟氯甲烷（R-22）、1,1,1三氟乙烷（R-143a）等
		2	氯、二氧化硫、环丙烷、六氟丙烯、二氟二氯甲烷（R-12）、1,1二氟乙烷（R-152a）、氯甲烷、二甲醚、二氧化氮、三氯乙烯（R-1113）、溴甲烷、氟化氢、五氟氯乙烷（R-115）等
		1	正丁烷、异丁烷、异丁烯、1-丁烯、1,3丁二烯、一氟二氯烷（R-21）、四氟二氯乙烷（R-114）、二氟乙烷（R-142b）、二氟溴氯甲烷（R-12B1）、氯乙烷、氯乙烯、溴乙烯、甲胺、二甲胺、三甲胺、乙胺、乙烯基甲醚、环氧乙烷、八氟环丁烷（R-C318）、（顺）2-丁烯、（反）2-丁烯、三氯化硼（氯化硼）、甲硫酸（硫氢甲烷）、三氟氯乙烷（R-133a）等

注：t_c 为临界温度，℃。

（二）气瓶的公称容积

目前，我国已先后公布了钢制无缝气瓶、钢制焊接气瓶和液化石油气钢瓶的国家标准，其中对气瓶的公称容积作出了明确规定。

一般情况下，将气瓶的公称容积划分为大、中、小3类：12L（含12L）以下为小容积，12L以上至100L（含100L）为中容积，100L以上为大容积。

（1）钢制无缝气瓶的容积，以40L气瓶为最常见，但也有小到0.4L大到80L的。

（2）钢制焊接气瓶的容积，作为溶解乙炔钢瓶，以40L钢瓶最为普遍。液氨与液氯气瓶以800L和400L最为普及，因为按液氯1.25kg/L的充装系数计算，它们的介质质量正好为1t和0.5t。

（3）液化石油钢瓶的容积，以35.5L用量最多。因为以0.42kg/L充装系数计算，此类气瓶正好充装15kg的液化石油气，搬运和使用较为方便。

三、气瓶附件

常见的气瓶附件主要有瓶帽、瓶阀和防震圈。气瓶附件是气瓶的重要组成部分，对气瓶安全使用起着非常重要的作用。

（一）瓶帽

保护瓶阀用的帽罩式安全附件统称瓶帽。其功能在于避免气瓶在搬运和使用过程中，由于碰撞而损伤瓶阀，甚至造成瓶阀飞出、气瓶爆炸等严重事故。

瓶帽应满足下列要求：（1）有良好的抗撞击性；（2）不得用灰口铸铁制造；（3）无特殊

要求的，应配带固定式瓶帽，同一工厂制造的同一规格的固定式瓶帽，质量允许误差不超过5%。

（二）瓶阀

瓶阀是气瓶的主要附件，它是控制气体进出的一种装置。对瓶阀的要求：

（1）瓶阀材料应符合相应标准的规定，所用材料既不与瓶内盛装气体发生化学反应，也不允许影响气体的质量。

（2）瓶阀上与气瓶相连接的螺纹，必须与瓶口内螺纹相匹配，并应符合相应标准的规定。瓶阀出气口的结构，应能有效地防止气体错装、错用。

（3）氧气和强氧化性气体气瓶的瓶阀、密封材料必须采用无油脂的阻燃材料。

（4）液化石油气瓶阀的手轮材料应具有阻燃性能。

（5）瓶阀阀体上如装有爆破片，其公称爆破压力应为气瓶的水压试验压力。

（6）同一规格、型号的瓶阀，其质量允差不应超过5%。

（7）瓶阀出厂时，应逐只出具合格证。

（8）非重复充装瓶阀必须采用不可拆卸方式与非重复充装气瓶匹配。

气瓶装何种瓶阀取决于瓶内气体的性质，例如，氧气瓶阀无论什么型号均应采用铜阀。这是因为铜不会产生静电火花和机械火花的缘故，从而保证氧气瓶的安全使用。当气瓶盛装氨气、光气和某些其他气体时，由于这些气体与铜发生化学反应，使铜腐蚀，所以这些气瓶不能使用铜阀。乙炔与铜作用生成乙炔铜这一爆炸性化合物，而且铜又能促使乙炔发生分解爆炸，所以乙炔瓶阀材料应选用碳钢或低合金钢。如选用钢合金，其含铜量必须小于70%。

（三）防震圈

防震圈是指套装在气瓶筒体上的橡胶圈（也有用其他弹性物质制作），其主要功能是使气瓶免受直接冲撞。气瓶是移动式压力容器，如果没有防震圈的保护，它在充气、使用，尤其是在搬运过程中，可能会因碰撞导致爆炸事故的发生。防震圈的重量允差应不超过5%。

气瓶的附件除瓶帽、瓶阀和防震圈外，有些气瓶还有气瓶专用爆破片、安全阀、易熔合金塞、液位计、紧急切断和充装限位装置等。

第三节　气体的充装

一、对气体充装单位的管理

（1）气瓶充装单位应向省级质量技术监督行政部门锅炉压力容器安全监察机构提出注册登记书面申请。经审查，确认符合条件者，由省级质量技术监督行政部门锅炉压力容器安全监察机构办理注册登记。未办理注册登记的，不得从事气瓶充装工作。气瓶充装站具备的规模由省级质量技术监督行政部门根据地方经济情况确定。

气瓶充装注册登记有效期为5年，有效期满3个月，气瓶充装单位应向原注册单位提出办理换发注册登记申请。逾期不申请者，视为自动放弃，不得再从事气瓶充装。办理和换发注册登记时的具体检查工作由有条件的中介机构或事业单位进行。

省级质量技术监督行政部门锅炉压力容器安全监察机构，应每年汇总本辖区气瓶充装单位注册登记情况，报国家质量技术监督局锅炉压力容器安全监察局备案。

（2）充装单位应符合相应的充装站安全技术条件国家标准的要求，严格执行气瓶充装有关规定，确保不错装、不超装、不混装和充装质量的可追踪检查。

充装单位必须对充装人员和充装前检查人员进行有关气体性质、气瓶的基本知识、潜在危险和应急处理措施等内容的培训。

（3）气瓶充装实行年审制度。地、市级质量技术监督行政部门安全监察机构应每年对气瓶充装站进行一次年审。年审时，应对充装站充装工作的质量进行综合评价。对年审不合格的充装站应警告或暂停充装进行整顿，整顿合格后方可恢复充装。对整顿不合格的，报请省级质量技术监督行政部门取消其充装资格。充装站换发注册登记以年审为依据，对每年年审均合格的充装站可免予检查并直接换证。

（4）气瓶实行固定充装单位充装制度，气瓶充装单位只充装自有气瓶和托管气瓶，不得为任何其他单位和个人充装气瓶（车用气瓶除外）。气瓶充装前，充装单位应有专人对气瓶逐只进行充装前的检查，确认气瓶内气体，并做好记录。无制造许可证单位制造的气瓶和未经安全监察机构批准认可的进口气瓶不准充装，严禁充装超期未检气瓶和改装气瓶。

（5）气瓶充装单位必须在每只充气气瓶上粘贴符合国家标准 GB 16804—1997《气瓶警示标签》的警示标签和充装标签。

二、充装前的检查

（1）充装前必须对气瓶逐只进行认真检查，这是为了防止气瓶在充装过程中或是在运输、储存和使用中，由于混装、错装、换装、报废或超期服役等原因而发生各种事故。

（2）属于下列情况之一的气瓶，应先进行处理，否则严禁充装：①钢印标记、颜色标记不符合规定，对瓶内介质未确认的；②附件损坏、不全或不符合规定的；③瓶内无剩余压力的；④超过检验期限的；⑤经外观检查，存在明显损伤，需进一步检查的；⑥氧化或强氧化性气体气瓶沾有油脂的；⑦易燃气体气瓶的首次充装或定期检查后的首次充装未经置换或抽真空处理的。

三、永久气体的充装

（一）基准温度

基准温度就是基准充装温度，我国规定为 20℃。基准温度的确定与水压试验压力和公称工作压力之间的比值有关，也就是和气瓶筒体强度计算公式有关；反过来，基准温度一旦确定下来，又影响气瓶的水压试验压力。所以说，基准温度的确定，不仅用于气体的充装，更主要的是此温度值已成为气瓶设计的重要参数之一。

（二）最高工作温度

气瓶内介质的最高工作温度的确定，对气瓶的安全是一个很重要的因素。其主要影响因素是环境温度。因为气瓶是无绝热层、移动式压力容器，无论是在气体充装过程中，还是在气瓶运输、储存和使用过程中，瓶内气体的压力随气瓶所处环境温度的升高而升高。根据我国地理位置的气候条件，气瓶最高工作温度定为 60℃，但又绝不能把 60℃ 理解为大气温度。因为除了环境温度和环境条件等因素的影响外，还与气体（比热、充装量）、气瓶结构（材质、形状、壁厚）、气瓶的颜色标记、气瓶的容积大小等因素有关。

（三）温升压力

气瓶开始在相对较冷的温度下充装，然后在使用或运输中，由于环境温度的影响，特别是在阳光直射条件下，瓶内气体温度会升高，其压力也相应地升高，这就是温升压力的来由。

（四）充装量

永久气体气瓶充装量确定的原则是：气瓶内气体的内压力在基准温度下（20℃）应不超过其公称工作压力，在最高工作温度下（60℃）应不超过水压试验压力的0.8倍。

（五）充装温度

充装温度由充装单位根据经验按下列方法任取一种：

（1）在控制一定的充装速度的条件下，取气体储罐（指压缩机出口，并紧靠充装处的气体储罐）内的气体实测温度为气瓶充装温度。

（2）取充装间的自然室温，加上充气温度差，作为气瓶的充装温度。

（六）充装操作要点

（1）永久气体充装操作人员必须严格遵守气体充装的规章制度。

（2）操作人员必须穿戴符合要求的护具，检查充装设备（含接地装置）、仪器、仪表、工卡器具是否安全、灵敏、可靠后，方可进行工作。

（3）检查瓶阀是否完好。气瓶与卡具连接要牢固、可靠，然后打开各气瓶瓶阀，观察是否漏气（特别要注意瓶阀开启时是否漏气）。

（4）缓慢开启充装排的总阀门，并与压缩间联系准备充气（充装间与压缩间应有可靠而准确的联系信号）。

（5）从充气开始，应随时观察压力的变化情况。当压力升至9.81MPa和12.26MPa时，应分别检查一次瓶体的温度状况。

（6）在检查中，若发现有的气瓶不进气（手摸气瓶壁无升温或漏气，应及时处理）时，检查瓶阀是否打开；漏气时，应终止其漏气瓶的充装。但当压力超过9.81MPa或不便于处理时，要待该排气瓶充气结束后，从充气排上取下予以处理。

（7）充装压力高于12.26MPa时，不得进入充装间，待总阀关闭后，方可进入充装间继续工作。

（8）气体充装时，每排的气水分离器应放水2次（9.81MPa和13.73MPa时各1次）。

（9）为防止超压，应安装电接点压力表，保证超压时报警。

（10）每一排气瓶充装结束后、关闭总阀以前，应稍微打开另一排总阀，再关闭此一排总阀，并及时全开另一排总阀充装气瓶（切记缓慢，以避免因总阀进出口压差的影响使出口端管道瞬间内产生绝热压缩而出现事故）。然后，将此排充装结束的每个气瓶的瓶阀关好，缓慢打开回气阀，待管道压力降至1.96MPa以下时，从充装排上卸下气瓶。检验合格后，戴好瓶帽，送到仓库或指定地点。

（七）充装注意事项

（1）永久气体的充装装置，必须防止可燃气体、助燃气体的错装和不相容气体的错装。充装后气瓶在20℃时的压力，不得超过瓶的公称工作压力。

（2）下列气体严禁装瓶：①氧气中的乙炔、乙烯的总含量等于或大于0.5%（按体积计，下同）或易燃性气体总含量大于或等于0.5%的；②氢气中的氧含量等于或大于0.5%的，或氧气中氢含量大于0.5%的；③其他易燃性气体的氧含量大于或等于0.5%。

（3）充装前必须确认待充气瓶已经检验合格。

（4）定期检验充装排上的阀门（含安全阀）、压力表、充装气体用的连接卡子以及管道，以确保安全可靠。

（5）用卡子连接代替螺纹连接进行充装气体时，必须确认瓶阀出气的螺纹与所装气体所规定的螺纹型式是否相符。应尽量采用螺纹连接型式的卡具。

(6) 操作任何阀门时，操作人员必须站于其侧面，且缓慢进行，但必须一次开足或关严，也不应太紧，以避免产生过大的摩擦热或气流冲击而产生静电使可燃气体或助燃气体气瓶发生燃烧爆炸。用力过猛会损坏阀体或螺纹。

(7) 向气瓶内充气，速度不得大于 $8m^3/h$（标准状态气体），充装时间不应少于30min。为限制气流速度，防止产生过大的气流摩擦热，在充装可燃性或助燃性气体过程中，特别在充装排压力达到充装压力10%以后，禁止插入空瓶进行充装，也不准任意减少每排的充装只数。

(8) 充装过程中，在瓶内压力尚未达到充装压力1/3以前，应逐只检查瓶体温度是否正常。若发现瓶壁温度异常高温时，应及时查明原因，妥善处理，除了手摸瓶温外，还应注意监听瓶内有无异常音响，以及查看瓶阀密封是否良好。

(9) 充装可燃气体或助燃气体的操作过程中，严禁用扳手等金属器具敲击瓶阀或管道。

(10) 充气过程中，如遇到瓶阀燃烧时，应立即关闭燃烧着的瓶阀及其相连的充装支管阀门。对有蔓延趋势的火焰，应同时发出"紧急关停"的信号，打开放空阀，并根据充装气体的特性，采用相应的办法来灭火报警。

(11) 高压输气管道主汇流排的材质应与充装气体相适应。压力大于2.94MPa的输氧管道，必须采用铜管或不锈钢管，且管道内不得有铜粉及其他金属粉末，阀门、垫片等均应符合《氧气安全设计规范》的有关规定。

(12) 充装可燃气体或助燃气体的充装台，应采取可靠的接地装置，接地电阻应小于5Ω，电器照明均需采用防爆型产品。充装操作人员不得穿戴化纤质地的衣帽以及带钉子的鞋子。在充装场所严禁吸烟，禁绝一切火源。检修动火，必须采用可靠的措施，并应经批准领取动火证后，方可动火。

(13) 凡与氧或强氧化介质接触的人员，其双手、服装、工具等均不得沾有油脂，也不得使油脂沾染到阀门、管道、垫片等一切与氧气接触的装置物件上，因为油脂遇高压氧气会发生自燃。

(14) 采用两种或两种以上充装压力制度的单位，应严格区分气瓶的压力等级，并分区存放，分批充装。

(15) 对于无余气的气瓶，或第一次充装的新瓶，或定检后第一次充装的气瓶，如充装可燃气体时，应进行抽真空或以氮气置换的方法，将瓶内的气体处置干净。

（八）充装记录

(1) 充气单位应有专人负责填写气体充装记录。记录内容至少应包括：充气日期、瓶号、室温（或储气罐内气体的实测温度）、充装压力、充装起止时间、充装过程中有无异常现象等。持证操作人员和充气班长均应在记录上签字或盖章，以示负责。

(2) 充气单位应负责妥善保管气体充装与分析记录，保管时间应不少于半年，或根据用户需求做更长时间的保存。

（九）充装后的检查

气体充装后的气瓶，应有专人负责逐只检查，不符合要求时，应进行妥善处理。检查内容包括：(1) 实测瓶内压力是否在规定范围以内；(2) 瓶内气体纯度是否在规定范围以内；(3) 瓶阀及其与瓶口连接的密封性是否良好；(4) 气瓶在充装后，是否出现鼓包变形或泄漏等严重缺陷；(5) 瓶体温度是否有异常变化。

四、液化气体的充装

液化气体气瓶同永久气体气瓶相比一个显著的区别,就是永久气体气瓶内的介质只有单一的气相存在,在气瓶使用温度范围内,这类气体在充装、储运和使用过程中,不会发生气液相变。但是,液化气体气瓶充装量的确定原则就与永久气体气瓶不大一样,而且液化气体中的高压液化气体和低压液化气体也不尽相同。

(一)充装系数的计算

所谓充装系数,是指每升气瓶容积充装液化气体的质量(kg),按式(12-3)进行计算:

$$F = W/V \qquad (12-3)$$

式中 F——充装系数,kg/L;
   V——气瓶容积,L;
   W——液化气体的充装质量,kg。

常见的液化气体充装系数,应符合表12-3和表12-4的规定。

表12-3 低压液化气体的充装系数

序号	气体名称	化学式	充装系数不大于 kg/L
1	氨	NH_3	0.53
2	氯	Cl_2	1.25
3	溴化氢	HBr	1.19
4	硫化氢	H_2S	0.66
5	二氧化硫	SO_2	1.23
6	四氧化二氮	N_2O_4	1.30
7	碳酰二氯(光气)	$(O=C-Cl, Cl)$	1.25
8	氟化氢	HF	0.83
9	丙烷	$C_3H_8 [CH_3CH_2CH_3]$	0.41
10	环丙烷	$C_3H_6 (CH_2-CH_2-CH_2)$	0.53
11	正丁烷	正—$C_4H_{10} [CH_3CH_2CH_2CH_3]$	0.51
12	异丁烷	异—$C_4H_{10} (CH_3CHCH_3 / CH_3)$	0.49
13	丙烯	$C_3H_6 [CH_2=CHCH_3]$	0.42
14	异丁烯(2-甲基丙烯)	异—$C_4H_8 (CH_2=C-CH_3 / CH_3)$	0.53
15	1-丁烯	$C_4H_8 [1] [CH_2=CHCH_2CH_3]$	0.53
16	1,3丁二烯	$C_4H_6-[1,3][CH_2=CHCH=CH_2]$	0.55
17	六氟丙烯(R-1216)	$C_3F_6 [CF_2=CFCF_3]$	1.06
18	二氯二氟甲烷(R-12)	CF_2Cl_2	1.14
19	一氟二氯甲烷(R-21)	$CHFCl_2$	1.25

续表

序号	气体名称	化学式	充装系数不大于 kg/L
20	二氟氯甲烷（R-22）	CHF_2Cl	1.02
21	四氟二氯乙烷（R-114）	$C_2F_4Cl_2$ [$CF_2Cl=CF_2Cl$]	1.31
22	二氟氯乙烷（R-142b）	$C_2H_3F_2Cl$ [CH_3CF_2Cl]	0.99
23	1，1，1三氟乙烷（R-143b）	$C_2H_3F_3$ [CH_3CF_3]	0.66
24	1，1二氟乙烷（R-152a）	$C_2H_4F_2$ [CH_3CHF_2]	0.79
25	三氯溴甲烷（R-12B1）	CF_2ClBr	1.62
26	三氟氯乙烯（R-1113）	C_2F_3Cl [$CF_2=CFCl$]	1.10
27	氯甲烷（甲基氯）	CH_3Cl	0.81
28	氯乙烷（乙基氯）	C_2H_5Cl [CH_3CH_2Cl]	0.80
29	氯乙烯（乙烯基氯）	C_2H_3Cl [$CH_2=CHCl$]	0.82
30	溴甲烷（甲基溴）	CH_3Br	1.57
31	溴乙烯（乙烯基溴）	C_2H_3Br [$CH_2=CHBr$]	1.37
32	甲胺	CH_3NH_2	0.60
33	二甲胺	$(CH_3)_2NH$ $\left(\begin{array}{c}CH_3\\ \\ CH_3\end{array}NH\right)$	0.58
34	乙胺	$C_2H_5NH_2$ [$CH_3CH_2NH_2$]	0.62
35	甲醚（二甲醚）	C_2H_6O [CH_3OCH_3]	0.58
36	三甲胺	$(CH_3)_3N$ $\left(\begin{array}{c}CH_3\\CH_3-N-CH_3\end{array}\right)$	0.56
37	乙烯基甲醚（甲基乙烯基醚）	C_3H_6O [$CH_2=CHOCH_3$]	0.67
38	环氧乙烷（氧化乙烷）	C_2H_4O $\left(\begin{array}{c}CH_2-CH_2\\ \diagdown\;\diagup\\O\end{array}\right)$	0.79
39	（顺）2-丁烯	C_4H_8	0.55
40	（反）2-丁烯	C_4H_8	0.54
41	五氟氯乙烷（R-115）	CF_5Cl	1.05
42	八氟环丁烷（RC-318）	C_4F_8	1.30
43	三氯化硼（氯化硼）	BCl_3	1.20
44	甲硫醇（硫氢甲烷）	CH_3SH	0.78
45	三氟氯乙烷（R-133a）	$C_2H_2F_3Cl$	1.18
46	砷化氢（砷烷）	$As H_3$	—
47	硫酰氟	SO_2F_2	1.00
48	液化石油气	混合体（符合 GB 11174）	0.42；或按相应国家标准

表 12-4 高压液化气体的充装系数

序号	气体名称	化学式	气瓶在不同公称工作压力下的充装系数不大于 kg/L			
			20.0 MPa	15.0 MPa	12.5 MPa	8.0 MPa
1	氙	Xe	—	—	—	1.23
2	二氧化碳	CO_2	0.74	0.60	—	—
3	一氧化二氮（笑气）	N_2O	—	0.62	0.52	—
4	六氟化硫	SF_6	—	—	1.33	1.17
5	氯化氢	HCl	—	—	0.57	—
6	乙烷	C_2H_6 [CH_3CH_3]	0.37	0.34	0.31	—
7	乙烯	C_2H_4 [$CH_2=CH_2$]	0.34	0.28	0.24	—
8	三氟氯甲烷（R-13）	CF_3Cl	—	—	0.94	0.73
9	三氟氯甲烷（R-23）	CHF_3	—	—	0.76	—
10	六氟乙烷（R-116）	C_2F_6 [CF_3CF_3]	—	—	1.06	0.83
11	1,1 二氟乙烯（R-1132a）	$C_2H_2F_2$ [$CH_2=CF_2$]	—	—	0.66	0.46
12	氟乙烯（乙烯基氟）（R-1141）	C_2H_3 [$CH_2=CHF$]	—	—	0.54	0.47
13	三氟溴甲烷（R-13B1）	CF_3Br	—	—	1.45	1.33
14	硅烷	SiH_4	—	0.30	—	—
15	磷烷	PH_3	—	0.20	—	—
16	乙硼烷	B_2H_6	—	0.035	—	—

（二）低压液化气体气瓶充装量的计算

因为低压液化气体的临界温度（t_c）高于气瓶最高工作温度（$t=60℃$），所以，低压液化气瓶在充装、储存、运输和使用过程中都不会发生相变。只要充装适量，不发生满瓶，瓶内始终是气液二相共存、两者之间有着非常明显的界面，液相是饱和液体，气相是饱和蒸汽。若充液过量，气相容积不够，甚至消失，气瓶达到"满液"，这时如果温度升高，致使液体无法膨胀，则瓶内压力就骤然增高，直至气瓶爆破。

为了防止瓶内液化气体因受热膨胀而导致发生事故，应使气瓶在最高工作温度下，液相不要"充满"气瓶全部容积，要留有一定的气相空间。这一空间就是瓶容与液容之差。即：

$$V_G = V - V_L \tag{12-4}$$

式中　V_G——瓶内气相空间，L；

　　　V——瓶内有效容积，L；

　　　V_L——瓶内液相容积，L。

而 V_L 与液化气体在充装时的定压比容 v_p 的比值就是气瓶的充装重量。即：

$$W = V_L/v_p \tag{12-5}$$

式中　W——气瓶的充装量，kg；

　　　v_p——液化气体的定压比容，L/kg。

对于低压液化气瓶，液化气体虽然在加压状态充装，但进入瓶内就是处于饱和状态，所以，可用饱和状态的比容 v 来代替液化气体的定压比容，即：

$$W = V_L/v \tag{12-6}$$

式中　v——饱和状态下的液体比容，L/kg。

又因饱和液体密度与饱和状态下的液体比容互为倒数，所以有：

$$W = V_L d \tag{12-7}$$

式中　d——饱和液体密度，L/kg。

则有：$W = (V - V_G)d$。

以上所述均属理想状态，即 $V_G = 0$ 是在没有任何误差的情况下才能成立。可是理想状态在生产实践中是不存在的。如果把生产中某些可以预计到的误差叠加起来，称为安全余量，其值与瓶内有效容积之比即为安全系数，并赋予符号 $\sum n$，并使其最终在气相容积 V_G 上得到反映，那么 $\sum n = V_a/V$。但气体充装工作中常常使用的是充装系数 F，所以有：

$$F = W/V = (1 - \sum n)d \tag{12-8}$$

式中　F——充装系数，kg/L。

根据我国目前的实际条件，对 $\sum n$ 的选择，应考虑以下两种情况：

(1) 物性数据误差 (n_1)。主要指液化气体饱和液体密度 d 值的误差。无论采用推算数据，还是采用实测数据，数据误差总是客观存在的。一般情况下，密度数据误差为 0.5%～1.0% 左右，为安全起见，取 $n_1 = 1\%$。

(2) 衡量称重误差 (n_2)。气瓶容积大都采用同体积称重法，气瓶在充液时也需称重控制，因此，称重误差也需考虑。称重误差一般均不超过 ±0.1%。假定在称重过程中累积误差约为正误差的 6 倍，也即 $n_2 = 0.6\%$，由此得出 n_1 和 n_2 之和为 1.6%。

为安全起见，取 $\sum n = 2\%$，所以低压液化气体的充液量在 60℃ 时所占体积，必须小于气瓶有效容积的 98%，即还有 2% 以上气相容积作为安全系数。

(三) 高压液化气体气瓶充装量的计算

因为多数高压液化气体的临界温度 (t_c) 低于气瓶的最高工作温度 ($t = 60℃$)，所以，高压液化气体在充装时为液态，此时瓶内的压力就是液体界面上的饱和蒸汽压，这与低压液化气体没有什么差别。但在高压液化气体的储存、运输和使用过程中，由于环境温度的影响，当液体温度达到 t_c 时，则发生蒸气向气体的相变，其结果是气瓶由于大量气体产生使内压骤然上升，此时表征气瓶的压力状况，实质上就和永久气体气瓶一样。因此，对于高压液化气体气瓶，一方面和永久气体气瓶一样，在 20℃ 内压力不应超过气瓶的公称工作压力，在 60℃ 时压力不应超过其水压试验压力的 0.8 倍（液化二氧化碳和液化氧化亚氮除外），另一方面和低压液化气体气瓶一样，按表选择充装系数。

高压液化气体的 P、V、T 关系，服从真实气体状态方程式，充装系数是采用偏心因子法计算出来的。其中对于临界温度 (t_c) 小于气瓶最高工作温度 ($t = 60℃$) 的高压液化气体，在充液量计算时，安全系数 (n) 可以不予考虑（很小）。对于临界温度 (t_c) 介于气瓶最高工作温度 t 和 70℃（高压液化气体的定义上限温度）之间的高压液化气体（例如 $t_c = 67℃$ 的三氟溴甲烷），因其相态与低压液化气体完全一样，即在气瓶正常使用温度范围内，瓶内介质始终为液相，故应考虑安全系数，而且其液态密度的计算误差要比低压液化气体略高。所以在充装液量计算时，n 取 2.5%，即在 60℃ 时，此类高压液化气体的充液量必须小于气瓶有效容积的 97.5%，留有 2.5% 的气相空间。

(四) 充装的危险性

液化气体过量充液后，爆炸危险性极大，其中低压液化气瓶尤为严重。气瓶爆炸事故中，由于过量充装导致气瓶物理性爆炸的比例很大。这些气瓶在爆炸前大都处于静止状态，未受撞击和振动，而且处于常温，甚至是在雪天，爆炸后的瓶体均存在变形，破口很大，有的几乎碾成平板。这些迹象充分说明，爆炸事故的直接原因不是气瓶本身存在严重缺陷，而是瓶内超压，即瓶内的压力已远远超过液化气体正常温度下的饱和蒸汽压，气瓶受不了这样高的压力，因而发生了爆炸。

为什么有这么高的压力？这是因为气瓶的容积是一定的，而且又是密封的，瓶内的液化气体随着温度的升高，其体积必然膨胀，但它又必须受气瓶容积的限制，一旦液体胀满了气瓶内全部空间后，膨胀即转为压缩。由于液体的压缩性很小，以致反作用于瓶壁的压力剧烈增高。也就是说，液化气体"满瓶"后，随温度变化的压力值与盛装介质的膨胀系数成正比，与压缩系数成反比。正因为液体的压缩系数很小，而膨胀系数相对较大（相差一个数量级），所以，瓶内压力的升高是很惊人的。

如上所述，液化气瓶过量充液是极其危险的，它是导致气瓶爆炸的主要原因。解决问题的措施就是：严禁超装。

(五) 充装液化气体必须遵守规定

(1) 实行充装重量逐瓶复验制度，严禁过量充装。充装超量的气瓶不准出厂。采用连续自动称重进行充装时，以抽检替代逐瓶检验，应有相应的抽检制度，并经充装注册机构核准。

(2) 称重衡器应保持准确，其最大称重值应为常用称量的 1.5～3.0 倍。称重衡器按有关规定定期进行校验，每班应对衡器进行一次核定。称重衡器必须设有超装报警或自动切断气源的装置。

(3) 严禁从液化石油气储罐或罐车直接向气瓶灌装，不允许瓶对瓶直接倒气。

(4) 充装后应逐只检查气瓶，发现有泄漏或其他异常现象，应妥善处理。

(5) 充装前的检查记录、充装操作记录、充装后复验和检查记录应完整，内容至少应包括：气瓶编号、气瓶容积、实际充装量、发现的异常情况、检查者、充装者和复称者姓名或代号、充装日期。记录应妥善保存、备查。

(6) 操作人员应相对稳定，由企业考核后持证上岗，并定期进行安全教育。

(六) 液化气体的充装操作要点

常见的液化气体有液氯、液氨、液化石油气和二氧化碳等。这些液化气体充装操作方法有其共同点，也有其不同点。现以液化石油气为例说明其操作要点。

1. 钢瓶充装前的检查

(1) 是否是经专职检验员检验过，并签有许可手续的钢瓶（主要是制造厂和检验周期）。

(2) 是否是已经抽过真空或气体置换合格的钢瓶。

(3) 零件不全的钢瓶不准充装（如缺少护罩、螺栓、手轮等）。

(4) 火烤、水烫的钢瓶不准充装。

(5) 表面有严重腐蚀、凹坑、机械损伤、划痕变形的钢瓶，应经专业技术人员鉴定认可后，方可充装。

(6) 瓶阀松动或瓶阀压盖松动的钢瓶不准充装。

(7) 皮重不清楚的不准充装。

(8) 瓶口上装有异形阀、单丝阀不准充装。

(9) 非国家标准的液化石油气钢瓶不准充装。

2. 钢瓶充装过程中的检查

(1) 钢瓶体泄漏的，立即停止充装。

(2) 钢瓶充装过程中发现变形的，立即停止充装。

(3) 钢瓶瓶阀、阀杆、阀根漏气的，立即停止充装。

(4) 充装衡器发生故障，立即停止充装。

(5) 瓶间和充装压力影响进气的，立即停止充装（含不进气钢瓶）。

(6) 充装压力突变、充装卡具漏气时，立即停止充装。

(7) 充装过程中发现错秤（由于误操作或皮重识别错了）造成超重，应立即停止充装，马上送至残液工序处理，并以"多倒少补"的原则进行弥补。

(8) 充装过程中，充装间其他秤位发生严重跑、冒、滴、漏时，应立即停止充装，并立即按事故预想方案要求的措施执行。

(9) 充装时发现钢瓶内有异常声响，应立即停止充装。

(10) 充装管路阀门、充装卡具、导管等发生漏气时，应立即停止充装。

3. 钢瓶充装后的检查

(1) 充装后的钢瓶要进行重量复核。盛装 15kg 液化石油气的钢瓶，其液化石油气重量为 $15^{0\sim0.50}$ kg；50kg 的液化石油气的钢瓶，其重量为 $50^{0\sim0.50}$ kg。凡超过这一标准的一律不准出厂。

(2) 凡出厂的钢瓶需逐只进行检验，要求不漏气（特别是阀口、阀根、阀杆等部位）。漏气钢瓶不准出厂。

4. 操作方法

液化石油气充装分为自动化充装、半自动化充装和手工充装。

现以半自动化充装为例，阐明其操作要点：

(1) 充装操作人员工作前，必须配戴符合要求的劳动保护具（防静电或不易产生静电火花的工作服、皮手套、口罩、防砸鞋）。

(2) 进入充装间前，要触摸静电接地棒导除身上静电。

(3) 检查充装衡器的静电接地线是否良好，充装环境是否符合充装钢瓶的要求（如有无胶板、无火花地面是否良好、称面是否绝缘），打开充装间通风设备，采用必要手段测定可燃气体浓度，应不大于1%。

(4) 用磁码进行定秤，并确认精度可靠，方可继续操作。

(5) 充装前应与泵房、压缩机负责人员进行联系。

(6) 检查充装液化石油气输液总管压力表和压缩空气压力表是否达到规定值（一般液化石油气压力不大，可逐步上调，空气压力必须大于 0.45MPa）。

(7) 检查充装卡具、胶管、空气软管是否良好。

(8) 将充装前检查合格的钢瓶轻轻放到秤上，打开液化石油气阀门、空气阀门，并检查阀门是否完好，如有松动或不灵敏，应立即报修。

(9) 上好充气卡具（要对正瓶阀出气口中心，不得偏、歪、斜）。

(10) 贴上充装工标志，并按皮重和充装量的总和拨秤，充装后的钢瓶不得超过充装许可误差。

(11) 首瓶充装的钢瓶要进行检斤三检制，即：自检、互检、检斤员检查。

(12) 按充装过程中的检查要求，进行经常性的检查。

(13) 充装结束前与泵房、空气压缩机操作人员进行联系，并保证停泵后能有一、二只钢瓶自压充装。

(14) 关闭充装秤阀门、输液管道阀门、压缩空气阀门、电门和水门等。

(15) 检查输液管道压力表是否降至额定值（停泵压力）、秤上有无钢瓶。等待压力降至预定值，秤上已无钢瓶，方可离岗。

(16) 按钢瓶充装后的检查规定进行检验，不合格的严禁出厂。

此外，手工充装一般使用的是普通台秤计量，采用简单的手动充装卡具，由操作人员控制充装重量。这种充装称"简易充装"。手动充装的操作要点是：充装前要勤联系、定准秤，并认真进行环境检查等，停泵前的联系与停泵后的检查与半机械化操作相同。其不同情况是：

(1) 跑秤现象较多，故每瓶充装都要看砣，充瓶过程中更要注意。

(2) 一般用的是活动秤。活动秤的静电接地线的连接易发生问题，所以要经常检查。

(3) 活动秤的水平度、间隔与秤本身结构易构成精度减退、灵敏度迟缓的主要影响因素，因此必须经常注意。

(4) 由于手工充装不是自动切断电源，故每次充完瓶都需要去关瓶阀，而在这个时间内很容易发生超装。因此要依据泵的压力、流速和流量，在定秤时要留有必要的提前量，绝对不能造成超装。

手工充装劳动强度大，操作频繁，效率低，充装重量误差比较大。

自动化充装采用自动控制充装秤进行计量。目前国内外广泛采用的是气动充装秤，但也有采用机械控制、射流元件控制、电子控制、放射性同位素控制和半自动充装秤。半自动充瓶形式是我国目前广泛采用的主要形式。

五、溶解乙炔气的充装

（一）充装原理

乙炔是一种极不稳定的气体，为便于安全充装、运输、储存和使用，必须将乙炔气体在加压的条件下充装到浸渍有溶剂的多孔填料的钢瓶内。

钢瓶内装有多孔填料，其主要目的是利用填料的微孔结构去分散溶解于溶剂中的乙炔，以避免产生分解爆炸。加压的作用在于增加乙炔的充装量，因为加压下的乙炔溶解度比常压下的溶解度要大得多。乙炔气的充装过程，实质就是乙炔气在加压的条件下溶解于丙酮的过程。

（二）充装操作要点

1. 充装前的准备

(1) 乙炔瓶在充气前，充气单位应由专人对乙炔瓶进行逐只检查，合格后，方可补加丙酮。检查项目有：

① 外观检查。检查时如发现易熔合金塞上的合金流失、瓶间出气口有炭黑或焦油等异物，应卸阀进行内部检查。

② 压力测定。按表12-5规定执行，压力小于表内要求，必须按下条规定对瓶内气体进行分析。

③ 剩余气体纯度分析。特别是剩余压力小于表12-5要求的乙炔瓶，必须逐只分析剩

余气体的纯度。纯度确实低于98%时，则应对该瓶进行不纯气体的抽真空和置换处理（首次充气的新瓶也应照此办理）。

表12-5 剩余压力与环境温度关系

环境温度，℃	<0	0~15	5~25	25~40
剩余压力，MPa	0.05	0.1	0.2	0.3

在气瓶检查中，经常发现的问题是：
① 瓶阀碰坏的较多，其原因是不使用专用扳手和不戴瓶帽造成。
② 瓶体碰伤损坏的较多，其原因是运输装卸和使用中抛、滚、滑、碰造成的。
③ 易熔合金塞因回火而造成合金流失，却加以伪装。
④ 剩余压力不足（剩余压力应符合表12-5规定）。
⑤ 表面被喷上其他颜色的油漆。
⑥ 有烧伤的痕迹，有时被涂上油漆进行掩盖。
⑦ 丙酮补充不足。这是由于未按工艺要求补加以及管理混乱造成。
⑧ 超过检验周期。

(2) 补加丙酮。乙炔瓶在使用过程中，随着乙炔气的释放，瓶内的丙酮要流失一些。按《溶解乙炔气瓶》规定，当新乙炔瓶在环境温度15~25℃的范围内，以不小于$2m^3/h$的流量连续放气，丙酮损失率应不大于50g/kg（丙酮/乙炔气）。为了保证乙炔瓶的安全性，在充装乙炔气以前，应逐只检查其丙酮损耗情况，以确定丙酮补加量。

首先要确定丙酮补加量，即逐个测定乙炔瓶实际重量（以下简称实重）和瓶内剩余压力（当室内外温差大于30℃时，乙炔应在室内静置8h后，再测定剩余压力），并求出瓶内剩余乙炔量，按式（12-9）计算：

$$G_S = 0.48\delta V\alpha\gamma(p_S + 1) \times 10^{-2} \tag{12-9}$$

式中　G_S——乙炔瓶内剩余乙炔量，kg；
　　　α——工业乙炔在工业一级丙酮中的溶解度，L/L；
　　　δ——填料空隙率，%；
　　　V——乙炔瓶容积，L；
　　　γ——乙炔密度，kg/m^3；
　　　p_S——乙炔瓶内剩余压力，MPa。

其中，δ、V的数值可以从瓶肩原始标志中查出，α和γ随温度和压力的变化而变化，均取常压下的数值。γ可按式（12-10）近似计算：

$$\gamma = 1.72 \times 273/(273 + t) \tag{12-10}$$

式中　t——乙炔气的实测温度，℃。

在实际操作中，剩余乙炔量一般通过查表求得，然后根据乙炔瓶皮重、实重和剩余乙炔量，确定丙酮补加量：丙酮补加量＝乙炔皮重＋剩余乙炔量－实重。补加丙酮时，要戴好防护眼镜，防止不小心把丙酮溅入眼内。补加后，必须对丙酮补加量进行复检，如果超过0.5kg或低于气瓶净重3kg的，应视为不合格气瓶。不合格的乙炔瓶须进行妥善处理后，方可补加丙酮。

其次，补加丙酮应注意以下问题：

① 严格按标准补加。少加，则瓶内气态乙炔增加，瓶内压力将会不正常，易发生事故；多加，安全空间减小，气瓶容易产生"液压"现象，也容易发生事故。

② 严格控制丙酮中的水含量。丙酮中含水，将会明显地影响乙炔在丙酮中的溶解度，降低乙炔瓶的充气量。同时，瓶内含水量增加，还会降低气瓶的寿命，影响乙炔气的质量，间接地对焊割的质量有着明显的副作用。

③ 补加丙酮如用氮气加压，应严格控制加压氮气的压力。如用丙酮泵加压，则应注意：首先把泵的气阀打开，将调压器调到 0.41MPa，再把手轮和连接管对准乙炔瓶，慢慢打开球阀并排出空气，直到丙酮稳定地从连接管流出。然后关闭球阀，停泵（如果继续运转，管路中仍然会有空气），把丙酮软管接到乙炔瓶上，打开瓶阀，用球阀操纵泵，加入足够量的丙酮。

④ 丙酮补加后，必须静置 8h 以上，方可充气，否则，在使用中容易造成乙炔瓶喷丙酮。

(3) 搬进充气间以后，要认真检查瓶阀出气口密封是否完好。发现损坏或有疑问时，应及时更换。因为密封垫不规矩，是充装时漏气的主要原因。

(4) 每台压缩机充装气瓶数，应根据压缩机的排气能力，按式（12-11）计算：

$$N = Q/V \tag{12-11}$$

式中　　N——每次充装乙炔瓶的最低数，只；

Q——乙炔压缩机的排气量，m^3/h；

V——充气时体积流速，$m^3/(h \cdot 只)$。

充气时的体积流速与充气方式有关。两次充气时，不宜超过 $0.8 m^3/(h \cdot 只)$；一次充气时，不宜超过 $0.6 m^3/(h \cdot 只)$。

(5) 检查各管线、阀门、仪表、阻火器以及消防器材等是否完好。

(6) 充气前，管道内必须用乙炔气体进行吹扫，绝对防止管道内的空气进入瓶内。在长期停车或检修后再次开车前，应用氮气吹扫设备管道，合格后再用乙炔气吹扫。

(7) 确实将气瓶与充气管道连接好，如果连接不好，就会缩短充气管道的寿命，并成为泄漏和事故发生的隐患。

(8) 在没有开启乙炔瓶阀的状态下，应对瓶阀密封部分检查有无泄漏，如有泄漏，应妥善处理。

(9) 开启所有乙炔瓶阀门和充装支管切换阀后，应在瓶阀的密封部分检查是否有泄漏现象，如有泄漏，应及时处理。

2. 气体充装

(1) 与压缩机操作人员联系，通知充装准备工作完毕。

(2) 接到送气通知后，缓缓开启充装排总管的切换阀。

(3) 向充装中的气瓶均匀地喷淋冷却水（喷水的目的除了冷却乙炔瓶，防止充气超温引起乙炔分解外，还可以防止静电产生，提高最小点火能量，加快乙炔在丙酮中的溶解速度）。其喷淋量约为 $20L/(m^2 \cdot min)$，如喷水不均匀，应立即检查并清除喷淋口处的水垢和杂质。

(4) 充气中每隔一定时间，必须检查气瓶阀出气口、阀杆、易熔合金塞等部位有无泄漏。

(5) 如发现出气口有泄漏时，应将其充装卡具拧紧。如仍泄漏，应关闭瓶阀和支管总阀，卸下泄漏乙炔瓶上的充装卡具，更换密封垫。

(6) 如发现瓶阀漏气时，应关闭支管总阀，且拧紧瓶阀，压紧螺帽下的密封垫。如仍未消除或瓶阀颈部以及易熔合金塞漏气，则应视为不合格气瓶，应该对其进行修理。

(7) 对再次充气的乙炔瓶，事先要检查其来历，确实没有过量充装的危险时，才可接收。

再次充气的乙炔瓶和正常充气的乙炔瓶同时连接时，充装管路压力必须与再次充气的乙炔瓶压力相等，方可开启瓶阀。为了防止和正常充装乙炔瓶混淆，应在再次充气的瓶上做好标记。

(8) 随时比较压缩机末段压力表与充装台上压力表的示值差，其误差不得大于 0.05MPa。

(9) 无论采用几次充装，第一次充装后，乙炔瓶的静置时间不应少于 8h。

(10) 对于乙炔瓶的充气流速，间歇充气时，不宜超过 $0.8 m^3/h$；一次充气时，不宜超过 $0.6 m^3/h$。

(11) 根据预测充装时间，进行充装终了时间的比较，观察压力上升的快慢。①充装过快时：检查充气乙炔瓶的阀门是否全开，充装支管是否堵塞；如怀疑有空气混入时，应分析乙炔瓶的纯度、室内温度以及冷却水效果等。②充装过慢时：检查充装管道系统有无泄漏；观察压缩机各段压力表指针的读数、震摆情况，判断其压缩的状态是否正常；检查充装排回流阀或排空阀是否有泄漏现象等。

(12) 充气过程中，应随时测试气瓶壁温度是否在规定范围内。如发现个别乙炔瓶发热异常或已超过 40℃ 时，应果断将其从充装台上卸下，推到室外，作出标记，交技术人员分析处理。

(13) 每小时要全面检查一次，发现室内有乙炔气味，应立即通风，且必须查清气味来源。凡发现充装系统中有泄漏之处（如法兰、管路阀、瓶阀、充气支管等），应立即检修。

(14) 在预定结束充装时间以前，从同一充装台上抽取数只气瓶进行称重检查，以确定充装终了的时间。

(15) 在任何情况下，最高充装压力不得超过 2.4MPa。

(16) 充装结束时，在与操作压缩机等有关人员联系后，关闭充装管路的切换阀，然后关闭瓶阀（在关闭瓶阀时，应同时检查阀杆部位有无泄漏）。

(17) 通过回收气体系统，将充装总管和支管内的乙炔气回收，然后关闭支管总阀。

(18) 从气瓶上卸下充气卡具，并垂直放置，以保存充装支管内的残存乙炔气。

(19) 从充装台上搬走气瓶，运到静置场所静置，并保证静置时间不得少于 8h。

3. 充装后检查项目及其合格标准

充装后，检查员取静置 24h 后的气瓶，按下列规定进行检查，不合格气瓶严禁出厂。

(1) 称重。逐只称重，测定瓶内乙炔充装量是否合格。

① 气瓶称重前，其表面应处于干燥状态。

② 称重衡器应符合有关标准要求，允许误差为 ±0.1kg，并用式（12-12）校对：

$$G_{max} = 0.2\delta V \quad (12-12)$$
$$G_{min} = 0.18\delta V$$

式中　G_{max}——乙炔最高充装量，kg；
　　　G_{min}——乙炔最低充装量，kg。

乙炔瓶充装超过最高充装量时，应将其置于衡器上，用回收装置使乙炔充装量回收至合格范围之内;乙炔瓶充装低于最低充装量时,应查明原因,如情况允许,可再次充装。

乙炔单位容积充装量小于 0.12kg/L 时,按不合格气瓶处理。

(2) 纯度分析。从同一充装台充装的气瓶中,任意抽取 2 只气瓶,按《溶解乙炔气瓶》有关规定,分析瓶内乙炔纯度,其纯度不小于 98.0%,即为合格。

若 2 只气瓶中,有 1 只气瓶分析结果不合格,则应对该批气瓶逐只分析。

(3) 压力测定。从同一充装台充装的气瓶中,任意抽取 2 只气瓶,进行充装压力测定,其结果应符合表 12-6 要求。

表 12-6 不同环境温度下乙炔瓶限定压力

环境温度,℃	0	5	10	15	30	25	30	35	40
限定压力,MPa	1.03	1.18	1.35	1.52	1.7	1.9	2.11	2.32	2.55

抽取的 2 只气瓶中,如有 1 只气瓶压力不合格,则应对该批气瓶逐只测定压力。压力不合格的气瓶不允许出厂。

(4) 气密性试验。用洗涤剂溶液逐瓶检查乙炔瓶阀(含压紧螺帽密封处和易熔合金)及其与瓶口连接处、瓶肩上的易熔合金塞处是否漏气。如发现泄漏,必须妥善处理,否则严禁出厂。

(5) 磷化氢、硫化氢检验。从同一充装台的气瓶中,任意抽取 1 只气瓶,进行磷化氢、硫化氢含量检验。

用浸有 10% 硝酸银的试纸试验,其结果是:试纸在 10s 内不变色或呈淡黄色的为合格。使用后的试纸一定要收集起来,放入水中稀释后,再扔到安全场所。特别是硝酸银溶液,不要与乙烯瓶接触,因乙烯和硝酸银反应生成的乙炔银是爆炸性物质。如果该瓶气体检验不合格,应对该批气瓶逐只进行检验,不合格产品不得出厂。

4. 充装记录

乙炔气充装及充装后的检验,均应按工艺要求及时准确地做好记录。

(1) 补加丙酮记录要点:①瓶号、制造单位代号;②实际容量、皮重、实重、剩余压力;③剩余乙炔量;④补加丙酮量;⑤操作者。

(2) 气体充装记录要点:①充装日期;②充装间室温;③管路压力;④充气流速;⑤静置时间,静置后压力值;⑥充装时间;⑦乙炔质量;⑧发生的问题与处理结果;⑨操作者。

(3) 充装后检验记录要点:①充装终了日期及时间;②检查日期及时间;③检查结果(纯度、磷化氢及硫化氢含量、压力、气密、气体充装量);④检查时气温;⑤检查气瓶只数;⑥检验员签字。

(三) 充装注意事项

乙炔在充装过程中,由于流速快、压力高,很容易发生火灾和爆炸事故。为了确保安全充装,应注意如下问题:

1. 防止乙炔与空气混合发生爆炸

(1) 要始终保持整个工艺设备系统乙炔纯度不低于 98%。充装气体以前,系统内的局部必须打开,之后整个管路必须经氮气置换,再经乙炔置换直至合格,方准开车充气。

(2) 管路维修、更换阀门等工作进行前后,也要切实做好气体置换工作。充气过程中,严禁更换仪表、安全阀等装置,以防止空气串入系统。

(3) 严格进行充气前的气瓶检查，绝对避免氧气、空气混入空瓶。

(4) 系统内的乙炔经取样分析后，才能充入乙炔瓶。

(5) 及时检查和排除系统各部位的乙炔泄漏。室内应设置乙炔报警仪；厂房内要做好通风、换气工作，以确保室内乙炔含量不超过标准要求。

2. 杜绝激发能源

(1) 要保持良好冷却，避免绝热压缩。

(2) 操作工具材质应为铝合金或不锈钢材料，禁止用铁器敲击管道和设备。

(3) 启闭阀门速度要慢；系统泄压或乙炔放空，流速切忌太快。

(4) 禁止把乙炔瓶放置在绝缘材料上充气。

(5) 充气过程中，瓶壁温度严禁超过40℃。

(6) 设备、电器、仪表等检修质量，应符合防爆技术要求，并应保持下去。

(7) 乙炔管道冻结，宜用40℃以下的温水解冻，不要用其他热源。

(8) 保持乙炔管道、设备的良好接地，以利导去静电。

(9) 禁止各种火源进入生产区域。

(10) 任何人不准穿带铁钉的鞋进入厂房，进入前必须导除人体静电。

(11) 经常向地面洒水，以保持室内具有较高的湿度。

(12) 操作人员要穿戴防静电的劳动保护用具。充气过程中，不得更换衣服、乱跑、打闹。其他人员经批准进入厂房也应照此办理，防止人体静电引起火灾。

3. 重视预防措施

(1) 充装工艺设备中，必须设置阻火器、逆止阀、安全阀等装置，并保持良好的工作状态。

(2) 喷淋冷却水是导除静电的有效措施，所以即使在冬季也应正常使用。如喷水设施喷水量太小或喷水不均匀，应及时修好。

(3) 严格控制工艺参数，有效控制压力与温度，防止因超温、超压造成事故。

(4) 配置良好有效的消防材料。

(5) 认真控制保险装置、安全联锁、报警信号等，出现险情应立即发出警报，操作人员及时采取措施，消除隐患，保证安全。

(6) 充装中，如出现着火燃烧，应立即停止充装，并切断电源，完全停止乙炔气进入燃烧区，使火源孤立，用冷却法和隔离法扑灭火源。

第十三章 换 热 器

换热器是许多工业部门广泛应用的通用工艺设备，对于迅速发展的化工、石油和石油化学工业来说，换热器尤为重要。通常，在化工厂的建设中，换热器约占总投资的11%，在现代石油冶炼厂中，换热器约占全部工艺设备投资的40%左右。随着生活质量的提高，采暖供热也越来越普及，换热器是供热系统的主要设备。换热器的先进性、合理性和运转可靠性将直接影响石油化工产品的质量、数量和成本以及供热的经济成本。

换热器的作用是进行热量交换，如空压系统中的冷却器，是为了降低空气的温度，通过冷却水在器内把空气的热量带走，降低了空气的温度，而冷却水吸收了热量，水温上升。锅炉采暖系统中的汽水热交换器、水水热交换器是把从锅炉出来的高温、高压蒸汽或高温水通过热交换器使水蒸气温度或热水温度降低，而采暖供水温度升高，转化成经济性好、适合采暖的供水温度。换热器用途广泛，根据使用条件的不同，换热器可以有各种各样的型式和结构。在生产中，换热器有时是一个单独的化工设备，有时则是某一工艺设备的组成部分（如化肥厂的氨合成塔）。常见的换热器有管壳式余热锅炉、汽水热交换器、水水热交换器、冷却器、加热器、冷凝器等。

换热器的型式和类别虽多，但衡量一台换热器好坏的标准是相同的，即：传热效率高，流体阻力小，强度足够；结构可靠；材料节省；成本低，经济性好；制造、安装、检修方便等。

换热器常见的类型有管壳式换热器、螺旋板式换热器、蛇管式换热器、容积式换热器等。

任何一种换热器的性能都各有其特点，例如板式换热器传热效率高，金属消耗量低，但流体阻力大，强度和刚度差，制造、检修困难；而管壳式换热器虽在传热效率、紧凑性、金属消耗量等方面均不如板式的，但其结构坚固、可靠程度高、适应性强、材料范围广，因而目前仍是石油、化工生产中，尤其是高温、高压和大型换热器的主要结构型式。对于近期发展较快的城市供热采暖系统（即热力管网系统），也主要采用的是管壳式换热器。

本章主要介绍钢制管壳式换热器的一些基本知识和操作规程。

钢制管壳式换热器的设计、制造、使用、检验、修理和改造应符合如下标准、规范：

(1) GB 150—1998《钢制压力容器》。
(2) GB 151—1999《钢制管壳式换热器》。
(3) 质技监局锅发［1999］154号《压力容器安全技术监察规程》。

第一节 管壳式换热器的结构型式

钢制管壳式换热器常见的结构型式有：固定管板式、浮头式、U形管式和填料函式。

一、固定管板式换热器

固定管板式换热器如图13-1所示。它的结构简单、紧凑，每根管子都能单独更换和清洗；在同样的壳体直径内，布管最多；两管板由管子互相支撑，因此在各种管壳式换热器中其管板最薄。除 U 形管式外，它是管壳式换热器中造价最低的一种，因而得到广泛应用。但这种换热器管外清洗较困难，管壳间有温差应力存在，当壳壁与管壁的热膨胀差较大时，须在壳体上设置膨胀节，以降低温差应力，此时壳程压力就受膨胀节强度限制而不能太高。为了清除膨胀节强度限制的影响，一种新型产品已经通过鉴定，并进行系列化批量生产，即波节管式换热器，它是通过管子可以自由膨胀来减小管子和壳体的温差应力。该产品传热效率高，广泛应用于城市热网、原油输送中的加温及化工、纺织、医药等工业部门。

固定管板式换热器适用于壳程介质清洁、不易结垢、管程需清洗以及温差不大或温差虽大但壳程压力不高的场合。

二、浮头式换热器

浮头式换热器如图 13-2 所示。它的一块管板与壳体用螺栓固定，另一块管板可以相对于壳体自由移动，故管、壳间不产生温差应力。管束可以抽出，便于清洗管子内外壁。相对填料函式换热器，它能在较高的压力和温度条件下工作。但这类换热器结构复杂、金属消耗量大、造价高（比固定管板式约高 20%）。在浮头处如发生内漏则无法检查，管束与壳体间较大的环隙易引起流体短路，影响传热。浮头式换热器适应于管、壳壁温差较大和介质易结垢需清洗的场合。

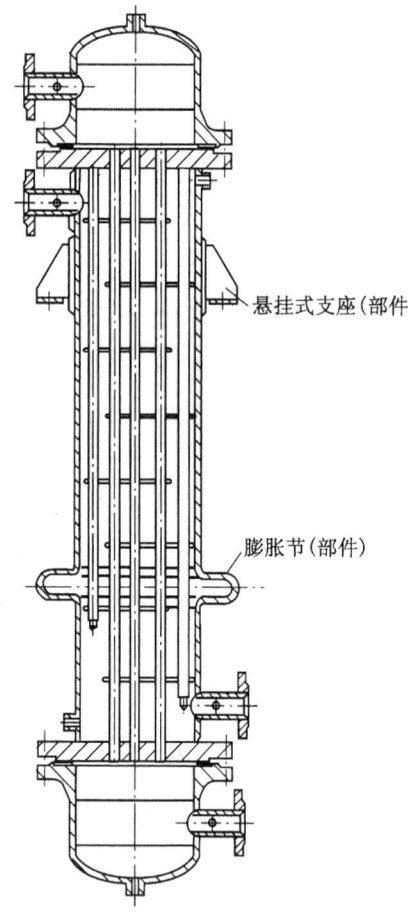

图 13-1　固定管板式换热器

三、U 形管式换热器

U 形管式换热器如图 13-3 所示。它的结构简单，管束可以自由伸缩，不会产生管、壳间的温差应力。因为只有一块管板，其造价低。管束对管板无支撑，在相同情况下，所需管板最厚。其管内清洗不便，管板上布管少，结构不紧凑，管外流体易短路而影响传热效率。内层管子损坏后不能更换，堵管后管子报废率大。

U 形管应符合以下要求：

(1) U 形管弯管段的弯曲半径 R，如图 13-4 所示，应不小于 2 倍的管子外径。常用换热管的最小弯曲半径 R_{min} 应按表 13-1 选取。

表 13-1　弯管最小弯曲半径 R_{min}

换热管外径，mm	10	14	19	25	32	38	45	57
R_{min}，mm	20	30	40	50	65	75	90	115

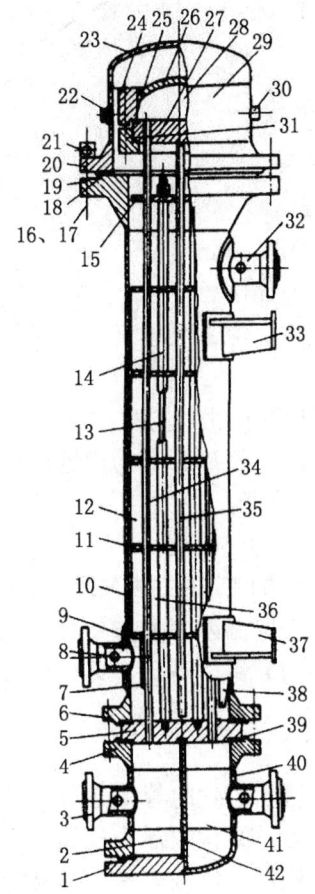

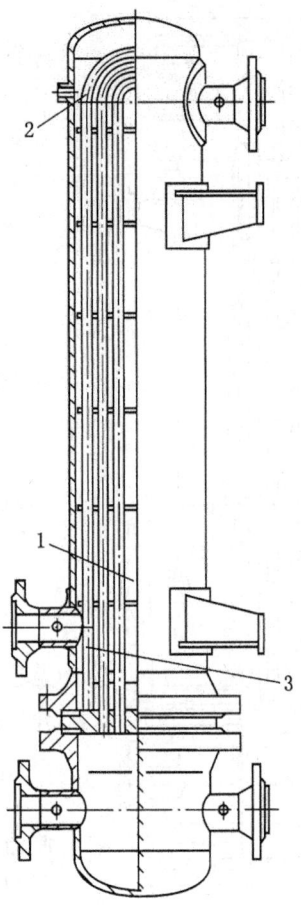

图13-2 浮头式换热器

1—平盖；2—平盖管箱（部件）；3—接管法兰；4—管箱法兰；5—固定管板；6—壳体法兰；7—防冲板；8—仪表接口；9—补强圈；10—圆筒；11—折流板；12—旁路挡板；13—拉杆；14—定距管；15—支持板；16，17—螺母、双头螺柱或螺栓；18—外头盖垫片；19—外头盖侧法兰；20—外头盖法兰；21—吊耳；22—放气口；23—凸形封头；24—浮头法兰；25—浮头垫片；26—无折边球面封头；27—浮头管板；28—浮头盖（部件）；29—外头盖（部件）；30—排液口；31—钩圈；32—接管；33—活动鞍座（部件）；34—换热管；35—挡板；36—管束（部件）；37—固定鞍座（部件）；38—滑道；39—管箱垫片；40—管箱短节；41—封头管箱（部件）；42—分程隔板

图13-3 U形管式换热器

1—中间挡板；2—U形换热管；3—内导流筒

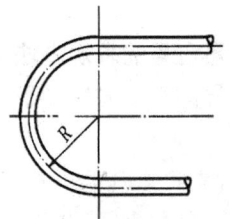

图13-4 U形管弯管段的弯曲半径

（2）U形管弯管段弯曲前的最小壁厚按式（13-1）计算：

$$\delta_0 = \delta_1\left(1 + \frac{d}{4R}\right) \quad (13-1)$$

式中 d——换热管外径，mm；
R——弯管段弯曲半径，mm；
δ_0——弯曲前管子的最小壁厚，mm；
δ_1——直管段的计算壁厚，mm。

（3）U形管弯管段的圆度偏差，应不大于管子名义外径的10%。

（4）U形管不宜热弯，否则须征得用户同意。

（5）当有耐应力腐蚀要求时，冷弯U形管的弯管段及至少包括150mm的直管段应进行热处理：

① 碳钢、低合金钢管做消除应力热处理；
② 奥氏体不锈钢管可按供需双方商定的方法进行热处理。

U形管式换热器适用于管、壳壁温差较大的场合，尤其是适合于管内走清洁、不易结垢的高温、高压、腐蚀性大的介质的状况。

四、填料函式换热器

填料函式换热器如图13-5所示。它的管束亦可以自由伸缩，不会产生管、壳间温差应力。结构较浮头式简单，加工制造方便，造价较浮头式低，检修、清洗容易，填料函处泄漏能及时发现。但壳程有外漏的可能，故壳程压力不宜过高。使用温度受填料性能限制，且不宜处理易挥发、易燃、易爆、有毒及贵重介质。生产中往往不是为清除温差应力，而是为便于清洗壳程才采用这类换热器。

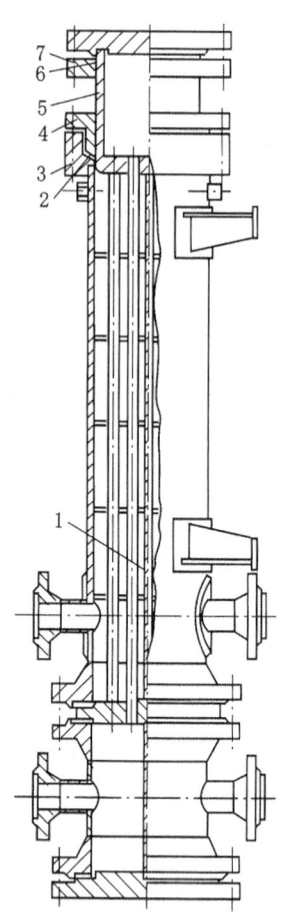

图13-5 填料函式换热器
1—纵向隔板；2—填料；3—填料函；
4—填料压盖；5—活动管板裙；
6—部分剪切环；7—活套法兰

第二节 换热器型号的表示方法及示例

一、换热器型号的表示方法

换热器型号的表示方法如下：

二、示例

（一）浮头式换热器

平盖管箱，公称直径500mm。管程和壳程设计压力均为1.6MPa，公称换热面积54m²，较高级冷拔换热管外径25mm，管长6m，4管程、单壳程的浮头式换热器，其型号为：

$$\text{AES } 500-1.6-54-\frac{6}{25}-4 \text{ I}$$

（二）固定管板式换热器

封头管箱，公称直径700mm，管程设计压力2.5MPa，壳程设计压力1.6MPa，公称换热面积200m²，较高级冷拔换热管外径25mm，管长9m，4管程、单壳程的固定管板式换热

$$\times\times\times\ DN - \frac{p_t}{p_s} - A - \frac{LN}{d} - \frac{N_t}{d}\ \text{I（或 II）}$$

- I 级换热器(或 II 级换热器)
- 管/壳程数，单壳程时只写 N_t
- LN 为公称长度(m)，d 为换热管外径(mm)
- 公称换热面积(cm^2)
- 管/壳程设计压力(MPa)，压力相等时只写 p_t
- 公称直径(mm)，对于釜式重沸器用分数表示，分子为管箱内直径，分母为圆筒内直径
- 第一个字母代表前端管箱型式
- 第二个字母代表壳体型式
- 第三个字母代表后端结构型式

器，其型号为：

$$\text{BEM}\ 700 - \frac{2.5}{1.6} - 200 - \frac{9}{25} - 4\ \text{I}$$

（三）U 形管式换热器

封头管箱，公称直径 500mm，管程设计压力 4.0 MPa，壳程设计压力 1.6MPa，公称换热面积 75m²，较高级冷拔换热管外径 19mm，管长 6m，2 管程、单壳程的 U 形管式换热器，其型号为：

$$\text{BIU}\ 500 - \frac{4.0}{1.6} - 75 - \frac{6}{19} - 2\ \text{I}$$

（四）填料函式换热器

平盖管箱，公称直径 600mm，管程和壳程设计压力均为 1.0MPa，公称换热面积 90m²，较高级冷拔换热管外径 25mm，管长 6m，2 管程、2 壳程的填料函式浮头换热器，其型号为：

$$\text{AFP}\ 600 - 1.0 - 90 - \frac{6}{25} - \frac{2}{2}\ \text{I}$$

第三节　管壳式换热器的主要组合部件

管壳式换热器的主要组合部件有前端管箱 壳体和后端结构（包括管束）3 部分，详细分类及代号如图 13-6 所示。

管箱是管壳式换热器两端的重要部件。它把从管道来的介质均匀分布到各个传热管或把管内介质汇集在一起送出换热器。

一、管子

（一）换热管的选用

由于管子直接与两种换热流体接触，因此须根据流体压力、温度和腐蚀性来选用换热管的材料。

常用的碳钢管其外径和壁厚为：$\phi 10\times 1.5$、$\phi 14\times 2$、$\phi 19\times 2$、$\phi 25\times 2$、$\phi 25\times 2.5$、$\phi 32\times 3$、

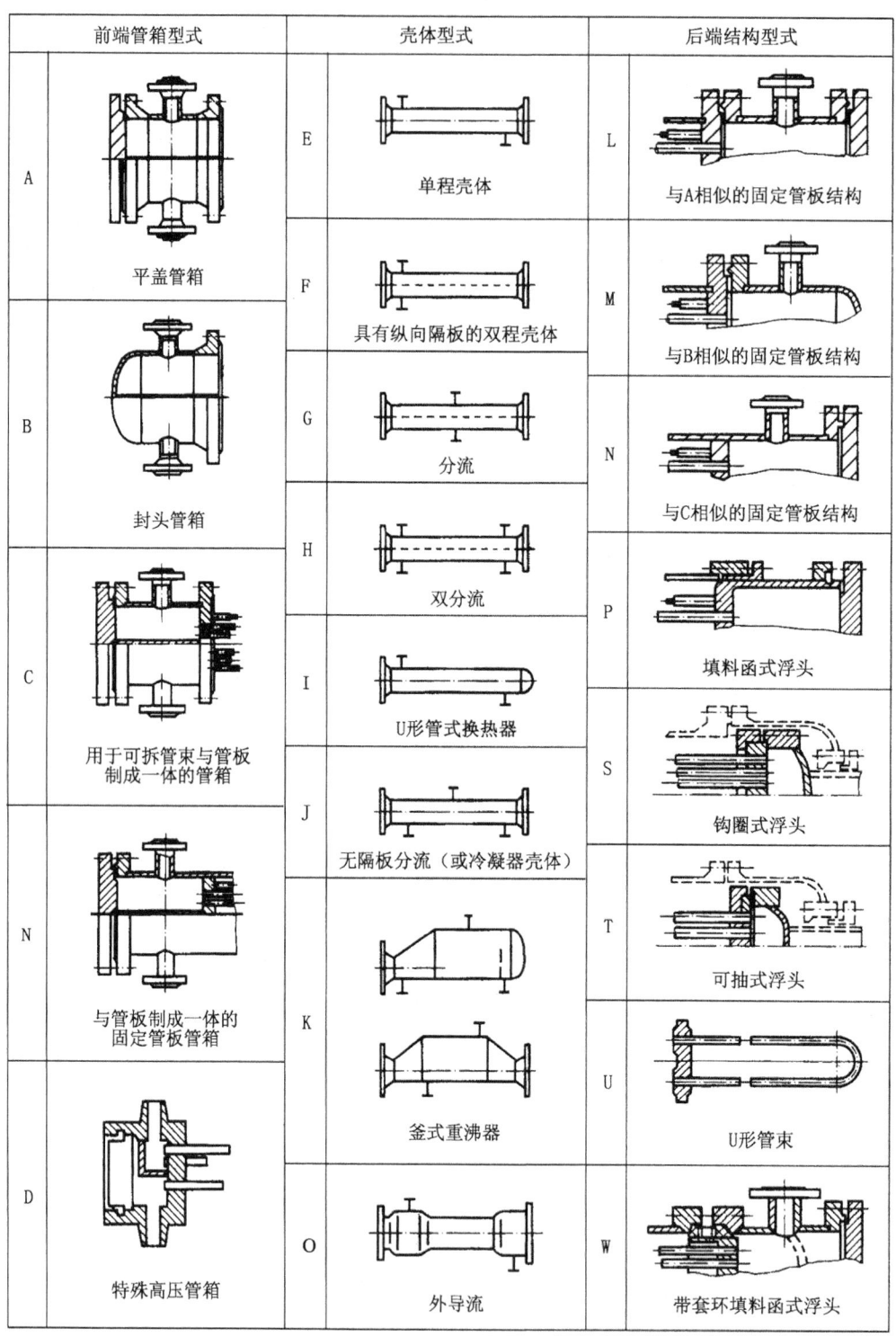

图 13-6 管壳式换热器主要部件的分类及代号

$\phi38\times3$、$\phi45\times3$、$\phi57\times3.5$ 等,不锈钢管则为:$\phi10\times1.5$、$\phi14\times2$、$\phi19\times2$、$\phi25\times2$、$\phi32\times2$、$\phi38\times2.5$、$\phi45\times2.5$、$\phi57\times2.5$ 等。大直径的用于不清洁和粘度大的流体,以便清洗和减少流体阻力,小直径的用于清洁流体和压力较高的场合。

管子的直径和长度对换热器的造价影响很大。在传热面、流速和其他条件相同情况下,随着管子直径的减小,传热效果趋好,结构紧凑,造价下降。但当管径减小至 15~25mm 时,管径的影响已不大,故一般选用管径为 19mm、25mm 的为多。相同传热面情况下,管子越长,则壳体、封头的直径和壁厚越小,越经济。但换热器的长径比大到一定程度后,经济效果不再显著,而管子过长,换热器的清洗、运输、安放均不方便,因此一般管长很少大于 6m。为合理利用管材,常用的管长规格为:1000mm、1500mm、2000mm、2500mm、3000mm、4000mm、6000mm。在设计时,如有可能,应选取多个管径和管长进行方案比较,以确定最佳参数。

(二) 换热管的排列形式和适用场合

换热管排列的标准形式有 4 种,即正三角形、转角正三角形、正方形和转角正方形。如图 13-7 所示。

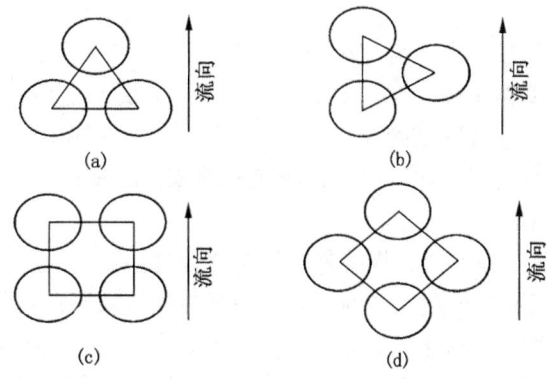

图 13-7 换热管的排列形式
(a) 正三角形排列;(b) 转角正三角形排列;(c) 正方形排列;(d) 转角正方形排列

(1) 正三角形和转角正三角形排列,如图 13-7 (a)、(b) 所示。适用于壳程介质污垢少且不需要进行机械清洗的场合。

(2) 正方形和转角正方形排列,如图 13-7 (c)、(d) 所示。能够使管间小桥形成一条直线通道,可用机械方法进行清洗,一般用于管束可抽出清洗管间的场合。

(三) 管板与换热管的连接方式和使用范围

管板与换热管的连接形式有 3 种:胀接、焊接及胀焊并用。

(1) 胀接适用范围。胀接一般用于换热管为碳素钢,管板为碳素钢或低合金钢的场合。GB 151 规定,胀接连接可用于设计压力小于或等于 4MPa、设计温度小于或等于 300℃、操作中应无剧烈的振动、无过大的温差变化及无严重的应力腐蚀的场合。胀接是利用胀管器使伸入管板孔内的换热管端部滚压而扩张,产生塑性变形,管径增大,管头完全贴合在管板孔壁上,并迫使管板产生弹性变形。当胀管器撤除后,管板的弹性变形欲恢复原状,而管端的塑性变形则不能恢复,结果使管板把换热管管端紧紧抱住,从而达到二者密封不漏和牢固连接的目的。

采用胀接连接应符合以下要求：
① 换热管材料的硬度值一般须低于管板的硬度值；
② 有应力腐蚀时，不应采用管头局部退火的方式来降低换热管的硬度；
③ 外径小于 14mm 的换热管与管板的连接，不宜采用胀接。

（2）焊接适用范围。材料的可焊性允许时，焊接连接可用于任何场合。GB 151 规定，焊接连接可用于设计压力小于或等于 35MPa、但不适用于有较大振动及有间隙腐蚀的场合。

管板与换热管采用焊接连接方法的优缺点如下。

优点：
① 在温度、压力较高或要求绝对不漏时，采用焊接较为合适；
② 焊接连接气密性良好，承压能力高；
③ 对管板孔加工要求低，施工方便，也可采用较薄的管板；
④ 焊接制造比较简便，尤其是在高温下或者要求接头绝对不漏以及管板为不易胀紧的不锈钢材料时，采用焊接比较可靠。

缺点：
① 由于焊缝处存在焊接应力，易加速局部腐蚀；
② 当管壁和管板厚度相差较大时，由于冷却速度不同要产生热应力，而使焊缝开裂；
③ 焊接以后，管板孔与管壁之间存在间隙，而造成"间隙腐蚀"；
④ 在焊接时，管口易堵塞，尤其小直径管堵塞现象更严重；
⑤ 使用过程中换管困难。

管板与换热管采用氢弧焊方式，焊接外观质量比较好。

（3）胀焊并用适用范围。虽然在高温下，采用焊接连接较胀接可靠，但管子与管板孔之间存在间隙而产生间隙腐蚀，而且焊接应力也会引起应力腐蚀。当温度和压力较高且换热管与管板连接接头在操作中受到反复热变形、热冲击和热腐蚀的作用时，换热管与管板连接处容易受到破坏。为保证换热管与管板连接处不泄漏，减少间隙腐蚀和减弱管子因振动而引起的破坏，常采用胀焊并用的连接方法。

GB 151—1999 规定，胀焊并用适用范围如下：
① 密封性能要求较高的场合；
② 承受振动或疲劳载荷的场合；
③ 有间隙腐蚀的场合；
④ 采用复合管板的场合。

胀焊并用有两种方法，即强度胀加密封焊和强度焊加贴胀。
① 强度胀加密封焊的特点是：强度胀是靠胀接来承受管子的载荷并保证密封，管子的焊接仅是辅助性的，为单纯防止泄漏而施行的焊接；
② 强度焊加贴胀的特点是：强度焊是靠焊接来承受管子的载荷并保证密封，管子的贴胀是为了消除换热管子与管板孔之间产生间隙腐蚀并增加抗疲劳破坏的能力，并不承担拉脱力的胀接。

二、折流板及其他挡板、挡管

（一）折流板和支持板

壳程的截面通常比管程的截面要大，为增大流速，且使流体沿垂直于管子中心线的方向流过，一般在壳程设置折流板。这样既提高了传热效果，还起了支撑管束的作用。折流板最常用的型式为弓形折流板。

相邻两折流板之间的距离（板间距）应从减少壳程阻力和提高传热效率的角度来决定，通常是使弓形缺口的有效流通断面与相邻两折流板间流通断面相等或相近。折流板的最小间距应不小于圆筒内直径的1/5，且不小于50mm；最大间距应不大于圆筒内直径，且应满足表13-2要求。

表13-2　板间距规格　　　　　　　　　　　　　　　　　　　　mm

换热管外径 d	10	14	19	25	32	38	45	57
最大无支撑跨距	800	1100	1500	1900	2200	2500	2800	3200

弓形折流板缺口高度应使流体通过缺口时与横过管束时的流速相近。折流板厚度取决于它所支承的重量，减少折流板厚度可节省金属和减轻换热器重量，但使折流承载面变小，难以维持结构的刚性。尤其在水平安放的换热器中，管束重量很大，在安装、运输时，可能使折流板过载，故折流板不能太薄。当壳程流体有脉动时，折流板厚度必须予以特别考虑。折流板板厚增大，则有利于防止管子受振动而破坏。

若换热器不需设置折流板，而换热管无支撑跨距超过表13-2规定时，则应设置支持板，用来支撑换热管，以防止换热管产生过大的挠度。

浮头式换热器浮头端须设置支持板，此支持板可采用加厚的环板。

在列管式换热器中，折流板、支持板的固定通常采用拉杆结构固定，如图13-8所示。

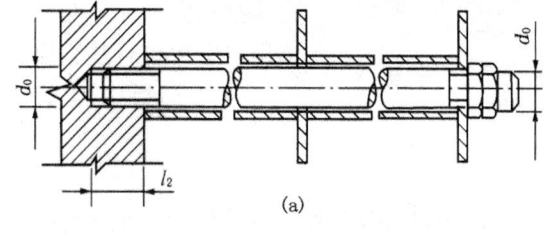

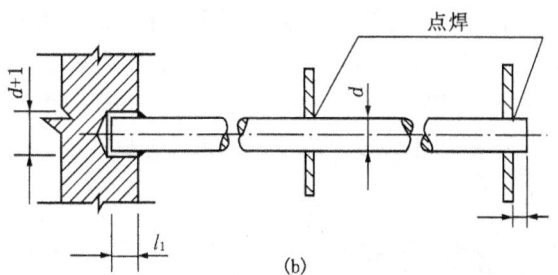

图13-8　折流板、支持板固定的拉杆结构
(a) 拉杆定距管结构；(b) 点焊结构

（二）纵向隔板

为改善传热，壳程也可做成多程（加折流板仅是改变流向，不是分程）。由于隔板与壳体间的间隙使流体泄漏而影响传热，所以壳程分程较为困难。如图13-9所示，为用纵向隔板将壳层分为双层。

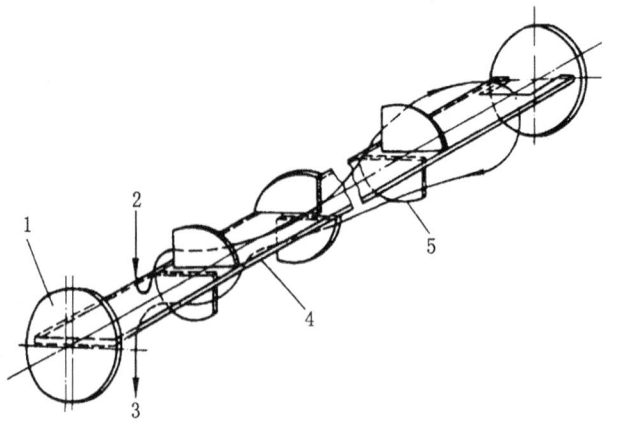

图 13-9 双壳程示意
1—管板；2—壳程进口；3—壳程出口；4—纵向隔板；5—折流板

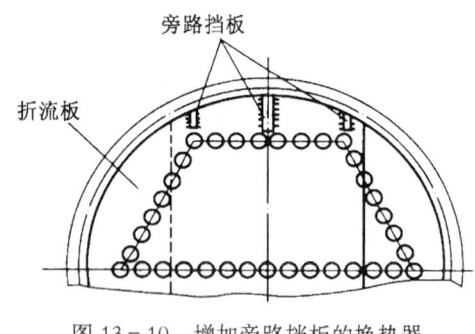

图 13-10 增加旁路挡板的换热器部分剖面结构

纵向隔板与管板的连接可用焊接或可拆卸连接，纵向隔板回流端的改向通道面积应大于折流板的缺口面积。

（三）旁路挡板

壳体与管束之间存在较大间隙时，如浮头式、U形管和填料函式换热管，可在管束上增设旁路挡板阻止流体短路，从而迫使大部分壳程流体通过管束进行热交换，如图 13-10 所示。

旁路挡板的厚度一般取与折流板相同的厚度。

（四）挡管

挡管为两端堵死的管子，设置于分程隔板槽背面两管板之间。挡管一般与换热管的规格相同，可与折流板点焊固定，也可用拉杆（带定距管或不带定距管）代替。

挡管应每隔 3~4 排换热管设置一根，但不应设置在折流板缺口处。

当多管层时，隔板两侧的间距过大也会造成壳程介质短路，解决办法是在管板之间的空隙处增设"假管"——一种两头堵死的盲管。它不穿过管板，不起传热作用，只是强制介质流入管束中，如图 13-11 所示。

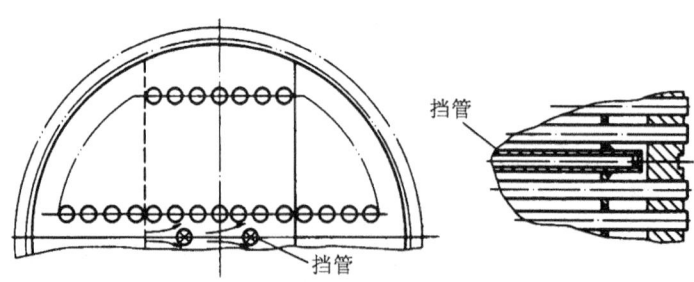

图 13-11 增加挡管的换热器部分剖面结构

三、管箱

管箱是位于列管式换热器两端的重要部件。它把从管道来的流体均匀分布到各传热管或把管内流体汇集一起送出换热器。其结构型式常有如图 13-12 所示几种：图 13-12（a）为顶盖有一个法兰盖，当要进行管内清洗时，不需把整个管箱拆下，也不需拆下接管，只要卸下法兰盖就可；图 13-12（b）为椭圆形管箱，换热器清洗、检修时，需把管箱卸下。由于接管在侧面，只要把连接接管从管箱上卸开，而不像图 13-12（c）需要把外部接管拆除，才能卸管箱及进行检修、清洗操作。

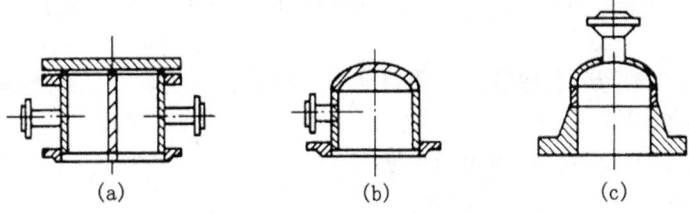

图 13-12 管箱的 3 种型式

四、膨胀节

膨胀节是装在固定管板式换热器壳体上的挠性构件。由于它的轴向柔性大，不大的轴向力就能产生较大的变形，当管子与壳体因壁温不同而产生较大的热膨胀差时，由于膨胀节的协调，就不致在管子和壳体内产生过大的温差应力。膨胀节壁厚越薄、柔度好，补偿能力就大。但从强度要求出发，则膨胀节不能太薄，在换热器中采用的膨胀节，壁厚一般不宜大于 5mm，设计压力不大于 1.6MPa。图 13-13 所示为波形膨胀节，其结构简单，使用可靠，制造方便，一般操作压力不大于 0.6MPa。图 13-13（a）是其中最常用的一种，称 U 形膨胀节。为减小壳程流体流过波形膨胀节时的流体阻力，可在膨胀节的内侧设置衬筒，如图 13-13（b）所示。

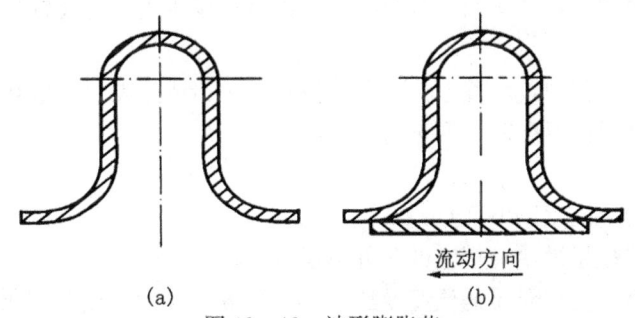

图 13-13 波形膨胀节
(a) U 形膨胀节；(b) 带衬筒的波形膨胀节

对卧式换热器的 U 形膨胀节，必须在其安装位置的最低点设置排液接口。

第四节 换热器的安装、试车、维护与管理

一、换热器的安装

（一）场地和基础

（1）应根据换热器的结构型式，在换热器的两端留有足够的空间来满足拆装、维修的

需要。

(2) 活动支座的基础面上应预埋滑板。

（二）安装前的准备

(1) 可抽管束换热器安装前应抽芯检查、清扫。抽管束时，应注意保护密封面和折流板。移动和起吊管束时，应将管束放置在专用的支承结构上，以避免损伤换热管。

(2) 安装前一般应进行压力试验。当图样有要求时，应进行气密性试验。

（三）地脚螺栓和垫铁

(1) 活动支座的地脚螺栓应装有两个锁紧的螺母，螺母与底板间应留有 1～3mm 的间隙。

(2) 地脚螺栓两侧均应有垫铁。设备找平后，斜垫铁可与设备支座底板焊牢，但不得与下面的平垫铁或滑板焊死。

(3) 垫铁的安装不应妨碍换热器的热膨胀。

（四）其他要求

(1) 应在不受力的状态下连接管线，避免强力装配。

(2) 拧紧换热器螺栓时，一般紧固螺栓至少应分 3 遍进行，交叉对称紧固，每遍的起点应相互错开 120°，并应涂抹适当的螺纹润滑剂，以避免"咬死"。

二、换热器的试车

换热器的试车时应注意如下几点：

(1) 试车前应查阅图纸有无特殊要求和说明，铭牌有无特殊标志，如管板是否按压差设计，对试压、试车程序有无特殊要求等。

(2) 试车前应清洗整个系统，并在入口接管处设置过滤网。

(3) 系统中如无旁路，试车时应增设临时旁路。

(4) 开启放气口，使流体充满设备。

(5) 当介质为蒸汽时，开车前应排空残液，以免形成水击；有腐蚀性的介质，停车后应将残存介质排净。

(6) 开车或停车过程中，应逐渐升温和降温，避免造成压差过大和热冲击。

(7) 温度上升到操作温度时，要进行螺栓的热紧。

三、换热器的维护

在维护换热器时应注意以下几点：

(1) 换热器不得在超过铭牌规定的条件下运行。

(2) 应经常对管、壳程介质的温度及压降进行监督，分析换热器的泄漏和结垢情况。在压降增大和传热系数降低超过一定数值时，应根据介质和换热器的结构，选择有效方法进行清洗。

(3) 应经常监视管束的振动情况。

四、换热器的使用管理

（一）使用前应办理使用证

若换热器设备同时具备下列条件：

(1) 最高工作压力大于或等于 0.1MPa；

(2) 内直径大于或等于 0.15m，且容积大于或等于 0.025m^3；

(3) 盛装介质为气体、液化气体或最高工作温度高于或等于标准沸点的液体。

其使用管理应严格执行《压力容器安全技术监察规程》。换热器在投入使用前，按《锅炉压力容器使用登记管理办法》的要求，进行注册登记，办理使用证后方可使用。其安全附件应按有关规定进行定期校验。

（二）制定操作规程

使用单位应根据设备制造技术条件、图纸要求和生产工艺制定安全操作规程，操作工艺参数应满足设备安全性能要求。其内容至少应包括：

（1）换热器的操作工艺指标、最高工作压力、最高或最低工作温度。

（2）开、停车的操作程序和注意事项，特别是冷态启用时阀门开启的顺序以及管理最大允许压差。

（3）换热器运行中应重点检查的项目和部位，运行中可能出现的异常现象和防止措施，以及紧急情况的处置和报告程序。

（4）严禁带压紧固螺栓。

（三）对操作工的要求

操作人员应经质量技术监督部门的培训考核，取得压力容器操作证方可上岗操作。操作人员要严格遵守安全操作规程，掌握好本岗位操作程序和操作方法及对一般故障的排除技能，并做到认真填写操作运行记录或工艺生产记录，应注意观察换热器压力、温度情况，加强对设备的巡回检查和维护保养，注意倾听设备和管路运行声音。通过仪表和声音判断设备的运行情况，若有异常，应采取紧急措施处理。杜绝违章操作，特别是超温、超压操作。严禁无压力容器操作证的人员管理、操作换热器。

（四）在运行中操作工应注意的问题

在换热器运行中，操作工应注意以下问题：

（1）注意检验压力表、温度计，确定换热器是否超温、超压运行。

（2）开、停车时应注意检查管壳层的压差，预防因压差过大而造成管板泄漏、管子压瘪。

五、换热器常见故障

（一）管板泄漏

1. 原因

（1）胀管失效而泄漏；（2）管板裂纹；（3）管板与管子焊接处裂纹泄漏。

2. 采取措施

（1）补焊，并增做无损探伤检查；（2）重新胀管；（3）如果不能再胀管，应采取焊接或堵管的方法。

（二）密封垫泄漏

密封垫泄漏应更换密封垫。

（三）管子腐蚀穿透

管子腐蚀穿透时，应采取的措施为把管子两头堵死，但堵管后降低换热效果。若管子腐蚀穿透数量比较多，应采取换管的方法。

（四）换热效果不好

换热效果不好时，应先检查换热管是否穿透；隔板间隙是否过大造成壳程短路；介质流速是否过快以及管内是否结垢。

第十四章 空气压缩机

第一节 概　　述

空气压缩机系统（简称空压机系统）是生产压缩空气，并具有一定压力的传动设备和静设备的组合体，它由空气压缩机（简称空压机）及附属设备组成的。随着现代科学技术的不断发展，空压机在化工、石油、矿山、冶金、机械以及国防工业中已成为必不可少的关键设备。本章重点介绍空气压缩机的基本知识。

一、空气压缩机的分类及工作原理

（一）空气压缩机的分类

（1）按照能量转换方式和工作原理，将空压机分为两类，即容积式压缩机和速度式压缩机。

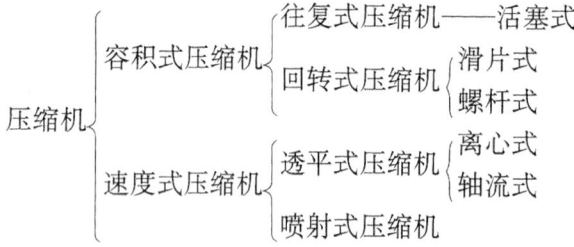

（2）按排气压力 p_d 分为：

低压压缩机：$0.2\text{MPa} < p_d \leqslant 0.98\text{MPa}$；

中压压缩机：$0.98\text{MPa} < p_d \leqslant 9.8\text{MPa}$；

高压压缩机：$9.8\text{MPa} < p_d \leqslant 98\text{MPa}$；

超高压压缩机：$p_d > 98\text{MPa}$。

（3）按排气量 V_d 分为：

微型空压机：$V_d \leqslant 1\text{m}^3/\text{min}$；

小型空压机：$1\text{m}^3/\text{min} < V_d \leqslant 10\text{m}^3/\text{min}$；

中型空压机：$10\text{m}^3/\text{min} < V_d \leqslant 100\text{m}^3/\text{min}$；

大型空压机：$V_d > 100\text{m}^3/\text{min}$。

（4）按加压级数分为：单级、双级、三级和多级。

（5）按安装方式分为：固定式和移动式。

（二）容积式压缩机

容积式压缩机的工作原理是依靠汽缸工作容积周期性的变化来压缩气体，以达到提高其压力的目的。按其运动特点不同，容积式压缩机又可分为以下两种：

1. 往复式压缩机

最典型的往复式压缩机是活塞式压缩机。它是依靠汽缸内活塞往复运动来压缩气体的。根据所需压力的高低，它可以做成单级或多级；为了使机器受载均衡，它还可做成单列或多列。目前工业上凡是需要高压的场合多采用活塞式压缩机。

2. 回转式压缩机

回转式压缩机内无往复运动件，它是依靠机内转子回转时产生容积变化而实现气体的压缩。按照结构型式的不同，又可分为滑片式和螺杆式两种。

1) 滑片式压缩机

滑片式压缩机机内转子偏心装在机壳内，转子上开有若干径向滑槽，槽内装有滑片。当转子转动时，滑片与机壳内壁间所形成的压缩腔容积不断缩小，从而使气体受到压缩。这类压缩机排气压力不高。滑片式压缩机主要机件由3部分组成：缸体、转子和滑片。滑片式压缩机的结构如图14-1所示。

2) 螺杆式压缩机

螺杆式压缩机机壳内置有两个转子——阴、阳螺杆，由同步齿轮带动。工作时，依靠螺杆表面的凹槽与机壳内壁间所形成的压缩腔容积不断变化，从而实现气体的吸入、压缩及排出。螺杆式压缩机的主要零部件有：一对转子、机体，轴承、同步齿轮（有时还有增进齿轮）以及密封组件等。螺杆式压缩机的结构如图14-2所示。

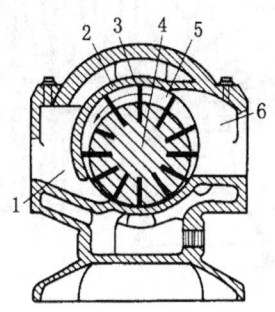

图14-1 滑片式压缩机
1—排气口；2—机壳；3—滑片；
4—转子；5—压缩腔；6—吸气口

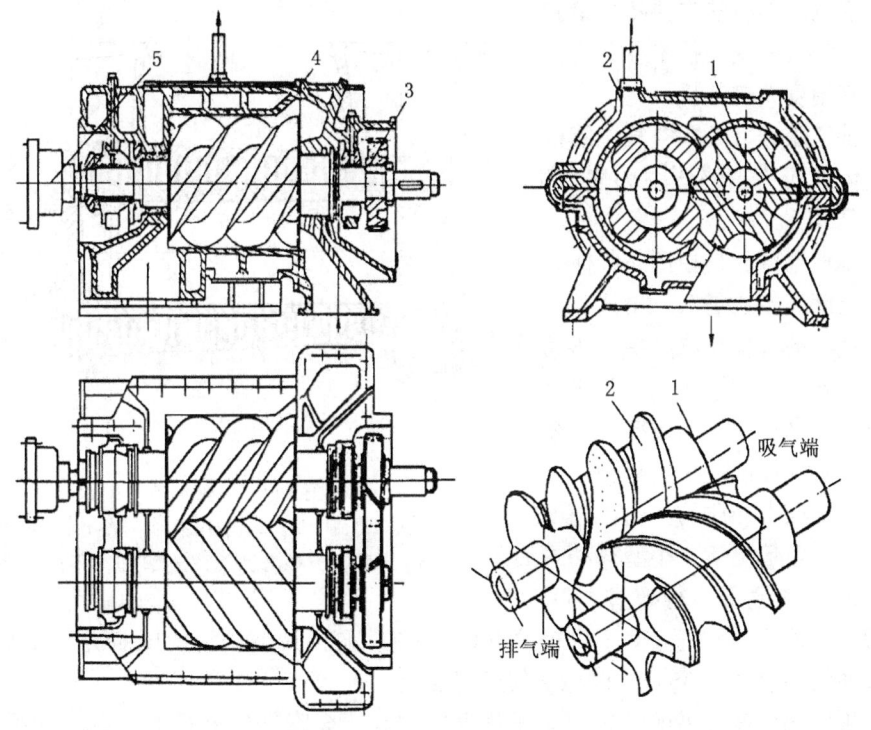

图14-2 螺杆式压缩机
1—阴螺杆；2—阳螺杆；3—啮合齿轮；4—机壳；5—联轴节

（三）速度式压缩机

速度式压缩机的工作原理与容积式截然不同，它是靠机内作高速旋转的叶轮，使吸进的气流能量头提高，并通过扩压元件把气流的动能头转换成所需的压力能量头。根据气流方向的不同，这类压缩机可分为离心式和轴流式两种。

1. 离心式压缩机

图14-3为1台五级离心式压缩机的结构简图。机壳内主轴上装有五个叶轮，每个叶轮与其相配合的固定元件构成1个级。工作时气体被吸入，逐级沿叶轮上的流道流动，在提高了气流能量头后，进入扩压器（静止件），进一步把速度能量头转换成所需的压力能量头，最后由排出口排出。

2. 轴流式压缩机

轴流式压缩机是靠转动的叶片对气流做功，不过它的气体流动方向与主轴的轴线平行。其主要组成部分有动、静叶片、转鼓及机壳。这类压缩机级中气流路程较短，阻力损失较小，效率比离心式高，排气量也较大，结构如图14-4所示。

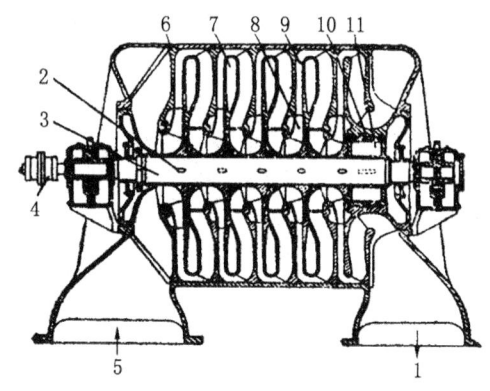

图14-3 离心式压缩机
1—排出口；2—定位键；3—轴；4—联轴节；
5—吸入口；6—机壳；7—隔板；8—叶轮；
9—扩压器；10—平衡盘密封；11—平衡盘

二、空气压缩机的主要技术参数

空气压缩机的主要技术参数有排气压力、排气温度、排气量。

（1）排气压力。是指空气压缩机排出压缩气体的压力。该压力为表压力，单位是MPa。

（2）排气温度。是指压缩气体排出时的气体温度。单位是℃。

由于吸入的气体在汽缸中被压缩后温度将有所升高，为了保证空气压缩机安全运行和提高压缩机的效率，压缩机的排气温度必须控制在一定范围。压缩机的排气温度根据介质的不同，温度控制也不同，一般情况下，小型移动式活塞压缩机的排气温度不得超过180℃，

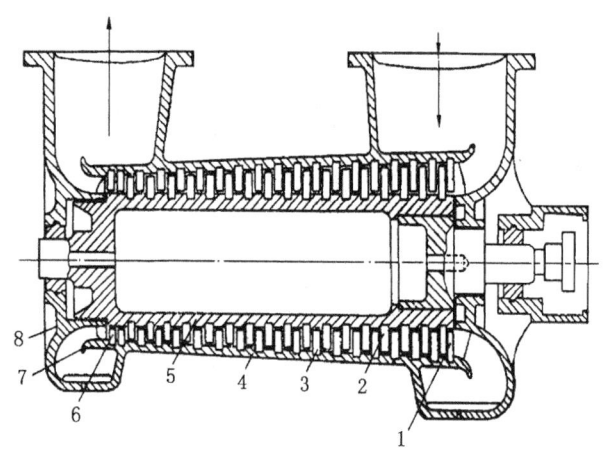

图14-4 轴流式压缩机
1—进口导流叶片；2—动叶片；3—静叶片；4—机壳；
5—转鼓；6—整流叶片；7—出口扩压器；8—密封

固定式活塞压缩机的排气温度不得超过160℃。在汽缸内用油润滑的压缩机，其排气温度应低于润滑油的闪点30～35℃，以保证其运行安全。

压缩机排气温度过高的危害：①排气温度过高，会降低压缩机的效率。根据热力学原理，等温压缩可以提高压缩机的效率；对于多级压缩，降低每级的吸气温度，也可以提高压缩机的功效。②排气温度过高，降低润滑油的粘度，会破坏汽缸内润滑油的润滑作用，并容易造成积炭，不利于压缩机的安全运转，常常使阀片和活塞环卡死、断裂，甚至造成燃烧、爆炸等严重事故。对任何一台压缩机，都必须严格控制排气温度。

（3）排气量。是指单位时间内，压缩机排出的气体经换算到最初吸气状态下的气体体积量。单位是 m^3/h 或 m^3/min。

排气量是压缩机的重要性能参数之一。它不但是工艺生产上的重要指标，而且也是确定机器驱动功率以及机器参数、结构型式和尺寸的重要依据。

第二节　活塞式压缩机

一、活塞式压缩机的特点

活塞式压缩机的主要优点是：

（1）适用压力范围广。当排气压力波动时，排气量比较稳定。活塞式压缩机可设计成超高压、高压、中压或低压。而在相似工作范围及等转速下，当排气压力波动时，活塞式压缩机的排气量基本保持不变，而离心式压缩机随压力变化则排气量有较大幅度的波动。轴流式压缩机则介于两者之间。

（2）压缩效率较高。一般活塞式压缩机压缩气体的过程属封闭系统，其压缩效率较高，大型的压缩效率可达 80% 以上。至于回转式压缩机，虽属容积式，但由于内漏和流动阻力损失较大，故其效率不如活塞式压缩机。

（3）适应性较强。活塞式压缩机排气量范围较广，特别当排气量较小时，如做成离心式难度就较大。此外，气体密度对压缩机性能的影响也不如离心式那样显著，所以，对同一规格的活塞式压缩机，往往只要稍加改造，就可适用于压缩其他的气体介质。

（4）容易制造。在一般压力范围内，活塞式压缩机的制造精度不如速度式压缩机的制造精度要求高。

活塞式压缩机的主要缺点是：

（1）气体带油污。特别在化工生产上，若对气体质量要求较高时，活塞式压缩机压缩后气体的净化任务繁重。

（2）因受往复运动惯性力的限制，其转速不能过高，对于排气量较大的，外形尺寸及其基础都较大。

（3）排气不连续，气体压力有波动，严重时往往因气流脉动共振，造成管网或机件的损坏。

（4）易损件较多，维修量较大。

二、活塞式压缩机的基本构造

活塞式压缩机的结构型式虽然繁多，但其主要组成部分基本相同。一台完整的压缩机组包括两大部分：一为主机，二为辅机。前者包括机身、中体、传动部件、汽缸组件、活塞组件、气阀、密封组件以及驱动机等；后者包括润滑系统、冷却系统以及气路系统和各种部件及其附属设备、安全附件等。

三、活塞式压缩机型号编制

（一）机型命名

活塞式压缩机的机型和结构见表 14-1。

（1）L 型压缩机，在机型代号前冠以数字，分别表示 L 系列的顺序号，如 3L、4L、5L 等。

（2）V、W 型压缩机，在机型代号前用数字表示汽缸列数，如是单缸则可省去"1"。

（3）Z、P、M、H、D 型压缩机，在机型代号前均用数字表示汽缸列数。机型代号后用数字表示该机型活塞力（吨力）。

表 14-1 活塞式压缩机的机型及结构

机型代号	结构简介
L	汽缸排列呈 L 形（立、卧式结合）
V	汽缸排列呈 V 形（角式）
W	汽缸排列呈 W 形（角式）
Z	汽缸竖式排列
P	汽缸水平排列（即 π 形排列）
M	M 形对称平衡式（卧式、电机位于汽缸的一侧）
H	H 形对称平衡式（卧式、电机位于汽缸之间）
D	对置或对称平衡式

（二）标注方法

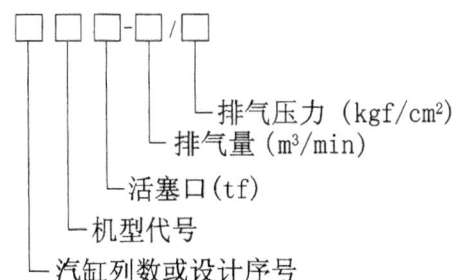

示例：4L-20/8，表示该机汽缸排列呈 L 型，排气量为 20m³/min，排气压力为 0.8MPa，该机是 L 系列第 4 种基本产品。

4M12-45/210，表示该机为 4 列，M 型对称平衡式，活塞力为 12tf，排气量为 45m³/min，排气压力为 21MPa。

H22-165/320，表示该机汽缸为 H 型对称平衡式，活塞力为 22tf，排气量为 165m³/min，排气压力为 32MPa。

四、活塞式压缩机的结构型式

活塞式压缩机的结构型式主要从两方面来区分：(1) 按汽缸在空间的位置可分为立式、卧式、角度式 3 大类；(2) 按传动机构的特点可分为有十字头与无十字头两种。这些型式各有其特点与适用场合。

（一）立式压缩机

立式压缩机的汽缸中心线与基础水平面垂直布置。其主要优点是：

(1) 因活塞重量不作用在汽缸镜面上，故活塞环与汽缸镜面沿圆周的磨损均匀而且较小，活塞杆与填料的磨损也较小。

(2) 往复运动部件的惯性力垂直作用在基础上，而地基抗垂直振动的能力较强，基础尺寸可较小。

(3) 机身承受的是垂直的拉压载荷，受力情况比较有利，机身较简单、轻巧。

(4) 沿汽缸中心线方向可以自由热膨胀及弹性变形，不需要卧式压缩机那样的支承装置。

（5）结构紧凑、占地面积小。

（6）立式压缩机在列数较多时，若曲拐错角考虑得当，还可获得良好的动力平衡性。

其主要缺点是：汽缸间距小，气阀与级间管道布置困难，产品不易变型；气量大或多级串联的压缩机，机器很高，维修不便；为了吊装活塞、汽缸等部件，需增加厂房高度。

因此，立式压缩机主要用于中小排气量与级数不太多的场合，若设计得当（如机身一楼，汽缸在二楼）也可制成大型压缩机。

立式压缩机转速可以较高，一般为 300～750r/min，某些无十字头的小型压缩机可达 1500r/min 以上。对于无油润滑压缩机采用有十字头的立式结构较为合理。

（二）卧式压缩机

卧式压缩机的汽缸水平布置，有一般卧式、对称平衡及对置式之分。传动机构都有十字头。

1. 一般卧式压缩机

这种压缩机汽缸都在曲轴一侧。其主要优点是：

（1）整个机器都处于操作者视线范围内，管理、维修方便。

（2）配管方便，整齐美观。

（3）列数不超过两列，运动部件和填料的数量较少，机身、曲轴的结构也比较简单。

（4）厂房比立式压缩机的低。

主要缺点是：往复惯性力平衡性差，转速较低，一般为 100～300r/min，致使机器、驱动机和基础的重量较大。此外，当采用多级压缩时，只能多缸串联，因而汽缸、活塞的结构复杂，特别是大型压缩机，由于活塞重，容易磨损。

因此，这种型式的压缩机在气量较大的场合下已趋于淘汰，仅在小型高压的场合被采用。

2. 对称平衡型压缩机

对称平衡型压缩机的汽缸分布在曲轴两侧，相对两列汽缸曲拐错角为 180°，如图 14-5 所示。其主要优点为：

（1）惯性力（一阶和二阶往复惯性力）可以完全平衡，惯性力矩也很小，甚至为零。因此，机器转速可大大提高，可达 250～1000r/min。这样机器和基础的尺寸小、重量轻。

（2）相对两列的活塞力方向相反，能互相抵消，因而改善了主轴颈受力情况，减少磨损。

（3）可以采用较多的列数，每列串联的汽缸数较少，装拆方便。

其主要缺点是：运动部件与填料的数量较多，机身和曲轴的结构比较复杂。由于转速高，气阀、填料的工作条件不好；两列的对称平衡压缩机切向力均匀性较差。

四列以上的对称平衡型压缩机，根据驱动电机位置的不同，可分为 M 型对称平衡型压缩机和 H 型对称平衡型压缩机两种。M 型对称平衡型压缩机，如图 14-5 所示，电机位于机身的一侧，安装简单，增加列数的可能性大，有利于变型，但机身与曲轴制造较困难，刚性也差一些。H 型电机位于两个机身之间，列间距较大，便于操作检修，机身与曲轴制造较容易。缺点是两机身安装找正较困难，变型不及 M 型方便。

对称平衡型压缩机适用于大中型，特别对于大型压缩机，优越性更为显著。这类压缩机最高排出压力可达 100MPa，最大排气量达 2000m³/min，最大活塞力达 60tf，最大功率达 14000kW。

3. 对置式压缩机

对置式压缩机虽然汽缸分布在曲轴的两侧,但是相对两侧曲拐错角不等于180°。

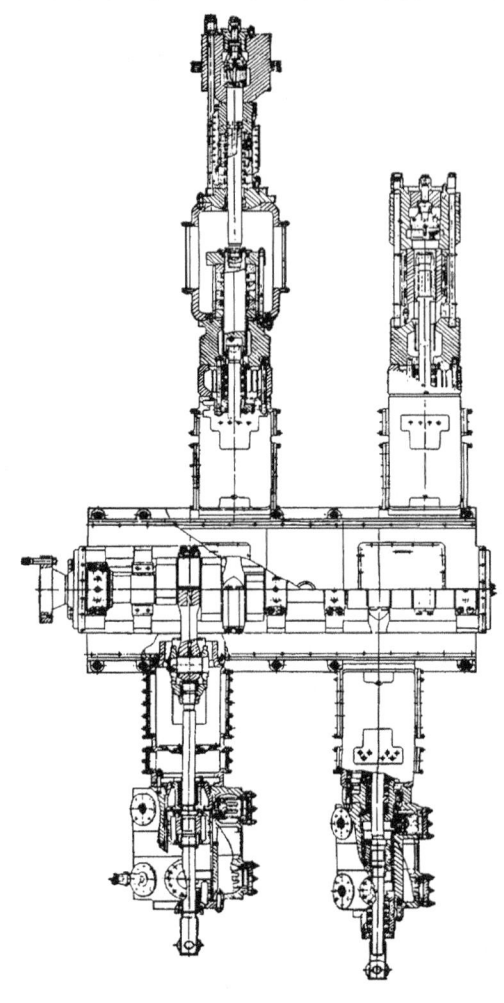

图14-5 M型对称平衡型压缩机

(三) 角度式压缩机

角度式压缩机的特点是同一曲拐上装有几个连杆,与每个连杆相应的汽缸中心线间具有一定的夹角。按汽缸中心线的夹角与列数的不同,可分为V型角度式压缩机、L型角度式压缩机、W型角度式压缩机、扇型角度式压缩机等。

1. V型压缩机

同一曲拐的两列汽缸中心线夹角可做成90°、75°、60°。90°时动力平衡性最佳,但为了结构紧凑起见,做成60°居多。也有两个曲拐四列的双重V型压缩机。

2. L型压缩机

如图14-6所示,是V型的特例,一列汽缸垂直布置,另一列汽缸水平布置。

3. W型压缩机

同一曲拐上有3列汽缸,相邻列汽缸中心线夹角为60°时动力平衡性最佳。这种结构也有两个曲拐6列的双重W型压缩机。

4. 扇型压缩机

同一曲拐上有4列汽缸,相邻列汽缸中心线夹角45°时动力平衡性最佳。这种结构也有做成双重8列的扇型压缩机。

角度式压缩机的优点是:

(1) 各列一阶往复惯性力的合力,可用装在曲轴上的平衡重达到大部分或完全平衡,动力平衡性好的机器可取较高的转速,可达500~2200r/min。

(2) 汽缸彼此错开一定角度,有利于气阀的安排及中间冷却器的配置,结构紧凑。

(3) 若干列的连杆接在同一曲拐上,曲轴的曲拐数减少,轴向长度可缩短,主轴颈有可能采用滚动轴承。

V型角度式压缩机、W型角度式压缩机、扇型角度式压缩机多为无十字头的压缩机,结构简单、紧凑。由于无十字头压缩机的汽缸靠近曲轴,所以可用设在曲轴端部的风扇冷却。排气量为3~12m³/min、排气压力为0.8MPa的移动式、风冷空压机和中小型压缩机多采用这些型式。

L型压缩机除具有角度式的优点外,还有其独特的特点:

(1) 当两列往复运动质量相等时,二阶往复惯性力始终作用在与水平线成45°夹角的方向,机器运转比V型还要平稳。

(2) 大直径汽缸垂直布置,小汽缸水平布置,可避免较重的活塞对汽缸磨损。

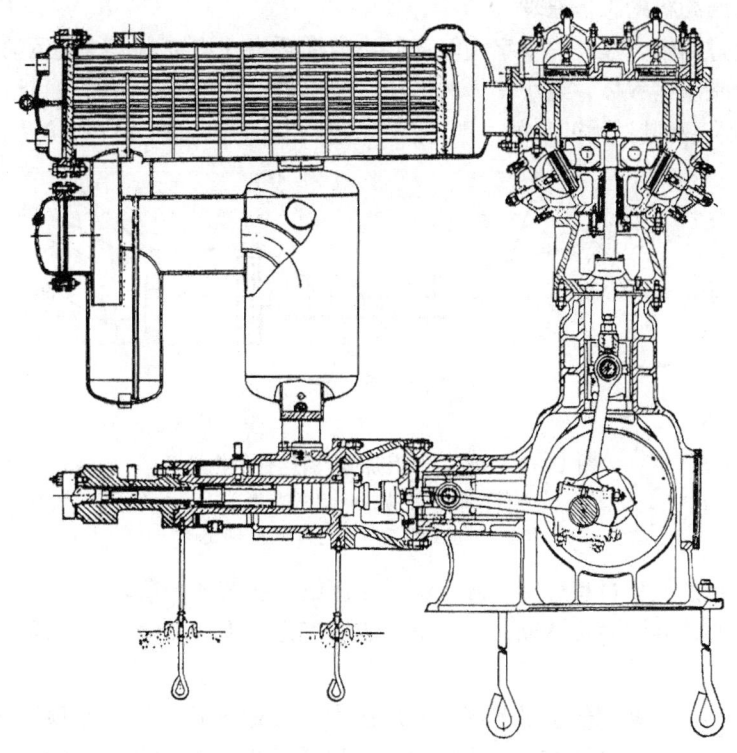

图 14-6 L型空气压缩机

（3）机身受力情况比其他角度式有利，中间冷却器直接安装在机器上的条件更好。

因此，L型压缩机特别适宜作为动力用的固定式两级空压机，也可作化工厂用的中型压缩机。

（四）无十字头的压缩机

这类压缩机大多为小功率、小排气量。其结构简单，安装方便，操作与维修也容易；机器紧凑，质量轻，不需要专门润滑结构。但是无十字头的压缩机只能做成单作用的。汽缸容积的利用不充分（因为活塞与汽缸之间只在活塞的一侧形成工作腔），气体的泄漏量也较大，汽缸工作表面所受的侧向力也较大，因而活塞、汽缸容易磨损。另外，汽缸中的润滑油量也难于控制。所以大中型压缩机均不采用这种结构。

（五）带十字头的压缩机

这类压缩机大多为大功率、大排气量的大型及中型压缩机。由于带有十字头，汽缸工作表面不承受连杆传来的侧压力，所以汽缸与活塞间的摩擦较小，充分利用了汽缸容积，润滑油易于控制，气体的泄漏量较小。但这种压缩机增多了十字头、活塞杆及填料等部件，使其结构复杂，高度和重量也相应增加。

另外，目前无油润滑空气压缩机发展很快，这种压缩机可以给对气体含油量有限制的某些工艺和产品提供较纯净的气源，如供气动仪表使用，不会因为气体含油而堵塞细小的仪表管路，严重影响灵敏度；如用在食品工业、化学工业和制药工业上，因为食品工业、化学工业和制药工业的产品不允许被油污染等。常见的无油润滑压缩机多为带十字头的各种结构型式，活塞环及填料元件都用自润滑材料（大多为聚四氟乙烯）制作的。

五、活塞式压缩机的工作原理

由电动机通过曲轴、连杆、十字头等部件，带动活塞在汽缸内作往复运动，依靠汽缸容积周期性的变化来压缩气体，缩小气体的体积，使单位体积内气体分子数目增加（即增加气体密度），以达到提高其压力的目的。图14-7为卧式压缩机曲柄连杆机构示意。

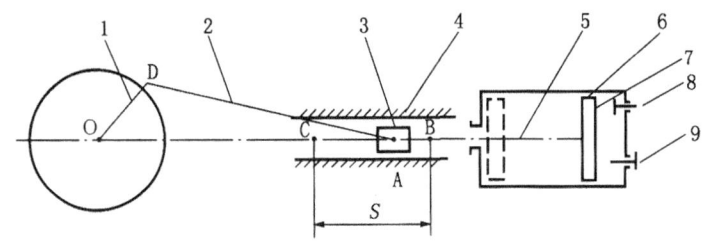

图 14-7 卧式压缩机的曲柄连杆机构示意
1—曲柄；2—连杆；3—十字头；4—十字头滑道；5—活塞杆；
6—汽缸；7—活塞；8—进气阀；9—排气阀

活塞式压缩机的工作过程分为膨胀、吸气、压缩、排气 4 个阶段。

（1）膨胀。当活塞向左边移动时，汽缸的容积逐渐增大，压力下降，原先残留在汽缸内的余气不断膨胀。

（2）吸气。当压力降到低于进气阀的开启压力时，进气管中气体便顶开气阀进入汽缸。随着活塞继续向左移动，气体继续进入缸内，直到活塞至左边末端（C点）为止。

（3）压缩。当活塞调整方向向右边移动时，汽缸的容积逐渐缩小，这样便开始了压缩气体的过程。由于进气阀有止逆作用，汽缸内气体压力又低于排气阀的开启压力，因此汽缸内气体量保持一定，只是活塞继续向右移动，缩小了汽缸的容积空间，使气体的压力不断提高。

（4）排气。随着活塞右移，压缩气体的压力升高到稍大于排气阀的开启压力时，气体便顶开排气阀的弹簧而进入出口管中，并不断排出，直到活塞移至右边末端B点为止。

如上所述，曲柄旋转一周，活塞往返一次，完成膨胀—吸气—压缩—排气 4 个过程，称为一个循环。活塞在汽缸内不断往复运动，循环周而复始地发生，以获得所需要的压缩气体。

六、活塞式压缩机的主要零部件

（一）汽缸

1. 汽缸的作用和要求

汽缸是构成压缩容积实现气体压缩的主要部件。为了能承受气体压力，汽缸应有足够的强度；由于活塞在其中运动，汽缸内壁承受摩擦，其应有良好的润滑及耐磨性；为了逸散汽缸中进行功热转换时所产生的热量，汽缸应有良好的冷却措施；为了减少气流阻力，提高效率，汽缸吸、排气阀要合理布置。总之，汽缸结构复杂，材质和加工要求较高。

2. 汽缸的结构型式

汽缸的结构型式有：风冷汽缸、水冷汽缸、双作用汽缸、单作用汽缸、级差式汽缸等。不同的压缩机有不同的汽缸结构，应根据具体情况来选用。

3. 汽缸的材料

汽缸的材料是根据压缩气体的性质和承受的压力来选择的。对于空气压缩机汽缸，一般地，工作压力低于6MPa，采用灰铸铁制造；工作压力在6～20MPa范围内，采用球墨铸铁或铸钢制造；工作压力在20～50MPa范围内时，采用锻钢或合金钢制造；无油润滑的汽缸采用合金铸铁制造。

(二) 活塞

1. 活塞的作用和要求

活塞在汽缸中作往复运动，与汽缸组成压缩容积，起压缩气体的作用。活塞承受气体的压力，并通过活塞杆传递给曲柄连杆机构。因此，要求活塞有足够的强度和刚度、较轻的重量和较好的密封性。

2. 活塞的结构型式及材料

活塞的结构型式很多，如筒形、盘形、级差式、组合式和柱塞等。

(1) 筒形活塞。图14-8所示为一筒形活塞，用于无十字头的单作用低压压缩机。这种活塞通过活塞销与连杆小头连接。在压缩机工作时，允许活塞销在销座中作相对转动（即所谓浮动销）。但为了防止轴向窜动，销子两端装有弹簧卡牢。

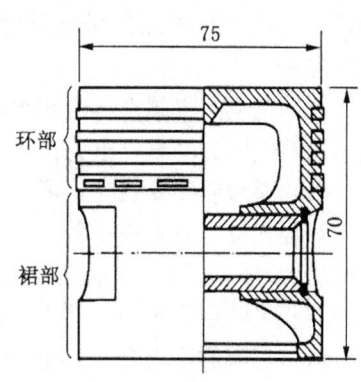

图14-8 筒形活塞

筒形活塞靠飞溅润滑，油量不易控制。若过多的润滑油进入压缩容积，不仅增加润滑油耗量，而且不利于正常操作（如形成积炭、使气阀启闭不灵等）。因此，活塞上除装有活塞环外，还有刮油环，把过多的油刮下来，通过活塞上的回油孔流回曲轴箱，这是筒形活塞的一个特点。

筒形活塞的下部，一般称为裙部，它与汽缸壁紧贴，起导向作用，同时承受连杆力的侧向分力，所以裙部是导向承压的表面，加工粗糙度应不低于 $\frac{0.8～0.2}{\nabla}$。

筒形活塞一般采用铸铝和铸铁制造。

(2) 盘形活塞，如图14-9所示。多用于有十字头的双作用汽缸。为了减轻其质量，常做成中空结构，两端面用加强筋连接，以增加刚性。卧式压缩机的盘形活塞，其下半部接触面承受活塞组质量，为减少汽缸与活塞的摩擦、磨损，一般用轴承合金做出承压表面。

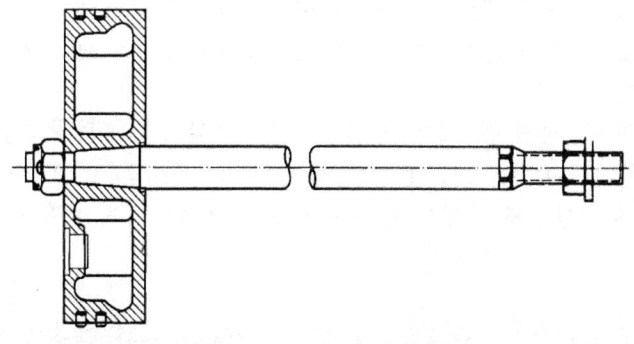

图14-9 盘形活塞

常见的盘形活塞有整体式和焊接式两种。焊接式多用于大直径的汽缸，采用钢板焊制而成。整体式采用铸铁或铸铝制造。

(三) 活塞环、密封器和刮油环

活塞与汽缸壁之间、活塞杆与汽缸壁之间在压缩机工作时都作相对运动，都留有一定的间隙，为了防止气体从这些间隙泄漏，必须采取密封措施。活塞环和密封器（又称填料函）就是达到密封的部件。而刮油环则是为了防止汽缸内的润滑油与十字头的润滑油沿活塞杆相互混淆。对于无油润滑压缩机，刮油环起阻止十字头方向的润滑油沿活塞杆带入密封器或进入汽缸的作用。

(四) 气阀

气阀的作用是控制气体及时吸入与排出汽缸。压缩机运行时，气阀频繁地启闭，其工作的好坏，直接关系到压缩机运转的经济性与可靠性。因此，气阀是压缩机中重要而又易损的部件之一。

压缩机上的气阀都是自动阀，即气阀的启闭不是强制机构而是靠气阀两边的压力差来实现的。对气阀的基本要求为：

(1) 阀片启闭要及时、可靠。若开启不及时，将增加压力损失，增加功耗，降低压力系数，对吸气量也有影响；若关闭不及时，将使气体倒流，不仅影响排气量，而且阀片对阀座的撞击大，影响阀片寿命。影响阀片及时启闭的因素很多，除设计、制造原因外，使用中的油污与积炭都会影响阀片的正常运动。

(2) 气阀的阻力要小。由于气阀的节流作用所引起的功耗较大，有时达到指示功率的 15%～20%。所以，对于长期运转的压缩机，为减少动力消耗，提高效率，应尽量减少气阀阻力。

(3) 气阀使用寿命要长。由于频繁的开启，气阀极易发生疲劳破坏，其中最易损坏的元件是阀片与弹簧。所以使用中要特别注意延长阀片与弹簧的寿命。

(4) 气阀关闭时要严密不漏。为使气阀关闭时严密不漏，密封元件应具有较高的加工精度。阀片应平整，不翘曲，阀片与阀座的密封口应完全贴合。两密封面应在淬火后进行研磨，表面粗糙度不低于 $\frac{9}{\nabla}$。装配后用煤油试漏，从阀座侧注入煤油，在 5min 内只允许有少量的滴状渗漏。

(五) 曲轴

曲轴是压缩机中重要的运动件，它的工作负荷极大。其主要作用是：将电动机的旋转运动通过连杆变为活塞的往复直线运动，并传递电动机所产生的扭转力矩，同时还要承受连杆方向传来的周期性变化的气体力和惯性力。因此，要求曲轴不仅有足够的强度、刚度，而且要有耐疲劳、耐摩擦的特点。

曲轴主要由主轴颈、曲柄销、曲柄等组成。曲轴搁置在机体轴承座上的部分，称为主轴颈；与连杆连接的部分称为曲柄销；把主轴颈与曲柄销连接起来的部分称为曲柄；曲柄与曲柄销组合在一起称为曲拐。为了平衡曲轴上惯性力及力矩，有时在曲柄销的对面设置平衡铁。

(六) 连杆

连杆是连接曲轴与十字头（或活塞）的部件，它将曲轴的旋转运动转换成活塞的往复运动，并将外界输入的功率传给活塞组件。机器运行时，连杆组件作平面运动，其中与曲柄销相连的大头作旋转运动，与十字头销（或活塞销）相连的小头作往复运动，连杆体作摆动。

(七) 十字头

十字头是用来连接作往复运动的活塞和作摇摆运动的连杆的机件。它被限制在十字头滑道内作往复运动,将连杆的动力传给活塞杆。因此,要求十字头有良好的耐磨性和足够的强度。为了减小往复惯性力,应尽量减轻十字头的质量。

七、活塞式压缩机的润滑

(一) 润滑的目的

压缩机属于动力设备,为了减少零件相互运动的摩擦,降低功耗,延长零件寿命,因此在各运动部位,如活塞与汽缸、填料与活塞杆、主轴承、连杆大头瓦、连杆小头衬套以及十字头滑道等处,都要注入润滑剂进行润滑。对压缩机润滑可以达到以下目的:

(1) 减少摩擦功率,降低压缩机的功率消耗;

(2) 减少滑动部件的磨损,延长零件寿命;

(3) 在运动部件之间形成油膜,起到油膜密封的作用;

(4) 防止零件生锈;

(5) 可导走摩擦热,降低零件的温度,从而保证滑动部位的运转间隙,防止滑动部位咬死。

(二) 润滑的方式

空气压缩机的润滑方式,按其供油方式,一般可以分为飞溅润滑和压力润滑两种。

1. 飞溅润滑

曲轴在旋转时,装在连杆上的打油杆自曲轴箱中带起润滑油,溅入汽缸工作面上或轴承上进行润滑。这种方法最简单,但它无法控制和调节供油量的大小,耗油量较大,而且汽缸和运动机构只能采用同一种润滑油。因此此种润滑方式只适用于小型无十字头空气压缩机的润滑。

2. 压力润滑

这种润滑方式往往分为两个独立的系统:汽缸及填料函部分靠注油器供油润滑;传动部分靠齿轮油泵供油润滑。压力润滑常用于大、中型压缩机中。另外,对于用活塞密封环密封的超高压压缩机汽缸,为了避免在汽缸缸体上开孔,常采用在吸气阀前注油,由气体把油带到汽缸中去的方法,称之为喷润法。

(三) 汽缸及填料函的润滑

无十字头的压缩机,汽缸的一面与曲轴箱直接相通,可采用简单的飞溅润滑方式,即由连杆上的打油杆击打油面,使润滑油飞溅到汽缸壁面上。图 14-10 所示为带有打油杆的连杆,打油杆为管状,一部分油从管心通到连杆大头孔润滑连杆瓦。也有把打油杆做成实心杆的。应当注意,在飞溅润滑压缩机中,机身中的最高油面不能碰到连杆与平衡铁,否则将引起附加的功率消耗。

带十字头的压缩机,普遍采用压力润滑。压力润滑中汽缸及填料函处的润滑油是靠注油器来提供的。国内目前多采用单柱塞真空滴油器,如图 14-11 所示。

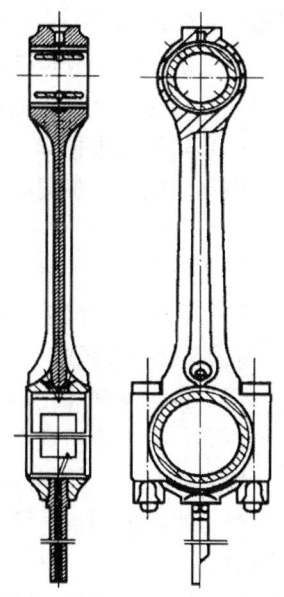

图 14-10 带打油杆的连杆

目前真空滴油单柱塞式注油器已经标准化,按压力分为两挡,压力在 16MPa 以下为中压注油器,压力在 16~32MPa 为高压注油器。

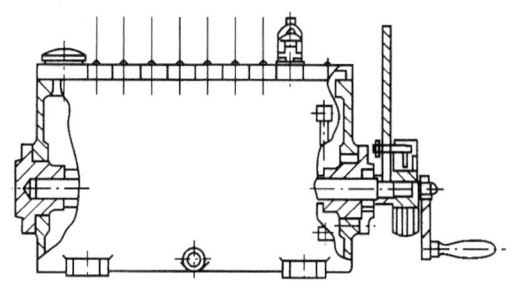
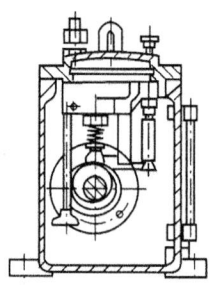

图 14-11 真空滴油式注油器

（四）传动机构的润滑

空气压缩机传动机构的润滑主要对象是主轴承和主轴颈、连杆大头瓦和曲柄销、活塞销或十字头销、连杆小头钢套以及十字头和滑道等摩擦面。润滑的方式也有两种，即飞溅润滑和压力润滑。飞溅润滑原理同上，压力润滑依靠油泵将润滑油输送至摩擦面。

（五）润滑油（脂）的性能指标

为了确保各种类型压缩机使用润滑油的不同要求，必须正确合理地选择和使用润滑油。润滑油的主要技术指标是：

(1) 粘度。润滑油的粘度是表示在一定温度下，使 200mL 润滑油流过恩格尔粘度计下端成型孔的时间与同体积 20℃ 的蒸馏水流过该孔时间的比值。

(2) 闪点和燃点。闪点是指介质蒸汽与空气形成混合气体时，用火点燃混合气，使其闪火的温度。燃点是指点燃发生闪火时间超过 5s 的温度。闪点和燃点过低的润滑油在压缩机中是禁止使用的。

(3) 水分。水分是指润滑油内含水的百分数。水分过多会腐蚀机件，影响润滑性能，且促使油的氧化。常用压缩机汽缸油的水分不得高于 0.05%。

(4) 其他技术指标。对润滑油的如机械杂质、酸值、灰分、抗腐蚀性能等都有一定要求，由于使用条件不同而有所侧重。

（六）对润滑油（脂）选用的基本要求

润滑油应满足下述条件：

(1) 在工作温度下具有足够的动度，能够形成一定温度的油膜，达到润滑效果和保持各密封间隙的密封能力。

(2) 具有良好的化学稳定性，在工作压力和工作温度下，不与气体发生明显的化学反应。否则，将产生积炭现象，既降低润滑性能，还会产生爆炸事故。

(3) 具有一定的闪点，其闪点比排气温度高 20~25℃ 即可。因为闪点过高，润滑油粘度也高，易形成积炭，摩擦时会产生火花引起爆炸；闪点与压缩机气体温度接近，会引起爆炸事故。

(4) 不应与水形成乳化物，否则降低润滑性能。

应按压缩机的说明书要求选用润滑油的型号和生产厂家，若无特殊说明，一般按下述型号选用：

(1) 对汽缸等部件：冬季选用 13 号压缩机油，夏季选用 19 号压缩机油。

(2) 曲轴、连杆、十字头等部件：冬季用 30 号压缩机油，夏季用 40 号压缩机油。

(3) 对滚动轴承、盘车装置以及汽缸支撑等处，应用最广泛的是钙基润滑脂。

（七）润滑油（脂）使用中应注意的问题

在使用中，一定要注意按压缩机使用说明书的要求选购合适的润滑油型号，并在使用中注意润滑油的过滤。

压缩机的润滑油一般都是循环利用的，润滑油在使用中不可避免地要被磨屑、尘埃以及和空气接触时产生的氧化胶状物所污染。这些杂质如不及时滤出会使零件出现早期磨损或堵塞油道，滤油器就是为达到这个目的而设置的一个装置。良好的润滑油滤油器应该具有较高的过滤效果和较小的流动阻力，同时要求尺寸小、重量轻。

在完善的循环油路中，应设有粗滤器、细滤器和精滤器，经过3次过滤，达到把润滑油中的杂质、细小微粒过滤干净，使润滑油保持清洁的目的。

八、活塞式压缩机的冷却

（一）冷却目的

空气压缩机冷却越好，越接近等温压缩，效率越高；若冷却不好，则各部件温度升高，接近绝热压缩，因而气阀与阀片温度较高，润滑油容易在阀室结焦，降低气阀的使用寿命，且影响气阀的严密性。活塞环上的润滑油易分解，烧坏活塞环，情况严重时，则可引起爆炸事故。所以为了减少其能量消耗，保证压缩机的安全运行，必须对压缩机进行冷却。

（二）冷却方式

冷却的方式分为风冷和水冷，风冷只限于移动式空压机或小型空压机，其他都采用水冷却系统。

活塞式空压机的水冷却系统由中间冷却器、汽缸和填料的水套冷却、润滑油冷却器、后冷却器、水管路及其他附件组成。

各种冷却器属于换热容器，形式有列管式换热器和套管式换热器等。

在空压机的高低压汽缸周围和缸座盖上，均布置有水套，通入冷却水使之循环，用以吸收汽缸和填料中的热量，降低其温度。

（三）对冷却水质的要求

冷却器的传热系数和表面积垢有关，表面积垢愈厚，传热系数就愈小。通常积垢厚度不允许超过2mm，否则冷却表面必须清理。冷却水的性质和温度直接影响到积垢厚度的增长，因此必须选择使用清洁无杂物、中性软质的水供空气压缩机冷却器用。具体规定如下：

（1）冷却水应接近于中性，即氢离子浓度pH值在6.5～9.5范围内。

（2）有机物质和悬浮机械杂质均小于或等于25mg/L，含油量小于或等于5mg/L。

（3）暂时硬度小于或等于10°。

上述要求达不到时，应采取沉淀池、过滤池对冷却水进行净化处理，并用回收器进行脱油，以改善水质。也可利用磁水器处理冷却水，此法简单，一般将磁水器装到总入水管即可。

九、空压机附属设备和安全附件

为了保证空压机能安全运转和稳定均衡供气，在空压机系统中还应设置空气滤清器、冷却器、储气罐、缓冲罐等设备，以及压力表、安全阀、温度计等安全附件。

（一）空气滤清器

空气滤清器是保证进入空压机空气洁净的装置。根据空压机型号及排气量大小的不同，所选用的空气滤清器的型式也不同。滤清器主要由壳体和滤芯组成。滤清器按滤芯取用材料不同而区别为纸质的、织物的（麻布、绒布、毛毡）、陶瓷的、泡沫塑料的、金属的（金属丝网、金属屑）等。其中采用最普遍的是纸质滤清器和金属滤清器。

（二）储气罐（或缓冲罐）

在空压机系统中设置储气罐主要有3个目的：

（1）稳定管道的压力。因活塞式压缩机排出的气体其压力流量是不连续的，呈脉动状态，若直接输送到管道中，将会引起管网振动。

（2）储存一定量的气体，维持供需气量之间的平衡。因为储气罐的容积较大，可以储备一定量的气体。当生产需气量低于压缩机供气量时，则多余的气体就在储气罐中储存起来，并弥补供气高峰需气时气量的不足，故储气罐除具有稳定管道压力的作用外，还有维持供需气量之间平衡的作用。

（3）储气罐还具有油、水分离的作用。

储气罐属于压力容器设备，它的使用、管理、检验等应遵守《压力容器安全技术监察规程》。

（三）冷却器

冷却器的作用是为了冷却空气，降低压缩气体的温度，保证空压机安全运行。

冷却器属于换热压力容器，其设计、制造、使用、检验等环节应遵守质技监局锅发［1999］15号《压力容器安全技术监察规程》和GB 151—1999及有关的标准。

（四）安全阀、压力表、温度计

安全阀、压力表、温度计等安全附件应遵守《压力容器安全技术监察规程》的要求。

第三节　空压机的使用管理

一、办理使用证

空压机系统中的一些辅助设备，如冷却器、储气罐等压力容器设备应按有关规定在使用之前进行注册登记，办理使用证后方可使用。其安全附件应按有关规定进行定期校验。

二、制定操作规程

使用单位应根据设备制造技术条件、出厂使用说明书和生产工艺制定安全操作规程，操作工艺参数应满足设备安全性能要求。其内容至少应包括：

（1）空压机试运行的内容及程序；

（2）空压机正常运行时，开停车的操作程序和注意事项，以及各级排气压力和排气温度的要求；

（3）空压机运行中应重点检查的项目和部位，运行中可能出现的异常现象和防止措施，以及紧急情况的处置和报告程序；

（4）附属设备的要求。如储气罐的排污时间和空气滤清器的清洗周期。

三、对操作工的要求

空压机是一种特殊的动力设备，按有关规定，操作工必须经过国家质量技术监督部门的培训学习，考核合格，取得上岗操作证后方可上岗操作。操作工必须严格遵守操作规程，严格执行国家的有关规程、规定。操作人员要严格遵守安全操作规程，掌握好本岗位操作程序和操作方法及对一般故障的排除技能，并做到认真填写操作运行记录或生产工艺记录，应注意观察空压机运行压力、温度情况，加强对设备的巡回检查和维护保养，注意倾听设备和管路运行声音。通过仪表和声音判断设备的运行情况，若有异常，应采取紧急措施处理。杜绝违章操作，特别是超温、超压操作。严禁无空压机操作证的人员管理空压机。

四、空压机的试运行

新安装或经过大修后的空压机开车，称为试运转，也称试车。试运转是对空压机的设计、制造、安装和修理等方面质量的总检查。通过试运转，能使各运动件更好地磨合，能够暴露隐患，从而找出存在的各方面缺陷，使空压机系统趋于完善，以保证其正常运转时的安全、可靠、经济，避免发生事故。通过试运转，空压机系统的操作、管理人员能初步了解、熟悉其性能，为以后的正常运行操作、管理设备打下基础。

空压机根据其规格、型号的不同，试运转的步骤也不同。试运转应按空压机出厂时随机所带的使用说明书中所规定的操作程序进行。一般来说，空压机的试运转应包括以下内容：(1) 冷却水系统的通水试验；(2) 润滑油系统的试运转；(3) 电动机单独试运转；(4) 空压机无负荷试运转；(5) 空压机及附属设备、管线的吹洗；(6) 空压机的负荷试运转；(7) 空压机负荷试运转后的检查和再运转。

五、空压机的操作规程

空压机的操作规程一般由单位技术部门依据国家有关规定和设备的使用说明及设备型号、用途来制定，空压机系统的操作规程一般应包括以下几个方面。

（一）开车前准备

(1) 各连接件、紧固件的检查，检查是否牢固、可靠；

(2) 空压机和电机的外观检查，清理杂物和工具，检查安全防护装置是否完好；

(3) 润滑系统检查，包括油压、油位以及润滑油的选用是否正确，注油器是否正常供油；

(4) 冷却系统检查，启动冷却水泵，观察冷却管路是否畅通；

(5) 打开放空阀，关闭负荷调节器，使空压机处于空负荷启动状态；

(6) 人工盘车数转，应运行灵活，运动机构应无卡阻、撞击现象。

（二）启动

(1) 启动前的准备工作完成后，启动空压机进行无负荷试车 5min，检查各部位运转情况：①润滑系统是否正常，油压应小于 0.3MPa，曲轴箱油温是否正常；②各运动部件的声音是否正常，各连接部分紧固件有无松动；③冷却水流量是否均匀，不得有间歇性排气和冒气泡现象，冷却水温是否正常。

(2) 各部位有不正常情况应停机检查处理。

(3) 打开进气管阀门，关闭放空阀，并打开负荷调节器，使空压机带负荷运行。

(4) 有些空压机配有自动启动装置，可执行下述步骤：①将"手动—停—自动"转换开关拧到"自动"挡位，"控制电源"灯亮；②按"启动"按钮，"启动"灯亮，"控制电源"灯灭；③无异常现象，将"卸载/负荷"开关移到"负荷"位置。

（三）运行

(1) 空压机的运转状况必须符合技术参数中所列的参数范围（由单位技术负责人根据设备和使用情况制定）。它应包括以下几个方面：

① 电机的运转情况，电机的温度、电流表指示应符合正常指示数值；

② 润滑系统，油面高度、油温、油压应在正常指示范围；

③ 冷却水系统，进出口水温、水压应在正常指示范围；

④ 压缩气体管路及设备上的压力表、温度计的指示读数应在正常范围，每级的排气压

力应正常。一般要求：润滑油的压力为：0.1～0.2MPa；各级排气温度不超过60℃；机身内油温不超过30℃；冷却水进水温度不大于30℃，排水温度不大于40℃；电机温度不得超过环境温度70℃。

（2）仔细倾听机器的运转声音，不得有不正常的声音。

（3）分离器、储气罐、冷却器排污（排水）每班不少于2次。

（4）经常检查各级吸气阀是否有过热现象，用手触摸感觉轴承及油泵外壳是否有过热现象。

（5）经常检查压缩机的皮带轮罩或防护设备是否牢固，压缩机房应有消防用品。

（6）当储气罐压力达到规定值时，应检查安全阀及压力调整器动作是否灵敏、可靠。

（7）做好运转记录。

（四）停车

（1）空压机必须在无负荷状态下停车，停车前应将冷却器、储气罐放空阀打开，待压缩机降压后停车；带有压力调整器的空压机，应将其转换至"卸载"位置。

（2）停车5～10min，使空压机各部位温度降下来，再关闭冷却泵，冷却水停止供给。

（3）在冬季低温的情况下（环境温度低于5℃），应将各级水路、中间冷却器、油冷却器、汽缸水套内的存水放尽，以免发生冻裂现象。

（4）长期停车时做好防锈、油封维护工作。

（五）紧急停车

在出现下列情况之一的条件下，空压机要求紧急停车：

（1）空压机、电机突然有不正常的响声。

（2）各部气温、水温及油温异常升高。

（3）电流、电压表读数突然增大。

（4）冷却水突然中断供水。

（5）润滑油压力下降或突然中断。

（6）压缩机发生严重漏气或漏水。

（7）安全阀连续起跳。

（8）某级排气压力突然变动很大，采取措施不能复原时。

（9）电动机过热或滑环冒火，以及空气压缩机有损坏时。

（六）维护与保养

（1）安全阀每月至少进行手动排气试验一次，每年至少校验一次；压力表每半年至少校验一次。

（2）每半年更换一次润滑油。

（3）每天排放2～3次储气罐内的油水沉淀物。

（4）制定空压机定期检验制度，有计划地进行大、中、小修。时间间隔应依据空压机的使用说明书和实际使用情况。

六、空压机的事故

空压机如果制造质量不良、安装不符合要求和操作不当，都会发生事故。一旦汽缸或气罐发生爆炸，不但直接影响生产，而且会使厂房遭到破坏，并给操作人员带来伤亡危险。

空压机发生事故一般有下列原因：

（1）空压机汽缸的润滑油质不符合要求，闪点过低，接近压缩空气排气的温度，形成混合性爆炸气体而自燃爆炸。

（2）由于活塞密封性差，曲轴箱内润滑油大量进入汽缸，导致汽缸内润滑油闪点下降，并形成积炭。

（3）由于空压机冷却系统不良，汽缸散热差，缸内压缩空气温度超过规定，接近润滑油闪点。

（4）排气阀漏气，空压机吸气时，排气管道中的压缩空气返回汽缸，造成反复压缩，导致汽缸和汽缸内空气温度升高。

（5）吸入的空气不干净，含有一些可燃性气体（例如乙炔和氢等），形成混合性易爆炸气体而进入汽缸进行压缩，导致爆炸。

（6）冷却不良，润滑油耗量大，致使中间冷却器、油水分离器、储气罐积存大量油垢和碳化物，且未及时清理而发生燃烧、爆炸。

（7）安全附件不全、失灵或安装不符合要求，安全阀不能动作或压力表指示不准确，造成汽缸超压而爆炸。

（8）空压机安装时，某些运动部件或零件没有采用防震措施，例如漏装开口销、防震垫圈，以及在运动中开口销折断、气阀固定螺栓脱出而掉进缸内，造成顶缸事故。

（9）空压机进气和排气管道通过墙壁或在支架上安装时采用了刚性固定，以致不能自由伸缩，引起汽缸破裂。

（10）冬季气温低，停车时未将冷却水放尽，致使汽缸破裂；或者再次启动时，未能检查发现冷却水进入汽缸，因而产生冲缸爆炸。

（11）冷却水中断，汽缸温度猛升，没有停止空压机运行，相反还猛开进水阀进水，造成汽缸爆炸或裂纹。

（12）检修空压机时，用汽油清洗汽缸、活塞，汽油挥发，在汽缸内形成爆炸气体，在运行时燃烧，导致汽缸爆炸。

（13）在检修过程中，缸内残留有工具、小零件和杂物，造成顶缸事故。

第十五章 制 冷

第一节 概 述

制冷系统所承受的力虽然属于中、低压范畴，但有些制冷剂具有毒性、窒息、易燃的特点，给系统的安全操作带来了严格的要求。为了确保制冷系统的运行安全，不仅要做到对制冷系统的正确设计、正确选材、精心制造和检验，而且还必须做到正确的使用和操作。

为了保障职工在生产中的安全和健康，确保制冷系统的安全运行，有关部门颁布了法令和规程。例如，由于制冷系统的压力容器（包括储液器、冷凝器、蒸发器、钢瓶等）是有爆炸性危险的承压设备，它的质量优劣直接关系到生产和人身安全，因此，对压力容器的设计、制造、检验、使用、维修等方面，我国有关部门规定了许可证制度。制冷系统所用的各种压力容器、设备和辅助设备不得采用非专业厂的产品或自行制造。

在生产运行中，为了严格控制制冷系统压力、温度等工艺参数，就必须设置压力表、温度计、流量计等测量仪表，以便随时掌握上述参数的量值及其变化情况，及时采取措施加以调整。为了防止各种难以预料的情况造成制冷系统超压运行，危及设备的安全，应在制冷系统的设备上设置安全阀、高压和低压保护装置。

国家有关安全生产的方针，在冷库的实际生产中起到了良好的保证作用。但是，制冷系统的重大事故仍时有发生。生产实践的经验使人们认识到：制冷系统必须有完善的安全设备，所有制造材料的质量和机械强度必须符合国家的有关技术标准。同时，正确地使用和操作对保证制冷系统的运行安全也是至关重要的。特别要求操作人员对每项工作都要极端地负责，要严格执行安全技术规程和岗位责任制，才能防患于未然。

第二节 安 全 装 置

一、压力监视与压力保护安全设备

（一）压力监视

制冷系统的运转是否处于安全状态，其主要监视手段是通过压力表显示系统各部位的压力。这样，一方面便于进行正常的操作管理，另一方面是为能及时地察觉制冷设备内有无异常或超压现象，并予以控制或报警。例如，电接触点的压力表和压力传感器等压力监视仪表，不仅具有显示的功能，而且还起到压力控制和报警的安全保护作用。

对属于分散式制冷设备的氨制冷系统，每台压缩机的吸气、排气侧、中间冷却器、油分离器、冷凝器、氨液分离器、低压循环桶、排液桶、低压储氨器、氨泵、集油器、加氨站、热氨管道、油泵、滤油装置以及冻结设备均装有相应的压力表。

制冷机组由于各设备之间的连接管路很短，又省去了部分截止阀，使一只压力表可以显示几个设备内部的压力，所示压力表的数量也就相应地减少了。对于氟利昂制冷系统，为了减少易泄漏的压力表接头，也合理地省去了部分压力表。

必须强调指出，氨压力表盘上注有明显的"氨"字样。这是因为普通压力表是由铜合金制造的，当接触到氨制冷剂时，很快就被腐蚀。所以，氨压力表不允许用普通压力表代替。制冷系统用的压力表，如有下列情况时，不得使用：指示失灵；逾期未校验；无铅封印；截断压力后，指针不能回到零点；刻度不清；表面玻璃破碎等。

压力表每年须经法定的检验部门校核一次，以免因指示不准而造成不良后果。

（二）压力保护安全设备

为了防止制冷系统超压运行，在制冷设备上都要设置安全阀或压力控制继电器，以及自动报警等压力保护安全设备。一旦工作压力发生异常，出现超压运行时，安全设备即自动动作，把设备内的气体排至大气中一部分，或自动停机，以保证制冷系统不会因超压运行而发生事故。因此，压力保护安全设备不得任意调整或拆除。

1. 安全阀

制冷机器和设备上设置安全阀是严格的。为了便于检修和更换，要求在安全阀前设置截止阀（制冷机除外）。但是，这些阀必须处于开启状态，并加以铅封，以免失去安全保护作用。

制冷设备上的安全阀必须定期检查，每年应校验一次，并加以铅封。安全技术规程还规定，在制冷系统运行过程中，由于超压，安全阀启跳后，需重新进行校验，以确保安全阀的功能。

在校验和维护安全阀时，有时需要清洗和研磨，然后进行气密性试验。试验压力为安全阀工作压力的 1.05～1.10 倍。气密性试验合格的安全阀，经过校正，调整到指定开启压力，加以铅封。

目前在制冷系统的氨泵回路广泛应用的是自动旁通阀，它是弹簧式安全阀的一种特定形式，也起安全保护作用，即当压力超过调定值时，阀门自动开启，起旁通、降压作用。

2. 其他压力保护安全设备

制冷系统的压力安全保护，除设有安全阀、带电信号的压力表和紧急停机装置外，还采用压力继电器、压差断电器等安全设备，以实现压缩机的高压、中压、低压保护、油保护及制冷设备的断水保护。

压缩机的高压保护的目的是当压缩机排出压力过高时切断电源，以防止发生事故。在生产运行中往往由于冷却水断水故障，或制冷系统中进入大量空气，或高压系统的阀门误操作等原因，使压缩机的排出压力超过规定值。此时，高压保护装置立即动作，压缩机自动停机。高压压力继电器常与安全阀并用，在这种情况下，继电器切断开关的动作压力应调整到比安全阀开启压力稍低为宜。

压缩机的低压保护是指在压缩机运转过程中，由于制冷剂泄漏、供液不足等原因，产生吸气压力过低，甚至出现抽空现象（可能将空气抽入制冷系统），此时，低压保护装置动作，压缩机作为故障停机。

使用低压压力继电器的机组，应与感温控制阀相配合，才能充分发挥其作用。

压缩机的中压保护是指两级压缩机中的低压排出压力的保护，其目的同单级的高压保护相仿。凡单机双级压缩机都需设置中压保护，而用单级机配套的两级压缩机，它的中压保护可以用低压压缩机的高压压力继电器，但其压力应调整到中压的安全保护调定值。各继电器的调定值应根据所使用的制冷剂，参照制造厂的使用说明书而定。

对中小型氟利昂制冷系统，一般不设置安全阀，仅用高、低压力继电器作安全保护设备。

压力继电器和压差继电器还可用于断水事故保护。一般采用两种方法：发出断水警报信号，并作事故停机；或者发生断水警报，经过一段延时，作为事故停机，延时时间为 30s 左右。

油压保护是指在压缩机运行时确保一定的油压。当油压低于某一定值时，压差继电器动作，压缩机必须停机，以免发生设备事故。油压保护不能使用压力继电器，只能采用压差继电器，因为曲轴箱（油箱）与压缩机吸入侧相通。

压差继电器也是氨泵不上液的安全保护设备。用于氨液泵的压差继电器的特点是：量程范围小，动作较为灵敏，同时采用延时措施。

3. 熔塞

在储液器和冷凝器上设置的熔塞，也是一种安全设备，它可以防止因火灾而出现的爆炸事故。熔塞因火灾等外部发生的高温而熔化，它和那些由于操作管理失误而产生的高压所设置的安全阀和压力继电器等安全设备不同，异常高压时，熔塞不起安全保护作用。

熔塞是装在压力容器器壁上的易熔化的合金塞子，其主要成分是铋、铅和锡，其熔点为 60～80℃。

二、液化监视及其安全设备

为防止压缩机湿冲程，必须在汽液分离器、低压循环桶、中间冷却器上设置液位指示、控制和报警装置，在低压储液器上设液化指示器。

三、温度监视及其安全设备

压缩机的吸气和排气侧、轴封器端、分配站、热制冷剂的集管上均设有温度计，以便监视和记录制冷系统的运行工况。为避免排气温度过高，有的压缩机排气管上还设有温度控制器。

所用的温度计种类主要有热电偶温度计、电阻温度计、半导体温度计和电接点的水银温度计等。

压缩机的排气温度、润滑油温度和冷却水的进口温度、电机温度以及库房温度等，都是检查制冷系统安全运行的重要参数。所以，要求温度显示要准确可靠，并能进行有效的控制。

压缩机吸气和排气侧的温度变化能反映出机器运转是否正常、中间冷却器供液的多少，甚至还能反映出阀片的损坏情况等，所以，要求设在压缩机排气管上的温度控制器的感温元件应尽可能靠近排气腔。如果采用温度套管的形式，应在套管内加入润滑油，以便准确地反映出压缩机排气温度的变化。当压缩机排气温度超过调定值时，温度控制器即发出警报，并使压缩机作为故障停机。

设置在压缩机曲轴箱中的温度控制器感温元件，当油温超过允许值时，温控器动作，发出警报，并使压缩机作故障停机。

在氟利昂制冷系统中，由于润滑油溶解有大量的制冷剂，它会造成开机时无油压，使机器断油。为防止这一现象的发生，可以在曲轴箱内装设电加热器，在启动前，电加热器先自动加热，使溶解在油中的制冷剂受热蒸发，然后再自动启动压缩机。

四、其他安全防护措施

（1）为避免制冷剂倒流，在压缩机高压排气管道和氨泵出液管上，应分别装设止回阀。当蒸发温度不同的两个蒸发器连接在同一根回气管上时，压缩机停止运转后，两个蒸发器的压力能很快地平衡。这样就有可能使高温的制冷剂"倒窜"到低温蒸发器中去，造成压缩机再次启动时易发生液击，使用止回阀即可防止该事故的出现。

（2）冷凝器与储液器之间设有均压管，在运行中均压管应是开启状态。两台以上的储液器之间还分别设有气体和液体均压管，主要起保障高压设备之间的压力均衡、液体制冷剂流动畅通以及液位稳定的作用。

（3）高压储液器设在室外时，应有遮阳棚，以防止日光直晒，不致使其温度升高而影响安全运行。

（4）机器的转动部位应设置安全保护罩，设在室外的设备应设有防止非工作人员入内的围墙或栏杆。

（5）在机器间和设备间内设有事故排风设备，以便在事故发生时能及时地排除有害气体。在平时运行或检修时，也可减少室内空气的污染。其排风能力要求是每小时将室内空气更换不少于 8 次。在室内和室外也都装设事故排风的按钮开关，备有事故电源供电，在紧急情况下能确保风机工作。

（6）机器间和设备的门应向外开，并应留有两个进出口，以保证安全。机房应配备带靴的防毒衣、橡皮手套、木塞、管夹、氧气呼吸器等防护用具和抢救药品，并把它们放在便于索取的位置，要专人管理、定期检查，确保使用。

（7）为避免对邻近环境的污染和影响安全，要求安全阀的泄压管高出机房。

第三节 安全操作

制冷系统中的安全装置对生产运行中所出现的异常危险情况、防止发生爆炸或重大事故起到了良好的保护作用。但是，由于错误的操作时有发生，因此还必须制定科学而合理的安全操作规程，并严格遵守执行。

为了使制冷系统安全运转，有 3 个必要的条件：第一，使系统内的制冷剂蒸汽不得出现异常高压，以免设备破裂；第二，不得发生湿冲程、液击等误操作，以免设备被破坏；第三，运动部件不得有缺陷或紧固件松动，以免损坏机械。

一、阀门的安全操作

阀门是控制制冷系统安全运转所必不可少的部件，在制冷系统内应该有一定数量的调节阀、截止阀和备用阀。

向容器内充灌制冷剂时，阀门的开启操作应缓慢，以免引起容器的脆性破坏。

制冷系统中，有液态制冷剂的管道和设备，严禁同时将两端阀门关闭。尤其在工作状态下，供液管、排液管、液态制冷剂调节站等管道一般是充满液体的，在停运前都应进行适当抽空。否则，当在满液情况下，关闭设备或管道的进、出口截止阀时，因吸收外界热量，液体产生膨胀而使设备或管道发生爆裂事故，通常称为"液爆"。一般情况，"液爆"大都将阀门处崩裂。

在制冷系统操作中，可能发生"液爆"的部位应特别加以注意，这些部位是：

（1）冷凝器与储液器之间的液体管道；

（2）高压储液器至膨胀阀之间的管道；

（3）两端有截止阀门的管道；

（4）高压设备的液位计；

（5）氨容器之间的液体平衡管；

(6) 液体分配站；

(7) 气、液分离器出口阀至蒸发器间的管路；

(8) 循环储液器出口阀至蒸发器间的管道；

(9) 氨泵供液管道；

(10) 容器至紧急泄氨器之间的液体管路等，均是有可能造成液封的管路。

开启回汽阀时，也应缓慢进行，并注意倾听制冷剂的流动声音，严禁突然猛开，以防过湿气体冲入压缩机内，引起事故。

开启阀门时，为防止阀芯被阀体卡住，要求转动手轮不应过分用力，当阀门全部开启后，应将手轮回转 1/8 圈左右。

二、设备的安全操作

(1) 为防止环境污染和氨中毒，从制冷系统中排放不凝性气体时，需经过专门设置的空气分离器排放入水中。

(2) 为防止高温、高压的气体制冷剂窜入库房，使机器负荷突增，特规定了储液器液面不得低于其径向高度的 30%。

(3) 为防止储液器、排液器出现满液而影响冷凝压力，使系统运行工况恶化，储液器的液面不得超过径向高度的 80%。

(4) 由于制冷设备内的油和氨一般呈有压力的混合状态，为避免酿成严重的跑氨事故，严禁从制冷设备上直接放油。

(5) 另外，当设备间的室温达到冰点温度时，对使用冷却水的设备，停用时应将剩水放尽，以防冻裂。

三、设备管道检修的安全操作

(1) 为防止检修时设备内残存的制冷剂令操作者中毒和窒息，特别是为避免氨与空气混合到一定比例后遇明火而发生爆炸，以及氟利昂制冷剂遇到明火而分解出剧毒物质，在设备中的制冷剂未抽空或未置换完全，且未与大气接通的情况下，严禁拆卸机器或设备的附件进行焊接作业。同时还规定，在压缩机房和辅助设备间不能有明火，冬季严禁用明火取暖。

(2) 为防止触电事故，在检修制冷设备时，特别是检修库内风机、电器等远离电源开关的设备时，须在其电源开关上挂上工作牌。检查完毕后，由检修人员亲自取下该工作牌，其他人员不允许乱动。

(3) 在检查和维修机器间和泵房的机器设备和阀门时，必须采用电压为 36V 以下的照明电源，潮湿的场所应采用 12V 以下的照明电源。

(4) 在检修制冷系统的管道时，若需要更换管道或增添新管路，必须采用符合规定的无缝钢管，严禁采用有缝钢管和水暖管件。

(5) 制冷系统在大检修后，应进行气密试验。对设备进行焊接或增加新的连接管道后，也应进行气密试验。

四、充灌制冷剂的安全操作

(1) 新建和大修后的制冷系统，必须经过气密、检漏、排污、抽真空，当确认系统无泄漏时，方可充灌制冷剂。如用充氨试漏时，设备内的充氨压力不得超过 0.2MPa。

(2) 由于充氨操作危险性大，一定要严格按有关规定执行。为防万一，还应备有必要的抢救器材。

(3) 向制冷系统内充灌制冷剂的数量，应严格控制在设计的要求和设备制造厂家所规定的范围内,并认真做好称量数据的记录。

(4) 氨瓶或氨槽车与充氨站的连接管必须采用无缝钢管,或用可耐压3MPa以上的橡胶管,与其相连接的管头需有防滑沟槽,以防管头脱开发生危险。

第四节 紧急救护

一、制冷剂对人体生理的影响

制冷剂对人体生理的影响,较为重要的是有毒、窒息和冷灼伤。除氨和二氧化硫以外,绝大部分制冷剂是没有毒性的,但是在高温和媒介物作用下,可发生化学反应,使本来无毒的制冷剂产生了毒性物质,就可能危及人身安全。例如,212制冷剂本身是无毒、无臭、不燃烧,也没有爆炸危险,甚至在530℃的高温下也不分解。但是,当有水和氧气与其混合,与火焰接触时,则起分解作用,就会生成氟化氢、氯化氢和光气,特别是光气对人体十分有害。有些制冷剂本是无毒的,但它在常温下的气态密度比空气大,因此,能把空气中的氧气排挤掉,就会引起人的窒息。

当空气中的氧气含量降低到14%(体积百分数,下同)时,人会出现早期缺氧症状,人体呼吸量增大、脉搏加快、注意力和思维能力明显减弱,肌肉的运动失调。

当空气中的氧气含量降低为10%时,人虽仍有知觉,但判断功能出现障碍,很快出现肌肉疲劳,极易引起激动和暴躁。当空气中氧含量降低到6%时,人可能会出现恶心和呕吐,肌肉失去运动能力,发生腿软、不能站立,直到不能行走和爬行。这一明显的症状,往往是第一个,也是惟一的警告。

制冷剂泄漏时,对人体危害的程度取决于制冷剂的化学性质及其在空气中的浓度以及人在该环境中停留时间的长短。

氨制冷剂为2级毒性,当氨浓度在0.5%~1%时,人在该环境中停留30min就会患重症或死亡;当氨浓度达15.5%~27%时,遇明火即有爆炸的危险。

空气中的含氨量对人体生理的影响见表15-1。

表15-1 空气中的含氨量对人体生理的影响

空气中氨含量,mL/1000L	对人体的影响
53	可以感觉氨臭的最低浓度
100	长期停留也无害的最大值
300~500	短时间对人体无害
408	强烈刺激鼻子和咽喉
698	刺激人体眼睛
1720	引起强烈的咳嗽
2500~4500	短时间(30min)也有危险
5000~10000	立即引起致死危险

二、预防措施

制冷系统的操作人员对工作要极端地负责任,确保机器、设备和管道的密封,不能泄漏。凡是有可能接触到制冷剂的工作人员，应接受安全教育，严格遵守有关技术操作规程。

机房必须备用橡皮手套、防毒衣具（带靴的下水衣）、安全救护绳、胶鞋以及救护用的药品，并应妥善放置在机房进口的专用箱内，以方便索取。

由于有些制冷剂的易燃性和爆炸性，若制冷系统发生大量泄漏时，还可能引起火灾或爆炸的危险。通常在发生火灾时，很可能造成大量的制冷剂泄漏，使车间内气相中制冷剂的含量进入爆炸极限的范围内，这是十分危险的。

为实行"预防为主，防消结合"的方针，机房内应配备二氧化碳、"干粉"或"1211"（卤代烷）等灭火器材，以备扑灭油火、制冷剂火和电火。

三、紧急救护

（一）发生漏氨时的急救措施

事故发生时，操作人员一定要镇静沉着，以免乱开或错关机器设备上的阀门，导致事故进一步扩大。必须正确判断情况，组织有经验的技工穿戴防护用具进入现场抢救。如果是高压管道跑氨，应立即停止压缩机运转，切断漏氨部位与有关设备相连通的管道。如果管道不长，可采用放空的办法，待管内余氨放完，并置换后进行补焊。如低压系统管道跑氨，应迅速查明跑氨部位，关闭该制冷间冷却设备的供液阀和调整有关阀门。在此情况下，由于冷间氨气很浓，可开动风机排除氨气，并用醋酸液喷雾中和，然后用管卡将漏点夹死，再恢复冷间工作。待货物出库升温后，再进行抽空补焊。

（二）发生氨中毒的急救措施

氨对人体所造成的伤害，大致可分为3类：

（1）氨液溅到皮肤上会引起冷灼伤；

（2）氨液或氨气对眼睛有刺激或灼伤性伤害；

（3）氨气被人体吸入，轻则刺激呼吸器官，重则导致昏迷甚至死亡。

以上3种情况的急救措施是：当氨液溅到衣服和皮肤上时，应立即把被氨液溅湿的衣服脱去，用水或2％硼酸水冲洗皮肤，注意水温不得超过46℃，切忌加热。当解冻后，再涂上消毒后的凡士林、植物油脂或万花油。

当呼吸道受氨气刺激引起严重咳嗽时，可用湿毛巾或水湿衣服，捂住鼻子和口。由于氨易溶于水，因此，这样做可显著减轻氨的刺激作用。也可用食醋把毛巾弄湿，再捂住口、鼻，使醋蒸气与氨发生中和作用，这样，也可减轻氨对呼吸道的刺激和中毒程度。

当呼吸受氨刺激较大而且中毒比较严重时，可用硼酸水滴鼻漱口，并让中毒者饮入0.5％的柠檬水或柠檬汁。但是，切勿饮用白开水，因氨易溶于水，将会助长氨的扩散。

对于氨中毒十分严重，致使呼吸微弱，甚至休克、呼吸停止的人员，应立即进行人工呼吸抢救，并给中毒者饮用较浓的食醋。有条件时，对这些人员施以纯氧呼吸，并立即送往医院抢救。

不论中毒或窒息程度轻重与否，均应将患者转移到新鲜空气处进行救护，使其不再继续吸入含氨的空气。

第五节 制冷装置操作管理与维护检修

氨压缩机操作管理的意义在于保证储藏在冷库中商品的质量和冷加工生产的顺利进行，必须保证机器和设备的正常运转，尤其是氨压缩机的正常运转，因为它是制冷系统中的主要设备，依靠它，制冷剂才能在系统中进行循环。因此，搞好氨压缩机的管理是非常重要的。

一、氨压缩机上各个阀门的作用和控制

活塞式压缩机的吸排气工作、启动运转和停车以及检修等，要靠各个阀门的控制来完成。因此，应了解各个阀门的作用和控制方法。

（一）吸气阀

吸气阀装在机器的吸气部位，与吸入管相连接。它的作用是停车时切断压缩机与低压系统的联系，开车时控制低压系统的压力，使压缩机工作的压力不至于突然增高，防止机器因负荷过重而发生故障。压缩机在运转中，当系统压力过高或出现湿冲程时，机器的负荷增大，使电机的电耗超过额定电流，此时可关小吸入阀，用以控制压缩机的工作压力。

（二）吸入控制阀

如果一台压缩机承担两个系统的工作时，就需要安两根吸入管。由于每根吸入管的压力不同，且不能混淆，所以就必须安装吸入控制阀。吸入控制阀还可以把低压系统的气体截止，以便于吸气阀的拆修。

（三）排气阀和排出控制阀

排气阀安装在压缩机的气体排出部位，与排出管相接。它的作用主要是停车时截断高压系统与压缩机的联系。

由于压缩机停车的次数较多，所以排气阀门开关的次数也就多，阀芯处起密封作用的合金或塑料就容易磨损。压缩机停车时，高压气体继续向压缩机里漏氨，机内压力过高，容易从密封器中漏气，同时也影响压缩机零部件损坏后的正常检修。为解决上述这些矛盾，在机器的排气阀上边，安装了一个排气控制阀。该阀平时处于常开状态，只有当排气阀漏氨，压缩机停车后它才关闭，以便于拆修排气阀。

（四）启动辅助阀

压缩机启动后，由静止状态开始带负荷启动，所需的启动电流要比正常运转时的电流平均大5倍以上，很容易损坏电机和电器。如果配备大功率的电机，则对投资和长期运转都是很大的浪费。为了解决这一矛盾，必须设法减小压缩机的启动电流，使之尽可能接近正常运转时的电流，以保证压缩机的安全启动和正常运转。

为了达到上述目的，采取的最基本的方法就是减小启动时的吸气、排气的压力比；启动时，除了机体本身的惯性力外，不再受其他力的影响。为此，对活塞式压缩机可有如下几种做法：

（1）在机器上增加启动辅助阀，这种方法有两种形式，一种做法是在机器的吸气节气腔之间增加一个连通管，在其上安装一只控制阀。机器启动时，吸入、排出控制阀关闭，启动辅助阀开启，使机器吸入和排出的气体在内部进行循环，此时的压缩机相当于不吸气也不排气。当机器运转正常后，在关闭启动辅助阀的同时，打开排气阀，再打开吸气阀。

另一种做法是将压缩机内部的气体排到低压系统，打开启动辅助阀后开车，当压缩机转入全速运转后，在关闭启动辅助阀的同时，打开排气阀，再慢慢打开吸气阀。

（2）系列化压缩机可用能量调节装置减少启动负荷，其原理同样也是使机体内的气体处于低压循环状态。能量调节装置的结构特点及其动作原理，将在有关的压缩机的教材中讲述。

（五）反向工作阀

当需要对制冷系统中的高压设备、管道、阀门等进行检查、修理时，这部分中的氨气需

要抽到低压系统中予以暂时储存；新建的冷库或大修后的冷库，对制冷系统进行试压、试漏、抽空时，都要进行反向工作。因此，需要在系列化压缩机的吸气、排气管路上设置反向工作阀，以供反向工作时用。

反向工作时，关闭吸气用气总阀（也称吸气用气控制阀），打开截止阀，视压力情况，慢慢打开截止阀。这时，气体从高压系统被压缩机吸入，经压缩后，排到低压系统，气流的方向与正常运转时相反。之后，再对高压设备进行检修。反向工作虽然有如此多的优点，但在冷库内存有大量商品的情况下，最好不用上述反向工作的方法进行抽空，其原因是：

（1）大量热的高压氨气排到低压系统后，会使蒸发压力和库房内的温度迅速上升，排管上的霜就会融化，向下滴水，从而严重影响商品的质量。

（2）处于低温状态下工作的管道和设备，其上的焊接部位，因受冷应力的影响很可能发生脆裂。

（3）反向工作时低压系统压力过高，再恢复正常工作，会对压缩机的重新启动造成一定的困难。

（4）反向工作时间较长，耗电量较大，不经济。

因此，一般可采用其他的方法，如利用紧急泄氨器或利用油管路，把氨排入水中。

二、氨压缩机操作规程

（一）单级压缩机的操作规程

（1）开机前的准备工作：首先查阅车间的压缩机运行记录，了解停车的原因。如果是事故停车或机器定期检修正常停车，则应检查压缩机是否已经修复并验收交付使用；若是属于工作需要而停车，则应由值班组长负责开车；如果停车时间超过一个月，或压缩机已进行大修，系统设备已经抽空后的开车，须由车间主任和技术员指挥。

（2）检查压缩机，其检查内容有：

① 压缩机与电动机的各运转部件有无障碍，保护装置及电器设备的完好情况。

② 检查曲轴箱内的压力，如果超过了 0.2MPa，则应先进行降压。如果此种情况经常发生，就应查明原因，加以消除。

③ 检查曲轴箱的油面，正常油面应在下玻璃视孔的 2/3 以上，上玻璃视孔的 1/2 以下。

④ 检查各压力表间是否打开，各压力表是否灵敏、准确，对已损坏者应及时更换。

⑤ 检查能量调节器指示位置是否在"0"位或汽缸数量最少的位置。

⑥ 检查油三通阀是否处于"运转"位置。

⑦ 检查电动机的启动装置是否处于"启动"位置。

（3）检查高、低压管道系统及设备有关阀门是否全部处于准备工作状态，检查内容有：

① 检查从压缩机高压排出管线到冷凝器，从冷凝器到调节站，从调节站到蒸发器的有关阀门是否均已打开。供液阀应是关闭的。

② 检查从蒸发器到压缩机低压吸入管线的有关阀门是否打开。压缩机的吸气阀应是关闭的。

③ 压缩机若连接有中冷器管道的，其阀门必须关闭。

④ 各设备上安全阀的关闭阀必须要经常开启，冷凝器与高压储液桶的均压阀应开启。压力表阀、液面指示阀应稍开启。

⑤ 检查供液系统、润滑系统和水系统是否正常。

（4）检查储液桶的液面。

① 高压储液桶的正常液面不得超过80%，不得低于30%。

② 循环储液桶或氨液分离器的液面，应保证在浮球控制高度。一旦浮球失灵或没有浮球阀的，液面应控制在最高不得超过60%，最低不得低于20%。

③ 低压储液桶的液面不得高于60%。

（5）如果用氨泵来供液，应检查氨泵各运转部位有无障碍物。

（6）启动水泵。向冷凝器、再冷凝器、压缩机水套和曲轴箱冷却水管供水。

（7）通知电工送电。

（8）在压缩机启动前，首先转动滤油器的手柄数圈。

（9）攀动皮带轮或联轴器2～3圈，检查传动是否过紧。若皮带轮转动困难，应检查原因，加以消除。

（10）启动电动机，同时迅速打开高压排气阀。

（11）当电动机全速运转后，将电动机的炭刷柄由启动位置移至运转位置，油压正常后（若无油压应立即停车检查，并加以修复），将容量调节器逐级调至所需位置，同时缓慢开启吸入阀。如发现有液体冲击声，应立即关闭吸入阀，待声音消除后，再缓慢打开吸入阀，同时，注意排出压力与电流负荷。当电流表读数急速升高时，应立即停车，找出原因，做好记录。排出压力不得超过1.5MPa（采用油压继电器和压差继电器的压缩机，应在压缩机运转正常后，先稍开吸入阀，再将能量调节器逐级调到所需的位置）。

（12）调整油泵压力，油压应比吸入压力高0.15～0.3MPa。

（13）根据库房负荷的情况，适当开启有关供液阀。如果用氨泵供液，应按照氨泵操作规程启动氨泵。同时检查和调整液体分调节站的供液阀。

（14）做好开车记录。

（15）氨的蒸发温度比库房温度低8～10℃，比盐水温度低4～5℃。

（16）压缩机吸气温度应比氨的蒸发温度高5～15℃。

（17）压缩机的排气温度应与蒸发温度、冷凝温度相适应。排出温度最高不得超过135℃，最低不得低于75℃。如果比所需要的温度低10℃以下，则说明此时的操作不够正常，应关小吸入阀，检查循环储液桶或氨液分离器的浮球阀是否失灵，并适当调整液面。若湿冲程严重，应立即紧急停车。待氨液处理完毕，机器升至常温，降压后，方可再次启动。注意不要停止水套的正常供水。

（18）在压缩机正常运转中，其吸气与排气阀片的跳动与阀座接触所发出的声音，应当清晰而均匀。如果出现不正常的冲击声，应紧急停车，找出原因加以消除，同时应做好有关的记录。

（19）应经常检查各摩擦部件工作情况。各摩擦部件如有局部发热或温度急剧上升现象时，应立即停车，查明原因，加以修复，并做好相应的记录。

（20）经常检查油压是否正常，若油压低于规定，应及时加以调整；如调整失灵，应立即停车检查，并做好记录。

（21）经常检查油温，一般油温不得超过60℃。

（22）经常检查曲轴箱的油面，如低于规定要求时，应及时加油。压缩机加油步骤如下：

① 检查冷冻机油的规格是否符合使用要求。

② 将加油管的一端套在压缩机三通阀的加油管上，将另一端（必须带有过滤器）插入加油桶内。

③ 将三通阀指示位置由"运转"拨到"加油",向机器注油。当油量达到要求时,将三通阀拨到"运转"位置。加油时,加油管不得露出油面。若加油困难(可能三通阀有串漏),可适当关小吸气阀(但应注意不得使油面过低),待加油完毕后,再开吸气阀,恢复正常操作。

④ 将加油量记录在册。

(23) 压缩机冷却水的进、出温差不得超过15℃,超过该限度时,应适当缓慢地增加冷却水量,严禁突然增加大量的低温水。

(24) 经常检查密封器,在正常情况下,油温不得超过60℃,滴油量不得超过1~2滴/min。

(25) 压缩机应经常保持清洁。

(26) 当单级运转中的压缩机改为配组双级运转时,必须严格执行先停车、后进行调整系统阀门的规定。

(27) 调整系统的供液量,适当降低回气压力后,关闭压缩机的吸入阀,并适时将能量调节阀调到"0"位,使曲轴箱的压力保持为零。

(28) 切断电源,将电动机的炭刷柄由"运转"位置拨到"启动"位置。

(29) 当皮带轮或联轴器停止转动时,关闭排气阀。

(30) 停车15min后,关闭进水阀。冬季停车时要注意,应将冷却水套中的积水排净,以防冻坏。

(31) 做好停车记录。

(二) 压缩机配组双级压缩的操作

1. 开车前的准备工作

(1) 单级压缩机开车前的各项准备工作,均适用于双级压缩。要检查中冷器的进、出气阀以及蛇形管的进、出液阀是否全部打开。

(2) 调整压缩机进、排气管线上的有关阀门,必须做到:

① 首先关闭低压机通向冷凝器的排气控制阀和高压机来自低压系统的吸入控制阀;② 然后打开低压机通向中冷器的排出控制阀及高压机来自中冷器的吸入控制阀。

(3) 检查中冷器的液面高度,使其保持在浮球控制高度。

(4) 检查中冷器的压力,如超过0.5MPa时,应进行降压处理。

(5) 检查高、低压停车联锁装置是否正常。

(6) 操作双级压缩必须首先启动高压机,当中间压力降至0.1MPa时方可开启低压机。当开启低压机吸入阀时,应注意中间压力与高压机电流的负荷不得超过规定要求。如有两台以上的低压机,应先启动一台,待运转正常后,再启动另一台。高压机和低压机的启动操作方法与单级机相同。

(7) 当高压机排气温度达到60℃时,可开始向中间冷却器供液。

(8) 根据库房的负荷情况,适当地开启有关的供液阀,如用氨泵供液,按照氨泵的操作规程启动氨泵,向液体分调节站供液。

(9) 整个操作过程均应做好各项开车记录。

2. 操作与调整

(1) 单级压缩机的操作与调整,一般适用于配组式双级机的操作,只是中间压力应与蒸发压力、冷凝压力相适应(一般容积比接近2:1时,中间压力为0.25MPa左右;容积比达3:1时,中间压力为0.35MPa左右,最大不得超过0.4MPa),并注意高压机电流的负荷不得超过电机的额定电流值，电动机的温升不得超过规定要求。

（2）要注意低压机与高压机的排气温度与蒸发温度、冷凝温度相适应（高压机的排气温度不得超过110～135℃），否则，就证明操作不正常，应检查原因，并予以调整。

（3）低压机的吸气温度与排气温度急剧降低时的处理方法与单级压缩机相同。

（4）当高压机的吸气温度与排气温度急剧降低时，应首先关小低压机的吸气阀，再关小高压机的吸入阀。密切注意中间压力不得升高，压缩机油压不得降低，同时检查中间冷却器的浮球阀是否失灵，液面是否过高。必要时，进行排液处理。若湿冲程严重，应紧急停车，但必须先停低压机，再停高压机。

（5）压缩机的加油操作与单级压缩机的加油操作相同。当高压机加油比较困难时，如需关小吸入阀，则必须先关小低压机的吸入阀，使中间压力不得升高，压缩机的电源电压不得降低。

（6）当把配组式双级运转中的压缩机改为单级运转时，必须停车，待调整好管路系统阀门后再开车。

3. 停车

（1）关闭中间冷却器供液阀与蛇形管进、出液阀。

（2）先停低压机，当中间压力降低至0.1MPa时，再停高压机，停车方法与单级机相同。

（3）停车15min后，关闭供水阀。冬季停车时，应将汽缸水套内的积水放净，以防冻坏。

（4）做好停车操作的各项记录。

（三）单机双级氨压缩机的操作规程

（1）开车前的准备工作与配组式双级机开车的准备工作相同。

① 首先攀动油过滤器手柄数圈，再攀动飞轮或联轴器2～3周，试验其运转是否过重。若转动困难，查明原因，加以消除。

② 启动电动机，同时迅速打开高、低压汽缸的排气阀。

③ 压缩机运转正常后，将电动机的启动装置移至"运转"的位置，慢慢打开高压缸吸气阀，如发现有液体冲击的声音，应迅速关闭；检查中冷器液面高度，待正常后再慢慢打开吸气阀。注意在打开高压缸吸气阀的同时，应保持高压缸的排气压力不得超过1.5MPa。

④ 当中间压力降至0.1MPa时，将能量调节阀逐级调至正常工作位置，同时，根据电动机的电流负荷，慢慢打开低压缸的吸入阀。如发现有液体冲击声时，应迅速关闭，检查循环储液桶或氨分离器的液面高度，待调整后，再慢慢打开低压缸的吸气阀，同时，注意中间压力不得超过0.4MPa，电机电流负荷不得超过规定的额定电流。

⑤ 当高压缸排气温度达到60℃时，向中间冷却器供液。此时调整油泵压力，油压应比曲轴箱的压力高0.2～0.34MPa。

⑥ 根据库房负荷的情况，适当开启有关供液阀。如采用氨泵供液，应按照氨泵操作规程启动氨泵。

⑦ 做好各项开车记录。

（2）单机双级氨压机的操作和调整方法与双级机的操作与调整方法相同。

（3）停车。停车时应注意以下几点：

① 先关闭中间冷却器的供液阀与蛇形管的进、出液阀，再关闭压缩机低压缸吸气阀，

并适时将能量调节器调整至"0"位，使曲轴箱压力保持为零。

② 当中冷器的压力降至 0.1MPa 时，关闭高压缸的吸气阀，最后切断电源。同时，关闭低压缸与高压缸的排气阀门，将电机启动装置拨回"启动"位置。

③ 在停车 15min 后，关闭供水阀。冬季停车时，应将水套内的积水放净，以防冻结。

④ 做好各项停车记录。

（四）国产非系列化压缩机的操作规程

国产非系列化压缩机开车前的准备工作、开车、操作与调整以及停车的步骤、方法和注意事项，基本上与系列化的机器相同。但由于该种压缩机构造与它们有所不同，在操作上也有些不一致的地方，即：

（1）开车时曲轴箱的油面高度应保持在玻璃视孔的 1/2 以上。

（2）启动压缩机时，先打开启动辅助阀，待压缩机运转正常后，关闭启动辅助阀时迅速打开排气阀，然后慢慢打开吸入阀。

（3）压缩机正常运转时的油压值应比吸入压力高 0.05～0.15MPa。

（4）加油操作时，只有当曲轴箱的压力比外界压力低时，油才能进入曲轴箱。因此，加油时应注意，油箱内液面不要过低，以免压缩机因缺油而损坏。配组双级压缩机加油时更要注意。

其他方面都与前述压缩机一样。因此，关于国产非系列化压缩机的单、双级压缩机的操作规程，在此不再阐述，可按国产系列压缩机的操作规程进行操作。

三、制冷设备的操作管理

（一）泵的操作管理

泵的用途很广，种类也比较繁多，本节只讨论制冷装置中常用的离心式氨泵、水泵和盐水泵的操作管理。

在氨制冷系统中，氨泵的操作管理是非常重要的，它的运转状况直接影响到冷却排管的供液和降温。在氨制冷系统中，广泛采用离心式氨泵，其类型虽有不同，但操作程序与管理却基本相同。

（1）开泵前必须了解上次修泵的原因，若因故障停泵，必须待修复好后，方可启动。

（2）检查制冷系统进、出液阀是否已调整好。

（3）检查氨泵各运转部件有无障碍，并且用手拨动联轴器，检查其是否灵活。对装有机械密封器的，严禁反向转动。

（4）检查泵轴两端的油环是否有足够的润滑油。

（5）检查氨泵压力，如过高，应开启抽气阀，以降低氨泵压力。

（6）开启循环桶的供液阀和氨泵的进液阀，使氨泵里充满氨液，然后再开启出液阀。

（7）接通电流，启动氨泵，待电流稳定后，关闭抽气阀，投入正常运行。

（8）氨泵的运转应符合以下规定：氨泵在正常运转时，输液压力为 0.15～0.4MPa 且比较稳定，电流不超过规定的额定数，发出的输送液体的声音比较沉重。反之，如压力与电流下降，仪表的指针摆动不定，氨泵发出一种尖锐的无负荷的声音等，说明泵氨运转不正常，供液不好或不输送氨液，其原因大致有如下几点：

① 循环储液桶的液面低且低于 30%。但应注意，液面也不能太高，以防氨压缩机发生湿冲程的事故。

② 氨泵内部积存有大量的润滑油。

③ 氨泵吸进了蒸发的气体氨。
④ 氨泵叶轮损坏。
⑤ 氨泵的供液管路堵塞。

要采取相应措施，解决以上的问题，保证氨泵的正常运转。

(9) 停泵的操作。
① 关闭循环储液桶的供液阀和氨泵的进液阀。
② 切断电源。
③ 关闭出液阀，开启抽气阀，待抽出氨泵内的气体后，关闭此阀。

(10) 氨泵使用中的注意事项。
① 氨泵上的过滤器，要经常清洗（尤其是新泵），防止脏物撞坏叶轮。
② 氨泵轴承两端油环的油量应每周检查一次，初次运转的，应每8小时检查一次。
③ 应装上油塞。以供排油时使用，避免由于氨液蒸发而使油变稠，不易排出。
④ 氨泵加油时，必须停泵，并降低泵压力。关闭油环的针阀，切断油环与轴承的输油通路，然后把加油的螺盖开启（应注意，会有少部分氨气泄出）。当油杯内注入冷冻油后，装上并旋紧加油口的螺盖，开启油杯针阀，然后即可启动使用。
⑤ 氨泵工作时，应特别注意循环桶液面高度和氨泵的供液情况。
⑥ 氨泵停止运转时，如果不关闭出液阀，液体就会回流，使氨泵倒转，特别是中间冷却器的压力较高时，反转更为剧烈，这是绝对不允许的。
⑦ 原则上，应在压缩机开车后再启动氨泵，停止工作时，应在压缩机停车前进行，中途的启动和停止应视工作情况而定。

(二) 离心式水泵和盐水泵的操作管理

1. 开泵

(1) 根据压缩机间的操作记录，检查上次停泵的原因，如果是由于零件损坏或失灵而引起的故障，应检查故障是否已经消除，损坏的零件是否已经修复。
(2) 检查泵和电动机轴承的润滑情况。
(3) 检查泵传动部分是否灵活，保护装置是否完好，密封器的松紧是否适当。
(4) 检查泵内是否灌满了水（或盐水）。当缺水（或盐水）时，应利用泵上的放空气阀，或预先装配的加水装置向泵内灌水（或盐水），直到放空气阀溢出水（或盐水）时为止。
(5) 水泵启动后，当电机转入正常运转时，开启泵的排水阀。
(6) 启动电机时，应注意电机的负荷不能超过正常的工作数值，电流表的指针应稳定。

2. 管理

(1) 电机和泵的轴承温度不应超过 60～70℃。当电机和泵的轴承温度超过该限度时，应查明原因，修复后方可继续使用。
(2) 泵在运转中，电流表的指针应稳定，排水管上的压力表读数应与工作扬程相适应，且指针摆动不强烈。否则，应找出原因，加以消除。
(3) 泵运转时应发出较沉重的声音，应无杂音。如泵运转有不正常的杂音时，应停泵，查明原因。
(4) 水泵填料盒控制阀和法兰处不应有漏水现象，如有漏水现象时，可适当调整填料压盖螺母，或更换填料与垫片。
(5) 停泵时，应先关闭泵的排水阀，再切断电源。当电机停止运转后，再关闭吸水阀。

若发现填料处有漏水现象,先拧紧压盖螺母,压紧密封器,并将停泵原因记录在工作日记上,便于以后再次启动时参考。

当气温较低,有可能使泵发生冻结时,应将管和泵内的水放净。

(三) 高压设备的操作管理

高压设备主要包括油氨分离器、冷凝器、高压储液桶和再冷却器,分述如下。

1. 油氨分离器的操作管理

油氨分离器的作用主要是把压缩机排出的润滑油和高压热氨蒸发分离出来,不让大量的油跑到冷凝器和蒸发器中而影响传热效率。油氨分离器有多种形式,在冷库中主要使用的是氨液洗涤式油氨分离器。

在正常运转中,油氨分离器的进气阀、出气阀和下部的供液阀是经常开启的,放油阀是关闭的。

在操作管理中,要注意保证油氨分离器下部一定的液面,它应高于进液管 200～250mm。进液管是从冷凝器出液管下部接过来的,因此,冷凝器的出液管必须高于油氨分离器进液管,安装时应注意这一点。

油氨分离器中油量的多少,由开车时间的长短和机器耗油量的多少来决定。放油的次数,对开车时间长的,每周 2 次较为适宜。每逢生产淡季,开车时间短,1～2 周放一次油也可。要知道油氨分离器中存油到底有多少,可触摸液处的底部。如果底部发热,上部发凉,说明底部已有油,再结合压缩机油量的多少,共同决定放油次数。

如果不观察、不分析具体情况,油氨分离器存油不多也放油,就有可能放出较多的氨液,造成浪费。如果存油过多,排出的气体不能被氨液充分洗涤,使油进入冷凝器,则影响传热的效果。因此,经常检查并及时放油是操作管理工作的中心任务。

2. 冷凝器的操作管理

(1) 冷凝器的作用及经济分析。冷凝器的作用是将制冷剂的热量传递给周围介质,(水或空气) 使高温高压的氨蒸气冷凝成液体氨。

冷凝器的热交换效果取决于传热表面积、冷却介质温度、冷却介质的流量和流速、制冷剂的物性和工况(排出气体的压力、温度、流速等),但也有难以估计的因素,如管壁内油污的程度、管外壁水垢的厚薄、淋水是否均匀等。对已安装好的冷凝器,如果冷却水量不足或分布不均以及减少冷凝器的传热面积,则必然会使冷却水温度升高,使压缩机的制冷量下降,电耗增加;相反,冷却水过多,冷凝面积过大,将会增加水泵的电耗,这也是不经济的。因此,使用冷凝器时,必须根据压缩机的制冷能力、冷却水的温度等工况,确定冷凝器的工作台数和所需要的冷却水量,并确定水泵运转的台数,做到既经济、合理,又安全、可靠。

(2) 冷凝器的操作管理。经常注意冷凝压力,最高不应超过 1.5MPa;若超过时,应查明原因,及时排除。

① 检查各阀门的开、闭状态,放油阀应关闭,其他阀门均应开启。

② 检查分水头放置是否适当,水的分布是否均匀,水量是否足够。

③ 根据冷凝压力、冷凝温度及水温的情况,分析是否需要放空气。

④ 冷凝水的进、出水温差一般为 4～6℃。氨液的冷凝温度一般比出水温度高 3.5℃。使用时,要根据开车时间的多少和耗油量的多少,定期进行放油,一般每周至少放油一次。还要检查水质情况,定期除水垢。水垢厚度不得超过 1.5mm,一般每年除垢一次。

⑤ 对使用时间较长的冷凝器，应定期化验冷凝器的出水（可将酚酞试纸放在水中，看试纸是否有变红现象，如有变化，则证明有氨泄漏现象。如有漏氨的地方，应及时找出漏点，进行检修），一般每月一次。

⑥ 当冷凝器停止工作时，要关闭有关阀门。

⑦ 对于卧式或组合式冷凝器，在冬天，应将冷却水放净，以免冻坏。

⑧ 检修或更换冷凝器时，必须将氨抽空。

3. 高压储液桶的操作管理

高压储液桶在正常工作时，进液阀、出液阀、均压阀、压力表阀、液面指示器阀、安全阀上的控制阀均应打开。放油阀和放空气阀应关闭，只在放油和放空气时才开启。

如果几只高压储液桶同时使用，其液体均压阀应打开，使各桶的液面相互平衡。

在正常使用中，高压储液桶桶内液体量应相对稳定，保持在40%～60%之间波动为好，最高不超过80%，最低不低于30%。液面过高（尤其是在夏天）容易发生危险；液面过低，则不能保证正常供液。

引起高压储液桶液面波动过大的原因，主要在冷库的冻结间。冲霜和入库后，库房的热负荷变化大，应根据库房温度、压缩机的吸入压力和温度，及时调节总调节站上的膨胀阀（调节阀），以免供液过多，使压缩机走潮车；若供液过少，则影响库房的降温。因此，应掌握储液桶的液面波动不要太大。

高压储液桶的压力和冷凝压力相同，不得超过1.5MPa。如果超过这个压力，应找出原因，及时排除。

如果储液桶内有油或空气时，应及时放出。若液面过高，妨碍正常循环，可把液体送入冷库排管或排液桶中存放。

（四）低压设备的操作管理

直接冷却的低压设备，包括循环储液桶、低压储液桶、排液桶、氨液分离器、液体、气体分调节站、紧急泄氨器等设备。

1. 循环储液桶的操作管理

（1）循环储液桶用来储存低压氨液，供氨泵输液用，同时，回收和分离回气中混有的氨液，保证压缩机的正常运转，不致出现湿冲程。循环储液桶结构分为立式和卧式两种，冷库中大部分采用的是立式。

（2）使用前应检查循环储液桶的进气阀、出气阀、安全阀的控制阀、浮球阀的均压器、出液阀及进液阀油面指示器、压力表阀等是否已经开启，放油阀、排液阀是否关严。

（3）开启调节站或高压储液桶的供液阀，阀门的开度大小应根据循环储液桶液面的高低适当掌握，可开1/4、1/6、1/8、1/10、1/12圈。根据供液量需要的多少，也可再开大一点或关小一点。当循环储液桶桶内液面接近1/3时，准备启动氨泵。

（4）开启循环储液桶的进液、出液阀、氨泵的进液阀，同时打开氨泵的降压阀，将泵内气体抽出，然后关闭抽气阀，开启氨泵的出液阀，开动氨泵向系统供液。

（5）在氨泵运转过程中，循环储液桶桶内的液面应保持在桶高的1/3左右，要经常注意液面指示器的液面高度。检查浮球阀是否失灵、调节阀门的开启度是否得当。循环储液桶液面过高，容易使压缩机走潮车；液面过低，则使氨泵不易上液。

（6）当冷风机或排管冲霜时，应注意掌握其液面。

（7）如果冻结间已开始降温或停止降温，应注意循环储液桶的液面高度，因为这时的热负荷变化较大。

(8) 循环储液桶运行时间较长时,应进行放油,以免影响氨泵的进液。

2. 低压储液桶的操作管理

(1) 低压储液桶在使用中,降压阀、压力表阀、液面指示器阀均应是开启的,放油阀、排液阀、加压阀应当是关闭的。

(2) 应经常检查桶内的液面情况,若液面增长较快,说明调节站上的膨胀阀开启过大,应关小或关闭。若冻结间开始降温,需开启回气阀时,应特别注意,因为热负荷变化较大,容易出现回液现象。

(3) 若桶内液面达到50%~60%时,可直接从调节站排液,也可以向排液桶排液。向排液桶排液的步骤如下:

① 开启排液桶的降压阀,然后开启进液阀,做好进液准备。

② 关闭低压储液桶的进液阀,停止该桶工作。

③ 开启加压阀进行加压至0.6MPa时,可开启排液阀,向排液桶排液。注意桶内压力不得超过0.6MPa,当压力过高时,可关闭加压阀。

(4) 排液完毕后,关闭加压阀,慢慢开启降压阀(这时应注意压缩机的口气温度,以免走潮车),待桶内压力与回气总管内的压力相平衡时,开启桶的进液阀,恢复低压储液桶的正常工作。

3. 排液桶的操作管理

(1) 排液桶的作用:排液桶承受热氨冲霜时从冷却排管中排回的氨液,以及其他设备中排出的多余的氨液(如低压储液桶的氨液),并在适当时机把液体排回低压系统中,起到调节氨液循环量的作用。另外,低压设备中的油也可通过该桶排放出去。

(2) 排液桶使用之前,应首先检查桶内是否有液体,如有液体,则必须排出去。

若准备从其他设备向该桶排液时,应先打开降压阀,把桶内的压力降至蒸发压力,并开启其他设备(如低压储液桶)的出液阀和排液桶的进液阀,进行排液工作。

排液完毕后,应关闭进液阀,打开加压阀,加压至0.6MPa,静止20min后放油。

(3) 关闭从高压储液桶至总调节站或循环桶的供液阀,开启排液桶至总调节站或循环桶的供液阀,将排液桶的氨液送到低压系统中去(排液桶的压力在排液时须保持0.6MPa)。

(4) 排液完毕后,关闭排液桶的供液阀,打开高压储液桶的供液阀,恢复系统的正常供液。

4. 氨液分离器的操作管理

氨液分离器将蒸发器或冷却排管内蒸发出来的氨气在进入压缩机吸入阀前,分离出其中所含的液氨,以保证压缩机的干压行程,并将节流所产生的无效气体分离出来,保证供给冷却排管的全部是氨液,提高冷却排管吸热的有效面积。其类型可分为立式、卧式和T形几种,一般采用立式的。

氨液分离器在投入运行前,应检查进气阀、出气阀、浮球阀的均压阀和进液阀、压力表阀等是否已开启,放油阀是否关闭。然后缓慢地开启调节站上各冷间的回气阀,使系统压力均衡。当回气压力正常后,再开启液体分离调节站上各冷间的供液阀,使氨液分离器处于工作状态。

氨液分离器正常运行中,主要掌握其供液量的多少,要根据压缩机的运行情况、冷却排管和金属指示器的结霜情况,来判断供液量的多少。当压缩机吸入湿蒸气,金属水平指示器全部结霜时，说明供液量过多，应关小膨胀阀（也可能是由于浮球阀失灵造成的）。若压缩机回气过热，金属水平指示器结霜太少或不结霜，此时应开大供液调节阀，但要保证满足各冷间的供液量不会因供液过多而造成压缩机的湿冲程。

压缩机运行中，操作人员必须经常检查，并正常分析判断，还应检查氨液分离器的隔热层是否良好，法兰盘接头是否漏氨。若氨液分离器有故障，应及时修理，只有这样才能达到以上要求。

5. 液体、气体分调节站的操作管理

这个站的作用是把各冷间的供液和回气集中在一起，控制各冷间的供液降温情况，以便操作管理。

在冷库中，一般分低温冷藏、高温冷藏和结冻车间 3 个调节站，其中，回气分调节站上回气阀的控制，主要是保证库房冲霜后，降温、结冻间入货后的降温。开回气阀时要特别小心，不要把阀开得过大或过快，因为这时系统中其他房间正在进行正常的降温，如果开启过快，会使系统中的压力突然增大，各房间蒸发器内的氨液剧烈沸腾，易于形成液体、气体一同返回。如果氨液分离器内的液体较多，一时容纳不下分离下来的液体，就容易使压缩机出现湿冲程，甚至出现严重敲缸。所以，开回气阀时，应微开，待 10min 左右，当房间内的压力与系统中的压力基本平衡后，再将回气阀全部开启。

供液分调节站将各供液阀集中在一起，这样操作起来比较方便。供液分调节站正常工作中，应根据冷间排管的结霜情况、冷间排管的长短及冷间降温速度的快慢、冷间出入货物量的多少等情况来决定供液阀开启度的大小，冷库投产降温时注意加强其调整。调整正常后，一般就不要再动了。由于结冻间内的货物出入比较多，因此，在生产中应经常调整供液分调节站的供液量，以保证供液量适应库内热负荷的需求。

6. 紧急泄氨器的操作管理

需要紧急泄氨时，可先将出水阀打开，然后打开进水阀。当水进入泄氨器后，随即打开需要泄氨的高、中、低压阀即可。应当注意，情况如果不是很紧急，严禁使用该设备，以免造成氨的损失。

四、冷风机的操作管理

冷风机多用在冷却间、急冻间和冷却货物冷藏间。冷却货物冷藏间所采用的冷风机除了把冷藏间的空气进行循环降温之外，尚可以把室外的空气引入，经降温后再排进冷间，以供冷间换气之用。也可以说，冷风机是一种把冷却设备和鼓风机组合在一起的热交换器。冷风机借助鼓风机，强制提高了空气的流速后，再通过冷却设备的一个装置。它提高了散热系数，将空气冷却干燥，改善热交换而降低温度，同时，促进冷间各个部位均衡降温，改善了货物与空气的热交换情况。

（一）冷风机的操作

启动冷风机前，应转动鼓风机，检查电动机的传动机构是否良好，翼片与护罩是否相互有摩擦，转动是否过重，润滑情况是否良好。若发现有不正常现象时，应及时加以调整、修理，然后再应用，以保证冷风机的运转安全。

使用湿式冷风机时，应注意盐水密度和盐水的供应量，以及盐水分布是否均匀，每隔 3~4h 检查一次，防止因盐水温度或盐水密度不够，而发生解冻现象。

设有风道及出风口闸门的冷风系统，应根据室内空气流动的情况和风量的大小，调整出风口闸门，使空气均匀地在室内进行循环。

如果是间接制冷装置，在启动冷风机前，应先开启制冷剂回气阀和回盐水阀，后开启制冷剂供液阀或供盐水阀。在冷风机运转过程中，应随时加以调整，以保证压缩机与系统的正常运转。

干式冷风机在运转中，其冷却管组表面应结有霜层，若发现结霜不好，应查明原因并加以调整。冷却管组的霜层不应太厚，霜层过厚，会减小管组之间的空隙，阻碍空气流通，减小了冷却管组的散热面积和传热系数，严重时，将使冷风机失效。所以，在干式冷风机运转中，应经常检查结霜情况并及时进行冲霜工作。

鼓风机有离心式和轴流式两种，操作和注意事项基本相同。但轴流式鼓风机作反方向运转时，仅仅改变了进出口的风向，不会改变风压和风量；离心式鼓风机不能反向运转，若反转时，不仅改变了进出口的风向，并且显著地降低风压和风量。因此，对于鼓风机和电机来说，首先应检查其转向是否符合要求。

（二）鼓风机启动前的检查工作

（1）检查鼓风机与电动机的地脚螺栓是否松动。

（2）检查联轴器的螺栓是否松动、橡皮垫圈是否完整。鼓风机转动时，检查风机叶轮与叶壳是否有摩擦现象，有无过重和卡住现象，皮带松紧是否适当。

（3）检查轴承是否有足够的润滑油。

启动鼓风机时，如发现有下列情况之一时，必须停机：

（1）叶轮不转或转动速度较慢；

（2）鼓风机与电动机的运转声音不正常；

（3）电动机过热或闻有焦味，或发现有冒烟的现象；

（4）鼓风机或电动机的轴承温度过高；

（5）启动盘上的保险丝烧断。

五、盐水蒸发器的操作管理

盐水蒸发器是间接制冷的装置，盐水流经蒸发器，将热量传给制冷剂后，本身被冷却降温，经盐水泵送至冷却管组中，吸收被冷却物的热量，从而起到了制冷的作用。它的形式一般有两种：一种是管壳式盐水蒸发器，多用在冷藏机械火车上；另一种是敞开式盐水蒸发器，多与慢速制冰设备联用。

（一）盐水蒸发器的运转管理

1. 蒸发器的启动

在启动蒸发器前，应检查搅拌器或盐水泵的润滑情况，有无渗漏现象。注意蒸发器槽中的盐水密度与盐水量，主管式蒸发器中的盐水必须完全覆盖蒸发器的排管，并应高出上层主管100mm以上。

启动盐水搅拌器，缓缓开启蒸发器的回气阀后，再开启相应的供液阀，调整供液量。当蒸发器内的盐水温度符合要求时（较冷间空气低8℃），开启出、进盐水阀，启动盐水泵。

为了避免管壳式蒸发器内盐水的冻结，在蒸发器工作前，应先开启蒸发器出盐水阀，启动盐水泵后，再开启回气阀和供液阀。

2. 蒸发器工作中的注意事项

（1）首先，应根据系统的设计要求调节蒸发温度。一般条件下，氨的蒸发温度比蒸发器中盐水的温度低5℃，盐水温度应比冷间空气温度低8～10℃。

（2）对于立式蒸发器，应注意盐水槽的盐水液面，在必要时进行排出或补充。注意检查盐水的浓度。主管式敞开蒸发器的盐水凝固点必须比氨蒸发温度低5℃、比管道式封闭蒸发器低8~10℃。

（3）为了保证盐水的清洁，盐的溶解应在配制箱内进行，不得在盐水池内溶盐。此外，向盐水池内添加盐水时，必须要经过过滤装置，以免杂质混入，造成管路堵塞，影响设备效能。

（4）立式蒸发器盐水槽上的盖板表面应经常保持清洁，关闭应严密，经常检查搅拌器与电动机轴承的润滑情况。

（5）应定期从设备中放油。

（6）检查蒸发器中是否含氨。

3. 蒸发器的停止操作

盐水蒸发器停止工作时，应首先关闭供液阀，待蒸发压力稍稍降低后，关闭回气阀。当蒸发器中盐水温度上升3~4℃时，停盐水泵，再关闭盐水进、出口阀。

蒸发器长期停用时，应降低蒸发器的压力或抽成真空，然后关闭回气阀。

（二）盐水的浓度与配制

盐水制冷系统一般使用氯化钠（NaCl）或氯化钙（$CaCl_2$）的水溶液，盐水的凝固点是配制或选用的重要依据之一。盐水的凝固点与盐水的种类和盐水的浓度有关，氯化钠盐水凝固点最低可达－21.2℃（盐水密度为1.17）；氯化钙盐水的凝固点最低可达－55℃（盐水密度为1.26）。上面所讲的是最低凝固点（也指共晶点），如果盐水浓度超过共晶点对应的盐水浓度时，其凝固点将升高。

蒸发器中的盐水浓度应保持适中，浓度过低时，蒸发器中会结冰；浓度过大时，增加了溶液的密度，减小其热容量。因此，要想获得既定的冷量，必须增加盐水的循环量，并增加盐水泵的动力消耗。据此，不论选用和配制何种盐水溶液，其浓度不应超过共晶点。一般盐水凝固点应比蒸发温度低5℃，盐水溶液的浓度用比重计测量，测量盐水的温度以15℃为标准。配制盐水时，禁止氯化钠和氯化钙两类盐混合使用，以免发生复盐的沉淀。

六、平板结冻器的操作管理

平板结冻器是接触冻结装置，它用于冻结各种肉类和食品。其工作原理是将食品放入平板之间的空隙内，通过平板内部氨液的蒸发吸热，使食品降温冻结。该装置与结冻间相比，具有传热系数大、冻结时间短、占地面积小、食品冻结消耗低、产品质量较好、可以在常温车间或船上进行生产、便于机械化操作与维修简便等优点。它不适于冻结形状不规则、厚度较大和不能挤压的食品。

平板结冻器有卧式和立式两种类型，都是由平板、氨系统管路和油压系统组成。下面介绍一下立式平板结冻器的操作。

根据用户的要求，该蒸发器与－33℃系统连接，用氨泵供液，实行强制循环，流量在12倍以上，效果较好。冻结温度为－15℃，其操作程序如下：

（1）运转前，首先检查液压驱动机构、固定架与活动框架等主要部位有无障碍、平板与托架是否紧密接触，同时检查氨系统有关阀门启闭是否正常，检查油泵转动是否灵活。

（2）启动油泵，当油泵运转声音正常后，开启电磁换向阀的"松开"按钮，使平板按水平方向拉开距离（两块板间最大间隙为112.5mm），准备装货。

（3）冻结品装入量应低于水平板上沿3cm，然后再启动电磁换向阀的"压紧"按钮开关，用压紧油缸的传动装置将平板压紧。

(4) 缓慢打开氨系统的回气阀，防止压缩机的液压冲击，后开启供液阀，开始正常降温。经过3.5～4h，温度达-15℃时，冻结工作完毕，关闭供液阀，开启排液阀进行排液。

(5) 冲霜：关闭回气阀和排液阀，打开热氨冲霜阀向平板内供热氨，待压力达到0.6～0.8MPa时，打开排液阀，使热氨在压平板内流通，排液工作可反复进行，直到冲霜结束。热氨的温度一般在80～90℃，最好再高一些。融霜快并不影响冷冻品的质量，热氨冲霜2～3min后，开启托盘的进水阀，使托板融霜。

(6) 关闭冲霜和排液阀，微开回气阀，启动油泵，开启电磁换向阀的"松开"按钮，将平板拉开。然后开启升降油缸的电磁换向阀的"上升"按钮，提升平板，使其与冻结物脱离，并关闭进水阀。

(7) 开启推料油缸的电磁换向按钮，将推料板冻结物推出，然后将推料油缸复位。

(8) 按动升降油缸电磁换向阀的"下降"按钮，使活动框架下降，平板与托板又恢复了紧密的接触。至此完成了一次冻结工作的程序，根据需要可依次进行下去。

七、排放空气的操作管理

(一) 空气进入系统的途径及对制冷能力的影响

制冷系统是一个密闭的系统，不允许有空气渗入，但往往因下列几方面的原因，会造成空气的渗入。

(1) 制冷系统投产前，未彻底排空。原因是制冷压缩机吸空能力所致。

(2) 在检修压缩机、设备与管道时，排空不彻底或没有进行排空，使空气渗入。

(3) 压缩机停车后，如果曲轴箱内的压力低于0.08MPa（表压）时，有可能渗入空气。

(4) 系统运行中，当蒸发压力低于大气压力时，空气经由机器的轴封、阀门填料等不严密处渗入系统。

(5) 压缩机的气体排出温度过高，当其接近或超过润滑油的闪点时，氨油进行分解，产生部分气体。

由于空气在冷凝器的内表面形成一层气体层，对传热表面产生热阻，在冷库内的热负荷不变的条件下，将导致冷凝器传热效率的降低，从而使氨的冷凝压力和温度升高。冷凝压力的升高，会造成压缩机输气量减少，耗电量增加，因而，使压缩机的制冷效率降低。同时，由于空气的绝热指数（$K=1.44$）大于氨的绝热指数（$K=1.28$），必然会造成氨压缩机排气温度的升高，使制冷压缩机的运转条件恶化。

由于制冷系统中存有空气，会带来一系列的不良后果。所以，应尽力防止空气渗入系统，并在发现有空气存在时，及时予以排除。

(二) 空气存在的主要危害与积聚的部位

(1) 氨压缩机运转中，气体排出使压力表的指针摆动剧烈。

(2) 压缩机排气温度高于该压力下的正常温度（正常温度可根据压缩机的运行工况求得），这是由于空气的绝热指数大于氨的绝热指数的缘故。但应注意，要与因排气阀片损坏而导致排气温度升高这一原因相区别，前者的温度升高是相对稳定的，而后者的温度升高的速度是很快的，而且，机器发出杂音。

(3) 根据氨的冷凝温度相对的冷凝压力和冷凝器的压力表所指示的压力数之差，除以冷凝器的压力表所指示的读数，即可得出空气含量的百分数。例如，冷凝压力$p_K=1.2$MPa，冷凝温度$T_K=25℃$，25℃时氨液的相对压力为1.02MPa，此时，系统中存有的空气的分压为$1.2-1.02=0.18$MPa，空气含量为0.18/1.2即15%。

据此，说明系统中存有空气。到底空气积聚在什么部位？从制冷循环的流程上来看，主要积聚在冷凝器或高压储液桶中，虽然空气绝大部分是吸入而排至冷凝器中的。由于冷凝器和高压储液桶均有液封的作用，因此，空气不可能再从高压储液桶回到低压系统中去。

冷凝器在工作中，气体沿着管壁运动，当受到冷凝水的作用后，氨气逐渐被冷凝成为液体，氨含量的减少便使空气的含量相对地增加。因此，在冷凝器最冷的部位，空气的含量最多。

（三）排除空气的操作步骤

（1）排空气前应检查各阀门，除第 3 根管的回气阀是常开的以外，其他阀门均应是关闭的。

（2）开启第一根管上的供液膨胀阀，使混合气体提早冷却。供液量的多少，以维持回气管上结霜达 1mm 左右为宜。供液过多，有可能引起压缩机的湿冲程。

（3）待空气分离器发凉后，微开启空气阀，根据水中溢出气泡的情况来调整放空气阀的开度，同时也可判断氨气和空气分离情况的好坏。如果放出来的气泡在上升的过程中体积不变，水温不上升，也没有氨味，则证明放出来的气体是空气；如果放出来的气泡在上升的过程中，逐渐缩小成一组组小气泡，水呈乳白色，水温上升时有氨味，则视为排出来的气体中含有大量的氨气，此时应关小或全关放空气阀，待混合气体冷却好之后，再微开放气阀，放出空气。

（4）在排放空气的过程中，混合气体中的氨被冷凝成液氨，积存在第 4 条管的下部，待结霜已达管子直径的一倍时，关闭从高压储液桶来的供液膨胀阀，开启循环供液管上的供液膨胀阀，将管内冷凝的氨液排出去。待下部霜层即将融化完毕，说明冷凝的氨液已排净，关闭循环供液管上的膨胀阀，再开启从高压储液桶来的供液膨胀阀，交替供液，直到放空气工作结束。

（5）在制冷系统热负荷基本不变的情况下，放空气结束后，冷凝压力显著下降；冷凝压力和冷凝温度基本相适应，此时，压缩机的压力表指针摆度大大减小。虽然混合气体冷却得很好，但放出的气泡仍然很小，水呈乳白色，且有氨味，此时应停止放空气。

（6）欲停止空气分离器的工作时，应关闭进液阀、放空气阀、混合气体阀。为了防止放空器的压力升高，回气阀应经常打开。

八、冲霜排液的操作管理

（一）冲霜的必要性

当冷却排管表面的温度低于空气的霜点时，食品和空气中的水分会析出，凝结在管子的外壁上。因此，低温冷间的冷却排管在工作一段时间之后，管组外表面上必将结有一层较厚的霜。霜层的导热系数比金属小，它的存在使冷却排管的传热系数减小，这对翅片排管来讲，霜层的影响较光滑管的影响更大。根据试验，当管组两侧温度差为 10℃时，管组工作一个月后，其传热系数为原数值的 70％左右。由于霜层的存在，制冷装置工作条件恶化，制冷量降低，耗电增加。因此，必须定期进行除霜工作。

（二）除霜的方法

除霜的方法大致有下列 4 种。

1. 人工除霜

人工除霜是指由人利用专用工具进行除霜。这种方法只适用于冷藏间和冻结间内的光滑排管或搁架式排管，翅片管和干式冷风机不能用这种方法除霜，因这种方法不能将霜层除净。

2. 热氨冲霜

热氨冲霜是把热氨蒸气通往冷却排管中，与管壁外的霜衣进行热交换，使霜衣融化后脱落，从而达到除霜的目的。这种方法不但能除掉排管外层的霜层，而且还能冲掉排管中的油和污物。所有的冷却设备都能用热氨冲霜，效果较好。但是，热氨冲霜增加了管路阀门操作的环节，同时由于减压的原因，影响机器的产冷量；在冻结间由于库温低，冲霜时间较长，使得冻结货物的时间缩短，影响生产。

3. 水冲霜

水冲霜是利用水将蒸发器上的霜层融化，适用于结冻间、冷却间或高温库的冷风机（必须有下水道）的冲霜。

此法操作简单，效果好，冲霜时间短。根据试验，若水压保持在 0.2MPa 左右，20min 左右即可冲完。其缺点是增加水泵及其管路。为了不使蒸发器内的压力超过 0.6MPa，须微开回气阀（氨泵供液的库房更应注意）。该方法的缺点是蒸发器内吸热而蒸发氨的气体被压缩机吸收，影响压缩机的产冷量，且蒸发器内的油污不能冲掉。为了克服以上缺点，可改变一下操作方法，即：

（1）将该房间的供液回气阀关闭，开启冲霜回液阀及排液桶或低压循环桶上进液阀，同时，开启气体调节站上的热氨冲霜阀（观察压力表）。

（2）打开水冲霜阀 3~5min，观察蒸发器内的压力，当升至 0.4MPa 时，将液体分调节站上的冲霜回液总阀慢慢开启，利用蒸发器内氨液蒸发的压力，使液体冲回至排液桶或低压循环桶。冲霜回液总阀可间断地开关，直至冲霜结束。关闭有关的阀门，停冲霜水。

这种操作的优点是：氨压缩机不再吸入用水冲霜时在蒸发器内蒸发的无效气体，从而提高了压缩机的产冷量，同时，蒸发器内的油污也能被冲掉。这样做更改善了冲霜的效果。

水冲霜的管路应向冷风机的方向升高，以便在冲霜结束时把上水管内的水迅速放掉，避免造成冰塞现象。

4. 水和热氨一齐冲霜

用这种方法冲霜，速度快，而且排管的霜层和油污被冲得较干净。缺点是需增加操作环节。

因此，对冻结间冲霜时，第 3、4 种方法可交替采用。

（三）热氨冲霜的操作

1. 冲霜前的准备

（1）热氨冲霜是最好用单级压缩机排出的高温气体，这样能缩短冲霜时间。冬季冲霜时，为了提高压缩机的排气温度，可适当减少冷凝器的台数或减少冷却水。但严禁采用停止全部冷凝器的方法来提高冷凝压力，以免发生事故。

（2）冲霜最好选在库内无货或货物很少时进行。如库内有货，应加盖帆布或油布，以免货物被弄脏或造成地、墙结冰。

（3）组织扫霜人员，等霜层融化后及时扫霜，以缩短冲霜时间。

2. 冲霜操作

（1）检查排液桶的压力和液面高度。对没有排液桶，冲霜回液采用低压循环桶时，需调节低压循环桶的供液，使其液面高度不高于 40%，以容纳冲霜回来的液体。

（2）适当关小总调节站上的膨胀阀，关闭其他调节站上冲霜库房的供液阀和回气阀，停止库房工作。

(3) 开启液体分调节站上的排液阀及排液桶进液阀,使排管内的氨液能流入排液桶。

(4) 缓缓开启气体分调节站上热氨冲霜阀,增加排管压力,但不得超过 0.6MPa,然后用间歇开关的方法进行冲霜排液工作。冲霜时排液桶的氨面不应超过 80%。

(5) 当排管外壁霜层全部融化脱落时,可关闭排液阀及热氨冲霜阀,停止冲霜工作。

(6) 恢复库房工作时,应缓慢开启分调节站回气阀,降低排管内的压力。当降至系统蒸发压力时,开启分调节站供液间和调节总站上的膨胀阀,恢复正常工作。

排液桶的排液工作,按本章第二节的规定进行。

九、放油与回用润滑油的处理

(一) 概述

经活塞式压缩机压缩后排出的气体中,必将混有一定量的润滑油。主要原因是,气体被压缩时其温度很高(一般在 70~145℃ 之间),在该温度下将有部分润滑油挥发为油蒸气。此外,由于气体运动的速度很大(排气速度一般在 12~30m/s 之间),携带了一定大小的油液微粒,这部分油蒸气和油微粒随着气体制冷剂而进入系统中。进入系统中的润滑油的数量与制冷剂的运动速度及润滑油的蒸发量有关。油的挥发又与温度成正比,试验证明,在制冷剂温度升高的情况下,油的挥发量增长很快。

混在制冷剂中的润滑油,经过油分离器以后,大部分被分离出来,沉积在油分离器的底部,但尚有一小部分随制冷剂进入了以后的设备内。当油沿管路和设备运动时,与周围介质也进行热交换,温度降低并凝结,呈薄膜状态积附在设备的传热面上,或沉积在设备的底部。这种情况对制冷装置的效率是极为不利的,会产生下列后果:油污、机械杂质和油混合形成胶状物质,常积聚在截面小的管路和阀门中,使通道的截面减小或阻塞,造成系统工作不正常;油的导热系数远远小于金属,如果积附在热交换器中,必然会使传热的温差增大,传热恶化,造成冷凝温度升高、蒸发器的蒸发温度下降,致使压缩机排气温度升高。这两种后果都导致了制冷装置运行条件的不正常和工作效率的降低,使制冷量减小,耗电量增加。

上述分析证明,要减小和避免润滑油进入制冷系统,除设置性能良好的油分离器,防止压缩机曲轴箱加油过多或滴油器供油量过大之外,在运转中,必须及时地从设备中排放沉积的润滑油。当发现压缩机耗油量增多,而排出的油量又小于加入油量时,应检查原因,并增加放油的次数,以免过多的润滑油进入系统。

(二) 放油的基本原则

各设备的放油最好在停止工作时进行,这不仅可以提高放油效率而且也较安全。但是,对于某些直接影响生产的设备,一般也采取不停车进行放油的方法。

设备放油都要经集油器放出,这样做,既减少氨的损失,又保证操作安全。

低压设备和高压设备最好各自设置一个集油器,这是因为设备的距离较远,操作不便,同时也考虑到低压设备放油比较困难,放油时间也长。这样做,放油时就不会相互影响。

放油时,操作人员应戴好橡皮手套,站在放油管的侧面,不得离开操作地点。放油完毕后,应做好放油时间和放油数量的记录。

(三) 集油器的操作

(1) 开启集油器的降压阀,使其处于低压状态。

(2) 关闭集油器的减压阀,开启有关设备的放油阀,慢慢开启集油器上的进油阀。当器内压力升高时,可关闭进油阀,重复放油。若进油阀后面的管路上出现发潮或结霜时,可视为放油结束，关闭集油器的进油阀和有关设备的放油阀，慢慢开启集油器上的减压阀，使油内夹杂的氨液蒸发。放油时，如出现集油器内氨液过多、有结霜现象时，可向集油器外壁浇水，以加速氨液的蒸发，直至结霜融化后，关闭减压阀，静止 10min，观察集油器的压力是否上升。若上升显著，应重新打开减压阀，直至压力上升的速率已很小时为止。关闭淋水阀，开启放油阀进行放油，待油放完后，再关闭放油阀。

（3）集油器的储油量不得超过 70%，以防止减压时器内液体被压缩机吸入，引起液压冲击。

（四）洗涤式油分离器的放油操作

洗涤式油分离器的放油次数应根据压缩机的耗油量多少而定，一般每周应不少于一次。

用手触摸使用中的油分离器的底部，若温度较高而进液管部位的温度却较低时，说明油分离器内已积有较多的润滑油，应及时放出。

油分离器放油时，可以不停止工作，先关闭供液阀 5～15min（可根据油分离器内部液体的多少而定），待其下部温度升至 40～45℃时，打开放油阀向集油器放油。但应注意，停止供液的时间不应太长，以防止因容器内没有氨液洗涤，压缩机排出的高温气体会使积油汽化而进入冷凝器，影响油分离器的工作；放油阀开启要小。若放油管的温度变低，证明油已放完，此时应关闭放油阀，开启油氨分离器的供液阀，恢复正常工作。

（五）冷凝器的放油操作

冷凝器的放油应保证每月进行一次。冷库制冷装置一般都设有几台冷凝器，由于放油期限较长，次数较少，可以利用热负荷小或气温较低时，停止冷凝器的工作进行放油，提高放油效率。

放油时，关闭冷凝器的进气阀、出气阀、出液阀和均压阀，停止冷凝器的工作（不停冷却水），待 20min 后进行放油。油放完后，打开上述各关闭的阀门，恢复冷凝器的正常运行。

中间冷却器、高压储液桶、排液桶的放油操作与油分离器的操作方法基本相同。

（六）低压循环储液桶、氨液分离器、盐水蒸发器的放油操作

这些容器均在低压、低温状态下工作，因而其中所含的油的粘度大，而且都在低压下放油，只有利用各容器所处位置的高度差进行放油。所以，在正常工作时，放油是很困难的。由于放油次数较少，最好当热负荷较小、容器已停止工作时，采用加压的办法放油。

（1）循环桶的放油。在房间热氨冲霜时，停止循环桶的工作（设有几个循环桶的系统可这样做），利用冲霜回液的压力（一般在 0.4MPa 左右），及时将油放出。对只有一个循环桶，正常工作时不能停车放油的，如果油的粘度大，放不到集油器内，这时，可用橡皮管将油通向室外的油盘放油。但应注意，尽量不要放出氨液，同时，还应维持系统压力高于大气压力，以免空气进入系统。

（2）氨液分离器的放油，可在库房冲霜时停止其工作，并向其加压后放油。

（3）盐水蒸发器的放油。应首先停止其工作，使蒸发器的压力上升，再向集油器放油。为了加速蒸发压力的升高，可向蒸发器内输入热的盐水或向冰桶加水，使盐水温度升高。但要注意蒸发器内的压力不得超过 0.6MPa。

放油的步骤与油分离器基本相同。

（七）润滑油的再生处理

润滑油使用之后，其质量已有不同程度的变化。机件磨损后的金属粉末、设备和系统内

的污物以及水分都会混入润滑油中，使润滑油的质量降低，甚至失去润滑作用，只有经再生处理，方可继续使用。

使用过的润滑油的再生处理方法有升温沉淀过滤和化学处理两种。升温沉淀过滤法所用的设备及操作都较简单，被目前的制冷企业普遍采用。但该法只能去掉油中的机械杂质、污垢及水分等，不能恢复油的酸碱度等方面的性能指标，因此，还要采用化学处理的方法。但化学处理法所用的设备和操作都较复杂，最好将油送到油脂再生厂进行处理。下面以升温沉淀过滤处理法为例，介绍其设备构成及工作原理。

(1) 沉淀器及加热装置。沉淀器是一个用钢板焊制的立式圆桶，上口敞开并在上端配有桶盖，桶底成圆锥形，下设控制阀，便于将沉淀的污物放出。

沉淀器内设有加热装置，其热源可用电加热或是蒸汽。若采用电阻丝加热，可在木架上装好绝缘瓷瓶，将4根或6根800W的电阻丝串接好，放在桶内；若采用蒸汽加热，可用管从桶外引入。

油面指示器设置在桶的外侧，出油阀设置在桶的中下部，与储油器相连通。

(2) 储油器及过滤器。储油器可用油桶改装，底部设有排出脏物的阀门，侧面装有油面指示器，中上部装有过滤器。

过滤器下部用圆形多孔钢板制成，钢板上铺有毛毡或多层绒布，再用铁环和钢板上焊接的螺栓拧紧。油从过滤器上面进，经过过滤器渗到桶的下部。

(3) 利用齿轮油泵，将初步过滤的油从储油器输入到滤油机中进行二次过滤。

滤油机由油泵、滤纸箱体或过滤器及管路阀门组成。其功用是利用强力将脏油通过多层滤纸过滤，以恢复回用油的清洁。其规格有多种，其中有一种每小时可滤油3000L，过滤面积为12000cm^2。

(八) 润滑油再生设备的操作步骤

(1) 将收集回用的润滑油放入沉淀器内加热2~3h，温度保持在80℃左右，然后静止沉淀约12h，使混入油内的部分水分蒸发。杂质及不蒸发的水分，因密度不同而沉淀，沉在容器的底部，经圆锥形桶底的截止阀放出（如需经两次加热沉淀，可依照上述方法重复进行）。

(2) 加热沉淀的油通过出油阀送到储油器内，进行初步过滤。

(3) 开动齿轮油泵（保持0.3MPa的压力），将初步过滤的油从储油器强行通过滤油机，进行二次过滤，以彻底清除油中的杂质。过滤后的油储存在干净的油桶内待用。

滤油机每使用2~3次后应进行清洗。可先松动压紧手轮，打开隔板，取出过滤纸洗净。为了尽快将过滤纸干燥，可将它放入烘箱内烘干，以备再用。

毛毡过滤器也应经常清洗，以保证过滤效果。

油加热要缓慢进行，防止因局部温度过高而使油变质。加热的脏油放出后，一定要保证沉淀时间（12~24h），过早地放出将影响沉淀效果，相对地增加过滤器或滤油机的负担。

(九) 单冻机的操作管理

随着对出口肉、菜及水产品的加工温度提出-35℃以下的要求，进口和国产单冻机的使用也越来越多。而单冻机都是安装在-45℃的双级系统上，用氨泵供液，实行强制循环，通常要求单冻机的库内温度为-30~-40℃，其蒸发压力较低。因此，制冷压缩机的吸气压力很低，往往处于负压状态，致使单冻机系统因蒸发器与外界的压差增大，使空气通过各种阀门及压缩机轴封等处渗入系统的可能性增加。为此，其操作时要求：

(1) 单冻机运转前，应首先检查库内风机和传送装置运转是否正常，有无障碍，同时查看氨系统有关阀门的启闭是否正常。

（2）启动传送装置，正常运转后，再启动风机，使库内通过蒸发器的风流向正常，绝对禁止涡流的产生。

（3）缓慢打开氨系统的回气阀，防止压缩机的液氨冲击。然后打开供液阀进行正常降温，当库内温度达到要求时，开始加工被冻结物。

（4）加工完毕后，关闭供液阀，开启排液阀进行排液。

（5）关闭回气阀和排液阀后，应关闭传送装置，并开启供水阀向库内供水冲霜。冲霜完毕后，让风机运转一段时间，将库内湿度较大的空气排出。

参 考 文 献

1. 李景辰等. 压力容器基础知识. 北京：劳动人事出版社，1986
2. 田兰等. 化工安全技术. 北京：化学工业出版社，1984
3. 任凌波等. 压力容器腐蚀与控制. 北京：化学工业出版社，2003
4. 张兆杰等. 压力容器安全技术. 郑州：黄河水利出版社，2001